IMPACT PHYSICS

임팩트 물리학

이원철 · 류영선 공저

북스힐

‘임팩트 물리학’을 펴내면서

이 책은 대학에서 개론에 준한 수준으로 물리학을 이해하고 문제 해결 능력을 갖거나, 의치학전문대학원(MEET, DEET) 및 약대(PEET)에 진학하기 위해 치루어야 하는 “자연과학추론 II 및 물리추론”의 물리학 영역을 대상으로 만든 물리학 기본 교재이다.

일반적으로 대부분의 비전공인 학생들, 특히 의・약대를 준비하는 사람들은 대다수가 일반물리학을 어려운 과목으로 인식한다. 그러나 자연과학 분야에서 가장 체계적이면서도 기초 학문인 물리학은 단계적으로 학습을 하면 생각보단 쉽게 해결될 수 있다.

대학에서의 학문기초강좌나 외부 시험 제도가 다양하게 변하더라도 자연계의 기본적인 현상을 대상으로 하는 물리학이 다루는 내용은 쉽게 변하지 않는다. 시간이 지날수록 더욱더 다양한 응용력을 갖는 학습이 필요하다는 것을 안다면 교양강좌의 강의를 듣거나 의・약학 분야를 준비하는 과정에서는 필수적으로 학습해야 하는 과목이다.

이 책은 대학과정에서 다루는 일반물리학 전 분야를 교양강좌 및 의・약학에서 요구하는 내용에 걸맞게 알아야 할 내용을 이해하기 쉽게 8 영역으로 구성하였고, 각 영역에서 예제와 연습문제를 엄선해서 모든 문제의 풀이를 제공하여 쉽게 접근할 수 있도록 구성하였다.

이 책은 다음 세 가지 특징을 갖는다.

첫째, 대학에서 다루는 주요개념과 내용을 체계적으로 분석하고, 지금까지 출제된 기출문제를 철저하게 검토하여 대단원에 속하는 내용을 한 개의 주제별로 하나하나 정리하였다. 특히 한 주제에 대한 내용과 함께 그 주제를 대표할 수 있는 예제를 출제의도에 맞게 엄선하여 실었다. 수험생들이 문제를 풀 수 없는 경우는 주제에 대한 이해가 불완전하다는 것을 의미한다. 이러한 문제점을 잘 해결하기 위해서는 책의 정리된 내용을 충분히 읽어 보는 것이 가장 중요하다.

둘째, 각종 대학 교재(일반물리학)의 내용을 빠짐없이 다루고 있으므로 자신의 취약한 부분을 쉽게 파악할 수 있도록 구성하였고, 저자의 오랜 경험을 통한 높은 분석력을 발휘하여 뛰어난 추론화 능력을 가질 수 있도록 하였다.

셋째, 기출문제를 포함하고 있어 시험에 벗어나는 내용을 불필요하게 학습하지 않아도 될 수 있게 구성되어 있어 이 책 한권으로 충분히 학습 능력을 배양할 수 있다.

끝으로 본 교재는 교양 물리학 개론과정과 의·약학 제도와 함께 탄생해서 많은 비전공자와 시험 준비자들이 각자의 과정에서 좋은 결과를 얻을 수 있도록 하였고, 이를 발판으로 기존의 교재에 더욱 향상된 내용을 보강하여 '임팩트 물리학'으로 거듭 튼튼한 교재로 재탄생하도록 물심양면으로 도와준 (주)도서출판 북스힐의 조승식 사장님과 김동준 상무님 이하 편집부 직원들에게도 무한한 감사를 드리는 바이다.

2015년
저자 씀

차 례

PART 1 역학

1.1 단위와 측정 • 3
1.2 벡터 • 8
1.3 운동의 기술 • 13
1.4 힘의 법칙 • 22
1.5 저항력 • 32
1.6 포물선 운동 • 38
1.7 원운동 • 42
1.8 만유인력의 법칙 • 51
1.9 충격량과 운동량 • 57
1.10 강체와 회전운동 • 66

PART 2 에너지

2.1 일 • 91
2.2 위치 에너지 • 94
2.3 역학적 에너지 보존 법칙 • 98

PART 3 유체역학

3.1 징지유체 • 117
3.2 유체의 흐름 • 125

PART 4 열역학

4.1 온도와 물질의 상태 • 137
4.2 일과 열 • 140
4.3 기체 법칙과 운동 이론 • 149
4.4 열역학 법칙 • 159

PART 5 전자기학

5.1 정전기 • 185
5.2 전기장 • 189
5.3 전위 • 200
5.4 축전기 • 209
5.5 전류와 저항 • 213
5.6 축전기의 RC 회로 • 224
5.7 자기장과 자기력 • 230
5.8 전자기 유도 • 244
5.9 교류 회로 • 259

PART 6 빛과 파동

6.1 파동의 발생 • 281
6.2 거울 및 렌즈 • 288
6.3 파동의 회절 • 304
6.4 파동의 중첩의 원리 • 305
6.5 파동의 간섭 • 316

PART 7 현대물리

7.1 물질의 입자성 • 337
7.2 물질의 이중성 • 349
7.3 양자역학 • 357
7.4 입자의 파동함수 • 365
7.5 고체의 전도 • 372

PART 8 핵물리

8.1 원자핵의 구성 • 385
8.2 핵에너지 • 389
8.3 원자핵의 변환 • 391

연습문제 풀이 및 정답 • 405

찾아보기 • 425

PART 1 역 학

1.1 단위와 측정
1.2 벡터
1.3 운동의 기술
1.4 힘의 법칙
1.5 저항력
1.6 포물선 운동
1.7 원운동
1.8 만유인력의 법칙
1.9 충격량과 운동량
1.10 강체와 회전운동

1.1 단위와 측정

1. SI 단위계

자연계에 존재하는 물리량을 정량화하여 정의할 때 어떤 표준을 정하게 되는데 이러한 표준 설정을 **단위**라고 한다. 이 때 정의는 유용하고 실용적이어야 하고 표준은 손쉽고 불변이어야 한다. 이렇게 단위가 정해져야만 어떤 물리량이 측정가능하다. 이들 단위는 도량형 총회에서 기본 물리량을 정의했고, "Le Systeme International d'Unites"라 하는데 이것을 **SI 단위**라 한다.

기본단위는 길이, 질량, 시간으로 구성된다.

- **길이** 진공에서 크립톤(Kr) 원자 복사를 근거로 둔 원자론적 길이의 단위로 1m는 전자기파가 $\frac{1}{299,792,458}$초 동안 진행한 거리.
- **시간** 1초는 세슘(Cs) 원자 내에서의 진동이 9,192,631,770회 일어나는 데 걸린 시간.
- **질량** 1kg으로 정의된 플라티늄(Pt)과 이리듐(Ir)의 합금(원통형의 표준 용기).

SI 기본단위

물리량	길이	질량	시간	전류	온도	물질의 양	광도
이름	미터 (meter)	킬로그램 (kilogram)	초 (second)	암페어 (Ampere)	절대온도 (Kelvin)	몰 (mole)	칸델라 (candela)
기호	m	kg	s	A	K	mol	cd

SI 유도단위 속력, 속도, 힘, 에너지, 압력, 전하량, 전기저항, 자기장 등

참고 SI 기본단위의 정의

- **전류** 길이가 무한대이며 무시할 수 있는 작은 원형 단면적을 갖고 또 진공 중에서 1m 떨어져 위치한 두 평행 직선 도체 내에 같은 전류가 흐를 때 작용하는 힘이 2×10^{-7}N이 생기게 하는 일정한 전류이다.
- **열역학적 온도(캘빈)** 물의 삼중점이 가지는 열역학적 온도의 $\frac{1}{273}$인 온도이다.
- **물질의 양** 탄소(C-12)의 0.012kg 내의 원자수 만큼의 수의 기본적인 실체를 포함하는 계의 물리량이다.
- **광도** 진동수가 5.40×10^{12}Hz인 단색광을 방출하는 광원의 복사율이 스테라디안 당 $\frac{1}{683}$W인 광도이다.

2. 과학적인 표기법

접두어를 사용하여 적절하게 과학적 표기법으로 바꾸어서 쉽게 표현한다.

표기법 $1000 = 10^3 = 1\text{k}, \quad 0.0000037 = 3.7\times10^{-6} = 3.7\mu$

SI 접두어

10의 거듭제곱			10의 거듭제곱		
접두어	인 자	기 호	접두어	인 자	기 호
exa	10^{18}	E	deci	10^{-1}	d
peta	10^{15}	P	centi	10^{-2}	c
tera	10^{12}	T	milli	10^{-3}	m
giga	10^{9}	G	micro	10^{-6}	μ
mega	10^{6}	M	nano	10^{-9}	n
kilo	10^{3}	k	pico	10^{-12}	p
hecto	10^{2}	h	femto	10^{-15}	f
deka	10^{1}	da	atto	10^{-18}	a

참 고 차원(Dimension)

여러 가지 물리량의 유도단위가 기본단위와 어떤 관계가 있는가를 밝혀보면 단위의 환산이 편리하고 방정식이 옳은가를 쉽게 알아낼 수 있다.
따라서 길이 [L], 질량 [M], 시간 [T]로 표시한다. 이와 같이 단위의 성질을 표시하는 식을 "차원"이라 한다.
특히 물리량의 덧셈, 뺄셈은 차원이 같을 때만 계산 가능하고, 곱셈, 나눗셈은 차원이 달라도 계산한다.

3. 유효숫자

과학적인 측정값이나 계산값은 그 값의 정밀도를 나타내야 하며 어떤 양의 정밀도를 표시하는 기본적 방법인 유효숫자를 사용한다. 유효숫자는 정확하게 알려진 숫자에 대략 산정된 숫자 하나를 더한 것을 사용한다. 예로 거리가 12km라고 말할 때 거리가 정확히 12km라는 의미는 아니고 12km에 가깝다는 의미이다. 그렇다면 12.0km로 표시하면 km의 10분의 1까지 정확하다는 의미이다.

따라서 그림과 같이 0.1cm의 자를 이용하여 9.2cm라는 것은 9.1과 9.3 사이에서 9.2에 가깝다는 것으로 정밀하게 보면 9.23cm로 보지만 뒷자리는 부정확하다. 소수점의 위치에 상관없이 측정해서 얻은 자리수이다. 즉 소수점의 위치에 상관없이 측정해서 얻은 자리수를 **유효숫자**라고 한다.

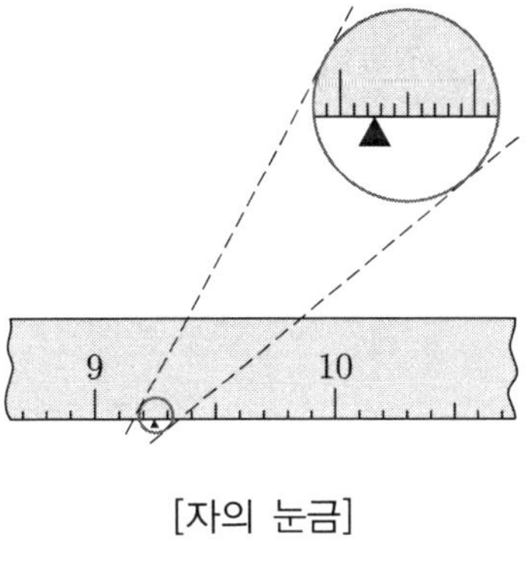

[자의 눈금]

1) 덧셈 · 뺄셈

두 개 이상의 측정값을 계산할 때 유효숫자의 전체 개수가 아니고 가장 정밀성이 떨어지는 값을 따른다. 즉 주어진 값들 중 소수 이하의 자릿수가 가장 작은 것에 맞춘다.

예] $44.56005\text{s} + 0.0698\text{s} + 1103.2\text{s}$를 계산하고, 유효숫자의 개수는?

[해설] $44.56005\text{s} + 0.0698\text{s} + 1103.2\text{s} = 1147.82985\text{s}$이다. 그러나 정밀도가 떨어지는 값을 이용하여 결과를 얻는다. 즉 3개의 수에서 소수 이하 자리수가 가장 작은 1103.2로부터 결과는 1147.8로 처리한다.
이 때 유효숫자의 개수는 5개가 된다.(유효숫자의 개수보다 정확도가 더 중요하다.)

2) 곱셈 · 나눗셈

계산 결과는 여러 측정값 중에서 유효숫자의 개수가 가장 적은 것을 선택하여 계산 결과에 맞춘다.

예] 28.2×13.125를 계산하면?

[해설] $28.2 \times 13.125 = 370.125 = 3.70 \times 10^2$ (3개)

예] $128 \div 0.73$를 계산하면?

[해설] $128 \div 0.73 = 175.3 = 1.8 \times 10^2$ (2개)

예제 1.1

지름이 10.2cm, 길이가 18.4cm인 원통의 부피를 유효숫자에 맞추어 계산할 때 가장 가까운 값은? (단, 원주율 π는 3.14로 한다.)

① $1.5 \times 10^3\text{cm}^3$ ② $1.50 \times 10^3\text{cm}^3$ ③ $1.00 \times 10^3\text{cm}^3$
④ $1.500 \times 10^3\text{cm}^3$ ⑤ $1.050 \times 10^3\text{cm}^3$

[풀이] 답 ②

부피는 $V = hA = h\pi\left(\frac{d}{2}\right)^2$이므로 측정값을 식에 대입하여 유효숫자를 고려하여 계산한다. 이 때 2와 3.14는 측정값이 아니다.

$$V = 18.4 \times 3.14 \times \left(\frac{10.2}{2}\right)^2 = 1502.75376 = 1.50275376 \times 10^3$$

곱셈이나 나눗셈의 원칙에 따라 3자리 유효숫자를 써서 $V = 1.50 \times 10^3\ \text{cm}^3$이다.

예제 1.2

구면계를 이용하여 볼록 거울의 곡률반경 R을 구할 때의 식은

$$R = \frac{a^2}{6h} + \frac{h}{2}$$

로 주어진다. 다음은 어떤 볼록 거울에 대하여 a와 h의 측정값을 평균값과 표준오차로 나타낸 것이다.

$$a = 60.00 \pm 0.09\,\text{mm}$$
$$h = 3.000 \pm 0.003\,\text{mm}$$

이 때, 오차 전파의 방법으로 R의 표준오차를 계산한 값은 0.6320이었다. 이 볼록 거울의 곡률반경 R을 평균값과 표준오차로 가장 바르게 나타낸 것은? (단, a와 h의 측정값은 서로 영향을 주지 않는다.)

① 201.500 ± 0.632 mm ② 201.500 ± 0.63 mm ③ 201.50 ± 0.632 mm
④ 201.50 ± 0.63 mm ⑤ 201.5 ± 0.6 mm

[풀이] 답 ⑤

수식에 제공된 상수 또는 숫자는 유효숫자 규칙에 적용되지 않음.
이제 계산하면 다음과 같다.

$$\begin{aligned} R &= \frac{a^2}{6h} + \frac{h}{2} = \frac{(60.00)^2}{6 \times (3.000)} + \frac{3.000}{2} \\ &= \frac{3600}{18.00} + 1.500 \\ &= 200.0 + 1.500 \\ &= 201.5 \end{aligned}$$

이때, 표준오차는 덧셈의 원칙에 따라 쓰면, $0.632 \rightarrow 0.6$,
따라서 측정값에 대한 유효숫자 처리된 값은 $R = 201.5 \pm 0.6\,(mm)$이다.

참고 **오차의 전파**

실제 측정상의 개별적 오차가 계산하고자 하는 물리량에 어느 정도 전파되는가를 알 필요가 있다.

1.2 벡터

크기와 방향으로 나타내는 물리량을 **벡터량**이라 한다. 예를 들어 변위, 속도, 가속도, 힘과 같은 물리량은 크기가 같더라도 방향에 따라 물리적인 의미가 달라지는 벡터량이다.

또한 벡터량에는 운동량, 충격량, 중력장, 전기장, 자기장 등이 있다. 그러나 질량, 부피, 시간과 같이 크기로만 나타낼 수 있는 물리량을 **스칼라량**이라 한다. 스칼라량은 사칙 연산에 의한 일반적 법칙을 따른다.

1. 벡터와 변위

그림과 같이 벌레 한 마리가 바둑판 모양으로 된 바닥 위의 한 점 A와 점 B를 향해 기어갔을 때 벌레의 이동을 점 A와 점 B를 직선으로 연결하여 화살표로 나타낼 수 있다. 이 화살표를 **벡터**라 하며, A점을 시점, B점을 종점이라 하며 벌레의 이동 위치를 표시하는 벡터를 **변위**라 한다. 즉, 화살표의 방향은 벡터의 방향, 선분의 길이는 벡터의 크기를 나타낸다. 특히 A점을 기준으로 표시된 벡터를 **위치벡터**라 한다. 이 때 B점을 좌표화할 수 있는데 이를 벡터의 성분이라 한다.

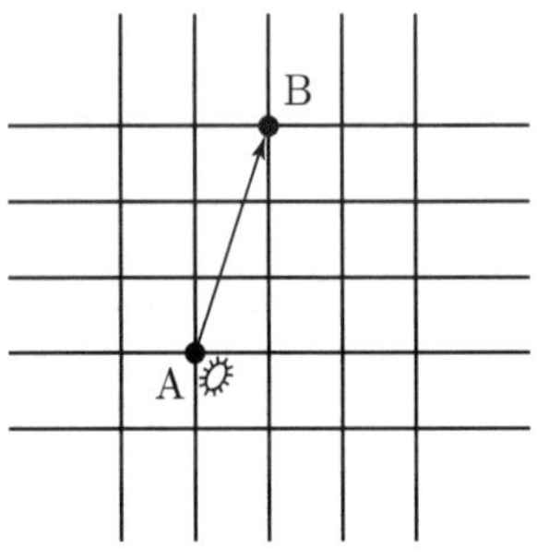

[벡터표시]

벡터는 크기와 방향을 동시에 나타내는 도구이며 일반적인 사칙 연산을 따르지 않는다.

예제 1.3

[문제 1] 스칼라량은 음의 값을 가질 수 있는가? 벡터의 크기가 음의 값을 가질 수 있는가? 벡터의 성분은 음의 값을 가질 수 있는가? 이에 대한 질문에 대하여 옳게 짝지은 것은?

① 있다 / 있다 / 있다　　② 없다 / 없다 / 있다
③ 있다 / 없다 / 있다　　④ 없다 / 있다 / 있다
⑤ 있다 / 없다 / 없다

[문제 2] 어떤 사람이 동쪽으로 3m를 걸어간 후 다시 북쪽으로 4m를 걸어갔을 때 이 사람이 움직인 거리와 변위를 바르게 짝지은 것은?

	거리	변위
①	7m	7m
②	7m	5m
③	5m	5m
④	5m	7m
⑤	7m	1m

[풀이] 답 (1) ③ (2) ②

(1) 스칼라량은 방향이 없지만 음의 값을 가질 수 있으며, 크기가 음인 벡터는 존재할 수 없다. 벡터의 성분은 기준점에 따라 음의 값을 가질 수 있다.
스칼라량 -3, 벡터의 크기 $|-3|$, 벡터의 성분 $(-2,\ 3)$

(2) 움직인 거리 : $3m+4m=7m$, 변위 : $\sqrt{3^2+4^2}=5(m)$

2. 벡터의 합성

1) 벡터의 합

• 시점과 종점을 연결하는 방법(평행사변형법, 삼각형법)

$$\vec{C}=\vec{A}+\vec{B}$$

$$C=\sqrt{A^2+B^2+2AB\cos\theta}$$

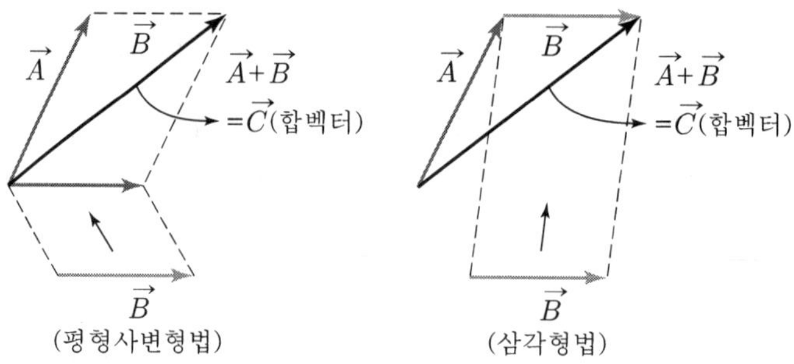

[벡터의 합]

• **벡터의 성분을 이용하는 방법**

$$\vec{F}=\vec{F_x}+\vec{F_y}$$

$$F_x = F\cos\theta,\quad F_y = F\sin\theta$$

$$F=\sqrt{F_x^2+F_y^2}$$

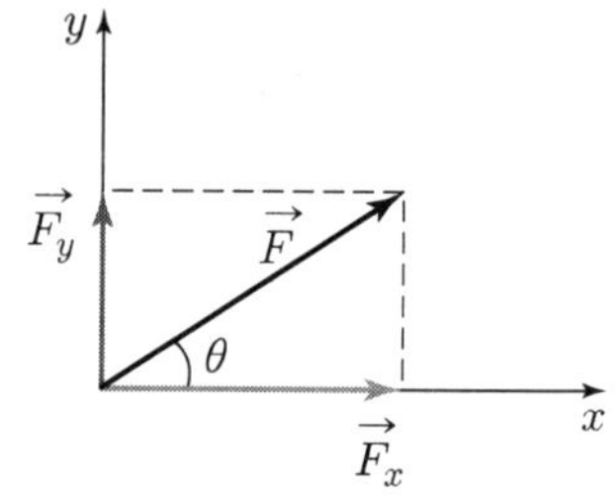

[벡터의 성분]

• **벡터의 분해**

직각분해법($x-y$좌표설정) – 비탈면에서의 힘의 벡터 분해를 생각하자.

그림과 같이 물체에 작용되는 수평면에서의 힘은 중력 $F=mg$이므로 수평면에 대하여 힘을 벡터 분해하면 다음과 같다.

$$F_x = F\sin\theta,\quad F_y = F\cos\theta$$

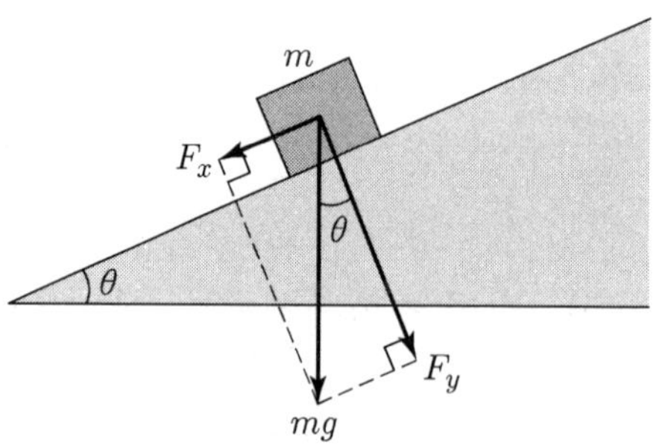

[비탈면에서의 힘]

2) 벡터의 차

$$\vec{C} = \vec{A} - \vec{B} = \vec{A} + (-\vec{B})$$

$$C = \sqrt{A^2 + B^2 - 2AB\cos\theta}$$

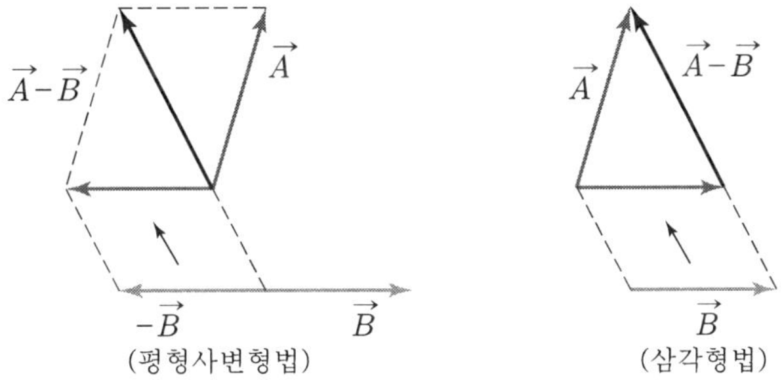

[벡터의 차]

예제 1.4

그림과 같이 크기가 F인 두 벡터 $\vec{F}_1$, $\vec{F}_2$가 x축과 각각 30°와 90°의 각을 이루고 있다. 이 때 $\vec{F}_1 + \vec{F}_2$, $\vec{F}_1 - \vec{F}_2$의 크기를 각각 구하면?

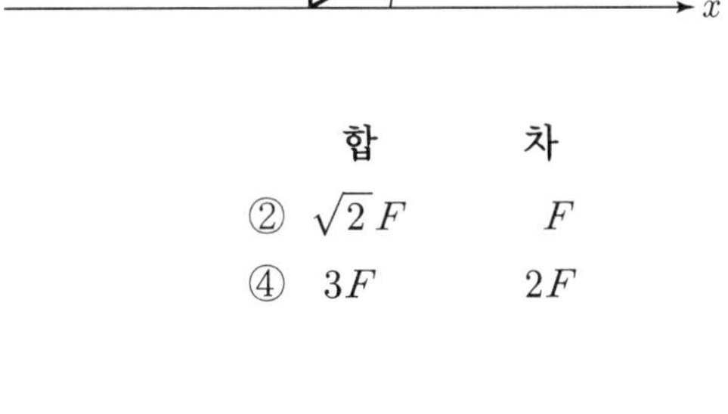

	합	차		합	차
①	$\sqrt{3}F$	F	②	$\sqrt{2}F$	F
③	F	F	④	$3F$	$2F$
⑤	$2F$	F			

[풀이] 답 ①

두 벡터의 합 $|\overrightarrow{F_1}+\overrightarrow{F_2}|=\sqrt{F^2+F^2+2FF\cos 60^\circ}=\sqrt{3}F$

두 벡터의 차 $|\overrightarrow{F_1}-\overrightarrow{F_2}|=\sqrt{F^2+F^2-2FF\cos 60^\circ}=F$

3. 벡터의 곱셈

1) 단위벡터

벡터 $\boldsymbol{A}$를 표현하는데 크기와 방향을 동시에 나타내기 위하여 $\boldsymbol{A}$와 같은 방향을 가지며 크기가 1인 벡터를 **단위벡터**라 정의한다. 단위벡터는 $\boldsymbol{e_A}$로 나타내며 $\boldsymbol{A}$의 크기를 A라 하면 다음과 같이 표기한다.

$$\boldsymbol{A}=A\boldsymbol{e_A}$$

특히, 좌표축에서 축의 방향으로 단위벡터를 나타낼 때 $\boldsymbol{i}$, $\boldsymbol{j}$, $\boldsymbol{k}$로 표기하고, 이를 기본벡터라고 한다. 단위벡터를 이용하여 벡터를 표현하면 벡터 연산에서 유용하게 쓸 수 있다.

$$\boldsymbol{A}=A_x\boldsymbol{i}+A_y\boldsymbol{j}+A_z\boldsymbol{k},\ \ \boldsymbol{B}=B_x\boldsymbol{i}+B_y\boldsymbol{j}+B_z\boldsymbol{k}$$

$$\boldsymbol{A}\pm\boldsymbol{B}=(A_x\pm B_x)\boldsymbol{i}+(A_y\pm B_y)\boldsymbol{j}+(A_z\pm B_z)\boldsymbol{k}$$

2) 내적

두 벡터를 곱하여 스칼라량을 얻는 연산으로서 정의는 다음과 같다.

$$\boldsymbol{a}\cdot\boldsymbol{b}=ab\cos\phi$$

여기서 ϕ는 두 벡터 사이의 각이다. 그리고 이 곱셈의 기호는 •로 나타내며, 보통 **내적**이라 하며 **스칼라곱**(scalar product) 또는 **도트곱**(dot product)이라고 한다. 예를 들면, 물리적 일은 $W=\vec{F}\cdot\vec{s}$, 전기선속은 $\Phi_E=\vec{E}\cdot\vec{A}$로 나타낸다.

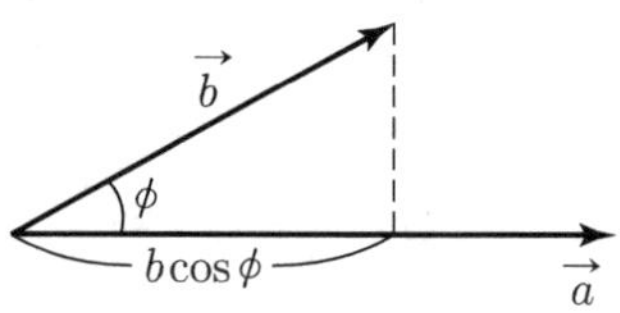

[내적]

$$\boldsymbol{a}\cdot\boldsymbol{b}=\boldsymbol{b}\cdot\boldsymbol{a}\ (\text{교환법칙 성립})$$

$$\boldsymbol{i}\cdot\boldsymbol{i}=\boldsymbol{j}\cdot\boldsymbol{j}=\boldsymbol{k}\cdot\boldsymbol{k}=1$$

$$\boldsymbol{i}\cdot\boldsymbol{j}=\boldsymbol{j}\cdot\boldsymbol{i}=\boldsymbol{j}\cdot\boldsymbol{k}=\boldsymbol{k}\cdot\boldsymbol{j}=\boldsymbol{k}\cdot\boldsymbol{i}=\boldsymbol{i}\cdot\boldsymbol{k}=0$$

$$\begin{aligned}\boldsymbol{a}\cdot\boldsymbol{b}&=(a_x\boldsymbol{i}+a_y\boldsymbol{j}+a_z\boldsymbol{k})\cdot(b_x\boldsymbol{i}+b_y\boldsymbol{j}+b_z\boldsymbol{k})\\&=a_xb_x+a_yb_y+a_zb_z\end{aligned}$$

3) 외적

두 벡터를 곱하여 새로운 벡터량을 얻는 연산으로서 정의는 다음과 같다.

$$a\times b=c$$

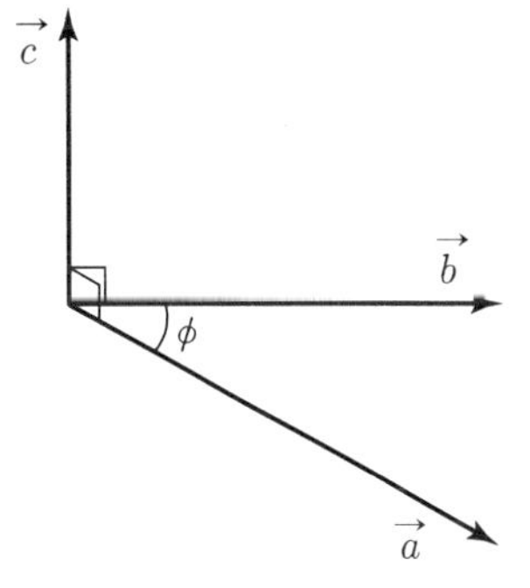

[외적]

여기서 크기는 $c=ab\sin\phi$, $\boldsymbol{a}$, $\boldsymbol{b}$에 수직한 방향을 향한다. 위의 식으로 정의되는 곱셈을 **외적**이라 하며 **벡터곱**(vector product) 또는 **크로스곱**(cross product)이라고 한다. 예를 들면, 돌림힘(토크)는 $\vec{\tau}=\vec{r}\times\vec{F}$, 자기력은 $\vec{F}=q\vec{v}\times\vec{B}$로 나타낸다.

$$a\times b=-b\times a \text{ (교환법칙 불성립)}$$

$$\boldsymbol{i}\times\boldsymbol{i}=\boldsymbol{j}\times\boldsymbol{j}=\boldsymbol{k}\times\boldsymbol{k}=0$$

$$\boldsymbol{i}\times\boldsymbol{j}=\boldsymbol{k}=-\boldsymbol{j}\times\boldsymbol{i},\quad \boldsymbol{j}\times\boldsymbol{k}=\boldsymbol{i}=-\boldsymbol{k}\times\boldsymbol{j},\quad \boldsymbol{k}\times\boldsymbol{i}=\boldsymbol{j}=-\boldsymbol{i}\times\boldsymbol{k}$$

$$\begin{aligned}\boldsymbol{a}\times\boldsymbol{b}&=(a_x\boldsymbol{i}+a_y\boldsymbol{j}+a_z\boldsymbol{k})\times(b_x\boldsymbol{i}+b_y\boldsymbol{j}+b_z\boldsymbol{k})\\&=(a_yb_z-a_zb_y)\boldsymbol{i}+(a_zb_x-a_xb_z)\boldsymbol{j}+(a_xb_y-a_yb_x)\boldsymbol{k}\end{aligned}$$

1.3 운동의 기술

역학이란?

- **운동학(Kinematics)** 물체의 운동 상태 기술한다.
- **동력학(dynamics)** 물체의 운동 상태의 변화를 힘에 의한 원인과 결과이다.

운동이란?

물체가 시간에 따라 위치를 바꾸는 현상을 운동(motion)이라 한다. 운동을 쉽게 묘사하기 위해 몇 가지(변위, 속도, 가속도)의 물리량을 도입한다.

1. 속도

1) 속력

속력이란 물체의 빠르기를 의미한다. 즉 단위시간당 진행한 거리이며, 단위는 [m/s]로 나타낸다.

- **순간 속력:** 어느 순간의 빠르기이다.
- **평균 속력:** 운동 중 항상 일정한 속력을 갖는 것이 아니므로 평균 개념을 도입한다.

$$\text{평균속력} = \frac{\text{움직인거리}}{\text{경과시간}} \rightarrow \bar{v} = \frac{s}{t}$$

2) 속도

속도란 운동방향과 빠르기를 동시에 나타내며, 단위시간당 위치의 변화량으로 나타낸다. 변화량은 위에서 배운 벡터의 차를 이용해야 한다.

그림과 같이 물체가 시간 t_1에서 t_2로 변할 때, 위치가 x_1에서 x_2로 바뀐다면 다음과 같이 속도를 나타낼 수 있다.

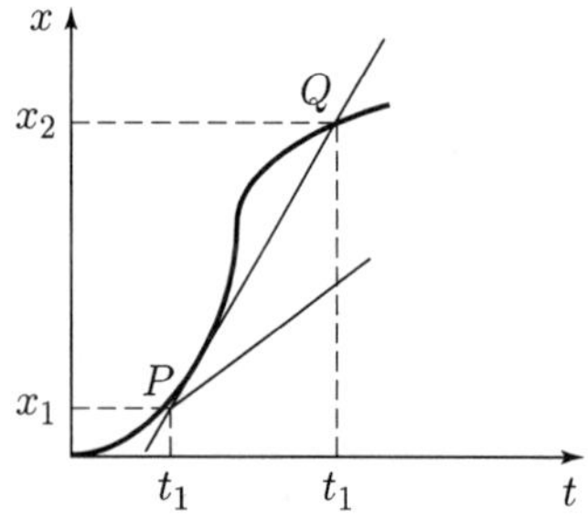

[위치-시간 그래프]

• **평균 속도** $\bar{v}=\dfrac{x_2-x_1}{t_2-t_1}=\dfrac{\Delta x}{\Delta t}$ (직선의 기울기)

• **순간 속도** $\vec{v}=\lim\limits_{t_2\to t_1}\dfrac{x_2-x_1}{t_2-t_1}=\lim\limits_{\Delta t\to 0}\dfrac{\Delta\vec{x}}{\Delta t}=\dfrac{d\vec{x}}{dt}$ (접선의 기울기)

3) 등속도 운동

그래프에서 보는 것처럼 물체가 매초 당 이동한 거리가 일정한 운동이다.

평균속도 = 순간속도

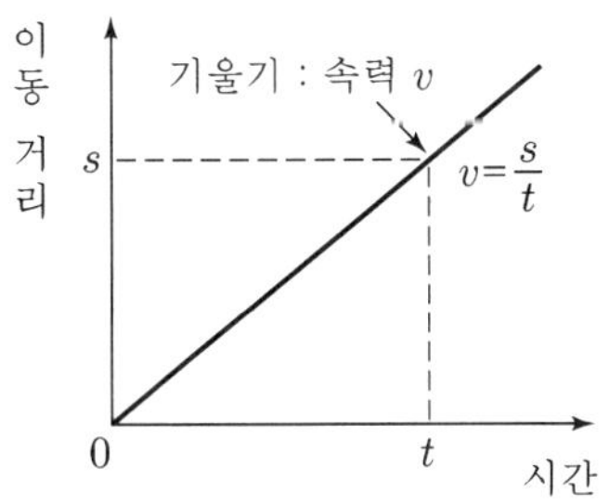

[이동거리–시간 그래프]

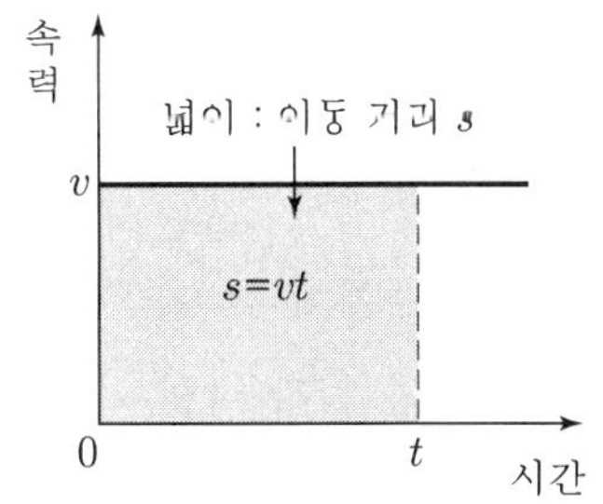

[속력–시간 그래프]

예제 1.5

그림과 같이 매끄러운 수평면 위에서 일정한 속력 v로 반지름 r인 원둘레 위를 점 A에서 출발하여 점 B로 운동하는 물체가 있다. 원둘레 위를 한 바퀴 도는 데 걸리는 시간은 t초 걸린다.

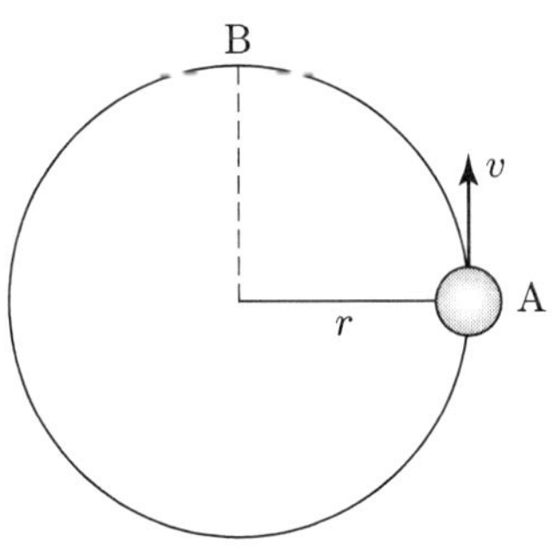

이 운동에 대한 설명으로 옳은 것만을 ⟨보기⟩에서 있는 대로 고른 것은? (단, 점 A의 접선

방향은 북쪽이다.)

<보 기>

ㄱ. 점 B에 도달했을 때 물체의 평균속도의 크기는 $\frac{4\sqrt{2}r}{t}$ 이다.

ㄴ. $\frac{t}{2}$초가 지났을 때 순간속도의 크기는 v이다.

ㄷ. $\frac{t}{2}$초가 지났을 때 순간속도의 방향은 남쪽이다.

① ㄱ ② ㄴ ③ ㄷ
④ ㄱ, ㄷ ⑤ ㄱ, ㄴ, ㄷ

[풀이] 답 ⑤

ㄱ. 평균속도는 $\frac{\text{변위}}{\text{걸린시간}}$ 이므로 $\frac{\sqrt{2}r}{t/4} = \frac{4\sqrt{2}r}{t}$

ㄴ. 순간속도의 크기는 변함이 없으므로 v이고,

ㄷ. 방향은 남쪽(아래쪽)이다.

예제 1.6

그림과 같이 A, B 두 지점을 일정한 속력으로 왕복 운항하는 비행기가 있다. 일정한 속력의 북서풍이 불고 있을 때 비행기가 A를 출발하여 B를 거쳐서 다시 A로 돌아왔다고 한다.

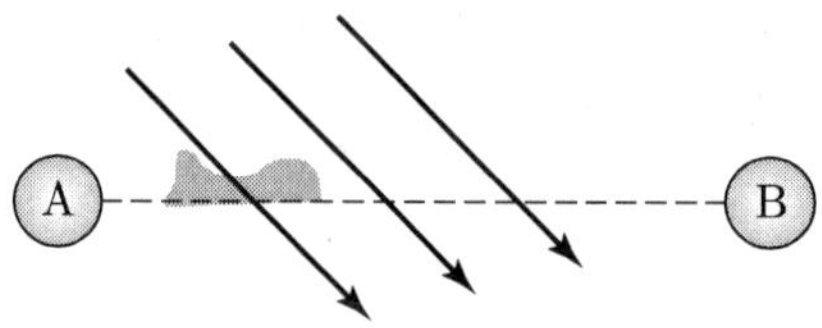

이 때, 이 비행기의 실제 운항 평균속력을 구하기 위하여 반드시 필요한 자료를 〈보기〉에서 있는 대로 고른 것은? (단, 공기의 저항은 무시한다.)

<보 기>

ㄱ. A, B 사이의 거리
ㄴ. 비행기 자체 속력
ㄷ. 바람의 속력

① ㄱ, ㄴ　　② ㄴ, ㄷ　　③ ㄱ, ㄷ
④ ㄱ　　⑤ ㄱ, ㄴ, ㄷ

[풀이] 답 ②

비행기 속력 v, 바람의 속력 v'(실제 속력은 $v'\cos 45°$)이라 하면, $\overline{AB}=l$일 때 (단, 방향에 대한 것을 무시)

$\bar{v}=\dfrac{2l}{\dfrac{l}{v+v'}+\dfrac{l}{v-v'}}=\dfrac{(v+v')(v-v')}{v}$로 l(거리)은 이 자료에서 필요 없다.

2. 상대속도

운동하는 물체의 속도는 운동을 관측하는 사람의 운동 상태에 따라서 그 값이 달라진다. 그림과 같이 물체의 속도를 측정하고자 할 때 관찰자가 어떤 기준을 선택하느냐에 따라 물체의 속도는 상대적으로 나타낸다. 이 속도를 **상대속도**라 한다. 즉, 상대속도는 관찰자(의 좌표계에서)가 측정한 물체의 속도를 말하며 관찰자의 속도를 0으로 하여 계산하면 된다.

A에 대한 B의 상대속도 = A가 바라본 B의 상대속도

$$\vec{v}_{AB}=\vec{v}_B-\vec{v}_A$$

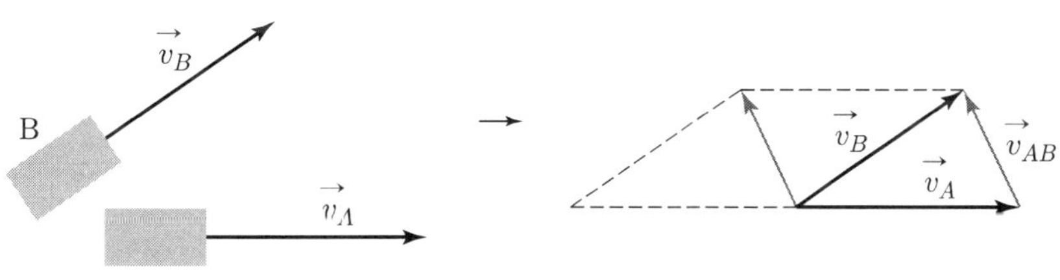

[상대속도]

3. 가속도

가속도는 물체의 속력이나 운동방향이 변할 때 속도의 시간적 변화율이다. 즉, 단위 시간 동안의 속도의 변화량으로 나타내며, 단위는 $[\mathrm{m/s^2}]$로 나타낸다.

• **평균 가속도** $\vec{a}=\dfrac{\vec{v_2}-\vec{v_1}}{t_2-t_1}=\dfrac{\Delta\vec{v}}{\Delta t}$

• **순간 가속도** $\vec{a}=\lim\limits_{t_2\to t_1}\dfrac{\vec{v_2}-\vec{v_1}}{t_2-t_1}=\lim\limits_{\Delta t\to 0}\dfrac{\Delta\vec{v}}{\Delta t}=\dfrac{d\vec{v}}{dt}=\dfrac{d^2\vec{x}}{dt^2}$

예제 1.7

평면 위에서 곡선을 따라 운동하는 물체가 있다. 그림과 같이 A점에서 20m/s의 속력으로 출발한 물체가 5초 후 B점을 지날 때 처음과 다른 방향으로 20m/s의 속력으로 운동하고 있었다. 두 점 A, B 사이의 평균 가속도의 크기를 구하면?

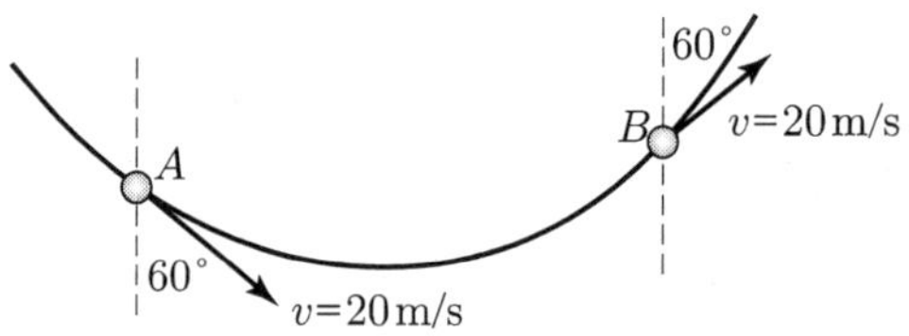

① 20m/s^2 ② 10m/s^2 ③ 5m/s^2
④ 4m/s^2 ⑤ 4m/s

[풀이] 답 ④

평균가속도 $\vec{a}=\dfrac{\vec{v_2}-\vec{v_1}}{t_2-t_1}=\dfrac{\Delta\vec{v}}{\Delta t}=\dfrac{\text{속도의변화량}}{\text{시간의변화량}}$ 이고

속도의 변화량에 대한 크기를 벡터적으로 계산하면

$\Delta v=\sqrt{20^2+20^2-2\times20\times20\times\cos60^\circ}=20(m/s)$ 이다.

따라서 $\bar{a}=\dfrac{20}{5}=4(m/s^2)$이다.

예제 1.8

물체에 힘을 가하면 가속도가 생긴다. 다음 중 물체의 가속도가 일정한 경우를 고르면?

① 직선상에서 일정한 시간 간격마다 이동한 거리가 같은 경우
② 일정한 거리를 진행할 때마다 속도의 변화량이 같은 경우
③ 일정한 시간이 지날 때마다 속도의 변화량이 같은 경우

④ 일정한 거리를 진행할 때마다 가속도의 변화량이 같은 경우
⑤ 일정한 시간이 지날 때마다 가속도의 변화량이 같은 경우

[풀이] 답 ③

가속도는 단위 시간 동안 "속도의 변화량"이다. 따라서 일정한 시간이 지날 때마다 속도의 변화량이 같은 경우를 말하며, 이와 같은 운동을 등가속도운동이라 한다.

4. 등가속도 운동

매초 당 속도의 변화량이 일정한 운동(평균가속도=순간가속도)을 말하며, 모든 운동의 기본이 되는 것으로 정확한 개념파악이 요구된다. 이와 같이 등가속도 운동은 일반적으로 가속도가 양(+)의 값을 가질 때는 속도가 일정하게 증가하고, 가속도가 음(-)일 때에는 속도가 일정하게 감소한다.

1) 가속도가 양(+)인 경우(a > 0)

그림에서와 같이 가속도가 일정하므로 $a-t$ 그래프에서 시간 축에 나란한 직선이 되고, t초 동안의 속도변화량은 $a \times t$이다.

따라서 속도의 변화량 $\Delta v = v - v_0 = at$에서

$$v = v_0 + at$$

가 된다.

$v = v_0 + at$는 $v-t$그래프에서 기울기가 a인 1차 함수이며, 이동한 거리는

$$s = v_0 t + \frac{1}{2}at^2$$

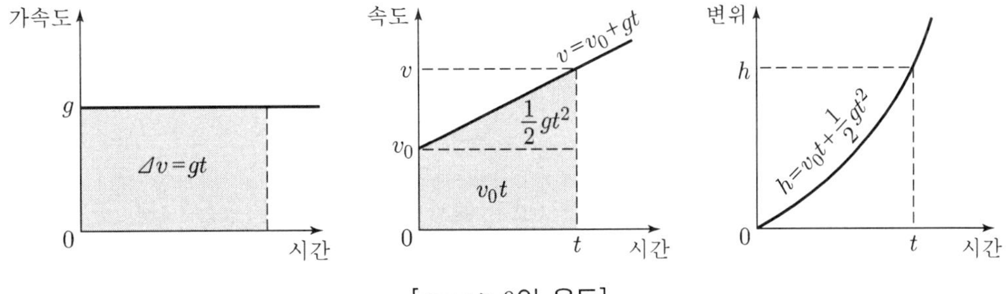

[$a = g > 0$인 운동]

이고, 특히 일직선 상의 운동이므로 이동거리와 변위가 같다.

$$v = v_0 + at, \quad s = v_0 t + \frac{1}{2}at^2, \quad v^2 - v_0^2 = 2as$$

2) 가속도가 음(−)인 경우(a 〈 0)

그림에서와 같이 가속도가 음의 값을 가지며 속도가 일정하게 감소하므로 어느 순간에 속도가 0이 되고, 속도의 방향이 바뀌게 되므로 이때부터 반대방향으로 운동하게 된다.

$$v = v_0 - at, \quad s = v_0 t - \frac{1}{2}at^2, \quad v^2 - v_0^2 = -2as$$

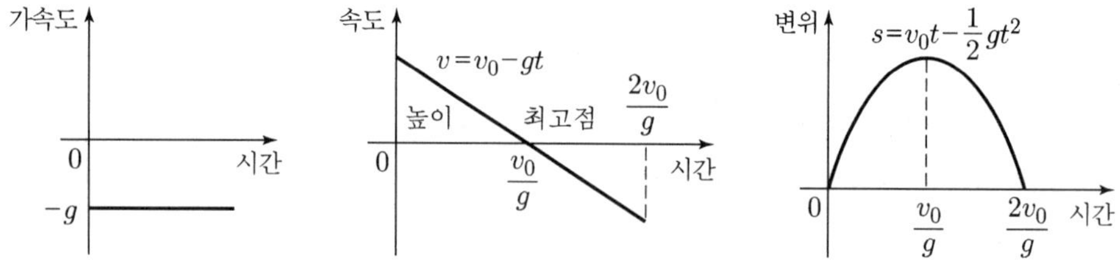

[$a = -g < 0$인 운동]

예제 1.9

그림과 같이 금속구 A를 자유 낙하시키고 나서 3초 후에 다른 금속구 B를 연직 하방으로 던졌다. 이 때 B를 던지고 난 5초 후에 B와 A가 충돌하였다.

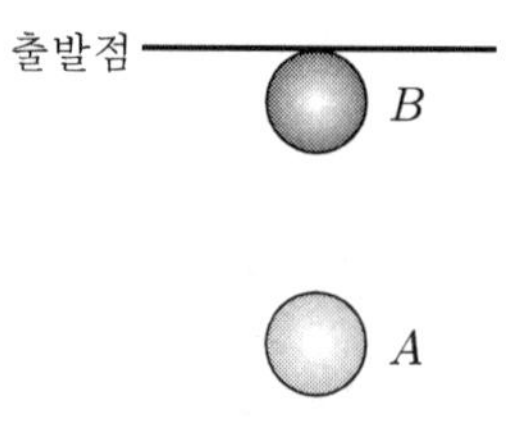

이에 대한 운동의 설명으로 옳은 것만을 〈보기〉에서 있는 대로 고른 것은? (단, 공기의 저항은 무시하고, 중력가속도는 g로 9.8m/s^2이다.)

<보 기>

ㄱ. 금속구 B의 초속도는 38.22m/s이다.
ㄴ. 금속구 A는 충돌할 때까지 8초 걸린다.
ㄷ. B와 A가 충돌하는 곳은 출발점에서 313.6m이다.

① ㄱ, ㄴ ② ㄴ, ㄷ ③ ㄱ, ㄷ
④ ㄱ ⑤ ㄱ, ㄴ, ㄷ

[풀이] 답 ⑤

금속구 A가 충돌할 때까지 3+5초=8초 간 자유낙하($v_0 = 0$)하므로

$$h_A = \frac{1}{2}gt_A^2 = \frac{1}{2} \times 9.8 \times 8^2 \text{이고,}$$

금속구 B는 초속도 v_0로 5초간 낙하하므로

$$h_B = v_0 t_B + \frac{1}{2}gt_B^2 = v_0 \times 5 + \frac{1}{2} \times 9.8 \times 5^2 \text{이다.}$$

ㄴ. 금속구 A가 충돌할 때까지 8초 걸린다.

ㄱ. 충돌하기 위해서는 같은 거리 $h_A = h_B$을 만족한다.

$$h_A = \frac{1}{2}gt_A^2 = \frac{1}{2} \times 9.8 \times 8^2$$
$$= h_B = v_0 t_B + \frac{1}{2}gt_B^2 = v_0 \times 5 + \frac{1}{2} \times 9.8 \times 5^2$$
$$v_0 = 38.22(\text{m/s})$$

ㄷ. 충돌할 때까지의 낙하 거리를 의미한다. 즉,

$$h_A = \frac{1}{2}gt_A^2 = \frac{1}{2} \times 9.8 \times 8^2 = 313.6(\text{m})$$

이다.

예제 1.10

시각 $t = 0$에서 시작하여 연직 방향으로 1차원 운동을 하는 물체의 변위가 $y = At + Bt^2$으로 주어진다.

<보 기>

ㄱ. A가 0이면 처음 속도가 0인 운동을 나타낸다.
ㄴ. B가 0이 아니면 등속 운동을 한다.
ㄷ. A와 B가 모두 0이 아니면 시간에 따른 변위의 그래프는 포물선을 나타낸다.

이 물체의 운동에 대한 설명으로 옳은 것만을 〈보기〉에서 있는 대로 고른 것은?
(단, A와 B는 상수이다.)

① ㄱ ② ㄴ ③ ㄱ, ㄴ
④ ㄱ, ㄷ ⑤ ㄴ, ㄷ

[풀이] 답 ④

처음 속도 v로 등가속도 운동하는 물체의 변위 $s = vt + \frac{1}{2}at^2$과 주어진 식 $y = At + Bt^2$을 비교해보면 $A = v$, $B = \frac{1}{2}a$이다.

ㄱ. $A = 0$이면 $v = 0$이고,
ㄴ. $B \neq 0$이면 $a \neq 0$이므로 등가속도 운동이다.
ㄷ. $y \propto t^2$이면 그래프는 포물선 그래프가 된다.

1.4 힘의 법칙

힘 물체의 운동 상태를 변화시켜 주거나 물체의 모양을 변형시켜 주는 원인이 되는 물리량이다.

힘의 3요소 힘의 작용점, 크기, 방향을 의미한다.

힘의 단위 MKS 단위 [kg · m/s^2]로 SI 단위인 [N]를 쓴다.

1. 관성의 법칙(뉴턴의 제1법칙)

물체에 외력이 작용하지 않거나 작용하는 힘의 합력(알짜힘)이 0이면, 물체는 원래의 운동 상태를 유지시키려는 성질이 있다. 이 때 관성의 크기는 질량이다.

따라서 **관성**이란 물체가 정지 혹은 일정한 속력의 직선 운동 상태를 유지하려는 자연적 경향이다.

참고 **"질량"과 "무게"는 다르다.**

무게는 중력이 물체에 작용하는 힘($W=mg$)이다.
중력의 영향이 없는 우주선에서 큰 납덩어리를 올리는 것은 쉽지만($W=0$) 우주 비행사가 납덩어리를 찬다면 그의 발가락은 다치게 될 것이다($m \neq 0$).

1) 관성의 예

- 유리컵 위의 종이를 갑자기 잡아당기면 종이 위의 동전이 유리컵 안으로 떨어진다.
- 망치의 자루 부분을 아래 방향으로 두드리다가 갑자기 멈추었을 때 망치의 머리 부분이 자루에 꼭 끼이게 된다.
- 아래 방향으로 줄을 서서히 잡아당기면 물체의 위쪽 줄이 끊어지고 줄을 갑자기 잡아당기면 물체의 아래쪽 줄이 끊어진다.
- 자동차가 갑자기 출발하면 차 안에 서 있는 사람이 뒤로 넘어진다.
- 물체를 줄에 매달아 원운동 시키다가 줄을 끊었을 때 물체는 원의 접선 방향을 따라 날아간다.

2) 물체의 평형

한 물체에 여러 힘이 작용할 때 합력(알짜힘)이 0이 되어 물체가 정지해 있거나 운동 상태의 변화가 없을 때 작용한 힘은 서로 평형을 이루고 있다고 정의한다.

$$\vec{F} = \sum_i \vec{F}_i = 0 \text{ (작용점은 한 물체 내에 있다.)}$$

- **두 힘의 평형** $\vec{f}_1 + \vec{f}_2 = 0$
- **세 힘의 평형** $\vec{f}_1 + \vec{f}_2 + \vec{f}_3 = 0$

$$\frac{f_1}{\sin\alpha} = \frac{f_2}{\sin\beta} = \frac{f_3}{\sin\gamma} \text{ (라미의 정리)}$$

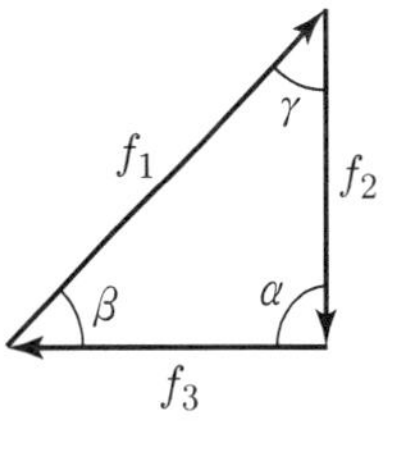

[세 힘의 평형]

참고 힘의 평형

실제 물체(강체)의 평형이 되려면 힘의 평형과 힘의 모멘트(토크, 돌림힘)의 평형이 이루어져야 한다. 다시 말하면 병진평형과 회전평형을 의미한다.

예제 1.11

그림과 같이 두 도르래 A, B에 실을 걸고 질량이 각각 m_1, m_2, M인 세 추를 매달았다. 이 때 실 AC, BC가 수평과 각 θ_1, θ_2를 이루면서 평형이 되었다.

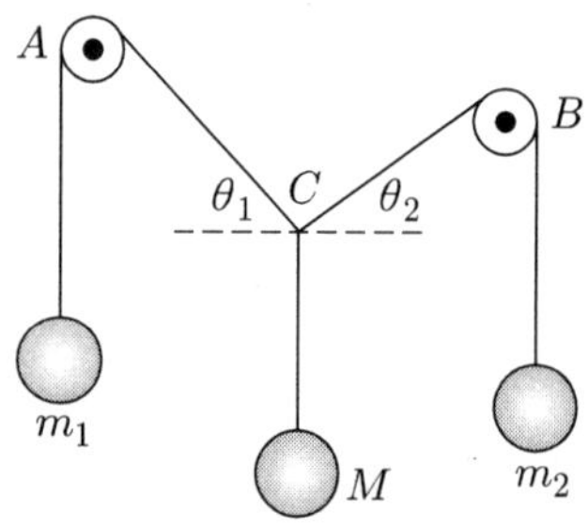

이에 대한 설명으로 옳은 것만을 〈보기〉에서 있는 대로 고른 것은? (단, 실과 도르래의 질량은 무시하고 도르래의 마찰은 없고, 중력가속도는 g이다.)

<보 기>

ㄱ. $m_1 = m_2 = m$일 때 $\theta_1 = \theta_2$이다.

ㄴ. $m_1\cos\theta_1 = m_2\cos\theta_2$

ㄷ. $m_1\sin\theta_1 + m_2\sin\theta_2 = M$

① ㄱ　② ㄴ　③ ㄱ, ㄴ

④ ㄱ, ㄷ　⑤ ㄱ, ㄴ, ㄷ

[풀이] 답 ⑤

C 점에 실의 장력 T_1, T_2, T가 세힘의 평형이므로

x, y 방향으로 분해하면 다음과 같다.

$$x\text{성분} : m_2 g\cos\theta_2 - m_1 g cos\theta_1 = 0$$

y성분 : $m_1 g\sin\theta_1 + m_2 g sin\theta_2 - Mg = 0$

ㄱ. $m_1 = m_2 = m$이므로 $\cos\theta_2 = \cos\theta_1 \rightarrow \theta_1 = \theta_2$

ㄴ. $m_2 \cos\theta_2 = m_1 \cos\theta_1$

ㄷ. $m_1 \sin\theta_1 + m_2 \sin\theta_2 - M$

예제 1.12

그림은 질량 m인 추, 도르래, 줄로 구성된 기구로 골절상을 입은 환자의 다리를 고정시키고 있는 것을 나타낸다. 기구가 다리에 작용하는 힘 F_a와 F_b의 크기는? (단, 줄의 질량과 도르래의 마찰은 무시하고, 중력가속도는 g이다.)

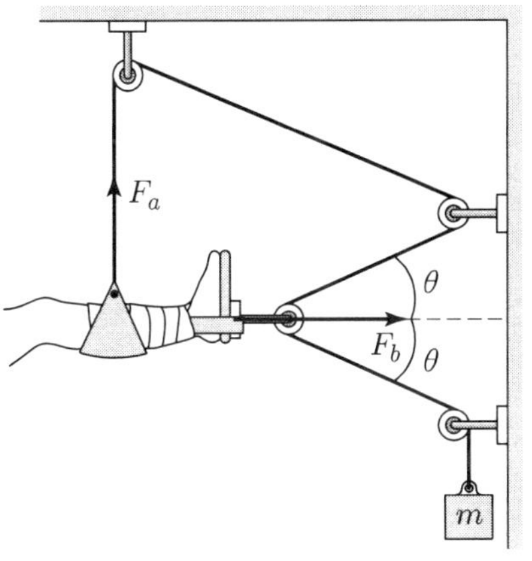

	F_a의 크기	F_b의 크기		F_a의 크기	F_b의 크기
①	mg	$2mg\cos\theta$	②	mg	$2mg\sin\theta$
③	$2mg\cos\theta$	$mg\sin\theta$	④	$2mg\sin\theta$	mg
⑤	$2mg\sin\theta$	$mg\cos\theta$			

[풀이] 답 ①

장력을 통해 아래로 작용하는 힘 $F_a = mg$와 같다.

F_b는 질량 m을 갖는 물체가 도르래와 연결, 즉, 추의 무게가 mg이므로 양쪽으로 걸리는 장력은 $F_b = mg\cos\theta$의 두 배, 즉 $2mgcos\theta$ 이다.

(라미의 정리를 통해 구할 수도 있다.)

2. 운동의 법칙(가속도의 법칙)(뉴턴의 제2법칙)

힘이란 물체의 운동을 일으키는 원인이며 물체에 힘이 작용했을 때 물체는 속도의 변화가 생기므로 가속도 운동을 하고 일정한 힘이 계속적으로 가해질 때 물체는 등가속도 운동을 한다. 이 때 물체에 작용하는 힘은 합력(알짜힘)이 되고, 다음과 같이 나타낸다.

$$\vec{F} = m\frac{\Delta \vec{v}}{\Delta t} = m\vec{a}$$

이 때 물체의 운동 방향이 물체에 작용한 힘의 방향이라고 생각하지 말아야 한다.

- **운동방정식** $\sum \vec{F} = m\vec{a}$: 한 물체가 합력(알짜힘)에 의해 운동한다.
- 힘의 방향 = 가속도의 방향 = 속도의 변화량의 방향
- **자유 물체도** 물체와 물체에 작용하는 힘들을 표시한 도표이다.

1) 관성 기준계

가속 좌표계에서 운동 제2법칙이 만족할 수 있도록 도입한 힘을 **관성력**이라고 한다. 가속 좌표계에서 나타나는 관성력은 좌표계의 가속도 방향과 반대 방향으로 나타난다. 그림은 (가) 지상에 정지해 있는 관측자가 본 손잡이의 운동, (나) 가속도 운동하는 차 안의 관측자가 본 손잡이의 평형을 보여준다.

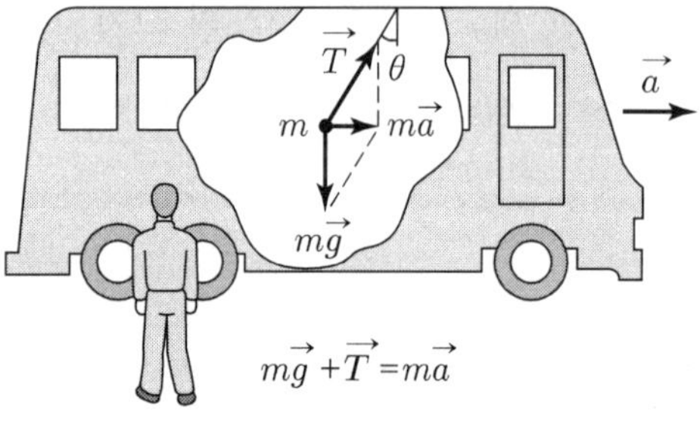

(가) 관성계(정지좌표)

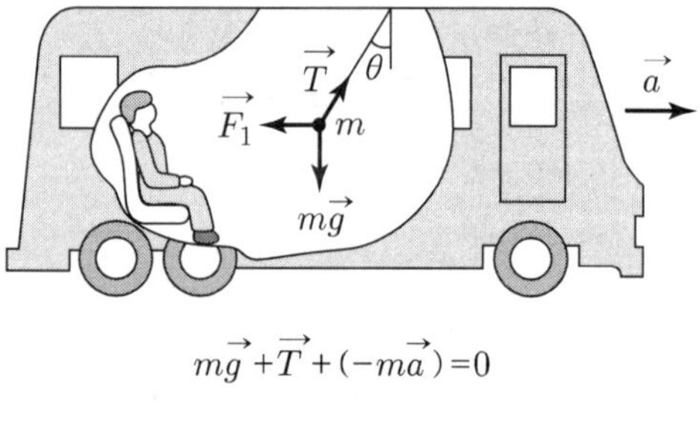

(나) 비관성계(가속좌표계)

2) 관성력

가속 운동하는 좌표계에서 뉴턴의 운동법칙이 성립하도록 만든 가상적인 힘이다.

가속 운동하는 물체의 내부에서는 뉴턴의 운동법칙이 성립하지 않는다. 즉

- 가속 운동하는 물체의 가속도 방향과 항상 반대($f=-ma$)로 작용한다.
- 반작용이 없다.
- 원심력은 원운동의 관성력이며 중력과 같은 힘의 효과를 보이지만 아무 것도 끌어당기지 않는다.

예제 1.13

그림과 같이 질량이 2kg, 3kg인 두 물체 A, B를 질량을 무시할 수 있는 줄에 연결하여 도르래에 걸어 손으로 잡고 있는 것을 나타낸 것이다.

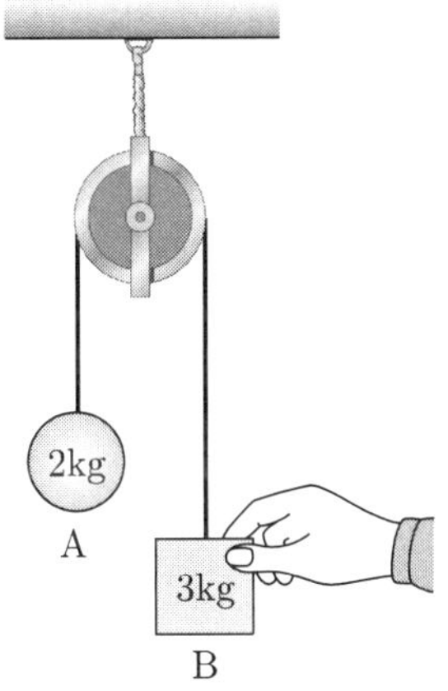

물체 A와 B의 운동에 대한 설명으로 옳은 것만을 〈보기〉에서 있는 대로 고른 것은? (단, 모든 마찰은 무시하며, 중력가속도는 10m/s^2이다.)

<보 기>

ㄱ. B를 잡고 있을 때, 실의 장력은 20N이다.
ㄴ. 손을 가만히 놓을 때, A와 B의 가속도는 2m/s^2이다.
ㄷ. 손을 가만히 놓을 때, 실의 장력은 24N이다.

① ㄱ ② ㄱ, ㄴ ③ ㄱ, ㄷ
④ ㄴ, ㄷ ⑤ ㄱ, ㄴ, ㄷ

[풀이] 답 ⑤

ㄱ. B를 잡고 있으면 A에 작용하는 알짜힘은 0이다.
즉, 실의 장력은 $T = m_A g = 2\times 10 = 20(N)$ 이다.

ㄴ, B를 잡고 있던 손을 가만히 놓으면 A와 B는 $(3-2)\times g = 10$로 10N의 힘으로 운동하므로 가속도는 $a = \dfrac{F}{m} = \dfrac{10}{5} = 2(\mathrm{m/s^2})$이다.

ㄷ. 운동방정식을 통해 $T - m_A g = m_A a$, $T - 2\times 10 = 2\times 2$
즉, 장력 T는 24N이다.

예제 1.14

그림과 같이 질량이 각각 6.00kg, 5.00kg인 두 상자가 4.00kg의 질량을 가진 균일한 줄에 연결되어 있다. 그림처럼 위 방향으로 200N의 힘이 작용하고 있다. (단, 중력가속도는 $g = 9.8\ \mathrm{m/s^2}$이다.) 다음 물음에 답하여라.

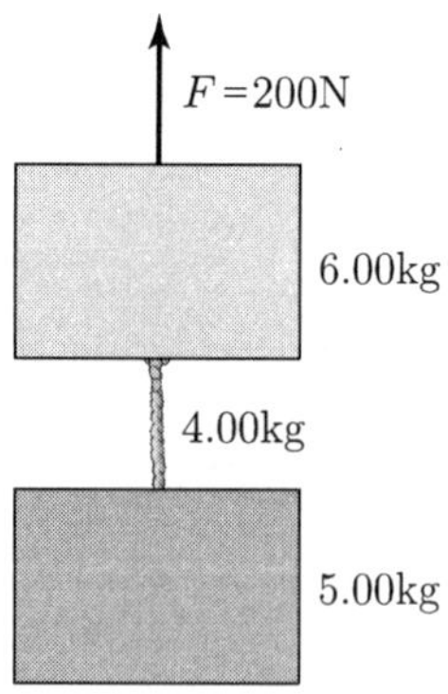

(1) 이 계의 가속도의 크기는?

(2) 무거운 줄의 맨 위쪽에서의 장력의 크기는?

(3) 줄의 중간 지점에서의 장력의 크기는?

[풀이] (1) 3.5 (2) 120 (3) 93.3

(1) 계 운동이므로 전체 질량은 $m = 6+4+5 = 15(\mathrm{kg})$이다.

$$F - mg = ma$$

$$a = \frac{F-mg}{m} = \frac{200 - 15\times 9.8}{15} = 3.5(m/s^2)\text{이다.}$$

(2) 줄 끝의 장력 T_{top}이라 하면 $F - m'g - T_{top} = m'a$

$$T_{top} = F_m - m'(g+a) = 200 - 6\times(9.8+3.5) = 120(\mathrm{N})$$

(3) 줄의 중간 지점(질량 m=2kg)에서의 장력 T_m은

$$T_{top} - T_m - mg = ma \text{ 이므로}$$

$$T_m = T_{top} - m(g+a) = 120 - 2\times(9.8+3.5) = 93.3(\mathrm{N})$$

3. 작용과 반작용의 법칙(뉴턴의 제3법칙)

어떤 물체에 힘이 작용하면, 작용한 힘과 크기가 같고 방향이 반대인 반작용의 힘이 작용한 물체에 미치고 동일 직선상에서 동시에 일어난다. 즉, 한 물체에 작용하는 두 힘은 평형이 되는 두 힘이 아니라 두 물체 각각에 작용하는 두 힘이다.

그림과 같이 용수철저울을 이용하여 작용력에 따른 반작용력을 알 수 있다.

$$\vec{F}_{AB} = -\vec{F}_{BA}$$

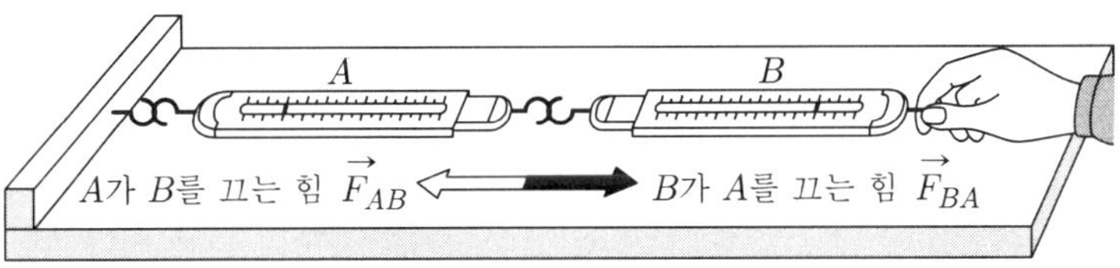

[작용 · 반작용의 법칙]

이때 저울에 나타나는 힘의 크기는 A 용수철저울에서 보이는 값과 B 용수철저울에서 보이는 값은 같다.

예제 1.15

질량이 각각 m, M인 두 물체가 마찰이 없는 수평면 위에 그림과 같이 접촉되어 있다. 이때 그림의 (1)에서 힘 F가 작용되는 것과 (2)에서 힘 F가 작용되는 것을 보여준다.

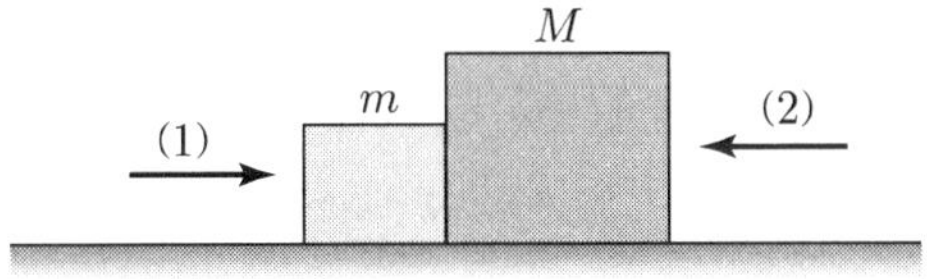

이에 대한 설명으로 옳은 것만을 〈보기〉에서 있는 대로 고른 것은?

<보 기>

ㄱ. (1)에서 힘 F로 밀 때 접촉면 사이의 작용하는 힘의 크기는 $\frac{MF}{m+M}$이다.

ㄴ. (1), (2)에서의 가속도의 크기는 같다.

ㄷ. (2)에서 힘 F로 밀 때 접촉면 사이의 작용하는 힘의 크기는 $\frac{mF}{m+M}$이다.

① ㄱ ② ㄴ ③ ㄱ, ㄴ
④ ㄱ, ㄷ ⑤ ㄱ, ㄴ, ㄷ

[풀이] 답 ⑤

질량을 가진 물체는 관성에 의해 저항하려는 성질이 있으므로 접촉면 사이에 힘이 작용하고, 이 힘은 작용과 반작용에 의해 두 물체 각각에 크기가 같고 방향이 반대로 작용한다.

ㄱ, ㄴ. 접촉면 사이에 작용하는 힘을 f_1이라 하면 질량 m인 물체에 작용하는 힘은 $F-f_1$이고 질량 M인 물체에 작용하는 힘은 f_1이다.

$F-f_1=ma,\ f_1=Ma$에서 $a=\frac{F}{m+M},\ f_1=\frac{MF}{m+M}$이다.

ㄷ. 접촉면 사이에 작용하는 힘을 f_2라 하면 질량 M인 물체에 작용하는 힘은 $F-f_2$이고 질량 M인 물체에 작용하는 힘은 f_2이다.

$F-f_2=Ma,\ f_2=ma$에서 $a=\frac{F}{m+M},\ f_2=\frac{mF}{m+M}$이다.

예제 1.16

그림과 같이 천정에 물체가 매달려 있을 때, 지구는 이 물체를 중력으로 당기고 있다. 이 중력을 작용이라 하면, 이 때 반작용을 의미하는 것만을 〈보기〉에서 있는 대로 고른 것은?

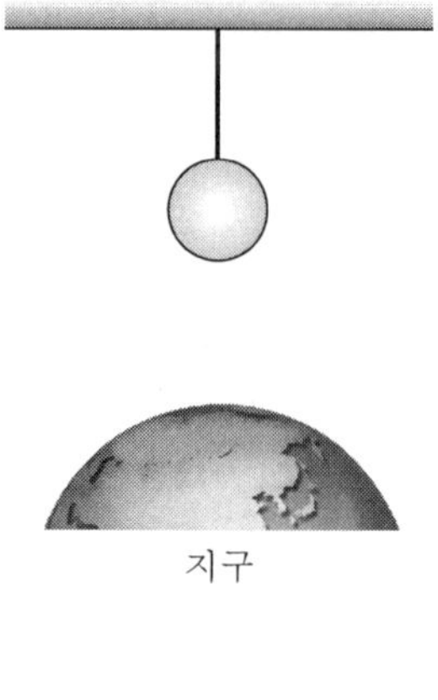

<보 기>

ㄱ. 줄이 물체를 당기는 힘
ㄴ. 물체가 줄을 당기는 힘
ㄷ. 물체가 지구를 당기는 힘
ㄹ. 줄이 천정을 당기는 힘

① ㄱ　　② ㄴ　　③ ㄷ

④ ㄱ, ㄹ　　⑤ ㄷ, ㄹ

[풀이] 답 ③

줄이 물체를 당기는 힘인 장력 T와 무게 W는 같은 물체에 작용하므로 작용, 반작용이 아니다. 따라서 지구가 물체를 당기는 힘 W의 반작용은 물체가 지구를 당기는 힘 W가 된다. 줄이 천정을 당기는 힘 T은 지구가 물체를 당기는 힘 W와 방향이 같으므로 작용과 반작용이 될 수 없다.

참고 자연계의 기본적인 힘

자연계에 존재하는 힘의 종류는 중력, 전자기력, 강력, 약력의 4가지로 나눌 수 있다.

기본적인 힘	상대적인 크기
강한 상호작용력	1
전자기력	10^{-2}
약한 상호작용력	10^{-13}
중력(만유인력)	10^{-39}

- **중력** 질량을 가진 물체 사이에 작용하는 인력으로 기본적인 힘 가운데 상대적인 크기가 가장 작다.
- **전자기력** 전하를 가진 입자 사이에 작용하는 힘으로 정지해 있는 전하들 사이에 정전기력만이 작용하지만 운동하는 전하들 사이에는 전기력 외에 자기력이 나타난다.
- **강한 상호 작용력(핵력)** 원자핵 속의 핵자들을 핵 속에 묶어 놓는 힘으로 핵력이라고도 하며, 상대적인 크기가 가장 크다.
- **약한 상호 작용력** 원자핵의 변환 과정에 나타나는 힘이다.

1.5 저항력

1. 마찰력

물체의 한 면이 다른 면 위를 미끄러질 때 두 물질의 재료나 면 사이에 작용하는 힘에 따라 나타나는 힘으로 **마찰력**이라 한다. 이 힘은 물체의 운동을 방해한다.

$f = \mu N = \mu mg$ (수평면에서)

$f = \mu N = \mu mg\cos\theta$ (빗면에서) (μ: 마찰계수, N: 수직항력)

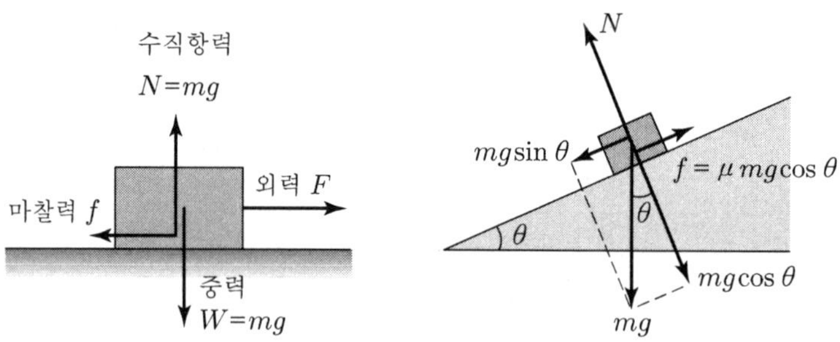

[수평면, 빗면의 마찰력]

1) 마찰력 특징

• 물체의 운동 방향이나 물체에 작용한 힘에 대하여 항상 반대 방향으로 작용하며, 마찰력의 크기가 외력보다 클 수는 없다.

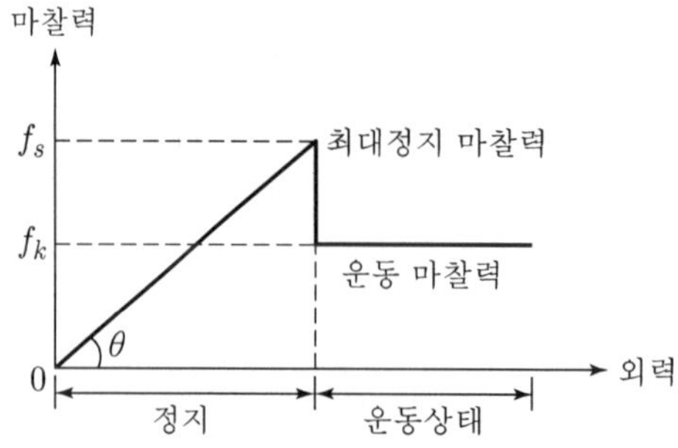

[마찰력과 외력 관계]

- 접촉면의 성질에 따라 마찰력의 크기는 달라지며, 접촉면의 넓이와 물체의 속도와는 무관하다.
- 마찰력의 크기는 물체가 받는 수직항력에 비례한다.
- 빗면의 각이 θ가 되었을 때 물체가 미끄러지기 시작하였다면, 마찰력

$$f = \mu mg\cos\theta = mg\sin\theta$$

에서 물체와 빗면 사이의 마찰계수 $\mu = \tan\theta$이다.
- 운동 마찰계수는 정지 마찰계수보다 작다. $(\mu_k < \mu_s)$

2. 공기 저항력

공기의 저항력은 공기가 물체 주위를 부드럽게 흐를 수 있을 정도로 속도가 충분히 느린 경우에는 물체의 속도에 비례한다. 그러나 속도가 증가하여 소용돌이가 발생하게 되면 저항은 속도의 제곱에 비례하게 된다.

1) 마찰 저항

유체가 점성을 가지기 때문에 생기는 저항으로 점성 저항이라고도 하며, 유속에 비례한다.

2) 압력 저항

유체 속을 운동하는 물체의 표면에 작용하는 압력의 차이에 의해 생기는 저항으로 물체가 유체를 밀어내는 데 필요한 힘에 대한 반작용으로 작용한다. 압력 저항은 소용돌이의 원인이 되며 속도의 제곱에 비례한다.

$$R = bv + cv^2$$

3) 종단 속도

낙하하는 물체에서 낙하 속도가 증가할수록 공기의 저항력도 증가하여 결국 중력과 같은 크기의 힘이 반대로 작용하여 등속도로 운동하게 되는데, 이때의 속도를

종단 속도라고 한다. 위의 저항력 식에서

$$c=0\text{으로 하면, } F=mg-bv_t=0\text{에서 종단 속도 } v_t=\frac{mg}{b}$$

$$b=0\text{으로 하면, } F=mg-cv_t^{\,2}=0\text{에서 종단 속도 } v_t=\sqrt{\frac{mg}{c}}$$

이다. 여기서 의미하는 종단 속도는 $c=0$일 때 이다.

예] 낙하산(6.25m/s), 스카이다이버(60m/s), 직경 2mm의 빗방울(7m/s) 등

참고 | 저항력이 속도에 비례할 때의 종단 속도

$mg-bv=m\dfrac{dv}{dt}$에서 $\dfrac{dv}{\frac{mg}{b}-v}=\dfrac{b}{m}dt$이므로 양변에 적분을 취한다.

$$\int_0^v \frac{dv}{\frac{mg}{b}-v}=\frac{b}{m}\int_0^t dt,\quad -\left[\ln\left(\frac{mg}{b}-v\right)\right]_0^v=\ln\frac{mg}{b}-\ln\left(\frac{mg}{b}-v\right)=\frac{bt}{m}$$

$-\ln\left(1-\dfrac{bv}{mg}\right)=\dfrac{bt}{m}$에서 $v_t=\dfrac{mg}{b}\left(1-e^{-\frac{b}{m}t}\right)$

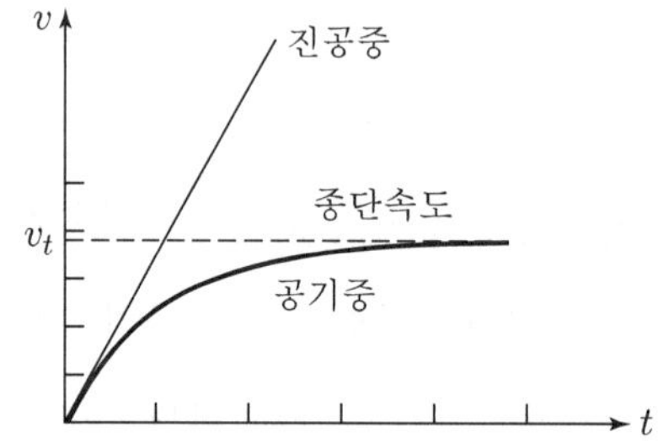

[$v-t$ 그래프]

예제 1.17

그림 (가)와 (나)는 마찰이 없는 수평면에 정지해 있던 질량 M인 물체 A 위의 정중앙에 (가)에서는 질량 m인 물체 B를, (나)에서는 질량 m인 물체 C를 가만히 올려놓고 수평으

로 크기와 방향이 같은 힘 F를 A에 각각 작용하여, B는 미끄러지지 않고 A와 함께 운동하고, C는 미끄러지며 A 위에서 운동하는 것을 나타낸 것이다.

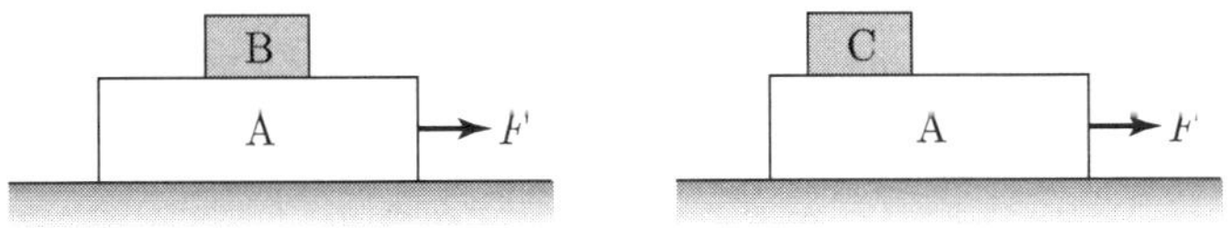

(가) (나)

이에 대한 설명으로 옳은 것만을 〈보기〉에서 있는 대로 고른 것은? (단, 공기 저항은 무시하고, 물체 사이의 마찰 계수는 0이 아니며 물체의 모든 점은 직선 운동한다.)

<보 기>

ㄱ. (가)에서 B에 작용하는 마찰력의 크기는 F의 크기와 같다.
ㄴ. (나)에서 C에 작용하는 마찰력의 방향은 F의 방향과 같다.
ㄷ. A의 가속도의 크기는 (가)에서가 (나)에서보다 크다.

① ㄱ ② ㄴ ③ ㄷ
④ ㄱ, ㄴ ⑤ ㄴ, ㄷ

[풀이] 답 ②

ㄱ. B는 A면 위에서 마찰에 의해 정지 상태로 A와 함께 가속도 a로 운동하므로 B의 운동을 만드는 마찰력은 ma라 할 수 있고, F는 질량 m과 M을 가속도 a로 운동 시키므로 $F=(M+m)a$이다.

ㄴ. C가 A 위에서 미끄러진다는 것은 F의 반대방향으로 미끄러지면 운동하며 따라서 마찰력은 C 운동방향의 반대방향으로 작용하므로 F 방향과 같다.

ㄷ. 가속도는 (가)와 (나)의 경우 모두 힘 F에 의해서 같은 질량 $(m+M)$을 운동 시키므로 같다.

예제 1.18

그림은 줄다리기를 하는 두 사람 A와 B가 힘의 평형을 이루고 있는 모습을 나타낸 것이다. A와 B는 각각 힘 F_A와 F_B로 줄을 당기고 있고, 줄은 수평면과 평행하다.

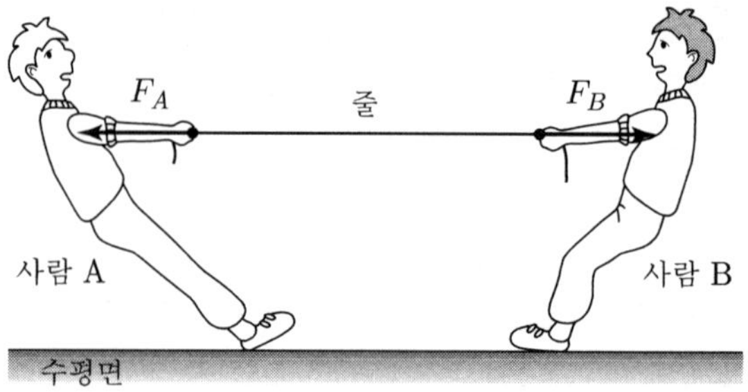

이에 대한 설명으로 옳은 것만을 〈보기〉에서 있는 대로 고른 것은? (단, 줄의 질량은 무시한다.)

<보 기>

ㄱ. F_A와 F_B의 크기는 같다.

ㄴ. 줄의 장력의 크기는 $|F_A|+|F_B|$이다.

ㄷ. A와 수평면 사이의 마찰력과 B와 수평면 사이의 마찰력은 크기가 같다.

① ㄱ ② ㄴ ③ ㄱ, ㄴ

④ ㄱ, ㄷ ⑤ ㄴ, ㄷ

[풀이] 답 ④

ㄱ. 줄다리기에서 정지 상태이므로 힘의 평형이다. 줄에 걸리는 장력은 T로 사람이 잡아당기는 힘에 반대로 작용한다. (작용, 반작용)

힘의 크기는 $F_A = T$, $F_B = T$이다.

ㄴ. 작용, 반작용에 의해 $F_A = F_B = T$이다.

ㄷ. 각각에 걸리는 마찰력은 f_A, f_B로 장력과 대응되며, 크기가 같다.

예제 1.19

질량이 각각 m, M인 두 물체 A, B를 일정한 높이에서 자유 낙하시켰다. 두 물체가 받는 공기 저항력은 같다. 이에 대한 운동의 설명으로 옳은 것만을 〈보기〉에서 있는 대로 고른 것은? (단, 중력 가속도는 g이다.)

<보 기>

ㄱ. $m < M$일 때 물체 B가 먼저 지면에 도달한다.
ㄴ. $m < M$일 때 물체 A가 먼저 지면에 도달한다.
ㄷ. 두 물체 A, B의 가속도는 g와 같다.

① ㄱ　② ㄴ　③ ㄱ, ㄴ
④ ㄱ, ㄷ　⑤ ㄴ, ㄷ

[풀이] 답 ①

저항력을 R이라 할 때, 두 물체 A, B가 받는 힘은 각각 $mg-R$, $Mg-R$이므로 두 물체 A, B의 가속도를 각각 a_A, a_B라 하면

ㄱ, ㄴ. $ma_A = mg - R$, $Ma_B = Mg - R$에서 $a_A = g - \frac{R}{m}$, $a_B = g - \frac{R}{M}$이다.

여기서 $m < M$이므로 $a_A < a_B$이다.

$h = \frac{1}{2}at^2$에서 h는 일정하고 $a_A < a_B$이므로 B가 먼저 지면에 도달한다.

ㄷ. 공기 저항력은 물체의 질량에 비례하나 가속도는 다르다.

예제 1.20

그림은 질량이 m 인 물체가 공기 중에서 초기 속력 $v_0 = 0$ 으로 연직 방향으로 낙하하는 것을 나타낸 것이다. 낙하하는 동안 물체는 공기에 의한 저항력을 받는다. 저항력의 크기와 물체에 작용하는 중력의 크기가 같아지면 물체는 등속 운동을 하게 되며, 이 때 물체의 속력 v_t 를 종단 속력이라고 한다.

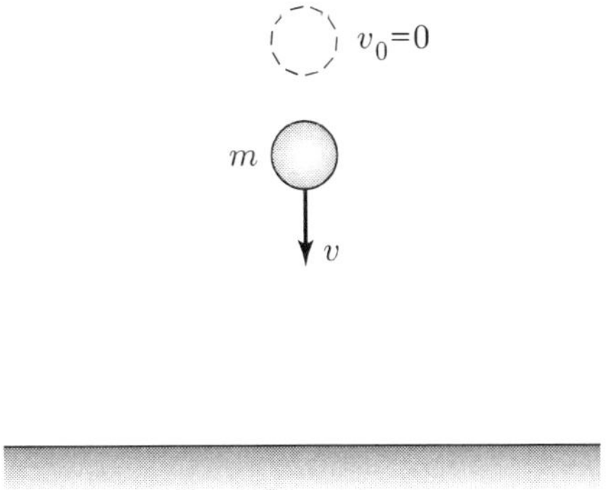

속력이 v 인 물체가 받는 공기 저항력의 크기가 kv일 때, 물체의 운동에 대한 설명으로 옳은 것만을 〈보기〉에서 있는 대로 고른 것은? (단, 중력 가속도는 g이며, k는 상수이고, 물체의 회전은 무시한다.)

<보 기>

ㄱ. 이 물체의 가속도의 크기가 $\frac{g}{2}$가 되는 지점에서 속력은 $\frac{v_t}{2}$이다.

ㄴ. 이 물체의 속력 v가 종단 속력에 도달하기 전까지, v는 낙하 시간에 정비례한다.

ㄷ. k가 일정할 때, 질량이 m 인 물체의 종단 속력은 질량이 $2m$ 인 물체의 종단 속력과 같다.

① ㄱ ② ㄴ ③ ㄱ, ㄴ
④ ㄱ, ㄷ ⑤ ㄴ, ㄷ

[풀이] 답 ①

ㄱ. $mg = kv_t$, $v_t = \dfrac{mg}{k}$이므로 가속도 $a = \dfrac{g}{2}$ 일 때 운동방정식으로부터

$mg - kv = m\left(\dfrac{g}{2}\right)$, $v = \dfrac{mg}{2k} = \dfrac{v_t}{2}$이다.

ㄴ. 운동방정식을 풀으면 실제 속력은 지수함수로 나타낸다.

$(v = \dfrac{mg}{k}\left(1 - e^{-\frac{k}{m}t}\right))$

ㄷ. $mg = kv_t$, $v_t = \dfrac{mg}{k}$에서 $2mg = kv'_t$ 따라서, $v'_t = \dfrac{2mg}{k} = 2v_t$가 된다.

1.6 포물선 운동

물체가 지구 중심을 향하는 중력만을 받아 운동하므로 수평성분의 가속도는 0이고 연직성분의 가속도는 g이다. 평면운동은 수평성분과 연직성분이 서로 독립적이기 때문에 두 성분으로 나누어 생각하는 것이 편리하다.

1. 수평으로 던진 물체의 운동

물체에 작용하는 힘은 중력뿐 이므로 수평 방향으로는 등속도 운동, 연직 방향으로는 중력이 아래로 작용해서 자유 낙하 운동을 하는 포물선 궤적를 그린다.

- **t초 후의 물체의 속도 성분**

$v_x = v_0$, $v_y = gt$

$$v = \sqrt{v_x^2 + v_y^2} = \sqrt{v_0^2 + g^2t^2}$$

- **t초 후의 물체의 위치 성분**

$x = v_0 t$, $y = -\frac{1}{2}gt^2$

물체의 궤적 $y = -\frac{1}{2}\frac{g}{v_0^2}x^2$

- **수평도달거리**

처음속도와 자유 낙하하는 데 걸리는 시간의 곱이다.

$$R = v_0 t = v_0\sqrt{\frac{2h}{g}}$$

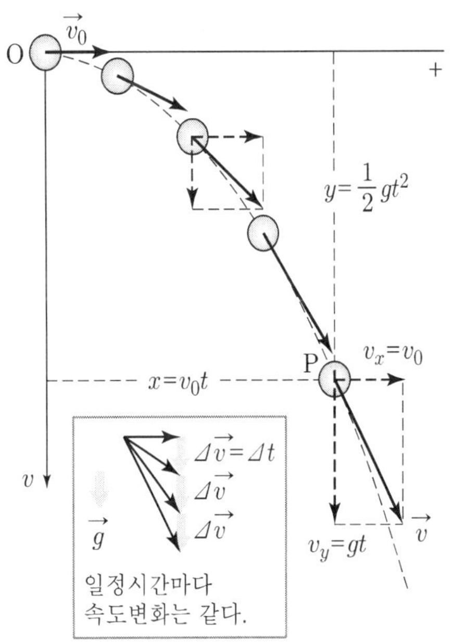

[수평 운동]

2. 비스듬히 던져 올린 물체의 운동

물체에 작용되는 힘은 중력뿐 이므로 수평 방향으로는 등속도 운동, 연직 방향으로는 중력이 아래로 작용해서 연직 상방 운동을 하므로 포물선 궤적를 그린다.

- **t초 후의 물체의 속도 성분** $v_x = v_0\cos\theta$, $v_y = v_0\sin\theta - gt$

- **t초 후의 물체의 위치 성분** $x = v_0\cos\theta\, t$, $y = v_0\sin\theta\, t - \frac{1}{2}gt^2$

물체의 궤적 $y = (\tan\theta)x - \left(\frac{g}{2v_0^2\cos^2\theta}\right)x^2$

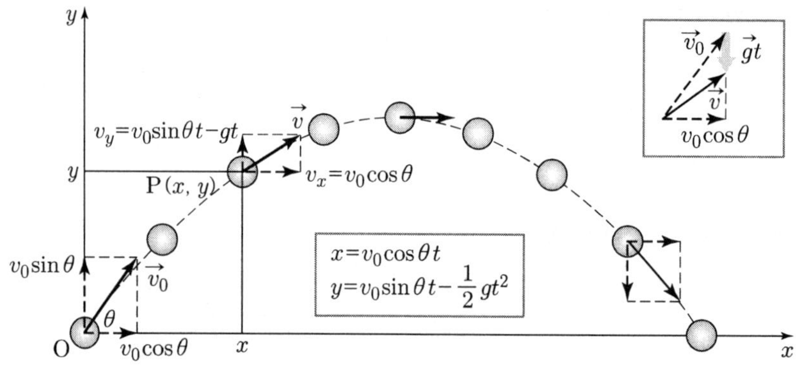

[포물선 운동]

- **최고점 도달 높이** $H = \dfrac{(v_0 \sin\theta)^2}{2g}$

- **수평도달거리** $R = \dfrac{v_0^2 \sin 2\theta}{g}$

예제 1.21

그림은 오토바이를 탄 사람이 경사각 $30°$인 P 지점에서 그냥 달리는 모습을 나타낸 것이다. 이때 궤적의 관계식은 $y = (\tan\theta)x - \dfrac{1}{2}\dfrac{g}{{v_0}^2 \cos^2\theta}x^2$을 만족한다.

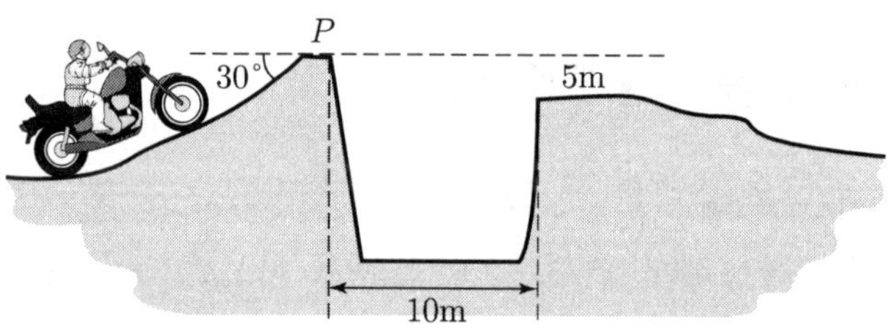

이 때 구덩이에 빠지지 않기 위한 최소의 속력으로 가장 가까운 값은? (단, 중력 가속도 $g = 9.8m/s^2$이고, $\sqrt{3} \fallingdotseq 1.7$이다.)

① 7.8m/s ② 6.8m/s ③ 8.7m/s
④ 9.8m/s ⑤ 8.9m/s

[풀이] 답 ①

x 성분과 y 성분의 이동 거리를

$$x = v_0 \cos\theta t \quad --- \text{①} \qquad y = v_0 \sin\theta - \frac{1}{2} g t^2 \quad --- \text{②}$$

①, ②식을 이용해서 t를 소거하면 $y = x\tan\theta - \dfrac{gx^2}{2v_0 \cos^2\theta}$ 이다.

여기서 $x = 10$ 일 때 $y = -5$ 이고 $\theta = 30°$ 이므로

$$10\tan 30° - \frac{9.8 \times 10^2}{2{v_0}^2 \cos^2 30°} = -5 \qquad \therefore\ v_0 = 7.8(\mathrm{m/s})$$

예제 1.22

그림은 수평면상의 지점 P로부터 거리가 각각 $2d$, d인 지점에서 동일한 두 물체 A, B를 각각 수평면에 대해 θ_A, θ_B의 각으로 동시에 쏘아 올리는 것을 나타낸 것이다.

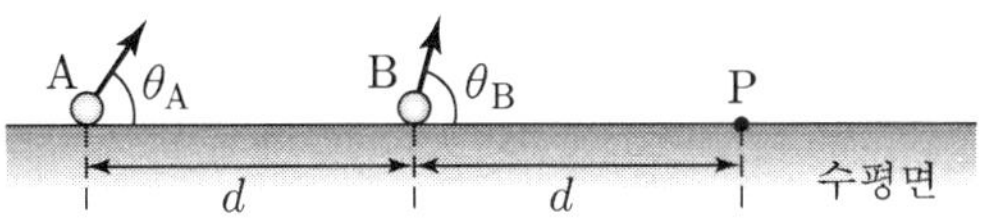

A, B가 포물선 운동하여 P에 동시에 떨어질 때, 이에 대한 설명으로 옳은 것만을 〈보기〉에서 있는 대로 고른 것은? (단, 공기의 저항과 물체의 크기는 무시한다.)

<보 기>

ㄱ. 속도의 수평 성분 크기는 A가 B의 2배이다.
ㄴ. 최고점에 도달하는 데 걸리는 시간은 A가 B의 2배이다.
ㄷ. $\tan\theta_B = 2\tan\theta_A$ 이다.

① ㄱ　　② ㄴ　　③ ㄱ, ㄴ
④ ㄱ, ㄷ　　⑤ ㄴ, ㄷ

[풀이] 답 ④

ㄱ. 수평속도 성분을 이용하여 도달거리를 구하면, 동시에 떨어지므로 같은 시간 동안 비행한 것이다.

A의 초속도 v_{0A}라 하면 $2d = v_{0A}\cos\theta_A \times 2t$

B의 초속도 v_{0B}라 하면 $d = v_{0B}\cos\theta_B \times 2t$

이 때 $\cos\theta_A > \cos\theta_B$, $\theta_A < \theta_B$이므로 수평속도는 A가 B보다 크고, $v_{0A}\cos\theta_A = 2v_{0B}\cos\theta_B$ 이다.

ㄴ. A, B의 비행시간은 $2t$이므로 최고점에서 시간은 둘다 t시간이다.

ㄷ. $x = v_0\cos\theta t$, $y = v_0\sin\theta t - \frac{1}{2}gt^2$에서 $y = \tan\theta t - \frac{1}{2}gt^2$이다.

따라서 동시 떨어질 때 $y = 0$이므로

$$\tan\theta_A \times 2d - \frac{1}{2}g(2t)^2 = 0,\ \tan\theta_B \times d - \frac{1}{2}g(2t)^2 = 0$$

즉, $\tan\theta_B = 2\tan\theta_A$

또한 y성분의 속력이 꼭대기에서 0이므로

$v_{Ay} = v_A\sin\theta_A - gt$, $v_{By} = v_B\sin\theta_B - gt$에서 $v_A\sin\theta_A = v_B\sin\theta_B$을 이용한다.

1.7 원운동

원운동은 중심으로부터 일정한 거리에서 있는 물체가 회전하는 것으로 각속도가 일정한 운동(속력, 가속도, 구심력의 크기가 일정)을 말한다. 물체의 운동 방향에 평행한 방향으로 힘이 작용하면 속도의 크기가 변하고, 운동 방향에 수직한 힘이 작용하며 속도의 크기는 변하지 않고 방향만 변한다.

1. 원운동의 기술

1) 각의 변화율

- **각속도** $w = \frac{\Delta\theta}{\Delta t} = \frac{\Delta s}{\Delta t} \cdot \frac{1}{r} = \frac{v}{r}$[rad/s]

- **선속도** $v = \frac{\widehat{AB}}{\Delta t} = \frac{r\Delta\theta}{\Delta t} = rw$[m/s]

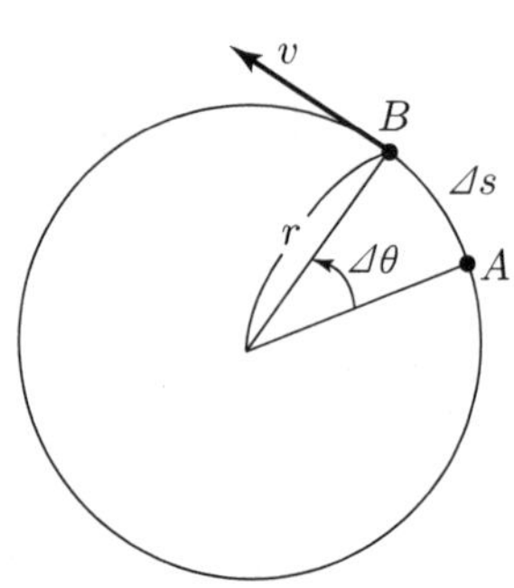

[선속도]

2) 주기

등속 원운동하는 물체가 반경 r인 원둘레 위를 1회전하는 데 걸리는 시간이다.

$$T=\frac{2\pi r}{v}=\frac{2\pi}{w}\ \ [\mathrm{s}]$$

3) 진동수

1초 동안의 회전수 [Hz=1/s]이며 주기의 역수 관계이다.

$$T=\frac{1}{f}$$

2. 구심가속도 · 구심력

1) 구심가속도

구심가속도의 방향은 속도의 변화 방향과 같고, 이 방향은 원의 중심 방향임을 의미한다.

그림과 같이 물체는 시간 간격 Δt 동안 원 궤도를 따라 P에서 Q로 움직이면 순간 속도 v_P와 v_Q의 크기는 v로 같으나 방향은 다르다.

$$\Delta v=v_Q-v_P$$

$$a=\frac{\Delta v}{\Delta t}$$

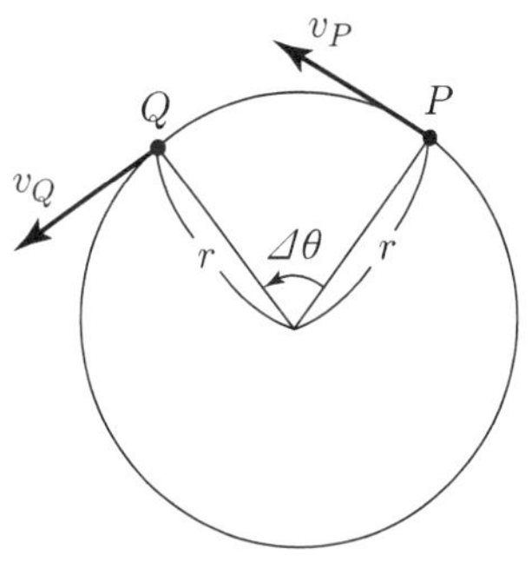

[구심가속도]

이 때 Δt가 작으면 v_P와 v_Q는 거의 평행, 즉 Δv는 거의 수직이다.(원의 중심을 의미한다.)

$$\Delta\theta=\frac{v\Delta t}{r}\simeq\frac{\Delta v}{v_P}=\frac{\Delta v}{v}$$

즉, 구심가속도의 크기는

$$a=\frac{\Delta v}{\Delta t}=\frac{v\Delta\theta}{\Delta t}=\frac{v\dfrac{v\Delta t}{r}}{\Delta t}=\frac{v^2}{r}$$

이 된다.

2) 구심력

물체의 운동 방향에 수직한 힘을 계속적으로 작용하면 물체는 원둘레 위를 일정한 속력으로 원운동하게 되는데, 이 때 작용하는 중심력을 **구심력**이라 한다.

$$F=ma=m\frac{v^2}{r}=mrw^2=mr\left(\frac{2\pi}{T}\right)^2=mr(2\pi f)^2$$

3) 여러 가지 원운동

• 실에 매달린 물체의 원운동 : 장력(T)이 구심력이 된다.

$$T=\frac{mv^2}{r}$$

• 원형 경기장을 달리는 자동차나 자전거의 원운동 : 수직 항력(N)과 마찰력(f)의 합력이 구심력이 된다.

$$\vec{N}+\vec{f}=\frac{mv^2}{r}$$

• 지구 주위를 도는 인공위성의 원운동 : 위성과 지구의 만유인력이 구심력이 된다.

$$G\frac{Mm}{r^2}=\frac{mv^2}{r}$$

• 원자핵 주위를 도는 전자의 원운동 : 원자핵의 양전하와 전자의 음전하 사이의 전기력이 구심력이 된다.

$$k\frac{e^2}{r^2}=\frac{mv^2}{r}$$

예제 1.23

그림은 두 물체 A, B가 반지름이 각각 r_0, $2r_0$인 원 궤도를 따라 등속 원운동을 하고 있는 것을 나타낸 것이다. A, B는 질량과 속력이 모두 같다.

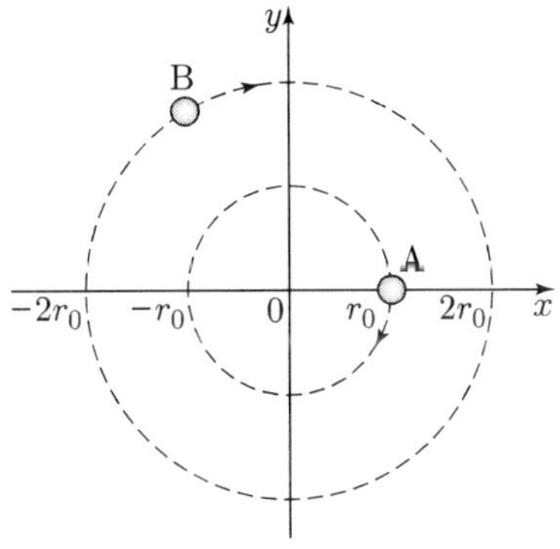

이에 대한 설명으로 옳은 것만을 〈보기〉에서 있는 대로 고른 것은? (단, 물체의 크기는 무시한다.)

<보 기>

ㄱ. $x=r_0$에서 가속도의 방향은 $-x$방향이다.
ㄴ. A의 가속도 크기는 B의 가속도 크기와 같다.
ㄷ. A의 운동 에너지는 B의 운동 에너지와 같다.

① ㄱ　　② ㄷ　　③ ㄱ, ㄴ
④ ㄱ, ㄷ　　⑤ ㄱ, ㄴ, ㄷ

[풀이] 답 ④

두 물체가 등속 원운동이고 반지름은 물체 A가 r_0, 물체 B는 $2r_0$이고, 질량과 속력이 같다.

ㄱ. x 좌표로 $x=r_0$에서 물체 A의 구심가속도의 방향은 원의 중심을 향하므로 $-x$빙향이다.

ㄴ. 물체 A의 구심가속도 크기는 $a_A=\dfrac{v^2}{r_0}$, 물체 B의 구심 가속도 크기는 $a_B=\dfrac{v^2}{2r_0}$이므로 A의 구심가속도 크기가 크다.

ㄷ. 질량과 속력이 같으므로 운동에너지의 관계식 $E_k=\dfrac{1}{2}mv^2$에서 A와 B의 운동에너지는 같다.

3. 단순 조화 진동

1) 단진동

그림에서 원운동하는 물체의 그림자 운동은 물체가 직선운동을 한다. 이와 같이 물체가 직선을 따라 규칙적이고 주기적으로 진동하는 운동을 **단순조화운동** 또는 **단진동**이라 한다.

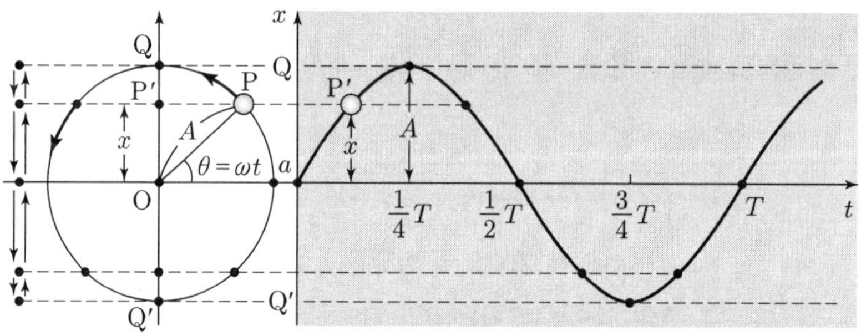

(가) 변위 (나) x-t 그래프

[단진동의 변위와 그래프]

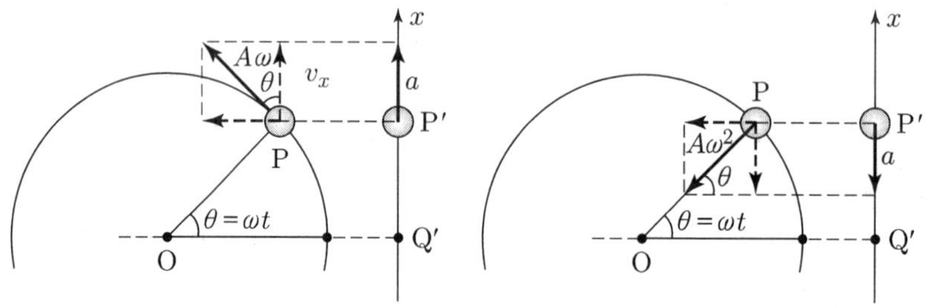

(가) 속도 (나) 가속도

[단진동의 속도와 가속도]

2) 단진동 관계식

그림과 같이 그림자의 운동에 대한 단진동으로부터 진폭을 A라 할 때 다음과 같이 정의한다.

$$x = A\sin\theta = A\sin\omega t$$

$$v = Aw\cos wt$$

$$a = -Aw^2\sin wt = -w^2x$$

3) 복원력

단진동이 일어나기 위해서는 항상 평형점을 향하고 변위에 비례하는 힘이 작용해야 하는데 이러한 힘을 **복원력**이라 한다. 다시 말해서 단진동은 복원력에 의해 일어나는 규칙적인 진동이다.

$F = -kx$ [(−)는 복원력이 변위의 방향과 반대, k : 비례상수, x : 변위]

4) 훅의 법칙(탄성력)

용수철과 같은 탄성체의 변형에 관한 법칙이다. 탄성체에 작용한 힘을 제거했을 때 원래의 상태로 되돌아가지 않는 점을 **탄성 한계점**이라 하며, 많은 물질들이 탄성 한계점까지는 용수철이 늘어난 길이를 x라 하면, $F \propto x$의 관계가 성립한다. 이는 비례상수를 써서 다음과 같이 나타낼 수 있다.

$$F = kx$$

이를 **훅의 법칙**(Hook's law)이라고 하며, 여기서 비례상수 k를 탄성계수라 한다.

5) 용수철의 연결과정

$F = kx$ (k : 탄성계수 또는 용수철상수)

- **직렬연결**

$$F = F_1 = F_2, \quad x = x_1 + x_2, \quad \frac{1}{k} = \frac{1}{k_1} + \frac{1}{k_2}$$

- **병렬연결**

$$x = x_1 = x_2, \quad F = F_1 + F_2, \quad k = k_1 + k_2$$

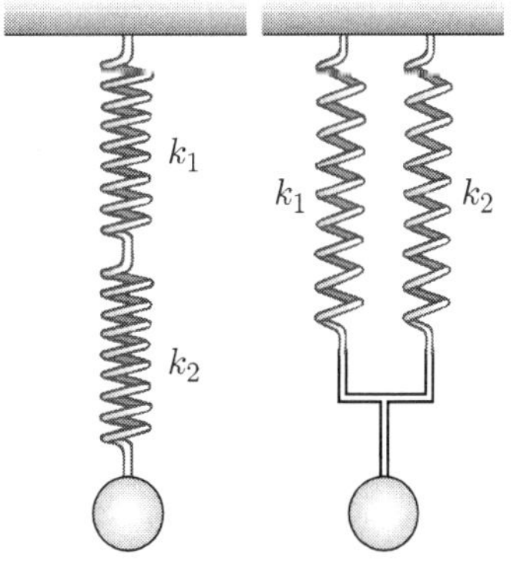

[용수철 연결]

6) 여러 가지 진자

• 용수철 진자

가장 흔한 진자로 용수철을 통한 진자로 탄성력이 복원력의 역할을 한다.

$$F = -kx = -mxw^2$$

$$T = 2\pi\sqrt{\frac{m}{k}}$$

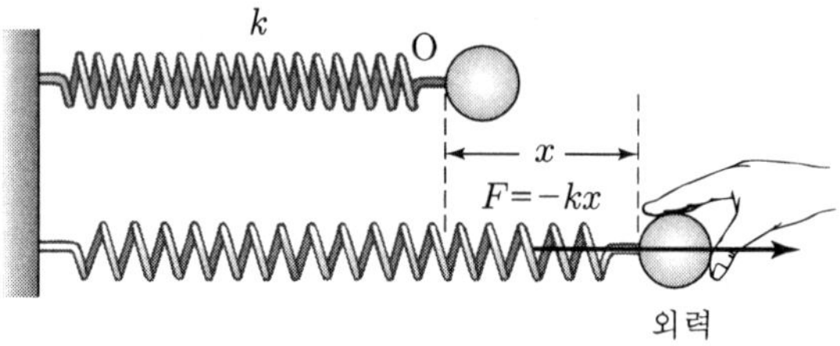

[용수철 진자]

• 단진자

가볍고 늘어나지 않는 줄에 매달린 입자로 구성된 이상적인 계이다.

단진자의 경우 중력이 복원력 역할을 한다.

복원력 $F = -mg\sin\theta$

줄에 작용하는 장력은 $mg\cos\theta$일 때

$$-mg\sin\theta = -mg\frac{x}{l} = -mxw^2$$

$$T = 2\pi\sqrt{\frac{l}{g}}$$

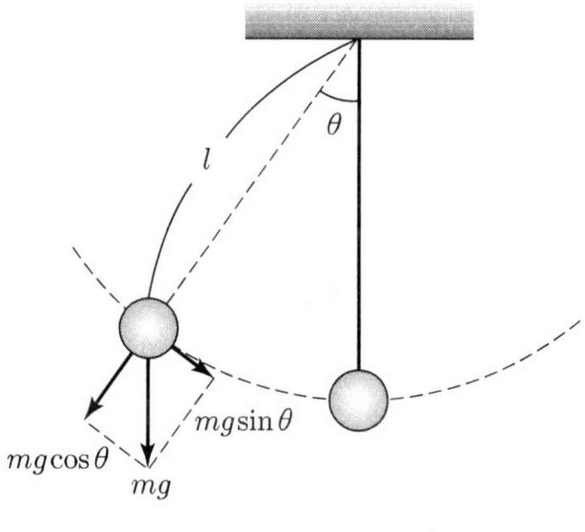

[단진자]

• 원뿔진자

원뿔 모양으로 회전하는 진자이다. 그림과 같이 길이 l인 줄의 한쪽 끝을 고정하고 다른 쪽 끝에는 질량 m인 추를 매달아 수평면 내에서 속도 v로 등속 원운동시키고 있다. 줄과 연직선이 이루는 각이 θ일 때 원뿔진자를 해석하자. (단, 줄의 질량은 무시, 중력가속도는 g이다.)

• 줄의 장력

$$T\sin\theta = m\frac{v^2}{l\sin\theta},\quad T\cos\theta = mg\text{에서}$$

$$T = \frac{mg}{\cos\theta}$$

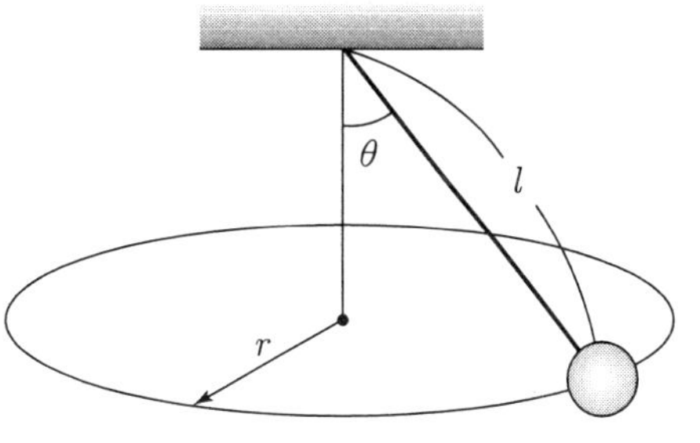

[원뿔진자]

• 물체의 속력

$$\tan\theta = \frac{v^2}{lg\sin\theta}\text{에서}$$

$$v = \sqrt{lg\sin\theta\tan\theta}$$

결과적으로 진자의 성질을 알 수 있는 주기는

$$T = \frac{2\pi r}{v} = \frac{2\pi l\sin\theta}{\sqrt{lg\sin\theta\tan\theta}}$$

$$T = 2\pi\sqrt{\frac{l\cos\theta}{g}}$$

이 된다.

그 외에도 강체를 통한 단진동을 볼 수 있는 것은 보다진자, 물리진자, 비틀림진자 등이 있다.

예제 1.24

마찰이 없는 수평면 위에 용수철 상수가 k인 2개의 용수철 A, B에 질량 m인 물체를 그림과 같이 연결하고 오른쪽으로 길이 x만큼 잡아당겼다가 가만히 놓았다.

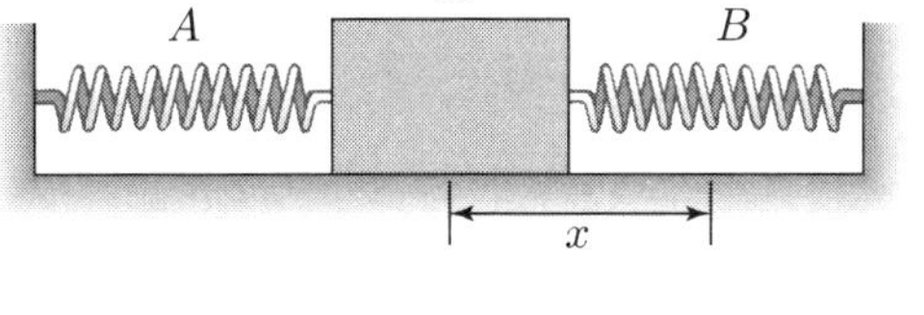

이 운동에 대한 설명으로 옳은 것만을 〈보기〉에서 있는 대로 고른 것은?

<보 기>

ㄱ. 물체가 진동하는 동안 물체의 최대 가속도의 크기는 $\frac{2kx}{m}$ 이다.

ㄴ. 용수철 연결은 병렬연결이다.

ㄷ. 물체의 진동 주기는 $2\pi\sqrt{\frac{m}{2k}}$ 이다.

① ㄱ　　② ㄴ　　③ ㄱ, ㄴ

④ ㄱ, ㄷ　　⑤ ㄱ, ㄴ, ㄷ

[풀이] 답 ⑤

ㄱ, ㄴ. 오른쪽 용수철(B)을 압축시키려면 왼쪽 용수철(A)도 동시에 늘어나야 하므로 두 용수철을 병렬로 연결한 것과 같은 효과가 나타난다.
두 용수철의 합성 용수철 상수는 $k_t = k + k = 2k$ 이다.
물체가 받는 최대 힘은 $2kx = ma$에서 $a = \frac{2kx}{m}$ 이다.

ㄷ. 용수철 상수가 $2k$인 용수철에 질량 m인 물체가 매달려 진동하므로 주기는 $T = 2\pi\sqrt{\frac{m}{2k}}$ 이다.

예제 1.25

길이 L인 단진자가 질량이 m인 물체를 매달고 그림과 같이 단진동하고 있다. 중력가속도가 g일 때 이 단진자의 주기를 구하면? (단, 공기의 저항이나 마찰은 무시한다.)

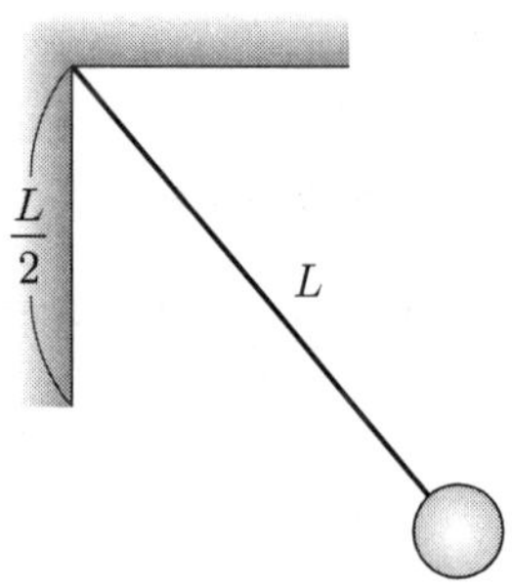

① $2\pi\sqrt{\frac{L}{g}}$　　② $2\pi\sqrt{\frac{L}{2g}}$

③ $\pi\left(\sqrt{\frac{L}{g}} + \sqrt{\frac{L}{2g}}\right)$　　④ $\pi\left(\sqrt{\frac{2L}{g}} + \sqrt{\frac{L}{g}}\right)$

⑤ $\pi\left(\sqrt{\frac{2L}{g}} + \sqrt{\frac{2L}{3g}}\right)$

[풀이] 답 ③

오른쪽에서 진동할 때에는 길이 L인 단진자가 진동하는 것이고(T_1), 왼쪽에서 진동할 때에는 길이 $\frac{L}{2}$인 단진자가 진동하는 것이므로(T_2)

주기는 $T=\frac{T_1}{2}+\frac{T_2}{2}=\pi\left(\sqrt{\frac{L}{g}}+\sqrt{\frac{L}{2g}}\right)$이 된다.

1.8 만유인력의 법칙

1. 케플러의 법칙

케플러는 티코·브라헤의 관측 결과를 정리하여 태양계를 이루는 행성의 운동에 관한 세 가지 법칙을 발견하였다. 행성 주위를 도는 위성의 경우에도 적용된다.

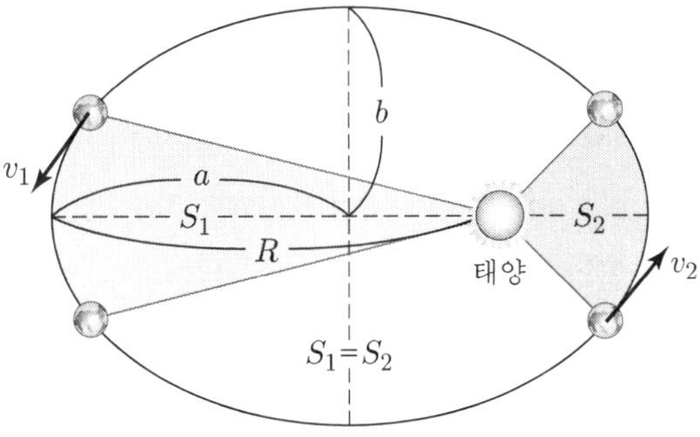

[케플러의 법칙]

1) 제1법칙(타원궤도의 법칙)

모든 행성은 태양을 초점으로 하는 타원궤도를 그리면서 운동한다.(거의 원에 가까운 타원궤도의 운동이다.)

$$\frac{x^2}{a^2}+\frac{y^2}{b^2}=1 \ (a: \text{장축},\ b: \text{단축})$$

2) 제2법칙(면적 속도 일정법칙)

행성이 공전할 때 태양과 가장 가까운 근일점에서 속도가 최대이고, 태양과 가장 먼 원일점에서 속도가 최소이다.

$$\frac{1}{2}rl = \frac{1}{2}r_1 v_1 \Delta t = \frac{1}{2}r_2 v_2 \Delta t$$

$$r_1 v_1 = r_2 v_2$$

3) 제3법칙(조화의 법칙)

공전 주기 T의 제곱은 타원궤도의 긴 반지름 R의 세제곱에 비례한다.

$$T^2 = kR^3 \ (T: \text{공전 주기},\ R: \text{공전 궤도의 긴 반지름})$$

즉, 태양으로부터 먼 곳에 있는 행성일수록 공전 주기가 길다.

2. 만유인력의 법칙

행성은 태양의 주위를 회전하기 때문에 이 회전 운동에 필요한 힘 즉, 구심력을 태양으로부터 받고 있음을 알 수 있다. 그림에서 질량 m인 행성이 질량 M인 지구를 중심으로 원운동을 한다면 행성이 지구로부터 받는 구심력은

$$F = m\frac{v^2}{R} = mRw^2 = mR\left(\frac{2\pi}{T}\right)^2 = mR\frac{4\pi^2}{T^2}$$

이고, 케플러 제3법칙 $T^2 = kR^3$을 이용하면 $F = \frac{4\pi^2}{k} \cdot \frac{m}{R^2}$가 된다.

또한, 지구가 행성으로부터 받는 구심력은 $F = \frac{4\pi^2}{k'} \cdot \frac{M}{R^2}$이라 할 수 있다.

작용·반작용의 법칙에 의하면 이 두 힘은 같은 크기의 힘이 된다. 두 힘을 비교하면 $\frac{4\pi^2 m}{k} = \frac{4\pi^2 M}{k'}$이므로 $\frac{1}{k}$은 질량 M에 비례하고 $\frac{1}{k'}$은 질량 m에 비례한다. 그러므로 새로운 상수 G를 도입하여 $\frac{4\pi^2}{k} = GM$이라 하면 지구와 행성 사이에 작용하는 힘은 인력으로 다음과 같이 주어진다.

$$F = G\frac{Mm}{R^2}\ \text{(만유 인력 상수 } G = 6.670\times10^{-11}\text{Nm}^2/\text{kg}^2\text{)}$$

뉴턴은 위의 식의 적용 범위를 확장하여, 일반적으로 질량을 가진 두 물체 사이에는 이 인력이 작용한다고 하였다. 이 힘을 **만유인력**이라 한다.

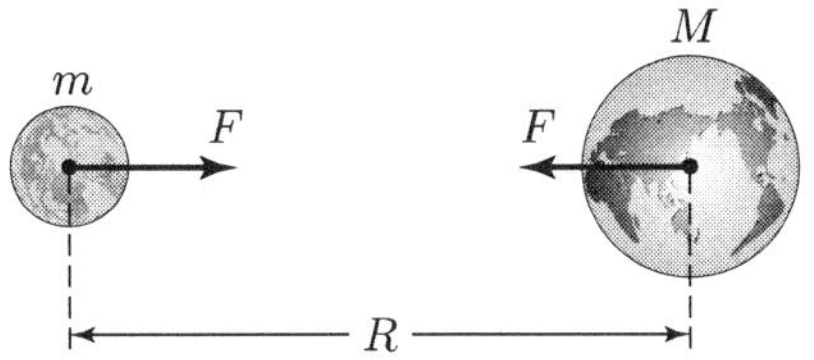

[만유인력]

3. 중력

지구 중심으로부터 물체를 끄는 힘을 **중력**이라 하며, 중력이 작용하는 공간을 **중력장**이라 한다. 중력장의 방향은 지구 중심 방향, 중력장의 세기는 질량 1kg의 물체가 받는 힘의 크기이며 지표면에서 약 9.8N/kg이다. 중력장의 세기의 단위는 가속도의 단위와 같기 때문에 일반적으로 **중력가속도**라 부른다. $(9.8\text{N/kg} = 9.8\text{m/s}^2)$

1) 중력 = 만유인력

$$mg = \frac{GmM}{R^2}\ \text{(}R\text{: 지구 중심으로부터의 거리)}$$

$$g = \frac{GM}{R^2}$$

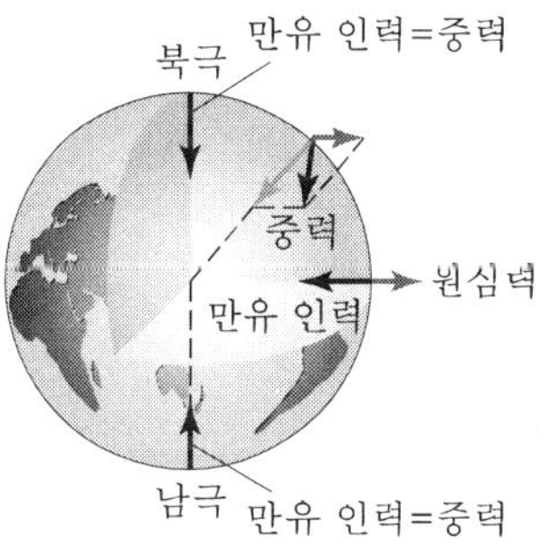

[지구 자전]

2) 높이에 따른 중력가속도

$$mg_h = \frac{GmM}{(R+h)^2},\quad g_h = \frac{GM}{(R+h)^2}$$

3) 지구 내부의 중력가속도

지구 내부가 밀도 ρ인 균일한 물질로 이루어졌을 때 지구에 의해 작용하는 중력은 지표면에서 최대가 된다. 이는 물체가 지구 내부에 있을 때 물체가 위치한 지구 바깥쪽의 질량은 물체에 중력을 작용하지 않는다. 결국 지구 밀도가 균일하다고 가정할 때 지구 중심에 가까워질수록, 지표면으로부터 멀어질수록 중력은 작아진다.

$$mg_{-h} = \frac{GmM'}{(R-h)^2} \quad [GM = R^2 g,\ M = \frac{4}{3}\pi R^3 \rho,\ M' = \frac{4}{3}\pi (R-h)^3 \rho]$$

$$g_{-h} = \frac{R-h}{R} = \frac{r}{R} \propto r,\ r = R-h$$

4) 적도 지방의 중력가속도

지구 반경, 지구의 자전(원심력) 때문에 극지방의 중력가속도가 적도 지방보다 크다.

$$mg = \frac{GmM}{R^2} - mRw^2$$

4. 인공위성

일정한 높이에서 수평으로 던진 물체는 포물선 궤도를 따라 운동하다가 지면에 떨어지게 되는데 물체의 속도가 충분히 빠를 때에는 원궤도가 되고 외력이 없다면 계속적으로 원운동하게 된다.

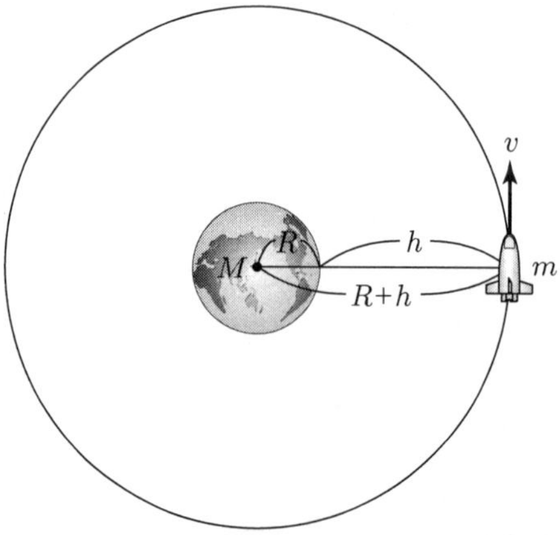

[인공위성]

1) 구심력 = 중력 = 만유인력

$$\frac{mv^2}{R+h} = mg' = \frac{GMm}{(R+h)^2}$$

$$v = \sqrt{Rg'} = \sqrt{\frac{GM}{R}} \propto \sqrt{\frac{1}{R}}$$

$$v = \sqrt{(R+h)g'} = \sqrt{\frac{GM}{R+h}} = \sqrt{\frac{R^2 g}{R+h}}$$

2) 제 1 우주 속도

지표 근처에서 인공위성이 원운동하기 위한 속도이다.$(h=0)$

$$\frac{mv^2}{R} = G\frac{mM}{R^2}$$

$$v = \sqrt{\frac{GM}{R}} = \sqrt{gR} = \sqrt{9.8 \times (6.4 \times 10^6)} = 7.9(\mathrm{km/s})$$

3) 인공위성의 주기

$$T = \frac{2\pi(R+h)}{v} = \frac{2\pi}{\sqrt{GM}}(R+h)^{\frac{3}{2}}$$

인공위성의 주기의 제곱은 케플러 제3법칙과 같이 궤도 반지름의 세제곱에 비례함을 알 수 있다. (위 식에서 지구의 자전 주기와 같은 주기로 도는 정지위성의 궤도를 계산하면 지표로부터 약 36,000km의 높이가 되고, 정지위성은 통신위성으로 사용한다.)

4) 지구탈출 속도

역학적 에너지에서 다루겠지만 간단하게 탈출속도를 언급하자.

지표에 있는 물체가 지구의 중력장을 탈출하기 위한 최소의 속도는 역학적 에너지의 값이 양수의 값을 만족할 때, 즉

$$E = \frac{1}{2}mv^2 - \frac{GMm}{R} \geq 0$$

에서 속력을 정리하면

$$v = \sqrt{\frac{2GM}{R}} = \sqrt{2gR} = 11.2(\text{km/s})$$

이다.

예제 1.26

지구의 반지름을 R, 지구 표면에서의 중력가속도를 g라고 하면 지구 표면에서 $\frac{R}{2}$ 되는 곳에서의 중력가속도를 구하면?

① g　　② $\frac{1}{2}g$　　③ $\frac{2}{3}g$　　④ $\frac{4}{9}g$　　⑤ $\frac{4}{5}g$

[풀이] 답 ④

중력은 지구 중심으로부터 물체를 당기는 힘이므로 거리를 계산할 때 지구 중심으로부터의 거리를 생각해야 한다. 이 때 지표면에서의 중력가속도 $g = \frac{GM}{R^2}$ 이다.

따라서 $g_h = \frac{GM}{(R+h)^2} = \frac{GM}{\left(R + \frac{R}{2}\right)^2} = \frac{4GM}{9R^2} = \frac{4}{9}g$가 된다.

예제 1.27

달 표면에서의 중력가속도는 지구 표면에서의 중력가속도의 약 $\frac{1}{6}$이다. 달의 반지름이 지구 반지름의 $\frac{1}{4}$이라면 달의 밀도는 지구 평균 밀도의 몇 배인가?

① $\frac{2}{3}$배　　② $\frac{1}{2}$배　　③ 2배　　④ $\frac{3}{2}$배　　⑤ 3배

[풀이] 답 ①

$$g = \frac{GM}{R^2} = \frac{G\rho V}{R^2} = \frac{G\rho\frac{4}{3}\pi R^3}{R^2} = \frac{4}{3}\pi G\rho R$$

이 때 지구의 밀도는 $\rho_{지} \propto \frac{g}{R}$ 이므로 달의 밀도는 $\rho_{달} = \frac{\frac{1}{6}g}{\frac{1}{4}R} = \frac{2}{3}\frac{g}{R} = \frac{2}{3}\rho_{지}$ 이다.

예제 1.28

지구가 태양을 중심으로 거의 원에 가까운 궤도를 공전하고 있다는 사실로부터 태양의 질량을 구하려고 한다. 다음 중 필요 없는 물리량 2가지가 옳게 짝지어져 있는 것을 고르면?

<보 기>

ㄱ. 만유인력상수　　　　ㄴ. 지구의 질량
ㄷ. 지구의 자전 주기　　　ㄹ. 지구의 공전 주기
ㅁ. 태양 중심으로부터 지구 중심까지의 거리

① ㄱ, ㄴ　　② ㄴ, ㄷ　　③ ㄷ, ㄹ
④ ㄴ, ㅁ　　⑤ ㄷ, ㅁ

[풀이] 답 ②.

지구(m)와 태양(M) 사이의 만유인력이 구심력 역할을 하므로 구심력=만유인력이다. 따라서 $mr\left(\frac{2\pi}{T}\right)^2 = G\frac{Mm}{r^2}$ 이므로 지구의 자전 주기와 지구의 질량은 필요 없는 물리량이다.

1.9 충격량과 운동량

1. 충격량과 충격량

1) 충격량

어떤 힘의 충격량 $\vec{I}$ 는 평균력 $\vec{F}$와 이 힘이 작용하는 시간 간격 Δt와의 곱이다. 즉 물체에 작용한 힘과 힘을 준 시간의 곱으로 힘의 시간적 축적을 나타내는 벡터량으로 평균력과 같은 방향을 갖는다.

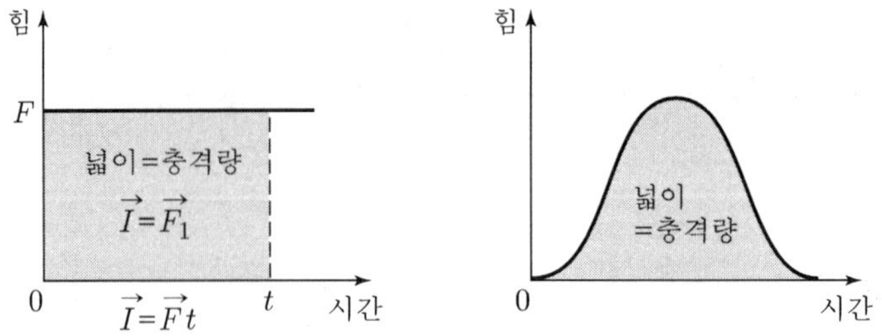

[충격량]

$$\vec{I}= \vec{F}\Delta t = \int \vec{F}dt \ [\mathrm{N \cdot s}]$$

그림에서 물체에 작용하는 힘의 방향이 일정하고 그 크기가 시간에 따라 변할 때에는 $F-t$그래프 아래의 면적이 **충격량**이 된다. 그러나 실제 이들 현상에 대한 문제를 풀 때는 충격량의 크기를 계산하는 것은 어렵다.

2) 운동량

충격량으로부터 물체가 어떻게 반응하는가 알려면 운동량의 개념을 파악해야 한다. **운동량**이란 물체의 질량과 속도를 곱한 벡터량으로 물체의 운동 상태를 그대로 유지하는 운동의 세기(충격정도)를 의미한다. 또는 운동 상태의 관성을 나타낸다.

$$\vec{p}= m\vec{v} \ \ [\mathrm{kg\ m/s}]$$

특히, 운동량은 물체의 운동 상태를 기술하는 편리한 수단이 된다.

3) 충격량과 운동량의 관계

물체의 운동량의 변화량은 그 물체에 주어진 충격량과 같다. 물체에 작용하는 힘이 클수록, 힘을 작용한 시간이 길수록 더 큰 운동량의 변화를 가져온다.

$$\vec{F} = ma = m\frac{\Delta \vec{v}}{\Delta t} = \frac{m\vec{v} - m\vec{v_0}}{\Delta t} = \frac{\Delta \vec{p}}{\Delta t}$$

$$\vec{I} = \vec{F}\Delta t = \Delta \vec{p}$$

• 물체에 외력이 작용하지 않는 한 운동량은 변하지 않는다.

$$\vec{F}=0 \text{이면 } \Delta\vec{p}=0 \text{ (관성법칙)}$$

• 단위 시간 당 물체의 운동량의 변화량은 물체에 가해진 힘과 같다.

$$\vec{F}=\frac{d\vec{p}}{dt} \text{ (운동법칙)}$$

2. 운동량의 보존

물체들의 충돌, 폭발, 분열, 융합 등의 상호 작용을 일으켜도 계에 외력이 작용하지 않으면 상호작용 전과 후의 각각의 운동량 합은 항상 같다. 이에 대한 충돌과정을 통해 운동량이 어떻게 변화하는지를 알아보자.

1) 1차원 충돌

그림은 두 물체가 수직선상에서 상호작용에 의한 물리적 현상이다. 질량이 각각 m_1, m_2인 두 물체 A, B가 충돌할 경우 충돌 전 후의 A의 속도를 $\vec{v}_1$, $\vec{v}_1{}'$, 충돌 전 후의 B의 속도를 $\vec{v}_2$, $\vec{v}_2{}'$이라 하면, 두 물체가 충돌할 때 상호작용력이 작용한다. 이 때 충돌에 의해 두 물체가 받는 힘은 작용・반작용의 법칙을 만족한다. 즉

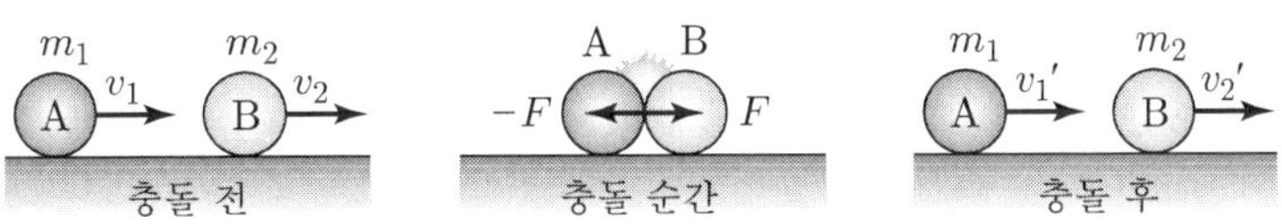

[1차원 충돌]

$$\vec{F}_{AB}=-\vec{F}_{BA} \text{ (작용・반작용의 법칙)}$$

$$\frac{\Delta\vec{p}_1}{\Delta t}=-\frac{\Delta\vec{p}_2}{\Delta t}, \quad \Delta\vec{p_1}=-\Delta\vec{p}_2 \text{이므로}$$

$$m_1\vec{v_1}'-m_1\vec{v}_1=-(m_2\vec{v}_2{}'-m_2\vec{v}_2)$$

$$m_1\vec{v}_1 + m_2\vec{v}_2 = m_1\vec{v}_1{}' + m_2\vec{v}_2{}' \quad (\text{운동량 보존의 법칙})$$

이 식은 충돌 직전의 운동량의 합은 충돌 직후의 운동량의 합과 같다. 힘이 충돌하는 두 물체 상호 간에만 작용하고 두 물체를 묶어서 생각한 계의 외부에서는 힘이 작용하지 않을 때, 두 물체의 운동량의 합은 일정하게 보존된다. 이것을 **운동량 보존 법칙**이라 한다.

- 계에 작용하는 외부의 합력이 0일 때 계의 선운동량의 합은 일정하다.
- 정지한 물체가 폭발하여 여러 조각으로 나뉘어 운동하는 동안에도 물체들의 질량 중심의 위치는 변함없이 물체의 궤적을 유지한다.

*질량 중심(center of mass, CM) : 질점계의 중심을 나타내는 것으로 소위 무게 중심이라고도 한다.

$$r_{CM} = \frac{\sum_i r_i m_i}{\sum_i m_i}$$

2) 2차원 충돌

2차원 충돌은 평면에서 두 물체의 상호작용에 의한 물리적 현상으로 x, y 두 성분으로 나누어 1차원 충돌과정을 이용하여 분석하는 것이 편리하다. 그림과 같이 질량 m_1인 물체가 속도 $\vec{v}_1$으로 정지된 물체 $m_2(\vec{v}_2 = 0)$에 충돌되는 것으로 운동량 보존 법칙에 의해 다음과 같이 계산된다.

$$m_1\vec{v}_1 + m_2\vec{v}_2 = m_1\vec{v}_1{}' + m_2\vec{v}_2{}'$$

에서 각각 성분별로 다시 계산할 때 아래와 같이 표현된다.

$$x\text{성분} : m_1 v_{1x} + m_2 v_{2x} = m_1 v_{1x}{}' + m_2 v_{2x}{}'$$
$$\rightarrow \quad m_1 v_1 + 0 = m_1 v_1{}' \cos\theta_1 + m_2 v_2{}' \cos\theta_2$$

$$y\text{성분} : m_1 v_{1y} + m_2 v_{2y} = m_1 v_{1y}{}' + m_2 v_{2y}{}'$$
$$\rightarrow \quad 0 + 0 = -m_1 v_1{}' \sin\theta_1 + m_2 v_2{}' \sin\theta_2$$

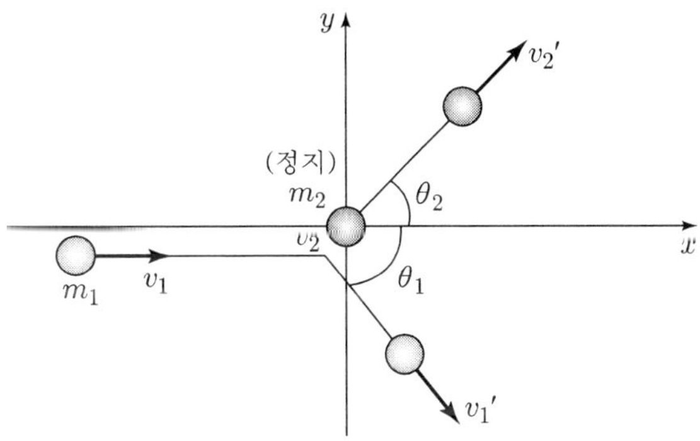

[2차원 충돌]

예제 1.29

그림과 같이 두 물체가 매끄러운 수평면에서 서로 반대 방향으로 똑같은 속력 10m/s로 운동하던 질량 2kg의 물체 A와 질량 3kg의 물체 B가 충돌한 후 한 덩어리가 되었다.

이 때 충돌 후 운동 방향과 속력을 구하면?

① 왼쪽, 10m/s ② 왼쪽, 5m/s ③ 왼쪽, 2m/s
④ 오른쪽, 10m/s ⑤ 오른쪽, 2m/s

[풀이] 답 ③

운동량은 벡터량이므로 물체의 속도 방향을 고려해야 한다. 오른쪽 방향을 (+)로 하면 왼쪽은 (-) 방향이 된다.

따라서 운동량 보존법칙에서

$$2 \times 10 + 3 \times (-10) = (2+3) \times v \text{ 이므로 } v = -2(\mathrm{m/s}) \text{이다.}$$

즉, 운동 방향은 왼쪽 방향이고 충돌 후 속력은 2m/s로 운동한다.

예제 1.30

그림과 같이 평면에서 질량 m인 물체 A는 x축 방향으로 v의 속도로, 같은 질량의 물체

B는 y축 방향으로 v의 속도로 운동하다가 두 물체가 충돌한 후 한 덩어리가 되었다.

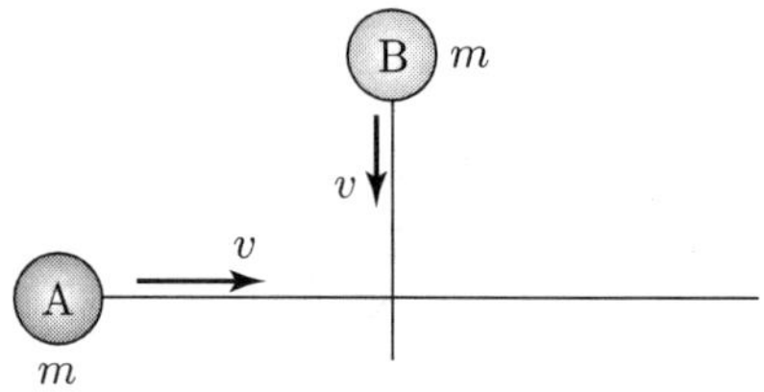

이 때 충돌 후 물체의 속력은?

① $2v$　　② $\frac{1}{2}v$　　③ v

④ $\frac{3}{2}v$　　⑤ $\frac{\sqrt{2}}{2}v$

[풀이] 답 ⑤

충돌 전 두 물체의 벡터 합은 $\sqrt{(mv)^2+(mv)^2}=\sqrt{2}\,mv$이고

충돌 후 운동량이 $2mv'$이라면 운동량 보존 법칙에 따라 $v'=\frac{\sqrt{2}}{2}v$ 이다.

[별해] $mv=2mv_x{}',\quad v_x{}'=\frac{v}{2}$

$mv=2mv_y{}',\quad v_y{}'=\frac{v}{2}$　　따라서 $v'=\sqrt{v_x{}'^2+v_y{}'^2}=\frac{\sqrt{2}\,v}{2}$

참고 보존되는 물리량

물리량 중에는 변화의 전후에서 항상 일정하게 보존되는 물리량이 많이 있다. 질량이나 에너지, 전하량 등은 그 좋은 예이다.

보존되는 물리량에는 반드시 보존의 법칙이 따르고 이들 법칙은 그 물리량이 관여하는 자연 현상을 설명하는 데 편리하게 사용된다. 예를 들면 천체 운동과 같은 복잡한 운동은 뉴턴의 운동 법칙으로 설명하려면 매우 힘들다. 그러나 역학적 에너지 보존 법칙을 사용하면 비교적 쉽게 설명이 되는 경우가 많다.

운동량도 보존되는 물리량 중의 하나이다. 운동량 보존 법칙은 충돌이나 분열 현상을 설명하는 데 역학적 에너지 보존 법칙과 같이 매우 편리하게 사용된다.

3. 충돌과 반발계수

물체들의 성질을 나타내기 위한 충돌 전과 충돌 후에 물체들이 가지는 상대속도의 비를 **반발계수**라 한다. 즉, 1차원 충돌로부터 얻어진 충돌 전의 상대속도와 충돌 후의 상대속도의 비로 나타내어진다.

$$e = -\frac{v_1' - v_2'}{v_1 - v_2}$$

1) 벽에 충돌하는 경우

벽면에 수직으로 부딪치는 경우

$$e = -\frac{v' - 0}{-v - 0} = \frac{v'}{v}$$

$v' = ev$ (v: 벽에 부딪칠 때, v': 벽에서 튕겨 나올 때)

2) 마루에 충돌하는 경우

높이 h에서 자유 낙하하여 바닥과 충돌한 후 높이 h'만큼 튀어 올랐다면

$$e = \frac{v'}{v} = \frac{\sqrt{2gh'}}{\sqrt{2gh}} = \sqrt{\frac{h'}{h}}$$

$$h' = e^2 h$$

3) 충돌의 종류

반발계수 e는 $0 \le e \le 1$의 값을 갖는다. 이 때 충돌의 종류는 반발계수의 값에 따라 분류한다.

- **완전탄성충돌** $e = 1$ (운동량 보존, 운동 에너지 보존)
- **비탄성충돌** $0 < e < 1$ (운동량 보존, 운동 에너지 비보존)
- **완전비탄성충돌** $e = 0$ (운동량 보존, 운동 에너지 비보존)

예제 1.31

그림과 같이 매끄러운 수평면 위에서 질량이 같은 두 물체 A, B가 각각 3m/s, -2m/s의 속도로 운동하다가 정면으로 완전 탄성 충돌을 하였다.

이 때 충돌 후 두 물체 A, B의 속도를 구하면?

	A	B
①	2m/s	3m/s
②	-2m/s	3m/s
③	3m/s	2m/s
④	-3m/s	-3m/s
⑤	-2m/s	-3m/s

[풀이] 답 ②

오른쪽 방향을 (+)로 하면 왼쪽은 (-) 방향이 된다.

질량을 m이라 하면 $m\times 3+m\times(-2)=mv_A+mv_B$ 이고, 완전탄성충돌이므로

$e=1=-\dfrac{v_A-v_B}{3-(-2)}$ 이다.

두 식을 연립하면 $v_A=-2(\text{m/s})$, $v_B=3(\text{m/s})$이다.

이는 두 물체의 속도가 교환됨을 알 수 있다.(이유, 완전탄성충돌)

예제 1.32

그림은 수평면 위에서 속력 v 로 등속 운동하던 물체 A가 수평면 위에 정지해 있던 질량이 같은 물체 B와 탄성 충돌하는 것을 나타낸 것이다. 충돌 직후 A와 B는 충돌 전 A의 진행 방향과 각각 30°와 60°의 각으로 튕겨졌다. 그 후 A와 B는 곡면을 따라 올라가다가 최고점에 도달한 후 내려온다.

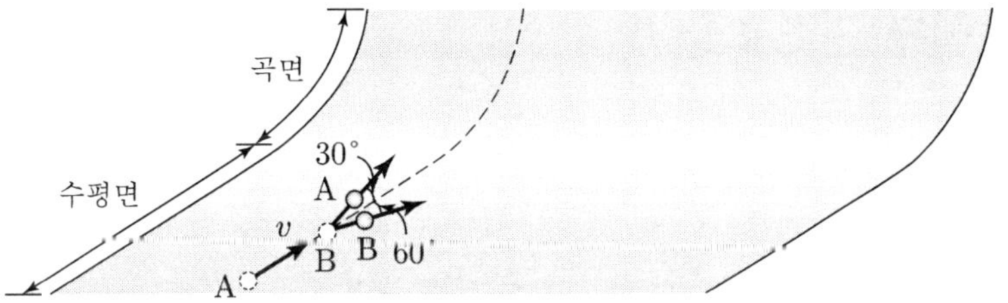

이에 대한 설명 중 옳은 것만을 〈보기〉에서 있는 대로 고른 것은? (단, 물체의 크기와 모든 마찰은 무시한다.)

<보 기>

ㄱ. 충돌 직후 A의 선운동량의 크기는 충돌 직후 B의 선운동량의 크기보다 크다.
ㄴ. 충돌 직후 A의 운동 에너지는 충돌 전 A의 운동 에너지보다 작다.
ㄷ. 충돌 직후 B의 운동 에너지는 B가 최고점에 도달하는 동안 전부 위치 에너지로 바뀌었다.

① ㄱ ② ㄴ ③ ㄷ
④ ㄱ, ㄴ ⑤ ㄴ, ㄷ

[풀이] 답 ①

ㄱ. 평면에서의 완전탄성충돌과정이므로 운동량보존과 운동에너지 보존법칙을 만족한다. 즉, 두 물체의 충돌은 각각 x, y성분으로 분리하면

$$x \ : \ mv + 0 = mv_A\cos 30° + mv_B\cos 60°$$

$$y \ : \ 0 = mv_A\sin 30° - mv_B\sin 60°$$

y성분에서 $\frac{1}{2}v_A = \frac{\sqrt{3}}{2}v_B$에서 $v_A = \sqrt{3}\,v_B$이므로

충돌 직후 A, B 선운동량의 크기는 속력에 비례한다. 즉 $p_A > p_B$이다.

ㄴ. A의 충돌전과 충돌후의 운동에너지는 역시 속력이 충돌 후 작아지므로 충돌전이 더 크다.

$$E_{kA} > E_{kA}'$$

ㄷ. 충돌전과 충돌 후의 B의 상태는 최고점에서 수직속력은 0이나, 수평속력이 존재한다. 따라서 위치에너지로 다 바뀌지는 않고 운동에너지를 갖는다.

1.10 강체와 회전운동

강체 질점의 집합체로 질점 사이의 간격이 일정하여 어떠한 모양을 갖춘 물체로 운동시 변형되지 않는 물체를 강체라 하고, 질량중심이 질점인 경우에 질량중심에 힘이 작용한다고 할 때 병진운동만 하는 것과 같이 질량중심 외의 점에 힘이 작용하면 병진운동과 회전운동을 같이한다.

1. 회전운동의 기술

고정축에서의 회전운동을 생각하면 그림과 같이 강체의 점 P및 Q는 같은 각속도로 회전한다. 즉, 강체의 모든 점은 같은 시간 간격 동안에 $\Delta\theta$만큼 움직인다.

1) 각속도

각속도는 강체의 회전의 빠르기를 나타내는 물리량으로 다음과 같이 정의한다.

$$\overline{w} = \frac{\Delta\theta}{\Delta t} \quad \rightarrow \quad w = \lim_{\Delta t \to 0}\frac{\Delta\theta}{\Delta t} = \frac{d\theta}{dt}$$

즉, 강체의 모든 점은 같은 각속도로 회전한다. 이 때 원운동에서와 같이 선속도와 각속도는 $v = rw$의 관계를 갖는다.

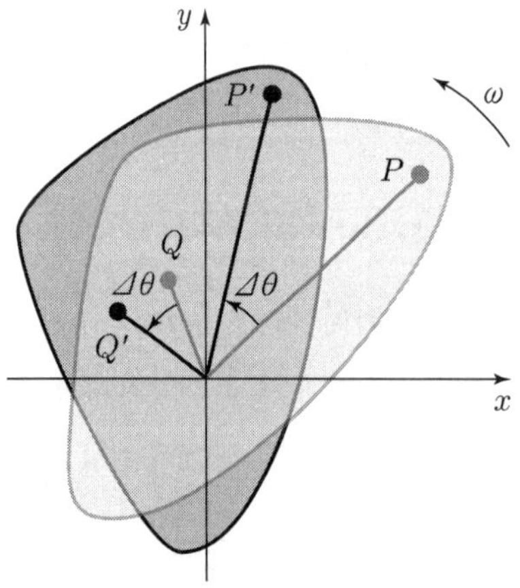

[각속도]

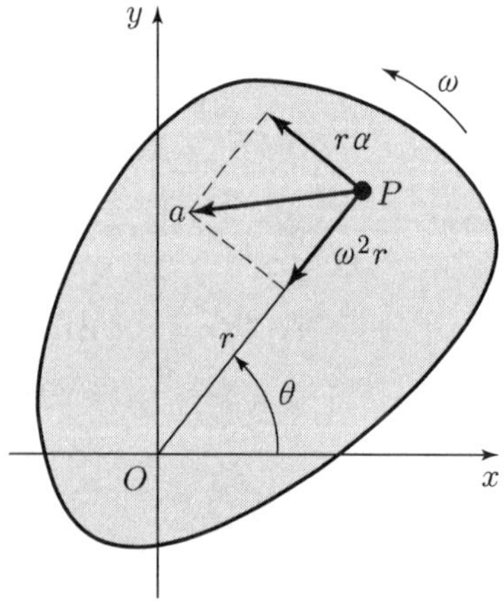

[각가속도]

2) 각가속도

강체의 각속도도 변화량이 증가하거나 감소하므로 각가속도가 생기므로 다음과 같이 정의한다.

$$\overline{\alpha} = \frac{\Delta w}{\Delta t} \quad \rightarrow \quad \alpha = \lim_{\Delta t \to 0} \frac{\Delta w}{\Delta t} = \frac{dw}{dt}$$

$$\alpha = \frac{dw}{dt} = \frac{1}{r}\frac{d(rw)}{dt} = \frac{1}{r}\frac{dv}{dt} = \frac{a_T}{r}$$

이 때 회전체의 한 점에서 접선의 순간 속력은 회전축으로부터의 거리 r에 의존한다.

그림과 같이 반지름 r인 원궤도를 운동하는 한 점의 접선 순간 가속도와 순간 각가속도 사이에는

$$a_T = r\alpha \quad (\text{접선방향})$$

$$a_C = w^2 r \ (\text{중심방향})$$

인 두 가지의 가속도로 회전하므로 회전체의 가속도는 벡터의 합성에 의해 나타낸다.

$$\boldsymbol{a} = \boldsymbol{a}_T + \boldsymbol{a}_c$$

가속도의 크기는

$$a = \sqrt{(r\alpha)^2 + (rw^2)}$$

이 된다.

3) 회전 운동학

등가속도운동을 하는 질점의 병진운동과 마찬가지로 등각가속도운동을 하는 강체의 회전운동도 다음과 같은 관계식을 만족한다.

$$w = w_0 + \alpha t$$

$$\theta = \theta_0 + w_0 t + \frac{1}{2}\alpha t^2$$

$$w^2 = w_0^2 + 2\alpha(\theta - \theta_0)$$

2. 돌림힘(토크)

힘이 얼마나 효과적으로 물체를 회전시키는지를 나타내는 물리량이다.

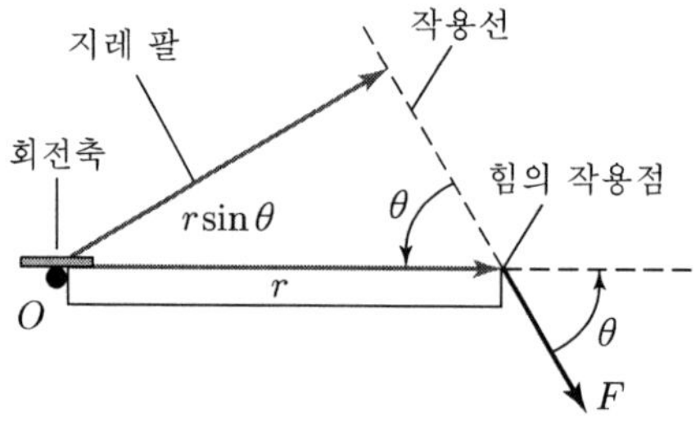

[토크]

점 O 주위의 돌림힘(토크) τ는 거리 r에 작용한 힘 F에 의해 $\tau = rF\sin\theta$의 돌림힘(토크)를 작용한다. 여기서 유효 지레 팔은 $r\sin\theta$이다.

$$\tau = rF\sin\theta$$

$$\vec{\tau} = \vec{r} \times \vec{F}$$

단위 : [N · m] (일의 단위와 같으나 물리량은 다르다.)

3. 강체의 평형 조건

그림에서 작용선 사이의 거리 s, 각 힘의 지레 팔은 $\frac{s}{2}$일 때, 똑 같은 두 힘 F_1, F_2가 방향은 서로 반대인 평행력이 작용한다. 이 때 두 힘에 의해 회전효과가 나타나는데 돌림힘(토크)의 크기는

$$\tau = \frac{s}{2}F_1 + \frac{s}{2}F_2$$

이다. 여기서 $s = \frac{s}{2} + \frac{s}{2}$이고, 두 힘은 짝힘 $F_1 = F_2 = F$이 된다. 즉, 전체 모멘트는 $\tau = Fs$와 같다.

따라서 짝힘을 받은 물체는 합력이 0이므로 병진운동은 못하지만 돌림힘(토크)가 0이 아니므로 중심을 통해 회전을 하게 된다.

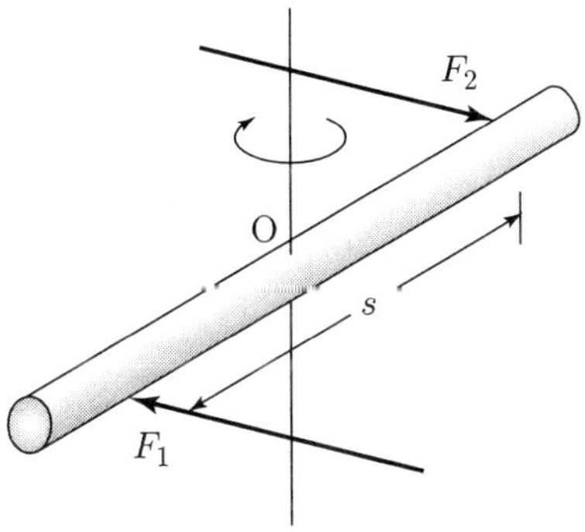

[강체회전 (짝힘)]

따라서 강체의 평형은 다음과 같은 2가지 조건을 만족한다.

- **제 1 조건** 병진평형 $\sum_i \vec{F}_i = 0$
- **제 2 조건** 회전평형 $\sum_i \vec{\tau}_i = 0$

예제 1.33

그림과 같이 렌치의 돌림힘(토크)에 대한 것이다.
나사못을 길이가 45cm인 렌치를 이용하여 90Nm의 회전력으로 조여 준다. 이때의 힘 F의 크기는

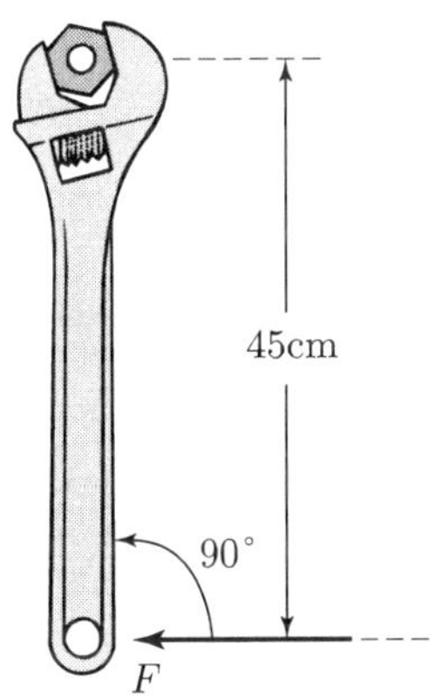

① 200N
② 250N
③ 300N
④ 150N
⑤ 180N

[풀이] 답 ①

힘의 방향과 축으로부터 작용점까지의 직선과 이루는 각이 90° 라 하면

$\tau = rF$에서 $F = \frac{\tau}{r}$ 이다.

따라서, 힘은 $F = \frac{90Nm}{45cm}\left(\frac{100cm}{1m}\right) = 200N$이다.

예제 1.34

그림과 같이 무게가 5N 인 막대를 벽에 대하여 수평하게 세우고 그 끝 B점에서 20N 의 물체를 매달고 벽으로부터 0.5m 인 A에서 30° 의 각으로 줄을 매어 벽에 고정시켜 평형을 이루게 하였다.

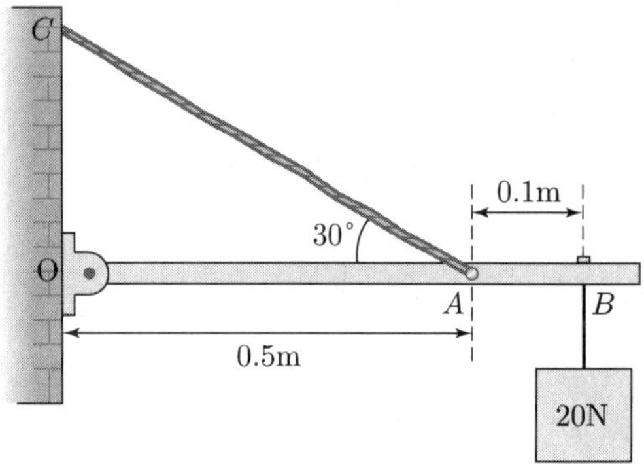

이 때 실의 장력과 벽이 막대에 작용하는 수직 항력의 크기를 바르게 짝지은 것은?

	장력	수직항력
①	54N	$27\sqrt{2}$ N
②	50N	27N
③	34N	$27\sqrt{2}$ N
④	54N	$27\sqrt{3}$ N
⑤	34N	$27\sqrt{3}$ N

[풀이] 답 ①

물체의 평형이므로 임의의 회전축 중심으로 토크의 합이 0이 되는 조건을 세운다. 회전축을 O점으로 하면 힘의 토크가 평형이 되므로 '시계 방향의 토크=반시계방향의 토크'이므로 장력,

$$T\sin 30° \times 0.5 = 5 \times 0.3 + 20 \times 0.6 \qquad \therefore\ T = 54(N)$$

막대가 벽을 누르는 힘 F와 벽이 막대에 작용하는 수직항력 N은 크기가 같다.

$$N = F = T\cos 30° = 54 \times \frac{\sqrt{3}}{2} = 27\sqrt{3}\,(N)$$

4. 관성모멘트

그림과 같이 고정 점 O 주위로 거리 r에서 운동하는 물체가 힘 F를 받는다. 결과 돌림힘(토크) τ는 물체의 각속도를 변하게 한다.

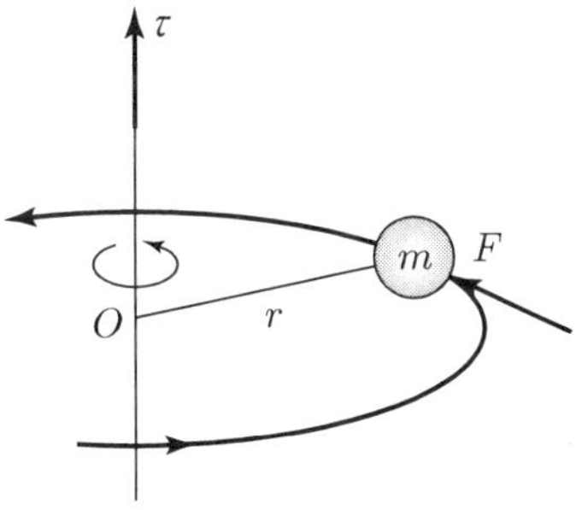

[관성모멘트]

1) 관성모멘트

한 평면 내에서 원점 O로부터 일정한 거리를 두고 자유로이 움직이는 질량 m의 물체를 생각하자.

운동방정식 $F = ma$에서 이 식의 양변에 r을 곱하면,

$$Fr = mar$$

이 되며, 이 식은 토크를 나타낸다. 토크는

$$\tau = m(\alpha r)r = (mr^2)\,\alpha = I\alpha$$

이 된다. 이 때, 괄호안의 물리량을 **관성모멘트**(또는 **회전관성**)라 한다.

즉, $I = mr^2$은 질점운동에서 질량의 역할과 같다. 질점계에서의 관성모멘트는 다음과 같다.

$$I = \sum_i m_i r_i^2$$

참고 총질량이 M인 몇 가지 물체의 관성 모멘트

- 가벼운 연결 막대의 중심을 지나는 수직축 주위의 아령

  $$I = MR^2$$

- 중심축 주위의 가는 고리

  $$I = MR^2$$

- 중심축 주위의 원판

  $$I = \frac{1}{2}MR^2$$

- 지름 주위의 고체 공

  $$I = \frac{2}{5}MR^2$$

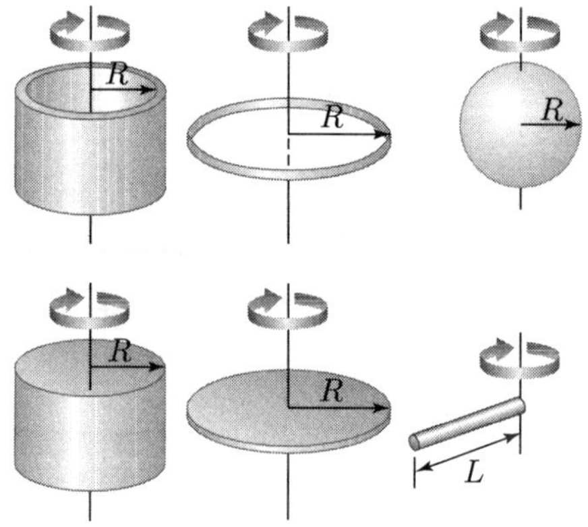

- 끝을 지나는 수직축 주위의 가는 막대

  $$I = \frac{1}{3}ML^2$$

- 중심축 지나는 수직축 주위의 가는 막대 $I = \frac{1}{12}ML^2$

- 중심축에 나란한 가장자리를 지나는 축 주위의 원판 $I = \frac{3}{2}MR^2$

2) 평행축의 정리

그림과 같이 중심축으로부터 거리 l만큼 떨어진 곳을 축으로 하여 질량 M인 물체가 회전할 때 관성모멘트는 중심축의 관성모멘트를 I_0라고 하면 이 물체의 관성 모멘트 I는

$$I = I_0 + l^2 M$$

이 된다. 이것을 **평행축의 정리**라 한다.

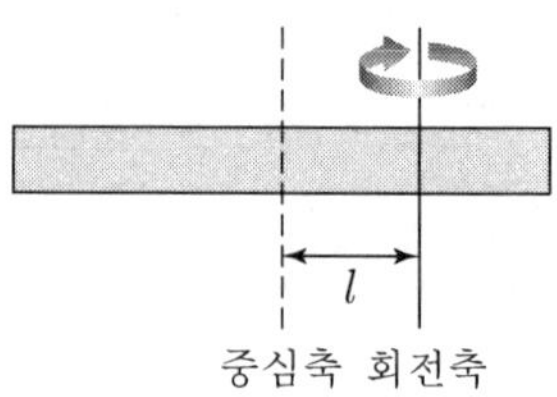

[평행축의 정리]

예제 1.35

그림과 같이 원통이 대칭축 주위로 회전한다. 원통 둘레에 줄을 감고 줄 끝에 물통(질량 m)을 단다. 반지름 R 이고, 관성 모멘트가 I 인 원통이 축 주위로 마찰 없이 자유로이 회전한다.

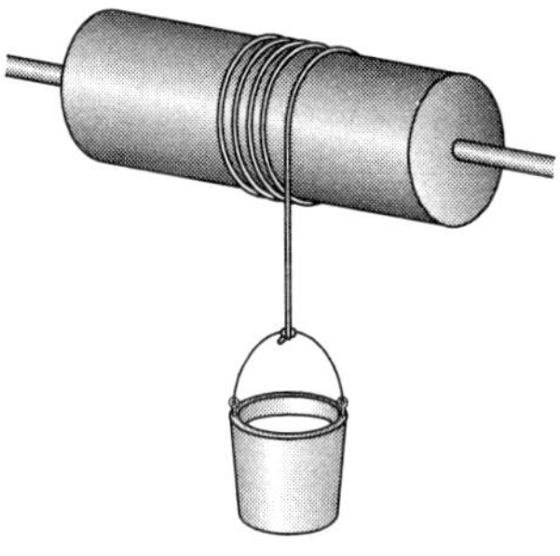

이 때 물통의 가속도 a의 크기를 구하면? (단, 원통과 줄의 마찰은 없고, 줄의 질량은 무시하고 중력가속도는 g이다.)

① $\dfrac{mg}{m+\dfrac{I}{R^2}}$　② $\dfrac{mg}{m+I}$　③ $\dfrac{mg}{I+\dfrac{m}{R^2}}$

④ $\dfrac{mg}{I+R^2}$　⑤ $\dfrac{I}{mg+R^2}$

[풀이] 답 ①

자유 물체도에 의한 그림. 물통에 작용하는 힘은 중력과 줄의 장력이다. $mg-T=ma$. 또한, 회전은 토크 $\tau=RT$이다.

$$\tau=RT=I\alpha$$

이 때, $a=R\alpha$이므로 $RT=\dfrac{Ia}{R}$에서 $T=\dfrac{Ia}{R^2}$이고

따라서, 운동방정식에서 $ma=mg-\dfrac{Ia}{R^2}$이므로

$$\left(m+\frac{I}{R^2}\right)a=mg\;\rightarrow a=\frac{mg}{m+\dfrac{I}{R^2}}$$

5. 각운동량

병진운동에서 운동의 상태를 나타내는 물리량으로 선운동량 $\vec{p}=m\vec{v}$에 대응되는

것으로 회전운동할 때 원운동의 상태를 나타낸 물리량으로 각운동량 $\vec{L}=\vec{r}\times\vec{p}$로 정의한다. 즉, 질량 m인 강체의 토크는

$$\tau = rF = r\left(\frac{\Delta p}{\Delta t}\right) = rm\frac{\Delta v}{\Delta t}$$

이다. 그러나 r, m이 일정하므로

$$\tau = \frac{\Delta(rmv)}{\Delta t} = \frac{\Delta L}{\Delta t}$$

이다. 그림과 같은 방향을 갖는 각운동량은

$$L = rmv$$

이다. 즉, 선운동량이 $\vec{p}$인 물체가 어떤 점에 대하여 위치 $\vec{r}$에 있다면 그 점에 대한 각운동량 $\vec{L}$은

$$\vec{L} = \vec{r}\times\vec{p}$$

이다. 따라서 $v = rw$을 $L = mrv$에 대입하면 다음과 같은 식으로 정리된다.

$$L = mr^2 w = Iw$$

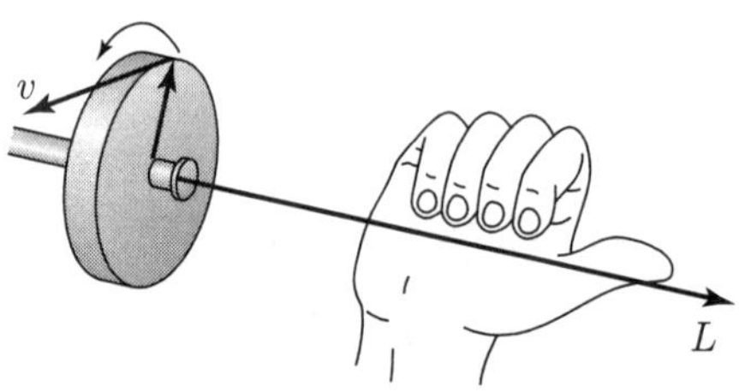

[각운동량]

6. 각운동량의 보존

질량 m의 물체가 반지름 r의 원주 상을 속력 v로 운동하고 있는 경우를 생각해 보자.

이 때 물체의 운동량을 p라 하면 뉴턴의 운동 방정식은

$$F = \frac{\Delta p}{\Delta t} = \frac{\Delta(mv)}{\Delta t}$$

가 되므로, 이 식의 양변에 반지름 r을 곱해 주면

$$Fr = \frac{\Delta(mrv)}{\Delta t} = \frac{\Delta(mr^2 w)}{\Delta t} = \frac{\Delta(Iw)}{\Delta t} = \frac{\Delta L}{\Delta t}$$

이 된다. 즉, $Fr = \tau$이고

$$\tau = \frac{\Delta L}{\Delta t}$$

가 되므로 물체에 작용하는 알짜 토크가 0이면

$$\tau = \frac{\Delta L}{\Delta t} = 0 \quad \rightarrow \quad \Delta L = 0$$

즉, 계에 작용하는 외부 알짜 토크가 0이면 어떤 계든 각운동량 보존이 성립한다.

$$L = Iw = \text{일정}$$

이것을 **각운동량 보존의 법칙**이라 한다. 처음 각운동량과 나중 각운동량이 같다.

$$Iw_i = Iw_f \quad : \text{각운동량 보존법칙}$$

즉, 계의 총 각운동량은 일정하다. 내력에 의한 토크는 한 물체에서 다른 물체로 각운동량을 전달할 수는 있지만, 계의 총 각운동량을 변화시키지는 못한다.

예제 1.36

그림과 같이 자전거가 일정한 속도로 경사면의 위로 올라간다. 도로 위의 뒷바퀴에 의해 생기는 마찰력은 f 이다. 이 때 운동 마찰계수는 $\mu_k = 0.15$ 이다. 체인의 상단 부분의 쇠사슬을 물고 도는 톱니바퀴를 힘 F_C로 밀면 뒤 쪽 자전거 바퀴에 전달된다. 체인의 아랫부분은 느슨하게 되어있다.

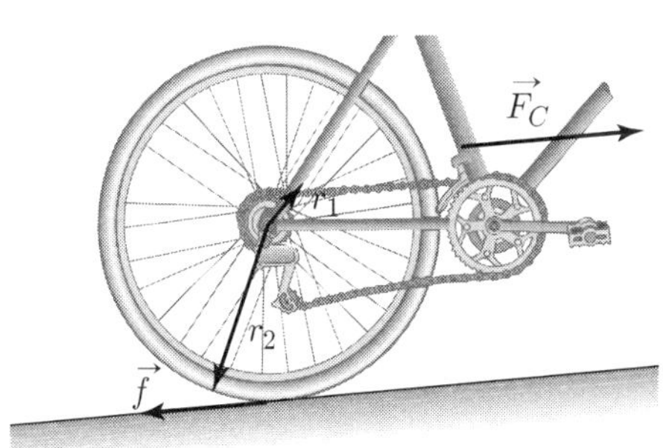

이 때 뒤쪽 자전거 바퀴의 반지름이 쇠사슬을 물고 도는 톱니바퀴 반지름의 6배라고 가정한다면 체인을 밀었을 때 힘 F_C의 크기로 가장 가까운 값은? (단, 뒤 바퀴에 작용하는 수직항력은 $20\mathrm{N}$이고, 중력가속도는 $9.8\mathrm{m/s^2}$이다.)

① 22N ② 15N ③ 18N ④ 25N ⑤ 30N

[풀이] 답 ③

일정한 속도로 운동하므로 $a_{CM}=0$

$$\tau = I\alpha = I\frac{a_{CM}}{r_2}=0$$

이 때 $\tau = f r_2 - F_C r_1 = 0$ 이므로 $F_C = \dfrac{r_2}{r_1} f = 6\times(0.15\times 20) = 18(N)$

예제 1.37

그림과 같이 균일한 원판 A에 감긴 줄이 동일한 원판 B에 걸쳐서 물체에 연결되어 있다. 물체가 낙하운동을 하면, A와 B는 각각 원판의 중심을 지나는 고정된 회전축을 중심으로 회전한다. A, B의 관성모멘트는 서로 같고, 줄은 A, B에서 미끄러지지 않는다.
이에 대한 설명으로 옳은 것을 〈보기〉에서 모두 고른 것은? (단, A, B는 동일한 연직면상에 있고, 회전축과 원판 사이의 마찰, 줄의 질량, 공기 저항은 무시하며, 줄은 팽팽하게 유지되고, 중력가속도는 g 이다.)

<보 기>

ㄱ. 각가속도의 크기는 A와 B가 서로 같다.
ㄴ. 회전축에 대한 돌림힘(토크)의 크기는 A와 B가 서로 같다.
ㄷ. 물체의 가속도는 g 이다.

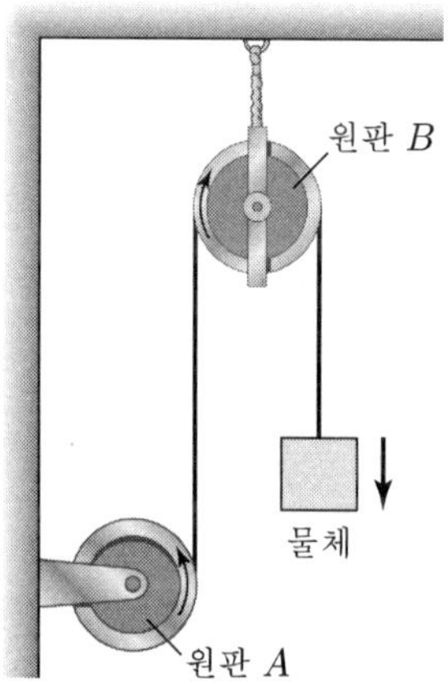

① ㄱ ② ㄷ
③ ㄱ, ㄴ ④ ㄴ, ㄷ
⑤ ㄱ, ㄴ, ㄷ

[풀이] 답 ③

도르래(원판)(강체)의 돌림힘은 $\tau = rF\sin\theta = rT\sin 90^\circ = rT$ 이므로

A에서 장력 T_A, B에서 장력 T_B의 크기가 같으므로 회전평형이 된다. 문제 조건에서 회전한다고 했으므로, 운동방정식을 고려해보자.

$$mg - T_B = ma \ \ --- \ (1)$$

$$rT_A = I\alpha \ \ ------ \ (2)$$

(1), (2) 식에 $\alpha = \frac{a}{r}$을 대입하여 계산하면, 가속도 $a = \frac{mg}{m + \frac{I}{r^2}}$이다.

도르래 A, B는 같은 회전운동을 하기 때문에 각가속도의 크기는 둘 다 같다. 도르레에 의한 돌림힘(토크)은 크기가 같다.

예제 1.38

그림은 마찰이 없는 수평면에서 질량이 각각 m, $2m$인 물체 A, B가 용수철에 매달려 반지름이 r인 원궤도를 따라 운동하는 것을 나타낸 것이다. A, B의 각속도는 서로 같다.

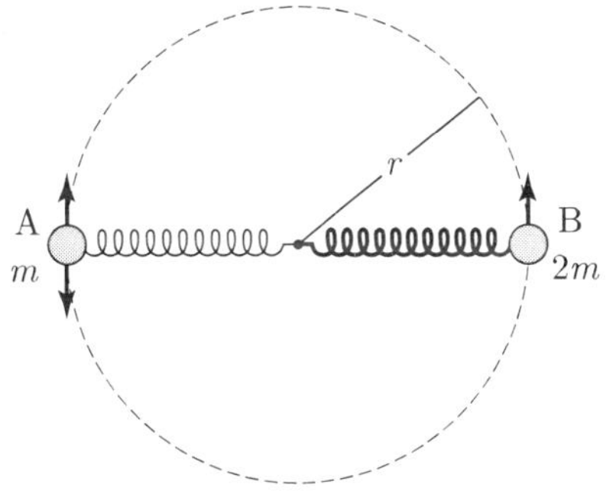

이에 대한 설명으로 옳은 것만을 〈보기〉에서 있는 대로 고른 것은? (단, 물체의 크기는 무시한다.)

<보 기>

ㄱ. 물체에 작용하는 구심력의 크기는 A가 B보다 작다.
ㄴ. 각운동량의 크기는 A가 B보다 작다.
ㄷ. 운동에너지는 A가 B보다 작다.

① ㄱ ② ㄴ ③ ㄱ, ㄷ
④ ㄴ, ㄷ ⑤ ㄱ, ㄴ, ㄷ

[풀이] 답 ⑤

A는 질량 m, B는 질량 $2m$이고, 등속원운동을 유지하는데 주어진 조건은 반지름 r, 각속도 w가 같다.

ㄱ. 물체에 작용하는 구심력은 $f = mrw^2$이다.

$f_A = (m)rw^2$, $f_B = (2m)rw^2$이므로 $f_A < f_B$ 이다. 즉, B의 질량이 A 보다 2배 크므로 B 물체가 구심력이 크다.

ㄴ. 원운동에서의 각운동량의 크기는 $L = mrv = mr^2w$이다.

두 물체의 운동에서 r과 w가 같기 때문에 역시 질량 m이 크면 각운동량의 크기도 크다. 즉, $L_A < L_B$ 이다.

ㄷ. 운동에너지는 $E_k = \frac{1}{2}mv^2 = \frac{1}{2}m(rw)^2$ 이다. 따라서 질량이 큰 B 물체의 운동에너지가 크다.

예제 1.39

그림 (가)는 질량 m, 길이 L인 균일한 막대가 고정된 회전축에 대해 주기 T_A로 단순 조화 운동하는 것을 나타낸 것이다. 회전축은 막대에 수직이고, 회전축에 대한 막대의 관성모멘트는 $\frac{1}{3}mL^2$이다. 그림 (나)는 (가)의 막대에 질량 m인 추가 회전축으로부터 거리 x만큼 떨어진 지점에 고정되어, 막대와 추가 주기 T_B로 단순 조화 운동하는 것을 나타낸 것이다.

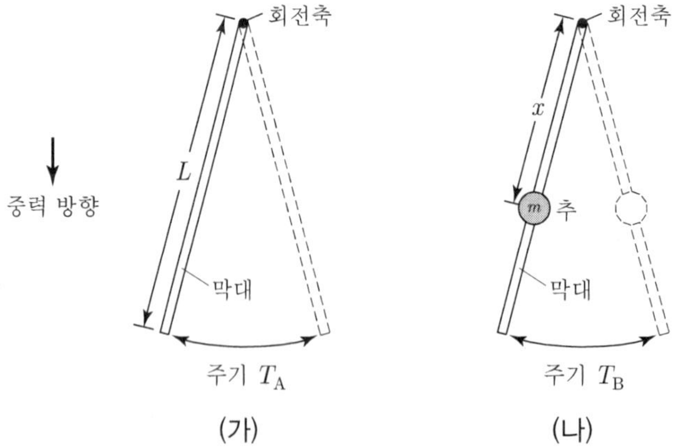

$T_A = T_B$일 때, x는? (단, 막대의 굵기와 추의 크기는 무시하고, 막대와 추는 연직면에서 운동한다.)

① $\frac{5}{12}L$　② $\frac{1}{2}L$　③ $\frac{7}{12}L$　④ $\frac{2}{3}L$　⑤ $\frac{3}{4}L$

[풀이] 답 ④

각속력 $w=\sqrt{\frac{mgd}{I}}$ 에서 $T=2\pi\sqrt{\frac{I}{mgd}}$ 이므로

(가)의 주기 $T_A=2\pi\sqrt{\frac{I}{mg(\frac{L}{2})}}$, (나)의 주기 $T_B=2\pi\sqrt{\frac{I+I'}{mg(\frac{L}{2})+mgx}}$

문제의 조건 $T_A=T_B$에서 $2\pi\sqrt{\frac{I}{mg(\frac{L}{2})}}=2\pi\sqrt{\frac{I+I'}{mg(\frac{L}{2})+mgx}}$ 을 정리하면

$$\frac{\frac{1}{3}mL^2}{mg(\frac{L}{2})}=\frac{\frac{1}{3}mL^2+mx^2}{mg(\frac{L}{2})+mgx},\qquad \therefore x=\frac{2}{3}L$$

참고 강체의 비틀림 진자의 주기

그림과 같이 회전 가능한 원통형 물체의 중심에 줄을 매달고 다른 끝을 천정에 연결시켜 놓았다.

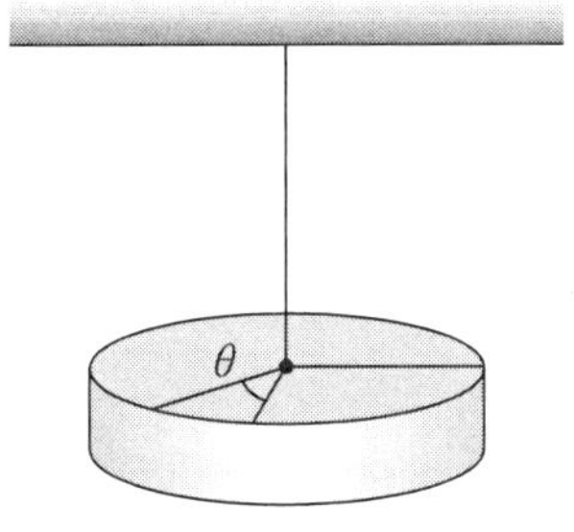

이때 물체를 비틀어 각도 θ만큼 각변위가 생기게 한 후 가만히 놓으면 물체는 줄의 꼬임에 대한 복원력으로 모멘트가 생겨 주기적으로 회전운동하게 된다. 줄의 비틀림 상수를 k라 하고 물체의 관성모멘트를 I라 하면 물체의 복원 토크는 $\tau=-k\theta$이고, 토크의 관계식 $\tau=I\alpha$에 의해 $-k\theta=I\alpha$, $\alpha=\frac{d^2\theta}{dt^2}$에서 $\frac{d^2\theta}{dt^2}=-\frac{k}{I}\theta$이다. 여기서 앞에서 배운 단진동으로부터 $\frac{d^2x}{dt^2}=-w^2x$의 유사성으로부터 $\frac{d^2\theta}{dt^2}=-w^2\theta$가 된다. 따라서 $w^2=\frac{k}{I}$이고, $T=\frac{2\pi}{w}$로부터 주기는

$$T=2\pi\sqrt{\frac{I}{k}}$$

이다.

참고 병진운동과 회전운동의 대응관계

병진운동		회전운동	
힘	$\boldsymbol{F}$	회전력	$\tau(=\boldsymbol{r}\times\boldsymbol{F})$
선운동량(입자)	$\boldsymbol{p}$	각운동량(입자)	$\boldsymbol{l}(=\boldsymbol{r}\times\boldsymbol{p})$
총선운동량	$\boldsymbol{P}(=\sum_i \boldsymbol{p}_i)$	총각운동량	$\boldsymbol{L}(=\sum_i \boldsymbol{l}_i)$
총선운동량*	$\boldsymbol{P}=M\boldsymbol{v}_{cm}$	총각운동량**	$L=I\omega$
뉴턴 운동방정식	$\sum \boldsymbol{F}_{바깥}=\frac{d\boldsymbol{P}}{dt}$	뉴턴 운동방정식	$\sum \tau_{바깥}=\frac{d\boldsymbol{L}}{dt}$
선운동량 보존법칙	$\boldsymbol{P}=$ 일정	각운동량 보존법칙	$\boldsymbol{L}=$ 일정

* 입자계와 강체 ** 고정축을 중심으로 도는 강체

연습문제

1. 그림과 같이 질량 30kg인 물체 A가 책상 위에 놓여 물체 B와 벽에 메어져 있다. 물체 A와 책상 사이의 마찰계수가 $\frac{1}{\sqrt{3}}$ 일 때 물체 A가 미끄러지지 않는다.

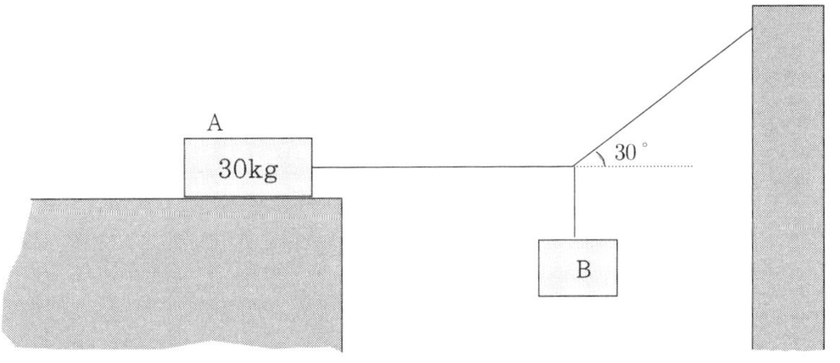

이 때 물체 B의 질량은 최대 몇 kg까지 가능한지 가장 가까운 값은?
(단, 중력 가속도 $g = 9.8\ \mathrm{m/s^2}$ 이다.)

① 5kg ② $5\sqrt{3}$ kg ③ 10kg
④ $10\sqrt{3}$ kg ⑤ 20kg

2. 그림과 같이 마찰이 없는 수평면 위에 두 물체가 용수철에 의해 연결되어 있다.

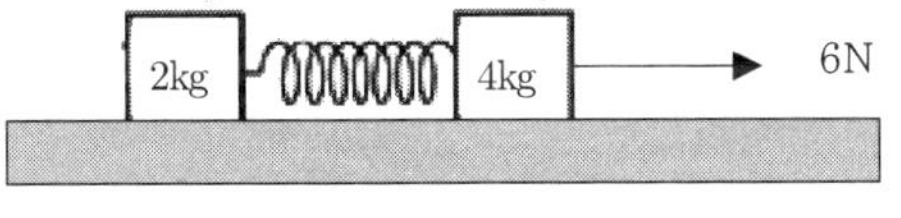

이 때 4kg의 물체를 6N의 힘으로 당길 때 이 힘에 의해 용수철이 늘어난 길이는?
(단, 용수철 상수 $k = 10\mathrm{N/m}$ 이고, 중력가속도는 $g = 9.8m/s^2$ 이다.)

① 0.1m ② 0.2m ③ 0.3m
④ 0.4m ⑤ 0.5m

3. 그림은 추가 용수철에 매달려 단진동하고 있는 것을 나타낸다. 용수철의 질량은 무시하고, 추의 질량은 m 이다.

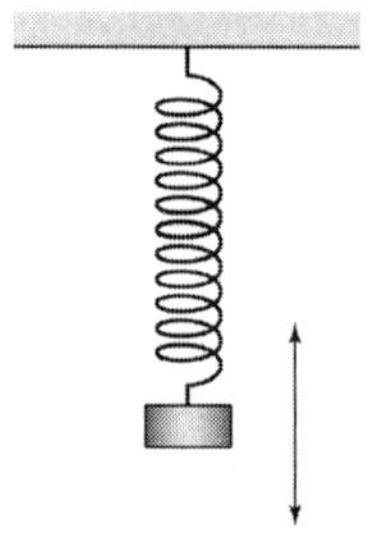

추에 작용하는 힘에 대한 설명으로 옳은 것만을 〈보기〉에서 있는 대로 고른 것은?

<보 기>

ㄱ. 추가 최저점에 있을 때 탄성력과 중력의 방향은 같다.
ㄴ. 추의 속력이 최대일 때 합력(알짜힘)은 0이다.
ㄷ. 추가 최고점에 있을 때 합력(알짜힘)의 방향은 위쪽이다.

① ㄱ　　② ㄴ　　③ ㄷ
④ ㄱ, ㄴ　　⑤ ㄱ, ㄴ, ㄷ

4. 그림은 놀이터에 있는 회전 원판을 나타낸다. A와 B가 원판의 중심으로부터 각각 0.5m, 1.5m 떨어진 곳에 앉은 다음, C가 원판을 돌리기 시작했다.

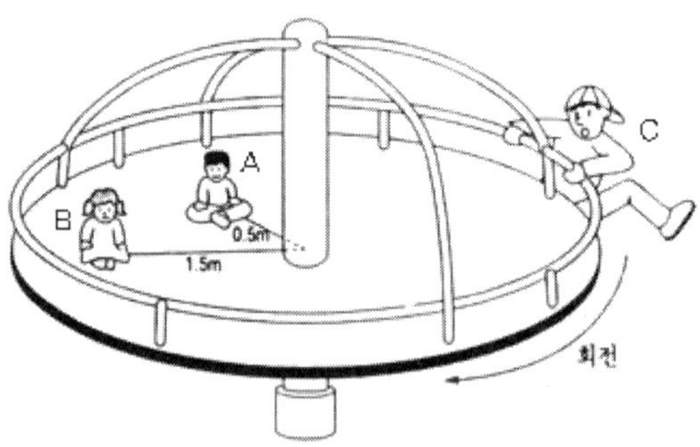

A와 B에 대한 설명 중 옳은 것만을 〈보기〉에서 있는 대로 고른 것은? (단, A와 원판, B와 원판 사이의 정지 마찰 계수는 같다.)

<보 기>

ㄱ. 미끄러지기 전에, A와 B의 각속도의 크기는 같다.
ㄴ. 미끄러지기 전에, A의 속력이 B의 속력보다 크다.
ㄷ. 충분히 빨리 돌리면 A가 먼저 미끄러진다.

① ㄱ ② ㄴ ③ ㄷ
④ ㄱ, ㄴ ⑤ ㄱ, ㄴ, ㄷ

5. 그림은 지면으로부터 높이 H인 곳에서 연직 위로 던져진 공 A와 마찰이 없는 경사면을 따라 운동하는 공 B의 경로를 나타낸 것이다. A, B의 질량은 같고, 초기 속력은 v_0으로 같으며, 지면과 경사면이 이루는 각은 θ이다.

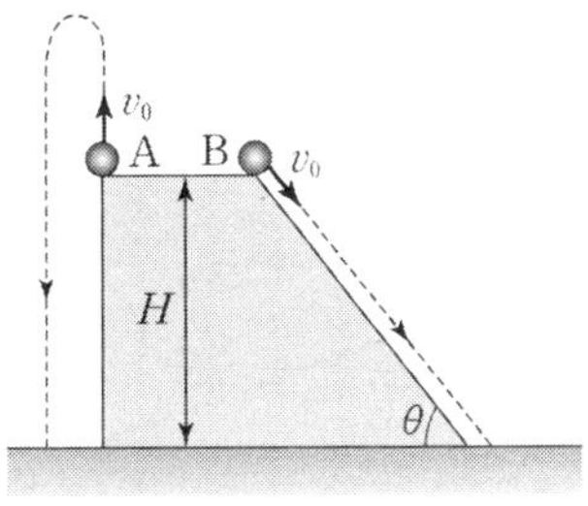

A, B의 운동에 대한 설명으로 옳은 것만을 〈보기〉에서 있는 대로 고른 것은? (단, 공의 크기 및 공기 저항은 무시한다.)

<보 기>

ㄱ. 운동하는 동안 가속도의 크기는 A가 B보다 크다.
ㄴ. 지면에 도달하는 순간의 속력은 A가 B보다 크다.
ㄷ. 지면에 도달하는 순간의 역학적 에너지는 A와 B가 같다.

① ㄱ ② ㄴ ③ ㄱ, ㄷ
④ ㄴ, ㄷ ⑤ ㄱ, ㄴ, ㄷ

6. 그림과 같이 A가 일정한 속력 v_0으로 올라가는 엘리베이터에서 공을 가만히 놓았다. 이때 B는 정지한 엘리베이터에서 운동하는 공을 관찰하였다.

위 방향을 양(+)의 방향으로 할 때, A가 공을 놓은 순간부터 공이 바닥에 닿기 전까지 B에 대한 공의 속도를 시간에 따라 나타낸 것으로 가장 적절한 것은? (단, 공기 저항은 무

시한다.)

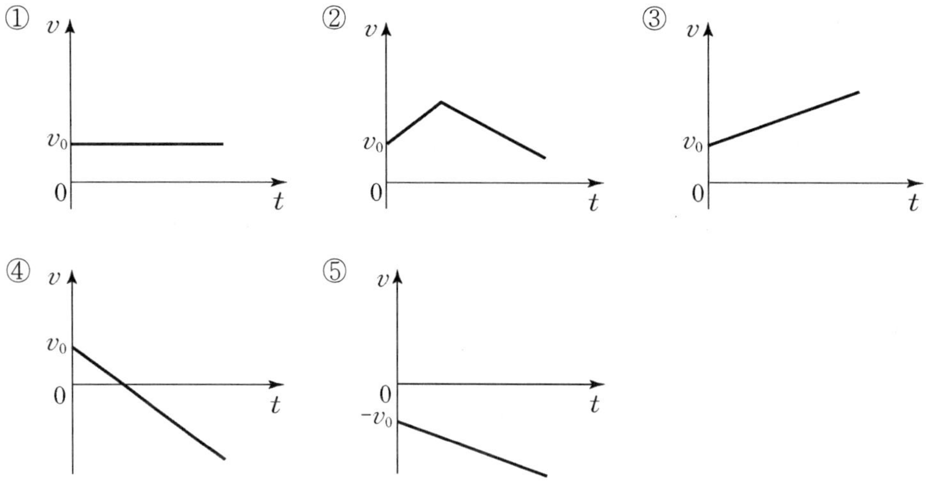

7. 그림과 같이 어떤 물체가 경사면에서 미끄러져 내려와 용수철에 충돌한 후 튕겨져 나왔다.

같은 높이에서 질량이 두 배인 물체를 놓았을 때, 물체와 용수철의 운동에 대한 설명으로 옳은 것만을 〈보기〉에서 있는 대로 고른 것은? (단, 모든 마찰과 용수철의 질량은 무시한다.)

<보 기>

ㄱ. 용수철이 최대로 압축되는 길이는 $\sqrt{2}$ 배가 된다.
ㄴ. 용수철과 충돌한 후 분리되는 데 걸리는 시간은 $\sqrt{2}$ 배가 된다.
ㄷ. 물체가 용수철과 분리되는 순간의 속력은 $\sqrt{2}$ 배가 된다.

① ㄱ ② ㄴ ③ ㄱ, ㄴ
④ ㄱ, ㄷ ⑤ ㄱ, ㄴ, ㄷ

8. 그림은 10m 떨어진 연직선상의 두 지점에서 물체 A, B가 동시에 발사되는 것을 나타낸 것이다. 연직 아래쪽으로 10m/s의 속력으로 발사된 A와 지면에서 연직 위쪽으로 10m/s의 속력으로 발사된 B는 연직선상의 한 점에서 충돌한다.

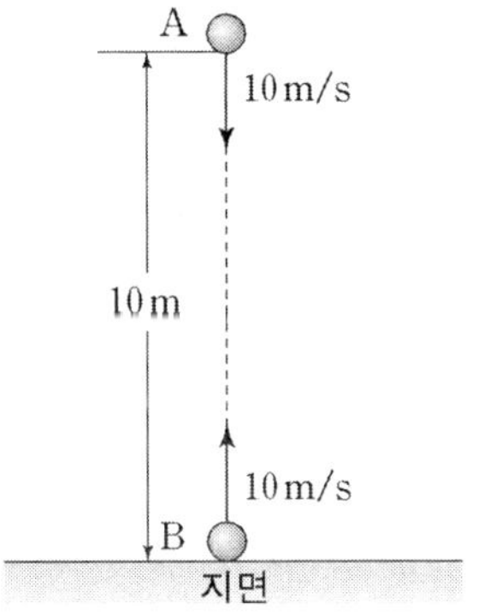

위 실험을 지구와 달에서 각각 실시했을 때, 지구에서 얻은 값과 달에서 얻은 값이 같은 것만을 〈보기〉에서 있는 대로 고른 것은? (단, 지구와 달에서 중력 가속도는 각각 일정하고, 물체의 크기와 공기 저항은 무시한다.)

<보 기>

ㄱ. A가 발사된 후 B와 충돌할 때까지 걸린 시간
ㄴ. 충돌할 때 B의 높이
ㄷ. 충돌하기 직전 A의 속력

① ㄱ　② ㄴ　③ ㄱ, ㄴ　④ ㄱ, ㄷ　⑤ ㄴ, ㄷ

9. 그림은 질량이 m인 야구공이 v의 속력으로 벽에 수직으로 충돌한 후, $0.5v$의 속력으로 정반대 방향으로 튀어나온 것을 모식적으로 나타낸 것이다.

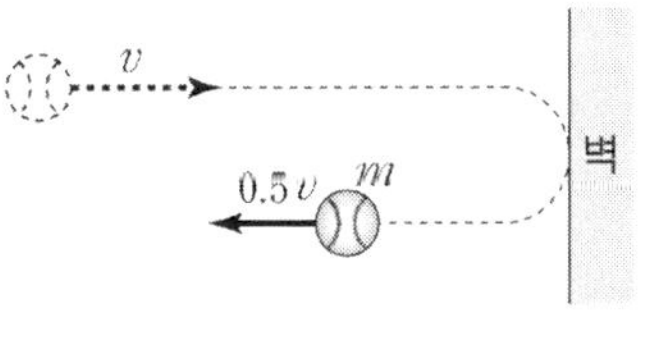

이에 대한 설명으로 옳은 것만을 〈보기〉에서 있는 대로 고른 것은?

<보 기>

ㄱ. 벽과 충돌 전후 야구공의 운동량의 변화량의 크기는 $0.5mv$이다.
ㄴ. 충돌하는 과정에서 야구공이 벽으로부터 받은 충격량의 크기는 $1.5mv$이다.
ㄷ. 벽과 충돌 전후 야구공의 운동 에너지 변화량은 $0.5mv^2$이다.

① ㄱ　　② ㄴ　　③ ㄱ, ㄷ

④ ㄴ, ㄷ　　⑤ ㄱ, ㄴ, ㄷ

10. 그림은 수평한 지면에서 던져진 공이 포물선을 그리며 날아가는 경로를 나타낸 것이다.

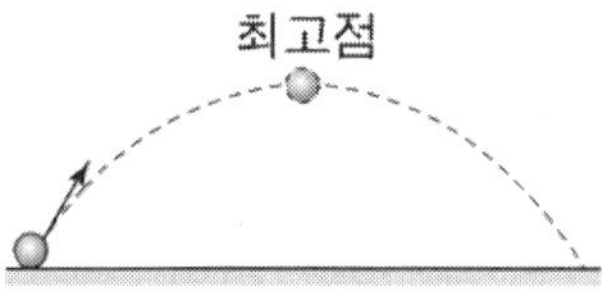

이에 대한 설명으로 옳은 것만을 〈보기〉에서 있는 대로 고른 것은? (단, 공기의 저항과 공의 크기는 무시한다.)

<보 기>

ㄱ. 날아가는 동안 공의 운동량은 계속해서 변한다.
ㄴ. 최고점에서 공에 작용하는 힘은 0이다.
ㄷ. 날아가는 동안 역학적 에너지는 보존된다.

① ㄱ　　② ㄴ　　③ ㄱ, ㄷ

④ ㄴ, ㄷ　　⑤ ㄱ, ㄴ, ㄷ

11. 그림과 같이 균일한 평면판의 세로 중간되는 점 A에 고리가 끼워져 있다. 평면판의 고리를 중심으로 연직면에서 자유롭게 회전할 수 있다.

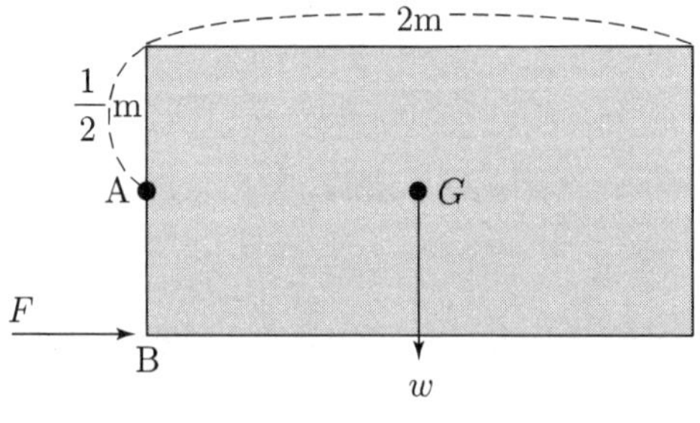

이 때 B부분에 얼마의 힘을 작용시켜야 평행을 유지할 수 있는 힘 F의 크기를 구하면? (단, G는 무게중심이다.)

① $\frac{w}{4}$　　② $\frac{w}{2}$　　③ w　　④ $2w$　　⑤ $\frac{w}{3}$

12. 관성모멘트가 $30\text{kg}\cdot\text{m}^2$인 원형 회전판이 4rad/s의 각속도로 회전하고 있다. 30kg인 아이가 지름방향으로 이 회전판 가장자리에 살짝 뛰어 오른 직후의 각속도의 크기를 구하면? (단, 원형 회전판의 반지름은 1m이다.)

① 0 5rad/s ② 1rad/s ③ 2rad/s
④ 2.6rad/s ⑤ 3rad/s

13. 그림과 같이 반지름이 1m, 질량 2kg인 균일한 속이 꽉찬 원통이 줄과 마찰없이 회전한다. 이 원통에 줄이 감겨져 있고 줄 끝에 질량 1kg인 물체가 매달려 있다.
이 때 실이 풀리면서 물체가 내려올 때의 가속도의 크기로 가장 가까운 값은? (단, 중력가속도 $g = 9.8\text{m/s}^2$이고, 관성모멘트 $I = \frac{1}{2}mr^2$이다.)

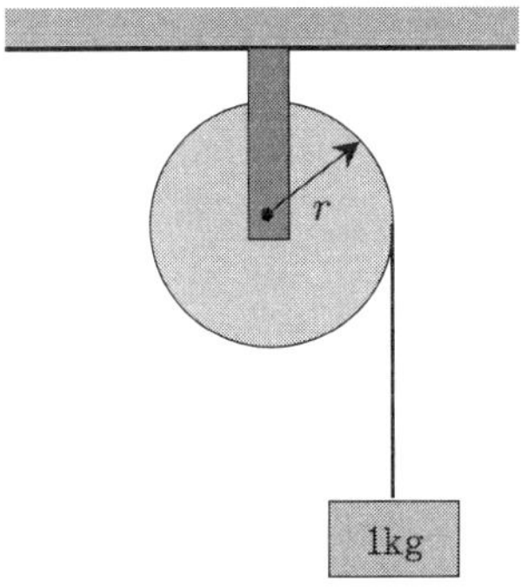

① 0.5m/s^2 ② 1.0m/s^2
③ 2.0m/s^2 ④ 3.2m/s^2
⑤ 5.0m/s^2

14. 그림과 같이 가볍고 유연하며 늘어나지 않는 전선이 질량 M, 지름이 $2R$인 실린더 드럼에 여러 번 감겨 있고, 이 실린더 드럼은 마찰이 없는 베어링에 의해 지탱되고 고정축 주위로 회전한다. 전선의 한쪽 끝을 F의 일정한 힘으로 수평하게 거리 s만큼 잡아 당겼다. 전선은 미끄러지지 않고 풀리며, 이에 따라 실린더도 회전한다.

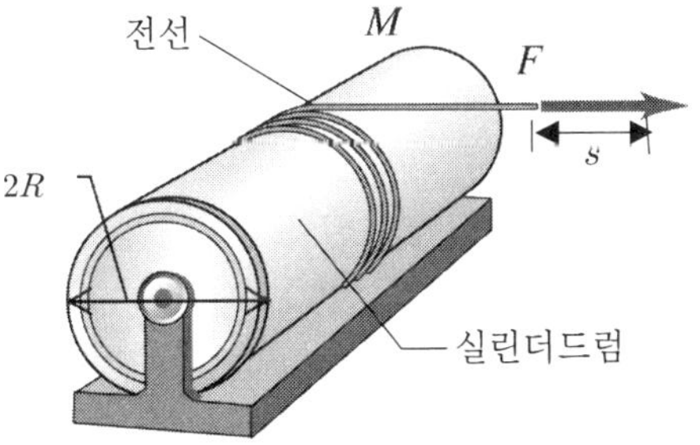

이때 실린더 드럼의 최종 각속력 w와 전선의 최종속력 v를 바르게 짝지은 것은? (단, 전선의 질량은 무시하고, 실린더의 관성모멘트는 I이다.)

	실린더 각속력	전선 속력
①	$\sqrt{\frac{2Fs}{I}}$	$R\sqrt{\frac{2Fs}{I}}$
②	$\sqrt{\frac{Fs}{I}}$	$R\sqrt{\frac{Is}{F}}$
③	$\sqrt{\frac{Is}{2F}}$	$R^2\sqrt{\frac{Fs}{I}}$
④	$\sqrt{\frac{Fs}{I}}$	$2R\sqrt{\frac{Fs}{I}}$
⑤	$\sqrt{\frac{Fs}{I}}$	$R\sqrt{\frac{F}{2Is}}$

15. 그림과 같이 질량이 각각 m, $2m$인 물체 A와 B를 원형 도르래 P, Q를 통해 줄로 연결하였다. P는 반지름이 r이고 도르래의 회전축에 대한 관성 모멘트 I_P가 mr^2이며, Q는 반지름이 $2r$이고 도르래의 회전축에 대한 관성 모멘트 I_Q가 $2mr^2$이다. A를 잡고 있다가 도르래에서 미끄러지지 않고 P, Q를 회전시킨다.

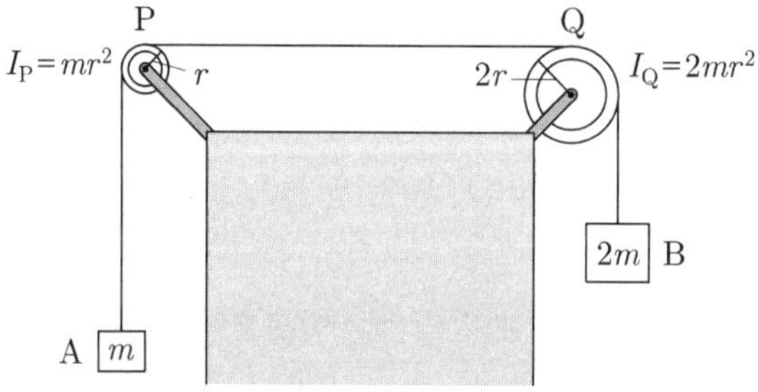

이 운동에 대한 설명으로 옳은 것만을 〈보기〉에서 있는 대로 고른 것은? (단, 중력가속도는 g 이고, 줄의 질량, 도르래와 도르래의 축과의 마찰, 공기 저항은 무시한다.)

<보 기>

ㄱ. 줄이 A를 당기는 힘의 크기는 줄이 B를 당기는 힘의 크기와 서로 같다.
ㄴ. 각가속도의 크기는 P가 Q의 2배이다.
ㄷ. B의 가속도의 크기는 $\frac{2}{9}g$이다.

① ㄱ　　② ㄴ　　③ ㄱ, ㄷ
④ ㄴ, ㄷ　　⑤ ㄱ, ㄴ, ㄷ

PART 2 에너지

2.1 일

2.2 위치 에너지

2.3 역학적 에너지 보존 법칙

2.1 일

1. 일의 정의

물체의 운동 변화는 물체에 작용한 힘과 그 힘을 얼마동안 작용했는가와 관계가 있다. 물체에 힘이 작용하여 물체가 힘의 방향으로 이동할 때에만 일을 한다고 하며, 일이란 전환하는 에너지의 양을 의미한다. 일의 정의는 다음과 같다.

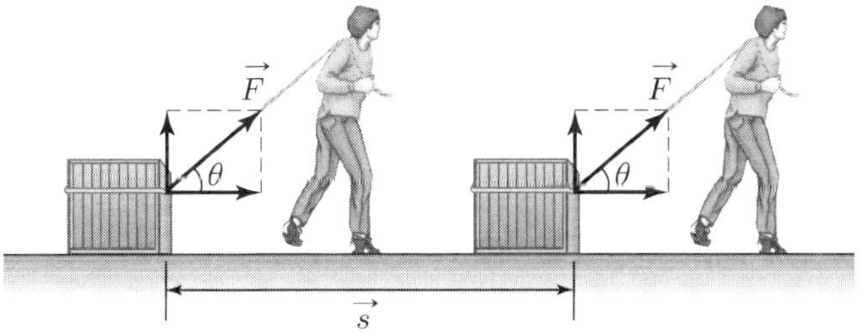

[일의 정의]

그림과 같이 물체에 힘 $\vec{F}$를 작용하여 힘의 방향으로 변위 $\vec{s}$만큼 이동하였을 때 힘이 한 일 W는

$$W = \vec{F} \cdot \vec{s} = Fs\cos\theta$$

이다. 따라서 물체를 들고 가만히 서 있는 경우에는 이동거리가 없으므로 물체에 대해 한 일은 0이다. 아래의 그림은 힘이 일정한 경우와 힘이 변하는 경우의 일의 크기를 나타낸다. 여기서 그래프의 넓이는 물리적 의미로 일을 뜻하고, 변화하는 힘에 대한 일은 다음과 같이 적분을 통해 계산한다. 즉

$$W = \int_0^s F(r)dr$$

이다.

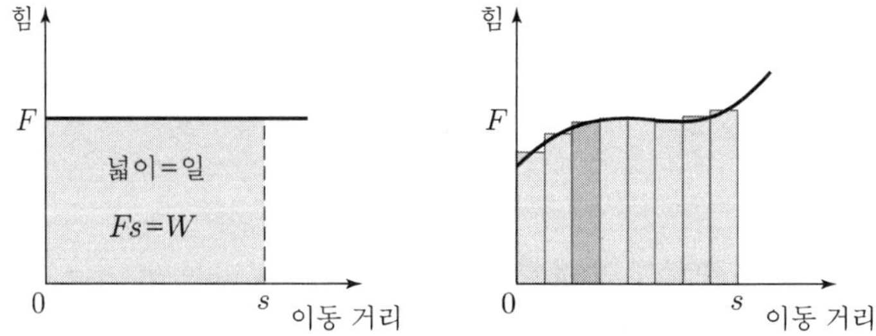

[$F-s$ 그래프]

- **단위** 1N의 힘을 가하여 물체가 힘의 방향으로 1m 이동하였을 때 힘이 한 일을 1J이라 한다.

$$1\mathrm{J} = 1\mathrm{N\,m} = 1\mathrm{kg\,m^2/s^2}$$

$$1\mathrm{kg중\,m} = 1\mathrm{kg} \times 9.8\mathrm{m/s^2} \times 1\mathrm{m} = 9.8\mathrm{J}$$

2. 일과 에너지

1) 운동 에너지의 정의

운동하는 물체는 다른 물체와 충돌하여 반발하거나 정지할 때까지 다른 물체에 대하여 일을 할 수 있다. 따라서 운동하는 물체가 가지는 에너지를 **운동 에너지**라고 하며, 물체가 정지 상태에 이를 때까지 할 수 있는 일의 양과 같다.

v의 속도로 운동하는 질량 m인 물체가 가지는 운동 에너지 E_k는

$$E_k = \int_0^v Fds = \int_0^v mvdv = \frac{1}{2}mv^2$$

으로 나타낸다. 단위는 일의 단위와 같은 [J]을 사용한다.

2) 일-에너지의 정리

일직선상에 놓인 물체가 받은 힘(알짜힘)이 $F = ma$이고, 등가속도운동에 의해 $2as = v^2 - v_0^2$에서 이동거리 $s = \dfrac{v^2 - v_0^2}{2a}$이므로 그동안 힘이 물체에 한 일은 다음과

같다.

$$W = \vec{F} \cdot \vec{s} = ma \cdot \frac{v^2 - v_0^2}{2a} = \frac{1}{2}mv^2 - \frac{1}{2}mv_0^2 = \Delta E_k$$

즉, 물체에 해준 일은 물체의 운동 에너지의 변화량과 같다.

$$W = \Delta E_k$$

이것을 **일-에너지의 정리**라고 한다.

3) 일률의 정의

도구나 기계를 이용하여 능률적으로 쉽게 일을 할 수 있다. 같은 양의 일을 하더라도 일을 하는데 걸리는 시간이 짧을수록 일을 능률적으로 한 것이 된다. 즉, 일의 능률은 단위 시간(1초)동안 하는 일의 양으로 나타낼 수 있으며, 이것을 **일률**이라고 하며 다음과 같이 나타낸다.

$$P = \frac{W}{t} = \vec{F} \cdot \vec{v}$$

일률의 단위는 와트(W)이며, 1초 동안 1J의 일을 할 때의 일률을 1W라고 한다.

$$1\text{W} = 1\text{J/s} = 1\text{N m/s} = 1\text{kg} \cdot \text{m}^2/\text{s}^3$$

$$1\text{kW} = 10^3\text{W},\quad 1\text{kg중m/s} = 9.8\text{W},\quad 1\text{마력(HP)} = 746\text{W(영국)}$$

예제 2.1

그림과 같이 수평 직선상에서 실량1000kg인 물체가 크기와 방향이 일정한 합력에 의해 6초 동안 2m/s에서 5m/s로 가속되었다.

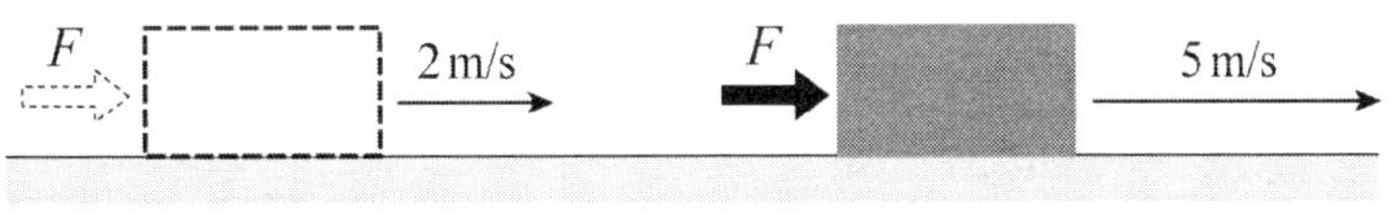

이에 대한 설명으로 옳은 것만을 〈보기〉에서 있는 대로 고른 것은?

<보 기>

ㄱ. 6초 동안 물체의 이동거리는 21m이다.
ㄴ. F의 크기는 500N이다.
ㄷ. 물체의 속력이 3m/s일 때, F에 의한 일률은 1.5kW이다.

① ㄱ ② ㄴ ③ ㄱ, ㄷ
④ ㄴ, ㄷ ⑤ ㄱ, ㄴ, ㄷ

[풀이] 답 ⑤

ㄱ. 일정한 힘 F에 의한 속도의 변화량은 곧 등가속도 운동이다.

$$a=\frac{v-v_0}{t}=\frac{5-2}{6}=\frac{1}{2}(m/s^2)\text{이므로}$$

$$s=v_0t+\frac{1}{2}at^2(\text{또는 } 2as=v^2-{v_0}^2\text{ 이용})$$

$$\text{즉, } s=2\times6+\frac{1}{2}\times\frac{1}{2}\times6^2=21(m)$$

ㄴ. $F=ma$에서 $F=1000\times\frac{1}{2}=500(N)$

ㄷ. 일률 $p=\frac{W}{t}=\frac{Fs}{t}=Fv$이므로 $p=500\times3=1500=1.5(kW)$

2.2 위치 에너지

위치 에너지는 힘에 의해 해준 일이 그 물체에 저장된다. 즉 물체가 어떤 기준이 되는 위치와 다른 위치에 있기 때문에 갖는 에너지로, 위치 에너지 E_p는 다음과 같이 나타낸다.

$$E_p=-W=-\int_0^r Fdr \text{ (기준점은 0, 특정 위치는 } r\text{이다.)}$$

1. 중력에 의한 위치 에너지

물의 낙차가 클수록 발전량도 커진다. 이와 같이 지표면 부근에 있는 물체들의 높이에 따라 정해지는 에너지를 **중력에 의한 위치 에너지**라고 한다.

$$W = Fs = mgh_0$$

$$E_p = -\int_0^{h_0}(-mg)dh = mgh_0$$

물체가 낙하하여 지표면으로 되돌아 올 때 중력은 물체에 대해 mgh_0의 일을 하며, 이것은 일-에너지 정리에 의해 물체의 운동 에너지로 변한다.

$$mgh_0 = \frac{1}{2}mv^2$$

2. 탄성력에 의한 위치 에너지

용수철과 같이 물체에 힘을 가하면 모양이 변하는 경우가 있다. 이와 같이 변형된 물체의 내부에서 작용하는 탄성력에 의해 저장되는 에너지를 **탄성력에 의한 위치 에너지**라 한다.

그림과 같이 용수철 상수가 k인 용수철을 한쪽 벽에 고정하고 다른 쪽에 힘을 가하여 원래의 길이보다 x만큼 줄이려면 용수철의 탄성력($F = kx$)과 반대 방향으로 같은 크기의 힘을 가하여야 한다. 따라서 용수철을 x만큼 줄이거나 늘이는 데 해 주어야 할 일 W는 그래프 아래의 면적과 같다.

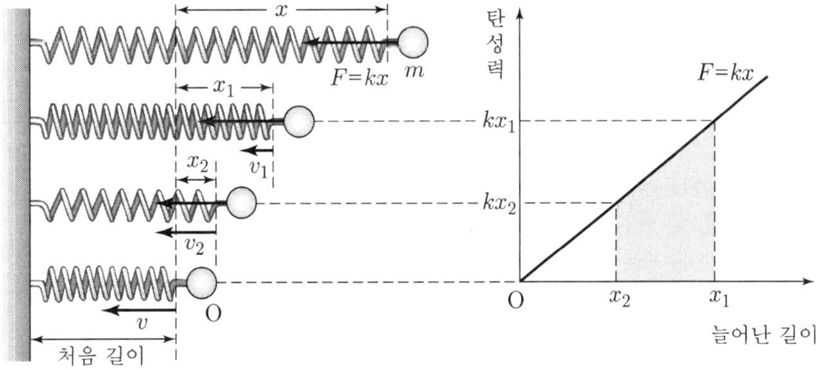

[탄성력에 의한 위치 에너지]

$$W = \int_{0}^{x}(kx)dx = \frac{1}{2}kx^2$$

$$E_p = -\int_{0}^{x}(-kx)dx = \frac{1}{2}kx^2$$

3. 만유인력에 의한 위치 에너지

그림과 같이 물체가 지구로부터 멀어질수록 중력장의 세기는 지구 중심으로부터의 거리의 제곱에 반비례해서 약해진다($g = \frac{GM}{r^2}$). 따라서 지구로부터 ∞만큼 떨어진 점에 작용하는 지구의 중력은 0이므로 그 점에 위치한 물체가 가지는 위치 에너지도 0으로 정하는 것이 타당하다.

즉, 지구 중심으로부터 거리 r만큼 떨어진 지점에 있는 질량 m인 물체를 지구의 중력이 작용하지 않는 무한원까지 옮기는 데 필요한 일의 양을 알아보면, 그림의 면적과 같음을 알 수 있다.

$$W = \int_{r}^{\infty} Fdr = \int_{r}^{\infty} \frac{GMm}{r^2}dr = \frac{GMm}{r}$$

따라서 지구 중심으로부터 거리 r인 곳에서 무한원까지 물체를 옮기는 데 한 일은 위치 에너지로 저장되고 이를 **만유인력에 의한 위치 에너지**라 한다. 무한원에서의 위치 에너지가 0이므로 물체가 가지는 위치 에너지는 (-)의 값을 가진다.

$$E_p = -\int_{\infty}^{r}\left(-\frac{GMm}{r^2}\right)dr = -\frac{GMm}{r}$$

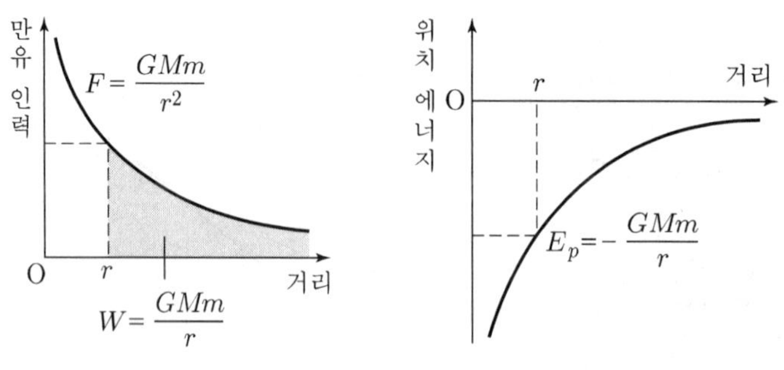

[만유인력과 위치에너지 그래프]

여기서 (−)부호는 음의 일을 의미하며, 질량 m인 물체가 지구에 구속되어 있음을 뜻한다.

• **일과 위치에너지의 관계**

$$W = -\Delta U \ (\Delta U : \text{위치에너지 변화량})$$

$$\Delta U = U_f - U_i = -\int_{r_i}^{r_f} F_r dr$$

$$F_r = -\frac{dU}{dr}$$

예를 들면, $U = \frac{1}{2}kx^2$에서 $F_x = -\frac{dU}{dx} = -kx$가 됨을 알 수 있다.

예제 2.2

지구 반경을 R이라 할 때, 지표면에 있는 질량 m인 물체를 지표면에서 $2R$만큼 높은 곳으로 옮기는 데 필요한 일을 구하면? (단, 지구 질량은 M, 만유인력상수는 G이다.)

① $\frac{2GMm}{3R}$ ② $\frac{GMm}{R}$ ③ $\frac{GMm}{2R}$

④ $\frac{GMm}{3R}$ ⑤ $\frac{3GMm}{2R}$

[풀이] 답 ①

$F-t$그래프에서 주어진 구간에 대한 면적을 계산하면 된다. 즉,

$$W = \int_R^{3R} \frac{GMm}{r^2} dr = \frac{2GMm}{3R}$$

[별해] 위치에너지의 차이만큼 물체에 일을 해 주어야 하므로

$$W = -\frac{GMm}{3R} - \left(-\frac{GMm}{R}\right) = \frac{2GMm}{3R}$$

2.3 역학적 에너지 보존 법칙

물체의 운동 에너지와 위치 에너지의 합을 **역학적 에너지**라고 한다. 보존력일 때 운동 경로에 무관하고 위치변화에만 의존한다.

즉, 운동 에너지와 위치 에너지 사이에 왕복 변환이 있는 경우에 작용하고 있는 힘을 **보존력**이라 한다.

* 보존력 : 중력, 탄성력, 만유인력, 전기력, 자기력 등

1. 중력장 내의 운동과 역학적 에너지의 보존

그림과 같이 공기저항을 무시할 때 어떤 높이에서 자유 낙하한 질량 m인 물체가 지표면으로부터 높이 h_1, h_2인 지점을 통과할 때의 속도를 각각 v_1, v_2라고 하자.

물체가 $h_1 - h_2$만큼 낙하하는 동안 중력이 한 일은 일-에너지 정리에 의해 물체의 운동 에너지의 증가량이 되므로

$$W = mg(h_1 - h_2) = \frac{1}{2}mv_2^2 - \frac{1}{2}mv_1^2$$

$$\frac{1}{2}mv_1^2 + mgh_1 = \frac{1}{2}mv_2^2 + mgh_2$$

이다. 이것은 두 위치에서의 역학적 에너지가 같음을 의미한다. 즉, 역학적 에너지가 보존된다는 것을 알 수 있다.

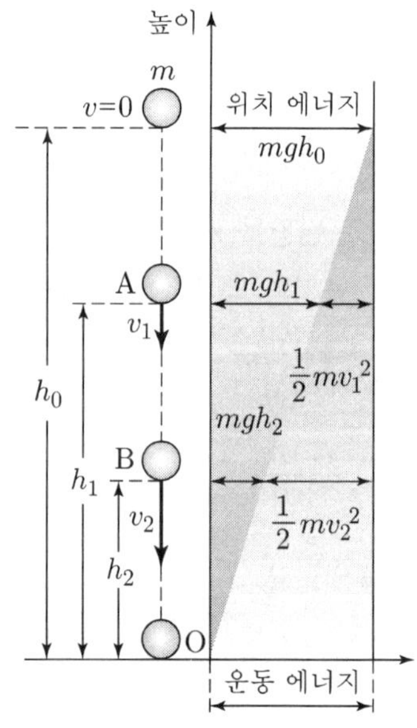

[중력에 의한 역학적 에너지]

2. 단진동과 역학적 에너지의 보존

용수철에 매달린 질량 m인 물체가 일직선상을 단진동하는 경우 용수철상수가 k라 할 때, 용수철 진자의 주기 T는

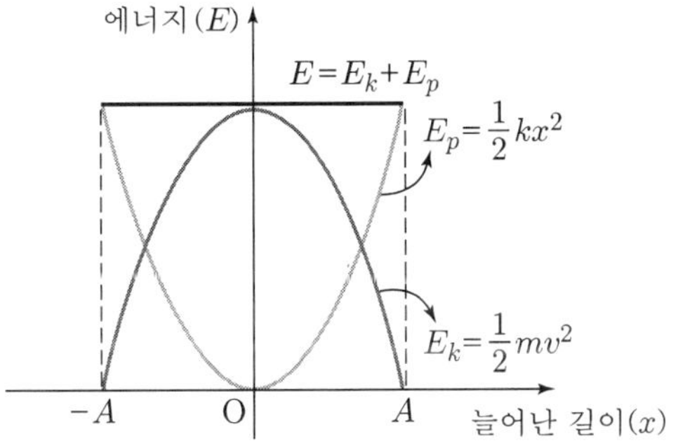

[탄성력에 의한 역학적 에너지]

$$T = 2\pi\sqrt{\frac{m}{k}}$$

이다.

물체가 진폭 A, 각속도 w로 단진동하고 있을 때, 단진동하는 물체의 진동 중심으로부터의 변위, 속도, 가속도를 시간의 함수로 나타내면 다음과 같다.

- **물체의 변위** $x = A\sin wt$
- **물체의 속도** $v = \dfrac{dx}{dt} = Aw\cos wt$
- **물체의 가속도** $a = \dfrac{dv}{dt} = -Aw^2\sin wt = -wx^2$

단진동하는 물체에 작용하는 복원력

$$F = ma = -mw^2x = -kx$$

이므로 용수철상수 $k - mw^2$ 이다.

따라서 단진동하는 물체의 역학적 에너지는

$$E = \frac{1}{2}mv^2 + \frac{1}{2}kx^2$$

이고, 그림에서 최대의 변위를 가질 때는 위치에너지만 가지며 평형점일 때는 운동에너지로 변환된다. 즉 에너지 관계를 수식으로 표현하면

$$\frac{1}{2}mw^2A^2 = \frac{1}{2}kA^2 = \frac{1}{2}mv_{max}^2$$

이 되어 역학적 에너지 E의 값이 일정하게 보존됨을 알 수 있다. 여기서, $v_{\max} = Aw$이다. 따라서 역학적 에너지 보존 법칙을 만족하므로

$$\frac{1}{2}kx_1^2 + \frac{1}{2}mv_1^2 = \frac{1}{2}kx_2^2 + \frac{1}{2}mv_2^2$$

이 된다.

예제 2.3

그림과 같이 한 끝이 벽에 고정된 길이 50cm인 용수철에 질량 2kg인 물체를 달아 20cm 만큼 잡아당겼다가 가만히 놓았다.

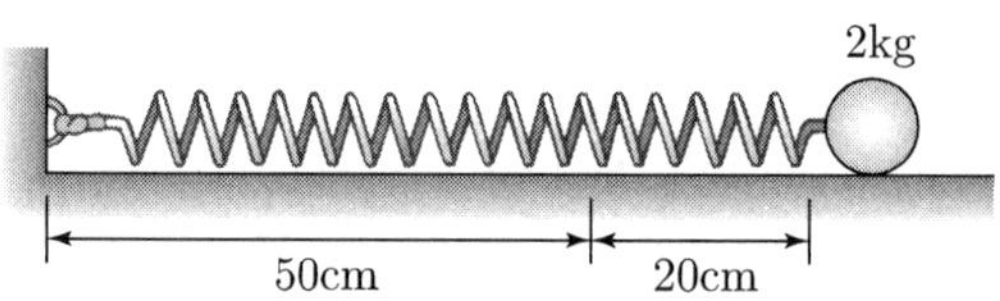

이 운동에 대한 설명에서 옳은 것만을 〈보기〉에서 있는 대로 고른 것은? (단, 용수철상수는 5000N/m이고, 용수철의 질량과 마찰은 무시하고, $\pi \fallingdotseq 3$, $\sqrt{2} \fallingdotseq 1.4$이다.)

<보 기>

ㄱ. 물체의 최대속력은 10m/s이다.
ㄴ. 물체의 위치 에너지와 운동 에너지가 같을 때 용수철의 길이는 10cm이다.
ㄷ. 용수철의 주기는 0.12초이다.

① ㄱ ② ㄴ ③ ㄷ
④ ㄱ, ㄷ ⑤ ㄱ, ㄴ, ㄷ

[풀이] 답 ④

ㄱ. $\frac{1}{2}kA^2 = \frac{1}{2}mv_m^2$에서 $\frac{1}{2} \times 5000 \times 0.2^2 = \frac{1}{2} \times 2 \times v_m^2$,

$$v_m = \sqrt{\frac{k}{m}}A = \sqrt{\frac{5000}{2}} \times 0.2 = 10(m/s)$$

ㄴ. 용수철에 저장된 위치에너지와 물체의 운동에너지가 각각 $50J$일 때이므로

$$\frac{1}{2}kx^2 = 50 \text{에서 } x = \frac{\sqrt{2}}{10}(m) \fallingdotseq 14.1(cm)$$

ㄷ. $T = 2\pi\sqrt{\frac{m}{k}} = 2\pi\sqrt{\frac{2}{5000}} = \frac{\pi}{25} \fallingdotseq 0.13(s)$

예제 2.4

그림과 같이 질량 M인 물체의 양쪽에 용수철 상수가 k_1, k_2인 두 개의 용수철을 매단 후 이 용수철의 다른 끝들을 벽에 고정시키고, 마찰이 없는 수평면 위에 놓았다. 이 물체를 진폭 A로 단진동시킨 후 물체가 평형점을 지나는 순간에 질량 m 인 작은 물체를 연직 상방에서 살짝 떨어뜨려 M에 부착시켰다.

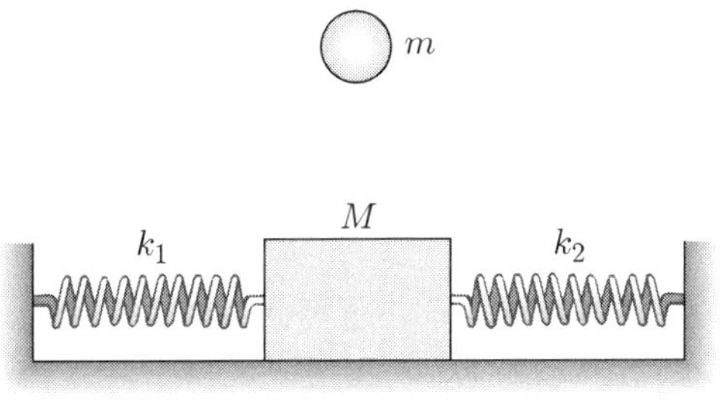

이 과정의 운동에 대한 설명으로 옳은 것만을 〈보기〉에서 있는 대로 고른 것은? (단, 용수철의 질량과 마찰은 무시한다.)

<보 기>

ㄱ. 질량 m 인 물체가 부착된 후에도 진동 운동을 한다.
ㄴ. 질량 m 인 물체가 부착된 후 진폭이 감소한다.
ㄷ. 질량 m 인 물체가 부착된 후 역학적 에너지 보존법칙을 만족한다.

① ㄱ ② ㄴ ③ ㄱ, ㄷ
④ ㄴ, ㄷ ⑤ ㄱ, ㄴ, ㄷ

[풀이] 답 ⑤

ㄱ. 단조화운동으로 질량이 M인 물체의 경우 $f = (k_1 + k_2)A = MAw^2$이므로

$w = \sqrt{\frac{k_1 + k_2}{M}}$ 이다.

ㄴ. ㄷ. 평형점에서 처음 속도를 v, 작은 물체를 낙하시킨 후의 속도를 v'라 하면 운동량보존법칙에 의해 $Mv = (m+M)v'$

또 평형점에서 $\frac{1}{2}Mv^2 = \frac{1}{2}(k_1+k_2)A^2$

$$\frac{1}{2}(m+M)v'^2 = \frac{1}{2}(k_1+k_2)A'^2 \text{ 이다.}$$

위의 세 식에서 v와 v'를 소거하면 $\frac{A'}{A} = \sqrt{\frac{M}{m+M}}$ 이므로

진폭 $A' = \sqrt{\frac{M}{m+M}}A$ 이며, 원래의 진폭보다 감소하고 보존력에 의해 역학적 에너지의 보존법칙이 만족된다.

예제 2.5

그림은 마찰이 있는 수평면에서 용수철이 원래 길이로부터 10cm만큼 압축되도록 용수철에 연결된 물체를 잡고 있는 것을 나타낸 것이다. 물체를 가만히 놓았더니 물체가 수평면을 따라 일직선 상에서 운동을 하였다. 물체와 수평면 사이의 운동 마찰 계수는 $\frac{1}{4}$ 이고 용수철 상수는 $40\,N/m$ 이며 물체의 질량은 400g이다.

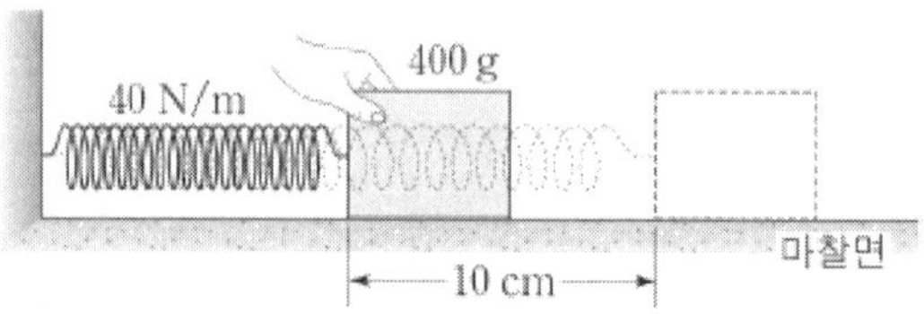

물체가 운동을 시작하여 속력이 처음으로 0이 될 때까지 마찰력이 물체에 한 일의 크기는? (단, 중력가속도의 크기는 $10m/s^2$이고, 용수철의 질량과 공기 저항은 무시한다.)

① $\frac{3}{40}J$ ② $\frac{1}{10}J$ ③ $\frac{1}{8}J$ ④ $\frac{3}{20}J$ ⑤ $\frac{1}{5}J$

[풀이] 답 ④

마찰이 존재하지 않으면 용수철에 의해 진동 변위가 생긴다. 그러나 마찰 때문에 처음 정지되기까지의 위치는 $0.1-x$가 된다.

역학적 에너지보존법칙을 이용해서 변위 x을 구하자.

여기서 압축변위 $X = 10\,\text{cm}$이다.

따라서 $\frac{1}{2}kX^2 = \mu mgx + \frac{1}{2}k(0.1-x)^2$이고, 계산하면

$$\frac{1}{2}(40)(0.1)^2 = \frac{1}{4}(0.4)(10)x + \frac{1}{2}(40)(0.01 - 0.2x + x^2)$$

윗 식을 정리하면 다음과 같다.

$$20x^2 - 3x = 0\ ,\ \ x(20x-3) = 0 \quad \therefore\ x = \frac{3}{20}$$

마찰력이 물체에 한 일은 $W_f = \mu mgx = \frac{1}{4}(0.4)(10)(\frac{3}{20}) = \frac{3}{20}(J)$

3. 만유인력에 의한 역학적 에너지의 보존

태양계의 행성이나 인공위성과 같이 만유인력에 의한 중력장 내에서 운동하는 물체의 경우도 역학적 에너지는 보존된다. 지구의 질량을 M이라 할 때 지구 중심으로부터 r만큼 떨어진 지점에서 질량 m인 물체가 v의 속도로 운동하고 있을 때, 만유인력에 의한 위치 에너지는

$$E_p = -\,G\frac{Mm}{r}$$

이므로 이 물체의 역학적 에너지 E는

$$E = \frac{1}{2}mv^2 - G\frac{Mm}{r} = \text{일정}$$

이다.

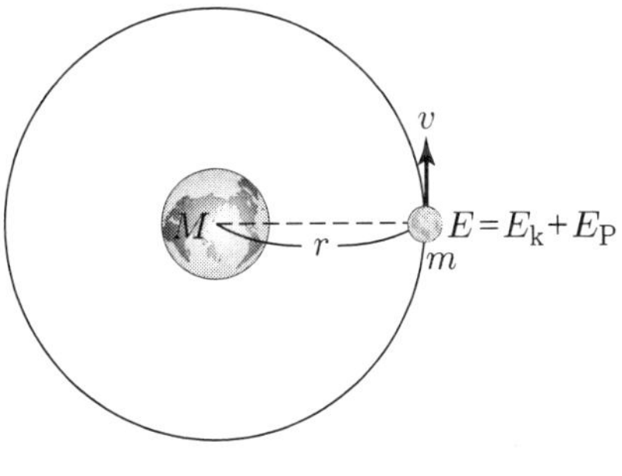

1) 인공위성

지구 중심으로부터 r만큼 떨어진 지점에서 질량 m인 인공위성이 v의 속도로 운동하고 있을 때 역학적 에너지는

$$E=\frac{1}{2}mv^2-G\frac{Mm}{r}$$

이다. 그러나 다음과 같이 역학적 에너지의 값에 따라 인공위성의 운동 상태를 분류한다.

- **$E<0$인 경우** 지구의 중력에 의한 위치 에너지는 지구로부터 떨어질수록 그 값이 0에 가까워지는데, 운동 에너지는 (−)값을 가질 수 없으므로 이 인공위성은 지구의 중력장을 벗어날 수 없다.
- **$E\geq 0$인 경우** 무한원에서도 물체가 운동 에너지를 가지므로 이 인공위성은 지구의 중력장을 탈출할 수 있다.

예제 2.6

지표면에 있는 질량 m인 물체를 연직 위로 던져 지구의 중력장을 벗어나게 할 수 있는 최소의 속력으로 가장 가까운 값은? (단, 중력가속도 $g=9.8\text{m/s}^2$, 지구 반지름 R은 6400km이고, 공기의 저항은 무시한다.)

① 11.2km/s ② 9.8km/s ③ 7.9km/s
④ 5.5km/s ⑤ 3.0km/s

[풀이] 답 ①

$$E=\frac{1}{2}mv^2-G\frac{Mm}{R}\geq 0\text{에서 } v\geq\sqrt{\frac{2GM}{R}}$$

만유인력 상수와 지구의 질량이 주어져 있지 않으므로

$F=\dfrac{GMm}{R^2}=mg$에서 $GM=gR^2$을 이용하여 식을 바꾸면

$$v=\sqrt{2gR}=\sqrt{2\times 9.8\times(6.4\times 10^6)}=11.2\times 10^3(m/s)=11.2km/s$$

(제 2 우주 속도)

4. 회전 운동 에너지

에너지 보존 관계를 좀 더 완전하게 설명하려면 회전 운동 에너지를 고려해야 한다. 즉, 회전하는 물체는 회전 운동 에너지를 갖는다.

선형관계와 같이 $w_f^2 - w_i^2 = 2\alpha\theta$ 에서

$$\frac{1}{2}Iw_f^2 - \frac{1}{2}Iw_i^2 = I\alpha\theta\ ,\ \theta = \frac{s}{r},\quad \alpha = \frac{a}{r}$$

이므로

$$\frac{1}{2}Iw_f^2 - \frac{1}{2}Iw_i^2 = \tau\frac{s}{r} = mr^2\frac{a}{r}\frac{s}{r} = mas = Fs = W$$

이다. 이것은 **선형 일-에너지 정리**와 같다. 여기서 회전 운동 에너지는 다음과 같이 나타낸다.

$$E_R = \frac{1}{2}Iw^2$$

5. 강체의 역학적 에너지 보존법칙

그림과 같이 비탈면을 굴러 내려오는 원판은 꼭대기에서의 위치 에너지는 바닥에서 병진 및 회전 운동 에너지로 변환된다. 이처럼 역학적 에너지 보존법칙을 확장하면 다음과 같은 식을 만족한다.

$$E_p + E_{kT} + E_{kR} = \text{일정}$$

예를 들어 그림과 같이 비탈에서 강체가 굴러 내려올 때 바닥면에서 강체의 속력을 생각하면 다음과 같다. 강체의 역학적 에너지 보존법칙으로부터

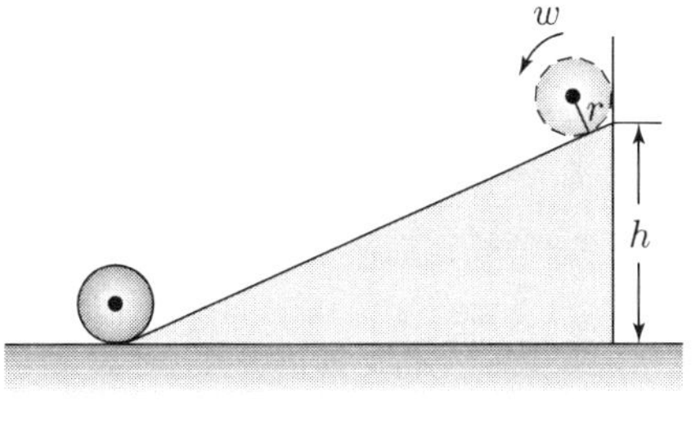

$$mgh = \frac{1}{2}mv^2 + \frac{1}{2}Iw^2$$

이다. 이 때, $v = rw$ 를 이용하여 w 를 소거하면 강체의 속력 v을 얻을 수 있다.

$$v = \sqrt{\frac{2gh}{1 + \frac{I}{mr^2}}}$$

참고 물리진자

강체인 긴 막대가 진자운동을 하는 경우를 물리진자라 한다.

만약 긴 막대일 때, 관성모멘트가 $I = \frac{1}{3}mL^2$ 이라하면 그림에서와 같이 $\tau = \frac{L}{2}\sin\theta mg$, $\theta \fallingdotseq \sin\theta (\theta \to 0)$을 만족하므로 다음과 같이 나타낸다.

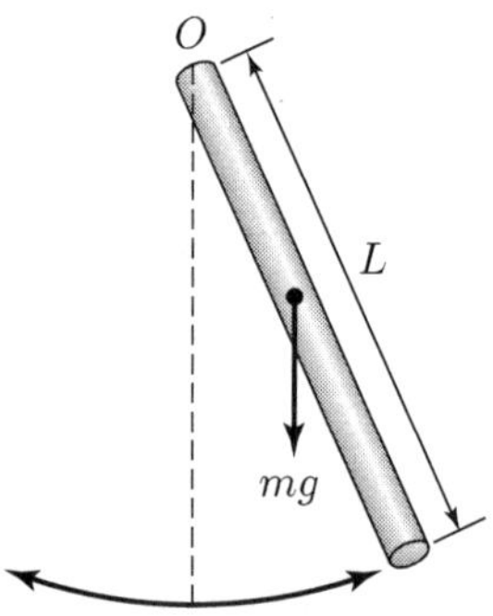

$$I\alpha = Iw^2\theta = \frac{L}{2}mg\theta, \quad w = \sqrt{\frac{\frac{L}{2}mg}{I}}$$

$$T = \frac{2\pi}{w} = 2\pi\sqrt{\frac{I}{\frac{L}{2}mg}} = 2\pi\sqrt{\frac{2L}{3g}}$$

예제 2.7

그림과 같이 구와 원기둥이 같은 비탈의 같은 위치에서 정지한 상태에서 굴러 내려오고 있다. 다음 중 옳은 표현을 고르면? (단, 구와 원기둥의 관성모멘트는 $I_s = \frac{2}{5}MR^2$, $I_c = \frac{1}{2}MR^2$ 이다.)

① 두 물체의 질량과 반지름에 관계없이 원기둥이 먼저 바닥에 도달한다.
② 어떤 물체가 바닥에 먼저 도착하는가는 질량과 관련되어 있다.
③ 두 물체의 질량과 반지름에 관계없이 똑같이 바닥에 도달한다.
④ 어떤 물체가 바닥에 먼저 도착하는가는 반지름과 관련되어 있다.
⑤ 두 물체의 질량과 반지름에 관계없이 구가 먼저 바닥에 도달한다.

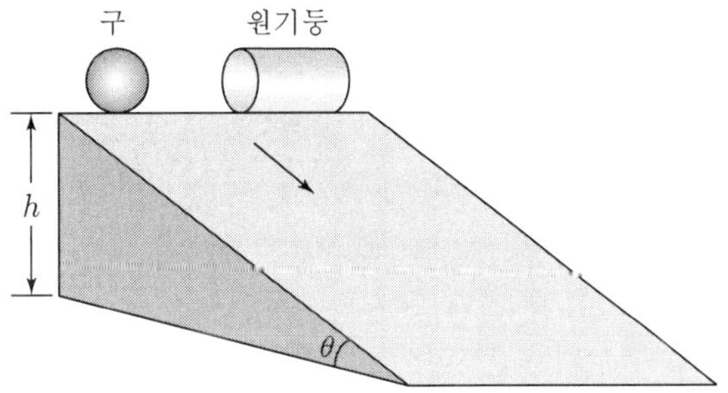

[풀이] 답 ⑤

물체의 질량 : M, 병진속도 : v, 관성모멘트 : I, 회전각속도 : w라 한다면 비탈위에서 갖고 있는 위치에너지가 바닥에서는 병진운동에너지와 회전운동에너지를 갖는다. 따라서 $Mgh = \frac{1}{2}Mv^2 + \frac{1}{2}Iw^2$ 이 성립하게 된다. 이때 미끄러지지 않고 굴러가기만 한다면 각속도 w와 회전체의 반지름 R 사이에 $v = Rw$ 의 관계가 성립한다.

먼저, 구의 경우에는 $I = \frac{2}{5}MR^2$ 이므로 $v = \sqrt{\frac{10}{7}gh}$ 이고,

원기둥의 경우에는 $I = \frac{1}{2}MR^2$ 이므로 $v = \sqrt{\frac{4}{3}gh}$ 이 된다.

이 둘을 비교하면 구의 속도가 더 크다는 것을 알 수 있다.

참고적으로 $v = \sqrt{\frac{2gh}{1+f}}$ 을 이용한다. f는 관성모멘트의 계수이다.

예제 2.8

그림과 같이 질량을 무시할 수 있는 끈에 매달려 있는 질량 M인 물체 A에 질량 m인 물체 B가 수평으로 정면충돌하였다. 이 충돌이 완전 탄성 충돌이라 할 때 물체 A가 정점 P를 지나 반지름 R인 원 궤도를 그리며 운동할 수 있으려면 충돌 전 물체 B의 최소 속력은? (단, 중력가속도는 g 이다.)

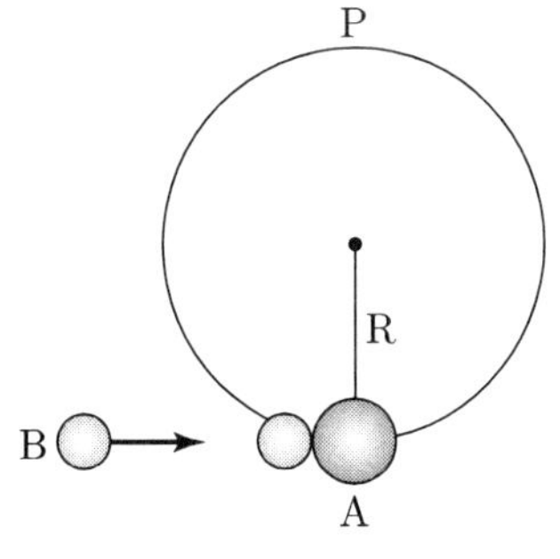

① $v_B = \frac{(m+M)\sqrt{5gR}}{2m}$ ② $v_B = \frac{(m+M)\sqrt{2gR}}{2m}$

③ $v_B = \frac{(m+M)\sqrt{5gR}}{m}$ ④ $v_B = \frac{(m+M)\sqrt{2gR}}{m}$

⑤ $v_B = \frac{(m+M)\sqrt{3gR}}{3m}$

[풀이] 답 ①

운동량 보존이고 탄성 충돌이므로 $mv_B = mv_B{}' + Mv_A{}'$, $e = 1 = \frac{v_A{}' - v_B{}'}{v_B}$

위의 두 식에서 $v_B = \frac{(m+M)v_A{}'}{2m}$ ---- ①

한편, 역학적 에너지 보존과 정점 P에서 구심력=중력 이므로

$$\frac{1}{2}Mv_A{}'^2 = \frac{1}{2}Mv_A{}''^2 + Mg(2R), \quad \frac{Mv_A{}''^2}{R} = Mg$$

위의 두 식으로부터 $v_A{}' = \sqrt{5gR}$ --- ②

② → ① 대입하면 $v_B = \frac{(m+M)\sqrt{5gR}}{2m}$ 이다.

연습문제

1. 그림과 같이 길이 l 인 줄에 매달려 정지해 있던 질량 M인 물체 B에 질량 m인 물체 A를 발사하였더니 A, B가 충돌하여 한 덩어리가 된 후 최대 θ_0 만큼 회전하였다. 충돌 직후 한 덩어리가 된 물체의 속력은 V이다.

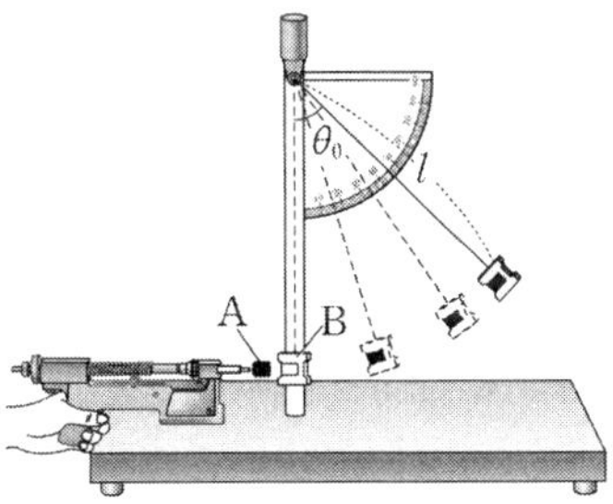

철수는 다음과 같은 계산 과정을 통하여 충돌 직전 A의 속력 v를 구하였다.

[계산 과정]

$mv=(m+M)V$ ➡ $v=\left(\frac{m+M}{m}\right)V$

$\frac{1}{2}(m+M)V^2=(m+M)gl(1-\cos\theta_0)$ ➡ $V=\sqrt{2gl(1-\cos\theta_0)}$

$\therefore\ v=\left(\frac{m+M}{m}\right)\sqrt{2gl(1-\cos\theta_0)}$

계산 과정에서 철수가 사용한 가정으로 옳은 것만을 〈보기〉에서 있는 대로 고른 것은? (단, g 는 중력 가속도이다.)

<보 기>

ㄱ. A와 B의 운동량의 합은 충돌 직전과 충돌 직후가 같다.
ㄴ. A와 B의 운동 에너지의 합은 충돌 직전과 충돌 직후가 같다.
ㄷ. θ_0만큼 회전했을 때, A와 B의 운동 에너지의 합은 0이다.

① ㄱ　② ㄷ　③ ㄱ, ㄴ
④ ㄱ, ㄷ　⑤ ㄱ, ㄴ, ㄷ

2. 그림과 같이 질량 m인 물체가 수평면에서 용수철을 향하여 직선 운동하고 있다. 물체는 마찰이 없는 면에서 일정한 속력 v로 운동하다가 마찰이 있는 면을 지난 후, 다시 마찰이 없는 면에서 운동한다. 마찰이 있는 면의 길이는 L 이고 물체와 마찰이 있는 면 사이의 운동마찰계수 μ는 일정하며, 용수철상수는 k이다.

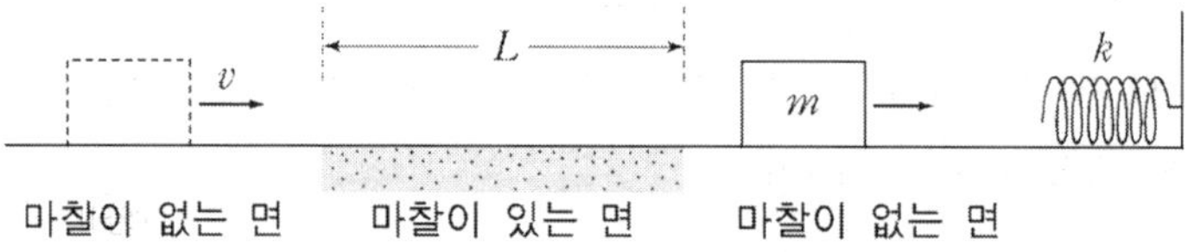

이 물체의 운동에 대한 설명으로 옳은 것만을 〈보기〉에서 있는 대로 고른 것은? (단, 물체의 크기, 공기 저항, 용수철의 질량은 무시하고, 중력가속도는 g 이다.)

<보 기>

ㄱ. 마찰이 있는 면이 물체에 작용하는 마찰력의 반작용은 지구가 물체를 당기는 힘이다.

ㄴ. 물체가 마찰이 있는 면을 지난 직후의 운동에너지는 마찰이 있는 면을 지나기 전의 운동에너지보다 μmgL만큼 감소한다.

ㄷ. 용수철을 최대로 압축할 때의 길이는 $\sqrt{\dfrac{mv^2-2\mu mgL}{k}}$ 이다.

① ㄱ ② ㄷ ③ ㄱ, ㄴ

④ ㄴ, ㄷ ⑤ ㄱ, ㄴ, ㄷ

3. 그림 (가)와 같이 수평면 위에서 용수철 상수가 k이고 길이가 L인 용수철의 오른쪽에 질량이 M인 물체를 놓고 x만큼 압축시켰다. 압축시킨 손을 가만히 놓았더니 용수철이 물체를 밀어 그림 (나)와 같이 물체가 용수철에서 분리되어 튕겨 나갔다.

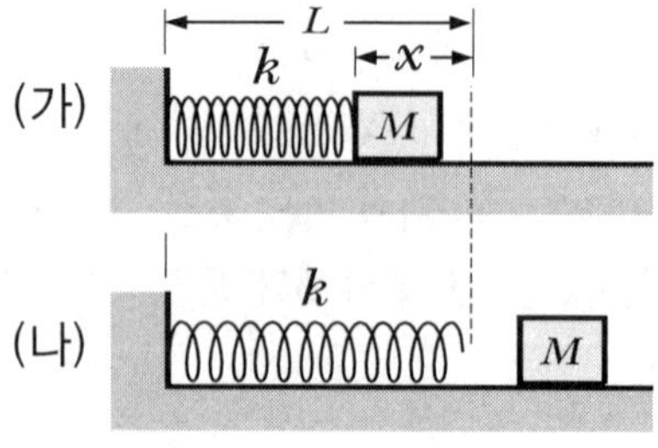

손을 놓은 후 물체가 분리될 때까지 용수철로부터 받은 충격량을 증가시키는 방법에 대한 설명으로 옳은 것만을 〈보기〉에서 있는 대로 고른 것은? (단, 모든 마찰은 무시한다.)

<보 기>

ㄱ. 질량이 M보다 큰 물체를 사용한다.
ㄴ. 용수철 상수가 k보다 작은 용수철을 사용한다.
ㄷ. 압축된 길이를 x보다 크게 한다.

① ㄴ ② ㄷ ③ ㄱ, ㄴ
④ ㄱ, ㄷ ⑤ ㄴ, ㄷ

4. 그림과 같이 천정에 매달려 있는 회전 가능한 강체인 막대의 끝에 초속도 v_0로 쳤을 때 중심축 O을 통해 한 바퀴 회전 하였다.

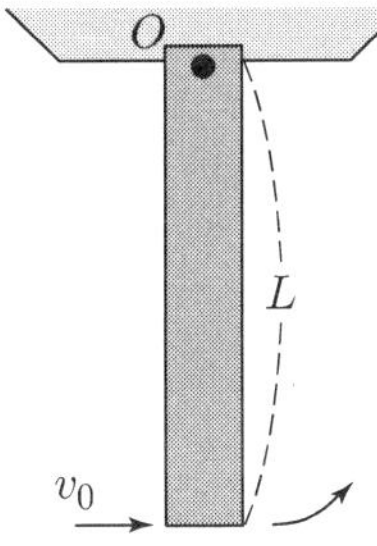

이 때 막대가 한 바퀴를 도는 데 필요한 v_0의 최소값을 구하면? (단, 막대는 균일하고 질량은 M, 길이는 L이며, 관성 모멘트는 $I=\frac{1}{12}ML^2$이고, 중력 가속도는 g이다.)

① $\sqrt{3gL}$ ② $\sqrt{4gL}$ ③ $\sqrt{5gL}$
④ $\sqrt{6gL}$ ⑤ $\sqrt{7gL}$

5. 그림과 같이 관성 모멘트가 $30\text{kg}\cdot\text{m}^2$, 반지름이 1m인 원형 회전판이 4rad/s의 각속도로 회전하고 있다.

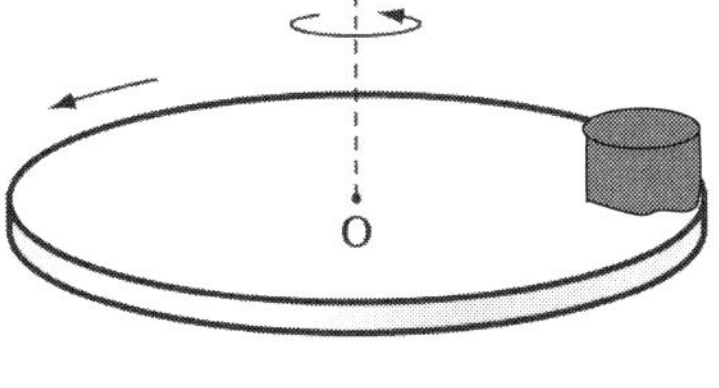

이 때 질량이 30kg인 물체를 회전판 끝에 살짝 올려 진 직후의 각속도의 크기를 구하면?

① 0.5rad/s ② 1.0rad/s ③ 2rad/s
④ 2.5rad/s ⑤ 3rad/s

6. 그림은 지면으로부터 높이 $h_1 + h_2$ 인 지점에 물체 A를 가만히 놓았을 때, A가 경사면을 따라 내려와 높이 h_1 인 수평면에 정지해 있던 물체 B와 정면으로 탄성 충돌한 후, A, B가 운동하는 것을 나타낸 것이다. 충돌 후 B는 지면으로 떨어지고 A는 경사면을 따라 올라간 뒤에 다시 내려와서 지면으로 떨어진다. A, B의 질량은 각각 $3m$, $5m$ 이며, A가 지면에 처음 닿은 위치와 B가 지면에 처음 닿은 위치 사이의 거리는 d이다.

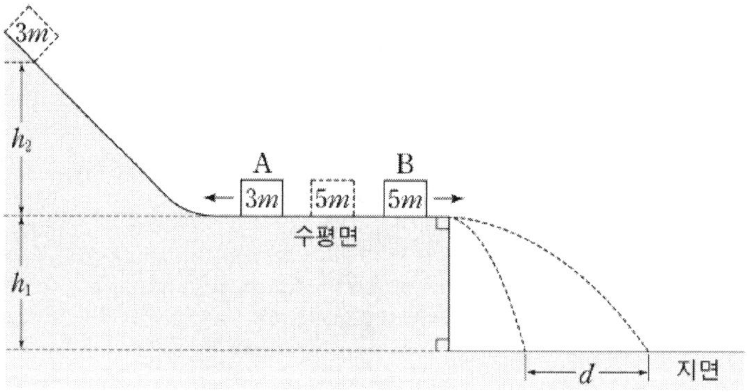

이에 대한 설명으로 옳은 것만을 〈보기〉에서 있는 대로 고른 것은? (단, 공기 저항, 물체의 크기 및 모든 마찰은 무시하며, A와 B는 동일한 연직면에서 운동한다.)

<보 기>

ㄱ. A, B가 충돌한 직후 속력은 B가 A의 3배이다.
ㄴ. A, B가 충돌한 후, A가 올라가는 최대 높이는 수평면으로부터 $\frac{h_2}{16}$ 이다.
ㄷ. $d = \sqrt{h_1 h_2}$ 이다.

① ㄴ ② ㄷ ③ ㄱ, ㄴ
④ ㄱ, ㄷ ⑤ ㄱ, ㄴ, ㄷ

7. 그림은 길이 l 인 실에 매달려 정지해 있던 물체 A에 수평으로 날아온 물체 B가 충돌한 후 달라붙어 연직 평면에서 원운동을 계속하는 것을 나타낸 것이다.

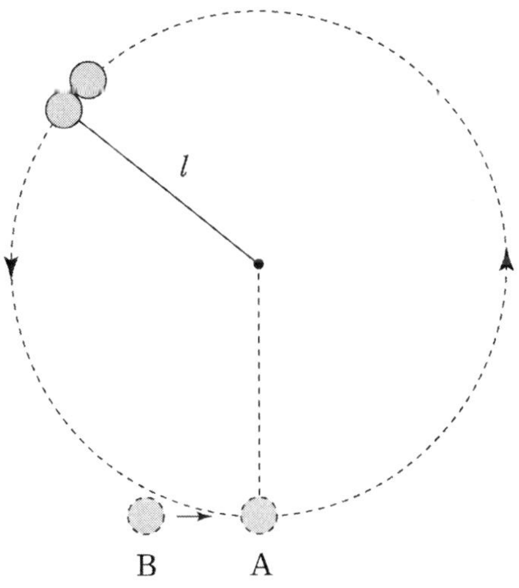

두 물체의 질량이 같을 때, 물체 B가 충돌 직전 가져야 할 최소 속력은? (단, 물체의 크기, 실의 질량, 공기 저항은 무시하며, 중력 가속도는 일정하다.)

① $\sqrt{16gl}$　　② $\sqrt{18gl}$　　③ $\sqrt{20gl}$

④ $\sqrt{22gl}$　　⑤ $\sqrt{24gl}$

PART 3 유체역학

3.1 정지유체
3.2 유체의 흐름

3.1 정지유체

유체란?

액체나 기체 상태의 물질은 형태를 유지할 수 없고 흐르는 성질의 물질을 유체라고 한다. 즉,

- 형태를 유지할 수 없다.
- 강성률이 없다.
- 비압축성이다.
- 질량은 부피를 갖는다.
- 용기보다 작은 부피라면 경계가 뚜렷한 표면을 갖는다.

따라서 정지한 상태에서의 특성(정지유체)과 흐름 유체의 특성(흐름유체)에 대한 두 가지 유체 특성에 대해 생각하자.

1. 정지유체와 압력

1) 유체 압력

유체의 특성상 힘과 질량 대신에 압력과 밀도를 사용한다. 액체의 무게는 그림과 같이 밑면에 힘을 가한다. 즉, 밑면에 압력을 받는다.

압력 ⇨ 수직력의 크기를 면적으로 나눈다.

⇨ 단위 면적당 작용하는 힘이다.

$$\text{압력} = \frac{\text{힘}}{\text{면적}} \quad ⇨ \quad p = \frac{\text{무게}}{\text{면적}} = \frac{mg}{A}$$

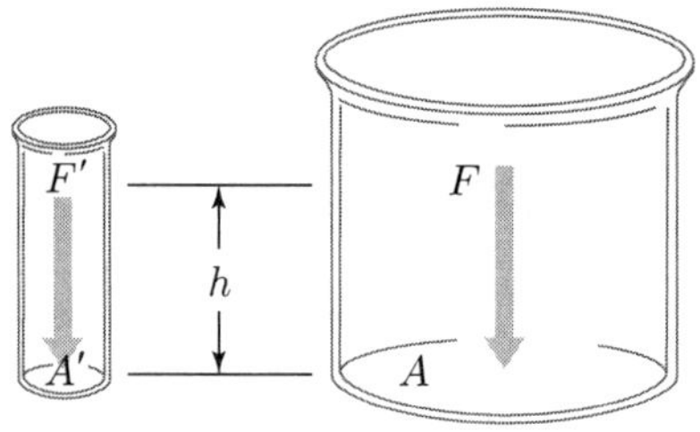

[유체에 작용하는 힘]

• **압력 단위**

$1\text{N/m}^2 = 1\text{Pa}$

대기압(atmospheric pressure)

$1\,\text{atm} = 760\text{mmHg} = 1.013\times10^5\text{N/m}^2 = 1.013\,\text{bar}$

$1\,\text{bar} = 1.00\times10^5\,\text{Pa}$

$1\text{mmHg} = 1\,\text{torr} = 1.33\times10^2\text{Pa}$

특히, 유체에서는 질량보다 단위 부피당의 질량인 **밀도**를 사용한다. 즉,

$$\rho = \frac{m}{V}\ [\text{kg/m}^3]$$

이다. 또한, 밀도와 유사한 물리량은 물질의 **비중**(specific gravity)인데 물질의 밀도와 4℃에서 물의 밀도 $1.00\times10^3 kg/m^3$ 와의 비를 의미한다.[무차원]

예] Pb ; 비중$=\dfrac{11.4\times10^3\text{kg/m}^3}{1.00\times10^3\text{kg/m}^3}=11.4$, Hg : 13.6

• **액체 비중계를 이용하여 밀도 측정**

혈액(정상인) : $1.04\sim1.06\text{gcm}^{-3}$, 적혈구 농도가 증가할 때 혈액밀도 증가, 낮은 밀도인 경우는 빈혈증이 발생한다.

소변 : 1.02gcm^{-3}

2) 깊이에 따른 압력

앞의 그림에서와 같이 액체 질량 $m = \rho V$ (ρ : 밀도, V : 부피)이므로 깊이 h에서의 압력은

$$p = \frac{mg}{A} = \frac{\rho Vg}{A} = \frac{\rho(hA)g}{A} = \rho gh$$

이다. 여기서 압력은 액체의 밀도에 비례하고, 다른 용기에 액체를 담아도 같은 높이인 경우 압력은 같다.

따라서 액체가 정지해 있다면 일정한 깊이에서의 압력은 방향에 관계없이 같다.

참고 | 작은 압력

토리첼리는 대기압에 의해 관의 안에 채워진 유체의 일부를 들어 올린다는 것을 알았다. 이 때 관 끝의 진공을 "토리첼리 진공"(1Torr)이라 한다. 즉, 토리첼리는 수은을 통해 유리관에 수은 기둥 높이가 76cm임을 알았다. 수은의 밀도가 물보다 13.6배 크다.

$$(10.4\text{m 물})\left(\frac{\text{물의밀도}}{\text{수은밀도}}\right) = (10.4\text{m})\left(\frac{1}{13.6}\right) = 0.76\text{mHg} = 760\text{mmHg}$$

예제 3.1

그림은 환자의 정맥에 생리 식염수액을 주사하는 모식도이다. 용액의 밀도는 $1.0 \times 10^3 \text{kg/m}^3$이고, 정맥압은 $2.4 \times 10^3 \text{Pa}$이다.
주사바늘로부터 용기를 얼마나 높이 매달아야 환자에게 식염수액이 흘러들어갈 만큼 충분한 압력이 되는지 높이 h를 구하면?

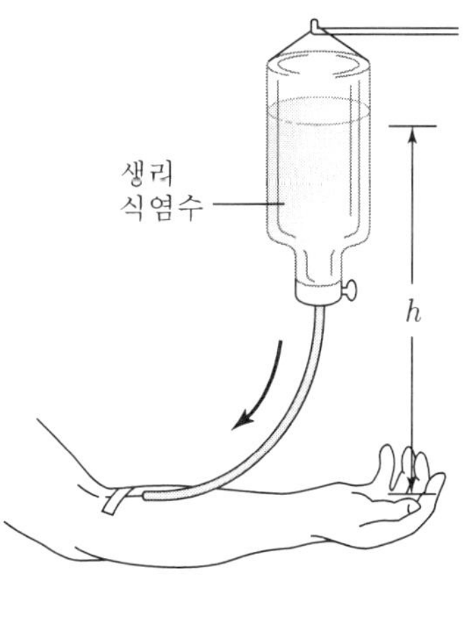

① 14cm　② 24cm
③ 34cm　④ 44cm
⑤ 55cm

[풀이] 답 ②

유체의 압력이 정맥 압력보다 커야하므로 용기를 높이 매달아야 한다.

즉, $p = \rho g h = 2.4 \times 10^3 Pa$

$$h = \frac{2.4 \times 10^3}{\rho g} = \frac{2.4 \times 10^3}{9.8 \times (1.0 \times 10^3)} = 0.24(m) = 24\,cm$$

3) 파스칼의 원리

그림에서와 같이 액체 표면의 대기압(p_{atm})을 알고 있을 때 B지점의 압력을 구하면

$$p_B = p_{\text{atm}} + \rho g h$$

이 된다.

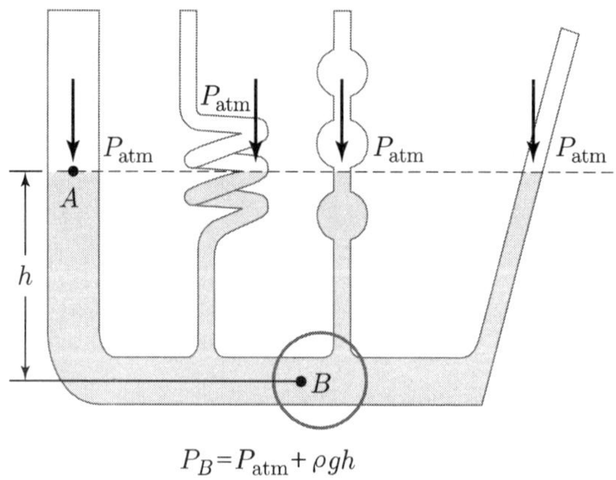

[대기에서의 압력]

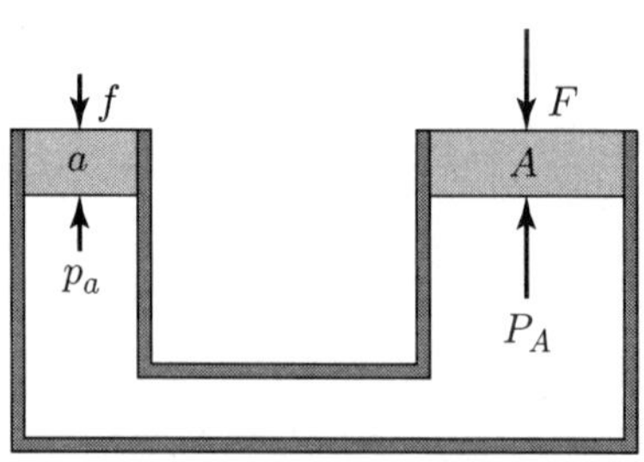

[파스칼의 원리]

그러나 그림과 같이 대기압을 차단한 수압기에서 밀폐 유체에 가해진 압력은 유체의 모든 부분과 용기의 벽의 모든 부분에 동일하게 그대로 전달된다. 즉, 단면적 a인 작은 피스톤이 액체에 직접 작은 힘 f를 작용하면 압력 $p=\frac{f}{a}$가 단면적 A의 큰 피스톤이 달린 관 쪽으로 전달되어 압력은 같아진다.

$$p=\frac{f}{a}=\frac{F}{A}$$

이 압력은 모든 방향으로 동일하게 전달된다는 것을 알 수 있다. 이것을 **파스칼의 원리**라 한다.

2. 아르키메데스의 원리

1) 아르키메데스의 원리

유체 내에 부분적으로 또는 완전히 잠긴 물체는 물체의 부피로 인해 유체를 밀어낸다. 이 때 밀어낸 유체의 무게만큼 그 유체로부터 위 방향으로 부력이라는 힘을 받는다. 이것을 **아르키메데스의 원리**라고 한다.

2) 부력

그림과 같이 유체에 잠긴 물체에 작용하는 상향력은

$$F_{상}=\rho g(h+H)A$$

이 된다.

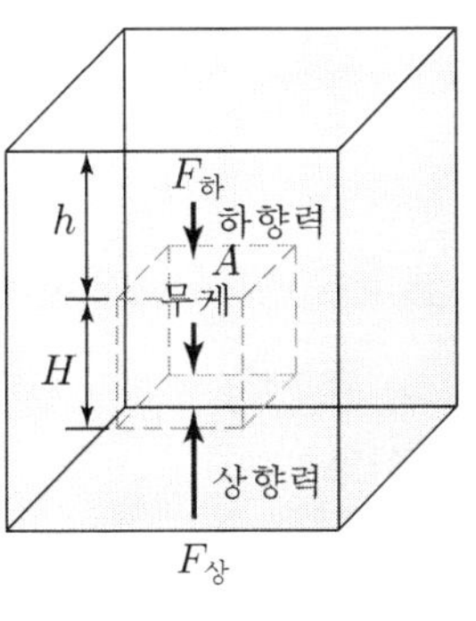

이 때 물체의 윗면에 작용하는 압력은 ρgh이므로 하향력은

$$F_{하} = \rho ghA$$

인데, 상향력이 하향력보다 더 크므로 물체가 받는 힘은

$$F_{상} - F_{하} = \rho g(h+H)A - \rho ghA = \rho gHA$$

이다. 즉, ρgAH에 해당하는 상향력을 받게 된다. 여기서 $V = AH$는 물체의 체적이다. 이 때 측면은 힘의 평형을 이루게 되므로, 유체에 잠긴 물체는 자신의 체적과 같은 유체의 무게만한 크기의 상향력을 받는 다는 것을 알 수 있다. 이와 같은 힘 B(Buoyance)를 **부력**이라 하고 다음과 같이 정의한다.

$$B = \rho gV$$

다시 말하면 부력은 물체에 의해 밀려난 만큼의 유체 무게를 의미한다. 따라서 물에 잠긴 물체는 물 밖에서 보다 더 가볍게 느껴지는데, 이러한 현상은 부력이 작용하기 때문이다.

예제 3.2

밀도가 $\rho_i = 0.92\times10^3\text{kg/m}^3$인 깨끗한 물이 얼어서 빙산이 되었다. 소금이 용해되어 있는 바닷물의 밀도는 $\rho_w = 1.03\times10^3\text{kg/m}^3$이다. 그림에서 빙산이 바닷물에 잠긴 상태를 나타낸다.

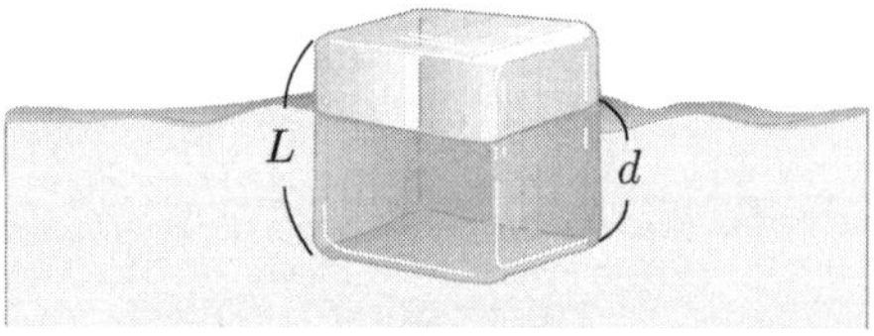

이 때 해면 아래로 잠겨있는 빙산은 어느 정도인지 백분율로 나타내면? (단, 빙산은 한 변이 L인 정육면체로 간주하고, 중력 가속도는 g이다.)

① 50% ② 66% ③ 78%
④ 89% ⑤ 55%

[풀이] 답 ④

평형상태에서 위쪽을 향하는 부력의 크기는 아래쪽을 향하는 중력의 크기와 같다.

$$F_B = F_g$$

$$dL^2 g\rho_w = L^3 g\rho_i$$

$\frac{d}{L} = \frac{\rho_i}{\rho_w}$ 이므로

$$\frac{d}{L} = \frac{0.92}{1.03} = 0.89$$

따라서 빙산은 해면 아래로 89%가 잠겨있다.

예제 3.3

그림 (가)는 밀도가 일정한 물체가 실에 묶여 액체에 완전히 잠긴 것을 나타낸 것이다. 그림 (나)는 실이 끊어진 후 물체가 액체의 표면으로 떠올라 정지해 있는 것을 나타낸 것이다.

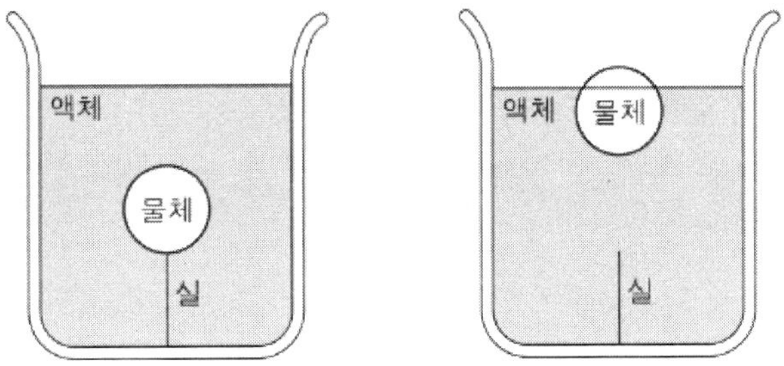

(가) (나)

이에 대한 설명으로 옳은 것만을 〈보기〉에서 있는 대로 고른 것은? (단, 액체의 밀도는 일정하다.)

<보 기>

ㄱ. 물체의 밀도는 액체의 밀도보다 작다.
ㄴ. (가)에서 물체에 작용하는 부력과 중력은 크기가 같다.
ㄷ. (가)에서 물체에 작용하는 부력은 (나)에서 작용하는 부력보다 크다.

① ㄱ ② ㄷ ③ ㄱ, ㄴ
④ ㄱ, ㄷ ⑤ ㄴ, ㄷ

[풀이] 답 ④

액체의 밀도 $\rho_{액}$, 물체의 질량 m, 물체의 부피 V, 밀도 ρ라 할 때

(가)의 물체에 작용된 힘 : $\rho_{액} Vg = mg + T$

(나)의 물체에 작용하는 힘 : $\rho_{액} V'g = mg$, $V > V'$이다.

ㄱ. (가)는 중력과 장력에 의해 액체에 잠겨있고, (나)는 액체 표면에서 중력에 의해 떠 있으므로 물체의 밀도가 액체 밀도보다 작다. 즉, $\rho_{액} > \rho$ 이다.

ㄴ. (가)의 물체에 작용된 힘 : $\rho_{액} Vg = mg + T$이므로 중력보다 부력이 크다.

ㄷ. (나)의 부력은 중력의 크기가 같다. 따라서 $\rho_{액} Vg > \rho_{액} V'g$이다.

예제 3.4

그림은 물체가 풍선에 매달려 액체 속에 뜬 채로 정지해 있는 모습을 나타낸 것이다. 물체와 풍선의 부피는 각각 V와 $5V$이다. 물체와 풍선 사이의 실을 끊은 직후 물체의 가속도는? (단, 액체의 점성, 풍선의 질량, 풍선 속 공기의 질량, 실의 질량은 모두 무시하고, 중력가속도는 g이며, 액체의 밀도는 균일하다.)

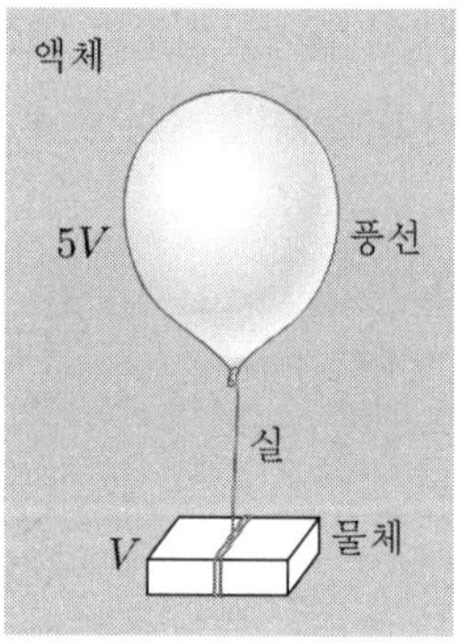

① $\frac{1}{6}g$ ② $\frac{1}{5}g$ ③ $\frac{1}{4}g$
④ $\frac{4}{5}g$ ⑤ $\frac{5}{6}g$

[풀이] 답 ⑤

물체가 풍선에 매달려 액체 속에 뜬 채로 정지해 있다가 물체와 풍선 사이의 실을 끊은 직후 물체의 가속도를 구하기 위해 운동방정식을 세우자.

$$mg - B = ma, \quad \rho_{물체} Vg - \rho_{액} Vg = \rho_{물} Va$$

즉, $a = \frac{\rho_{물} - \rho_{액}}{\rho_{물}} g$이다. 한편 정지 상태에서 물체와 액체에 대한 부력이 같기 때문에 $\rho_{물} Vg = \rho_{액}(6V)g$이므로 $\rho_{물} = 6\rho_{액}$이다.

$$\text{따라서, } a = \frac{\rho_{물} - \rho_{액}}{\rho_{물}} g = \frac{6\rho_{액} - \rho_{액}}{6\rho_{액}} g = \frac{5}{6} g \text{ 이다.}$$

3.2 유체의 흐름

흐름 유체

- **층흐름(laminar flow)** 매끄러운 유선 흐름(질서적 흐름)
- **난류(turbulent)** 불규칙하고 복잡한 운동(임계속도를 넘을 때)

1. 유선과 연속방정식

흐름관을 통하여 비압축성 유체의 정상류를 생각하자.

그림과 같이 단면적은 A_1, A_2이고, 이 때 속도는 각각 v_1, v_2일 때 비압축성 유체이므로 같은 시간 동안 들어온 양만큼 같은 양만큼만 통과한다.

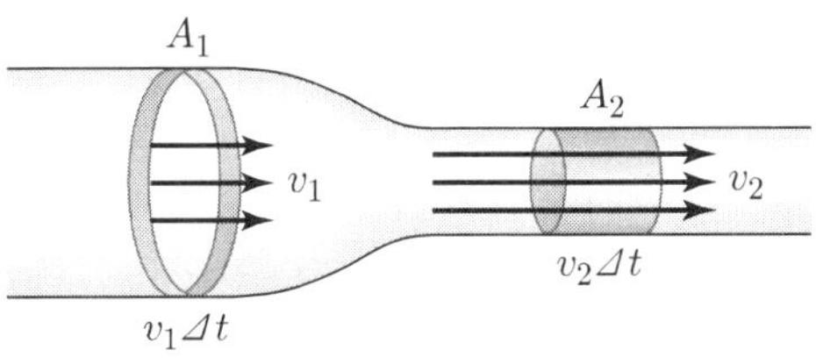

따라서 부피변화량은

$$\Delta V = Av\Delta t$$

이다. 만약 유체의 밀도를 ρ라 하면 질량 $m = \rho\Delta V$이다. 즉, "들어온 유체 질량=나간 유체 질량"이므로

$$\rho A_1 v_1 \Delta t = \rho A_2 v_2 \Delta t$$

$$A_1 v_1 = A_2 v_2$$: 연속 방정식(질량보존법칙)

특히, "단위 시간당 흐르는 유체 부피 = 유체의 흐름률"이므로 다음과 같이 나타낸다.

$$R = \frac{\Delta V}{\Delta t} = Av \ [\mathrm{m^3/s}]$$

2. 베르누이의 방정식

비압축성, 비점성(내부저항 없음)을 가정할 때, 유체의 흐름에서 압력, 속도, 높이 사이의 관계를 갖는다. 역시 질량을 고려하기 때문에 유체 위치의 변화는 일-에너지 정리가 적용된다.

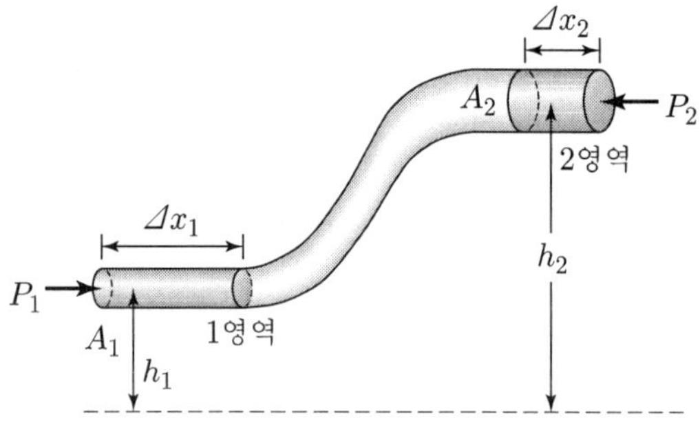

그림과 같이 1영역에서 2영역으로 유체 이동시 유체의 운동은 중력의 영향을 받고 중력이 한 일

$$W_g = (-mg)(h_2 - h_1) = -\rho g \Delta V(h_2 - h_1)$$

이다. 여기서 변위의 방향과 중력의 방향이 반대이기 때문에 음의 일이 된다. 또한 유체는 압력을 받고 있기 때문에 압력에 의한 일은

$$W_P = P_1 \Delta V - P_2 \Delta V$$

이 된다. 따라서 유체의 운동에서 알짜 일은 중력에 의한 일과 압력에 의한 일을 합해야 한다.

$$W = W_g + W_P = P_1 \Delta V - P_2 \Delta V - \rho g \Delta V(h_2 - h_1)$$

즉, 일-에너지 정리인 $W = \Delta K$로부터 다음과 같은 식으로 정리할 수 있다.

$$\frac{1}{2}\rho \Delta V {v_2}^2 - \frac{1}{2}\rho \Delta V {v_1}^2 = P_1 \Delta V - P_2 \Delta V - \rho g \Delta V h_2 + \rho g \Delta V h_1$$

$$P_1 + \rho g h_1 + \frac{1}{2}\rho v_1^2 = P_2 + \rho g h_2 + \frac{1}{2}\rho v_2^2$$

이 관계식을 **베르누이 방정식**이라 하고, 이 방정식은 역학적 에너지의 보존법칙을 얻어 낸 것임을 알 수 있다.

예제 3.5

그림은 뚜껑이 없는 물통을 나타낸다. 이 물통에 빗물이 가득 차 있고 물통 바닥 근처에 꼭지가 달려 있는데, 물 표면으로부터 0.8m 깊이에 있다. 이 때 (a)의 물통은 수평으로 꼭지가 달려있고, (b)의 물통은 그 위치에서 수직으로 꼭지가 달려있다.

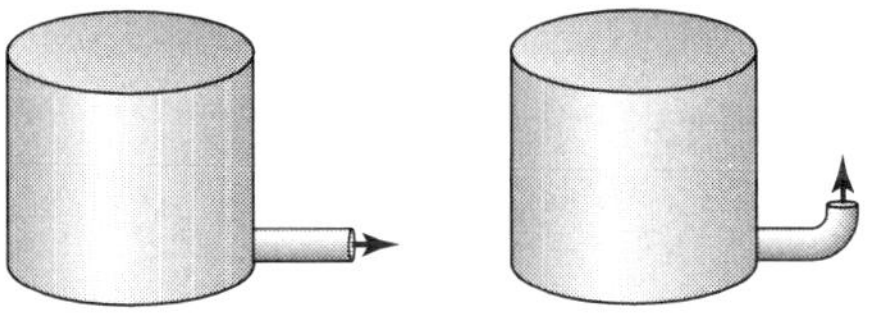

(a) (b)

이 유체 운동에 대한 설명으로 옳은 것만을 〈보기〉에서 있는 대로 고른 것은?
(단, 꼭지의 단면적은 충분히 작다.)

<보 기>

ㄱ. 물통 (a)에서 꼭지로부터의 물의 속력은 4m/s이다.
ㄴ. 물통 (b)에서 분수될 때 물줄기의 높이는 통의 높이까지이다.
ㄷ. 통의 윗부분 압력이 꼭지에서의 압력보다 작다.

① ㄱ ② ㄴ ③ ㄷ
④ ㄱ, ㄴ ⑤ ㄱ, ㄷ

[풀이] 답 ④

ㄱ, ㄷ. 물 표면은 대기압, 꼭지도 대기압이다. 위치 1은 물표면, 위치 2는 물이 나오는 곳이라 하면 베르누이방정식을 적용하여 $P_1 = P_2$ 이므로

$$\rho g y_1 + \frac{1}{2}\rho v_1^{\,2} = \rho g y_2 + \frac{1}{2}\rho v_2^{\,2}$$

$\dfrac{v_2}{v_1} = \dfrac{A_1}{A_2}$ 에서 $v_1 = 0$ 이고. 또 $y_1 - y_2 = 0.8$ 이다.

따라서, $\rho g y_1 = \rho g y_2 + \frac{1}{2}\rho v_2^{\,2}$, $v_2 = \sqrt{2g(y_1 - y_2)} = 4(m/s)$

ㄴ. 위치 2를 분수 꼭대기로 놓는다. 그러면 $v_2 = 0$ 이고

$$\rho g y_1 = \rho g y_2$$

이다. 분수는 통에 있는 물의 높이까지 되올라간다.

예제 3.6

심장은 혈액을 반지름이 1.0cm인 대동맥(aorta)으로 뿜어주고 있다. 대동맥은 32개의 작은 동맥(artery)을 가지고 있다. 이 때 대동맥에서 혈류가 28cm/s라 하면 동맥에서의 평균 속력으로 가장 가까운 값은? (단, 혈액은 이상유체로 간주하고 작은 동맥의 반지름은 0.21cm 이다.)

① 0.1m/s ② 0.2m/s ③ 0.3m/s
④ 0.4m/s ⑤ 0.5m/s

[풀이] 답 ②

연속방정식을 적용하면 대동맥이 여러 개의 작은 동맥으로 연결되었으므로 혈액이 흐르는 전체 단면적을 구하면 된다.

대동맥 단면적은 $A_{ao} = \pi {r_{ao}}^2$, 작은 동맥의 전체 단면적은 $A_{ar} = 32\pi {r_{ar}}^2$ 이다.

따라서 연속방정식 $A_{ao}v_{ao} = A_{ar}v_{ar}$ 이므로

$$v_{ar} = v_{ao}\frac{A_{ao}}{A_{ar}} = 0.28m/s \times \frac{\pi \times (0.01m)^2}{32\pi \times (0.0021m)^2} \fallingdotseq 0.2m/s$$

예제 3.7

밀도가 ρ인 액체 속에 단면적 A의 곧고, 균일한 원기둥을 세웠더니 그림(a)와 같이 l만큼 잠겼다. 지금 막대를 (b)와 같이 액체 속으로 x만큼 더 잠기게 한 다음 외력을 제거하면 막대는 상하로 단진동운동을 한다.

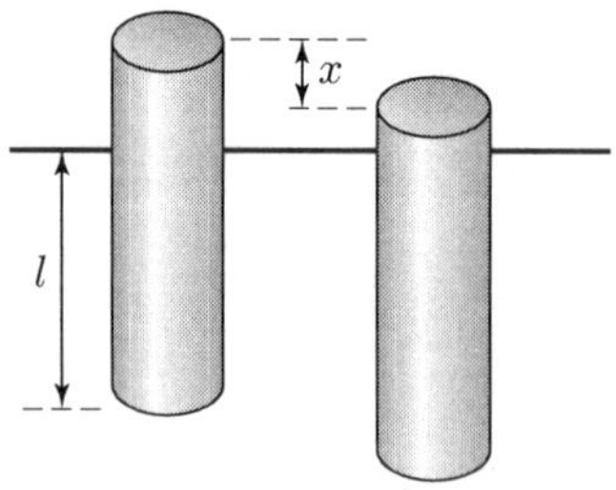

(a) (b)

이 때 막대의 질량과 단진동의 주기를 바르게 짝지은 것은? (단, 액체의 점성 저항은 없고, 중력가속도는 g이다.)

질량	주기	질량	주기
① $\rho A l g$	$2\pi\sqrt{\frac{2l}{g}}$	② $\rho A l$	$2\pi\sqrt{\frac{l}{g}}$
③ ρA	$\pi\sqrt{\frac{l}{g}}$	④ $\rho A l$	$\pi\sqrt{\frac{l}{2g}}$
⑤ $A l$	$2\pi\sqrt{\frac{g}{l}}$		

[풀이] 답 ②

막대의 평형 : 중력=부력이므로 $\therefore mg = dlAg$ 이므로

$$m = dlA \text{ ---- (1)}$$

그림 (b)에서 막대에 작용한 합성력 F는

$$F = mg - B = mg - dA(l+x)g \text{ ----- (2)}$$

따라서 식 (1), (2)에서 $F = -dAgx = -kx$

즉, 합성력 F가 변위 x에 비례하고 변위와 반대방향으로 막대는 단진동을 한다.

위 식에서 $k = dAg$이므로 주기 T는 $T = 2\pi\sqrt{\frac{m}{k}} = 2\pi\sqrt{\frac{dAl}{dAg}} = 2\pi\sqrt{\frac{l}{g}}$ 이다.

예제 3.8

그림과 같이 밀도가 ρ인 유체를 추로 압력을 가하여 연직 방향의 관을 따라 흐르게 하였다. 관 내부의 두 지점 A, B에서 단면적은 각각 $8S$, S이다. A와 B의 높이차는 h_0이고, 유체의 압력은 A에서가 B에서보다 $\frac{5}{2}\rho g h_0$ 만큼 높다.

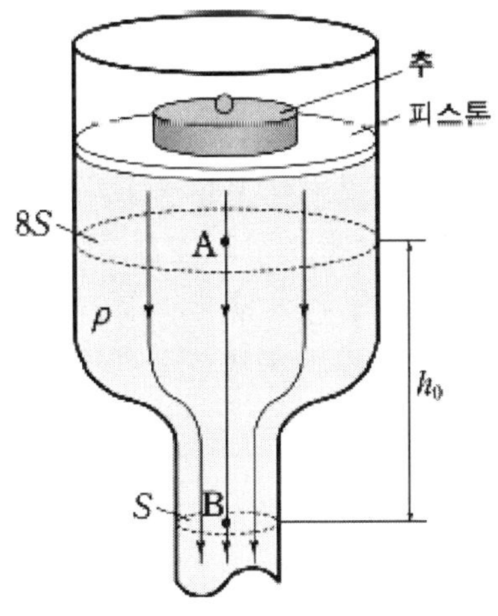

B에서 유체의 속력은? (단, 피스톤과 관 사이의 마찰은 없고, 유체는 이상유체이며, 중력 가속도는 g이다.)

① $\frac{2}{3}\sqrt{gh_0}$　② $\frac{4}{3}\sqrt{gh_0}$　③ $2\sqrt{gh_0}$

④ $\frac{8}{3}\sqrt{gh_0}$　⑤ $\frac{10}{3}\sqrt{gh_0}$

[풀이] 답 ④

연속방정식 $(8S)v_A = Sv_B$에서, $v_A = \frac{1}{8}v_B$이고

베르누이방정식에서 $P_A + \rho gh_0 + \frac{1}{2}\rho {v_A}^2 = P_B + \frac{1}{2}\rho {v_B}^2$이므로

$$(P + \frac{5}{2}\rho gh_0) + \rho gh_0 + \frac{1}{2}\rho {v_A}^2 = P + \frac{1}{2}\rho {v_B}^2$$

정리하면 $\frac{7}{2}\rho gh_0 = \frac{1}{2}\rho \times \frac{63}{64}{v_B}^2$이고 B에서의 유체 속력 $v_B = \frac{8}{3}\sqrt{gh_0}$

참고 베르누이의 정리 응용

1. 수평으로 흐르는 유체의 두 점 사이의 압력차는 $P_1 - P_2 = \frac{1}{2}\rho(v_1^2 - v_2^2)$이고, 연속방정식에서 $v_2 = \left(\frac{A_1}{A_2}\right)v_1$이다.
2. 싱크대 아래 U자관(트랩)은 하수구 냄새를 막는다.
하수관을 통해 급히 흐르는 물은 높은 속력으로 U자관 부분에서 압력을 낮춘다. 이때 싱크대에서는 더 높은 대기압 상태이다. 이는 압력차에 의해 트랩 속의 물이 하수관으로 흘러갈 수 있다. 따라서 통풍구를 설치하여 싱크대와 배관의 압력을 같게 한다. 이로 인해 트랩에는 항상 물이 채워져 있다. 즉, 냄새를 막는다.
3. 비행기 날개의 위아래에서 유체흐름이 생기면 비행기 윗부분은 더 빨리 움직이는 공기, 더 낮은 압력이고 아래 부분은 유체의 흐름이 더 느리게 움직이므로 높은 압력을 갖게 되어 날개는 위로 향해 뜬다.
4. 야구공의 커브볼은 회전에 의해 유체 흐름 효과를 갖는다.
비행기의 날개와 같은 효과로 휘게 하는 힘의 방향으로 휘어진다.
회전할 때 위 부분은 압력이 낮고, 아래 부분은 압력이 높아져 위로 편향된다.

연습문제

1. 그림은 두 지점에 동일한 관이 달린 벤츄리(Venturi)관을 나타낸다. 1지점에서의 단면적은 A_1, 속력은 v_1, 압력은 p_1이고, 2지점에서의 단면은 A_2, 속력은 v_2, 압력은 p_2이다. 또한 관의 유체 높이차는 h이다.

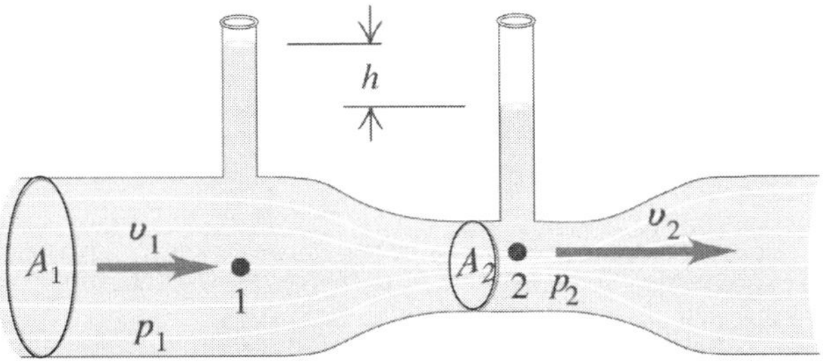

이에 대한 설명으로 옳은 것만을 〈보기〉에서 있는 대로 고른 것은?
(단, 단면적은 $A_1 > A_2$이고, 유체의 밀도는 ρ, 중력가속도는 g이다.)

<보 기>

ㄱ. 1지점에서의 압력 p_1이 2지점에서의 압력 p_2보다 크다.

ㄴ. 1지점의 속력 $v_1 = \sqrt{\dfrac{2gh}{(A_1/A_2)^2 - 1}}$ 이다.

ㄷ. 유속이 변하지 않으면 압력차는 항상 일정하다.

① ㄱ ② ㄴ ③ ㄷ
④ ㄱ, ㄴ ⑤ ㄱ, ㄴ, ㄷ

2. 그림과 같이 밀도가 ρ_1, ρ_2 $(\rho_1 < \rho_2)$인 두 액체가 혼합되지 않고 경계면이 수평하게 나눠져 있다. 이 경계면 사이에 밀도가 ρ, 부피가 V인 물체가 잠겨진 상태에서 떠 있다.

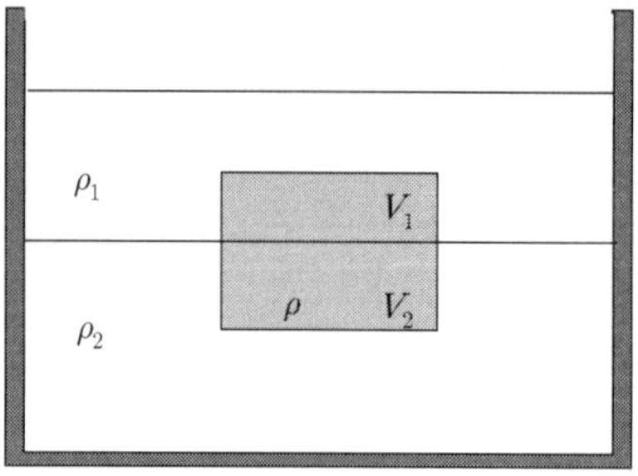

이때 물체가 경계면으로 나누어지는 부피를 V_1, V_2라 할 때, 이들 부피의 비 $\frac{V_1}{V_2}$은?

① $\frac{\rho - \rho_1}{\rho_2 - \rho}$　② $\frac{\rho - \rho_2}{\rho_1 - \rho}$　③ $\frac{\rho + \rho_1}{\rho_2 + \rho}$

④ $\frac{\rho - \rho_1}{\rho_2 + \rho}$　⑤ $\frac{\rho + \rho_1}{\rho_2 - \rho}$

3. 그림과 같이 뚜껑이 없는 물탱크에 액체가 가득 차있다. 수면 위로부터 h_1, 지면으로부터 h_2되는 위치에 충분히 작은 구멍을 뚫었다.

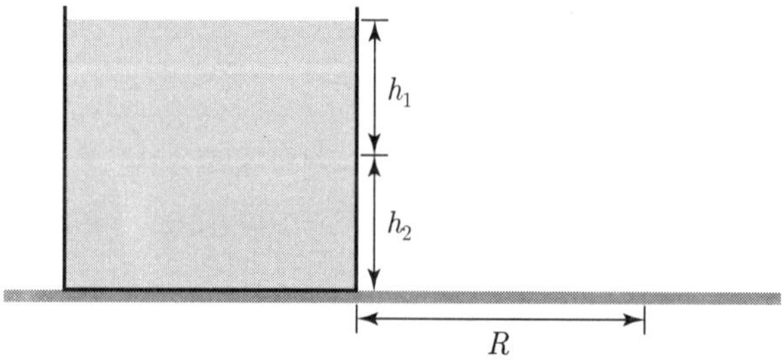

이 때 구멍을 통해 나오는 물줄기의 수평도달 거리 R를 구하면? (단, 중력 가속도는 g이고, 액체의 밀도는 ρ이다.)

① $2(h_1 + h_2)$　② $\frac{2h_1}{h_2}$　③ $2\sqrt{h_1 h_2}$

④ $2\sqrt{\frac{h_1}{h_2}}$　⑤ $\frac{1}{2\sqrt{h_1 h_2}}$

4. U자 관에 밀도가 각각 1.25g/cm^3, 0.8g/cm^3인 소금물과 기름을 넣었더니 그림과 같이 되었다.

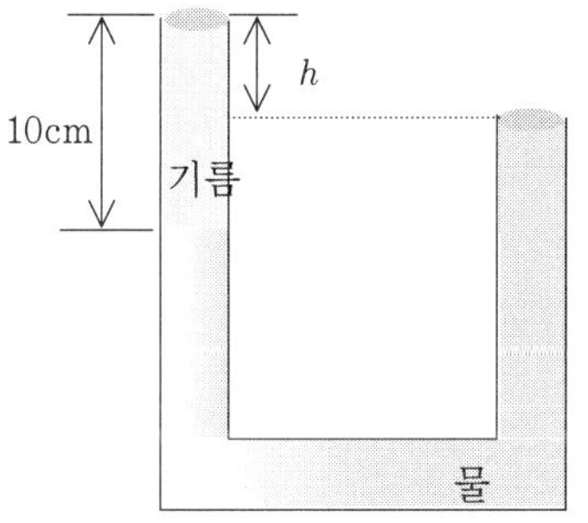

기름 기둥의 높이가 10cm일 때, 두 액체의 액면의 높이차 h는?
(단, 중력가속도 $g = 9.8\text{m/s}^2$이다.)

① 1.5cm　② 1.8cm　③ 2.5cm
④ 2.0cm　⑤ 3.5cm

5. 그림과 같이 밀도가 ρ_1, ρ_2인 액체 내에 유리관을 집어넣고 윗부분의 터진 관으로 공기를 빼면 각 액체가 h_1, h_2의 높이까지 올라간다.

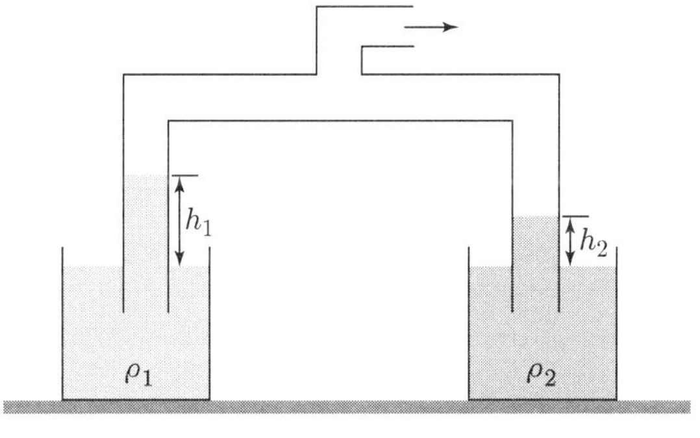

이 때 액체가 관을 따라 올라간 높이의 비 $\dfrac{h_1}{h_2}$은? (단, 관의 굵기는 모두 같고, 대기압만 작용한다.)

① $\rho_1 + \rho_2$　② $\rho_1\rho_2$　③ $\sqrt{\rho_1\rho_2}$
④ $\dfrac{\rho_2}{\rho_1}$　⑤ $\sqrt{\dfrac{\rho_2}{\rho_1}}$

PART 4 열역학

4.1 온도와 물질의 상태

4.2 일과 열

4.3 기체 법칙과 운동 이론

4.4 열역학 법칙

4.1 온도와 물질의 상태

1. 온도의 종류

온도는 어떤 기준에 대하여 물체가 어느 정도 따뜻하거나 차가운지를 수량적으로 나타낸 것으로 그 물질을 구성하고 있는 분자들의 열운동상태로 결정된다.

1) 섭씨온도

그림과 같이 1기압 하에서 물이 어는점(0℃)과 끓는점(100℃) 사이를 100등분하여 1℃로 정한 온도이다.

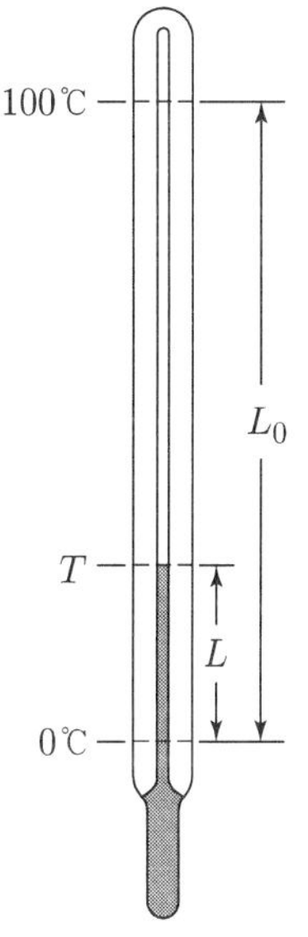

$$T_C = \left(\frac{L}{L_0}\right) \times 100 \text{ (단, } L_0\text{; 0℃와 100℃사이 길이)}$$

2) 화씨온도

물이 어는점(32°F)과 끓는점(212°F) 사이를 180등분하여 1°F로 정한 온도이다. 화씨온도와 섭씨온도와의 관계식은 다음과 같다.

$$T_F = \frac{9}{5} T_C + 32$$

3) 절대온도

기체의 온도가 1℃ 내려갈 때마다 기체의 부피는 0℃때의 부피에 대하여 약 $\frac{1}{273}$ 배씩 줄어든다. 그러므로 온도를 낮추어도 기체가 액화하지 않는다면 약 −273℃에서 기체의 부피는 0이 될 것으로 예상된다. 이 때 절대온도는 0K이고, 단위는 켈빈(K)이다. 절대온도의 간격은 섭씨온도와 동일하며 1℃ = 1K이다. 절대온도와 섭씨온도의 관계는 다음과 같다.

$$T_K = T_C + 273$$

2. 물질의 상태

물질들은 고체, 액체, 기체로 존재하며, 이 물질들의 차이는 분자의 종류, 분자 인력, 열운동, 즉 열에너지의 전달 등에 의해 다르다.

1) 기체(gas)

- 분자크기보다 사이의 평균 거리가 크다.(일정 부피를 갖지 못함)
  자유 운동, 운동 에너지만 존재한다.
- 팽창 또는 압축이 가능하다.
- 용기모양과 크기에 관계없이 채울 수 있다.

2) 액체(liquid)

- 분자크기가 평균거리와 비슷하다. 일정거리 유지(분자력 작용).
  자유 운동, 위치와 운동 에너지 존재한다.
- 비압축성이고 용기에 따라 모양이 변화(일정한 부피)된다.
- 표면의 경계가 뚜렷하다.

3) 고체(solid)

- 분자 사이의 결합력 강하다. 자유 운동은 못한다.(열에 의해 진동)
- 부피 및 모양도 일정하다.
- 규칙적인 원자들의 배열에 의해 결정체(crystalline)로 되어있다.

3. 물질의 열팽창

1) 선팽창

0℃에서 길이 L_0인 물체가 온도변화 $\varDelta T$, 길이변화 $L-L_0$일 때

$$\alpha = \frac{L-L_0}{L_0 \varDelta T} \;;\; \text{선팽창 계수} \;\Rightarrow\; L = L_0(1+\alpha \varDelta T)$$

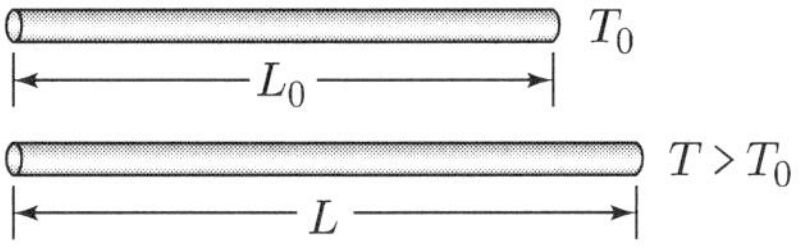

[선팽창]

을 만족한다. 원자 사이의 거리가 증가하며 에너지 증가한다.(진동만 하므로 길이만 변화한다.)

2) 부피팽창

0℃ 때의 부피를 V_0, T℃ 때의 부피를 V라 하면, 부피의 팽창 ΔV는

$$\Delta V = V - V_0 = \beta V_0 T$$

$$V = V_0(1 + \beta T)$$

이다. 여기서 β는 부피팽창계수이고, 모든 방향이 같은 비율로 늘어나는 등방성 고체일 때 $\beta \fallingdotseq 3\alpha$이다.

특히, 액체의 열팽창은 부피를 측정하려면 부피팽창 관계식에서 액체를 담은 용기의 팽창을 고려해야만 한다. 0℃에서의 용기 속에 가득 채운 액체의 부피를 V_0라고 하자.

이 때 온도 t℃인 액체의 겉보기팽창 부피를 ΔV라 하면, 용기의 용적이 V이므로 부피팽창계수는

$$\beta' = \frac{V - V_0}{V_0 t}$$

이다. 따라서 액체의 부피팽창계수는

$$\beta = \frac{V + \Delta V - V_0}{V_0 t} = \beta' + \frac{\Delta V}{V_0 t}$$

이다. 여기서 뒤의 항은 겉보기팽창계수라 한다. 이것을 β''로 쓰면 다음과 같이 나타낸다.

$$\beta = \beta' + \beta''$$

액체는 열에 의해 고체와 같이 부피가 증가한다. 그러나 액체의 특성상 용기에 담겨 있으므로 용기도 팽창하며, 실제 액체는 팽창이 작게 된다. 이것을 **겉보기 팽창**이라 한다.

4.2 일과 열

1. 열량

1) 열의 일당량

일반적으로 열은 물체에 열이 더해지거나 빠져나가는 유체처럼 생각한다. 그러나 열은 물체의 온도차에서 생기는 에너지 변환의 한 형태라 한다. 그림과 같이 열의 정의를 위해 줄(Joule)은 추의 위치 에너지가 열에너지로 전환되는 것을 정량화하였다.

$$1\,\mathrm{cal} = 4.187\,\mathrm{J} \quad (1\mathrm{N}\cdot\mathrm{m} = 1\mathrm{J})$$

$$W = JQ$$

여기서 비례상수 J를 **열의 일당량**이라 하고, $J = 4.186\,\mathrm{J/cal}$이다.

줄은 실험을 통해 추의 감소한 위치 에너지가 없어진 것이 아니라 열에너지의 형태로 전환되었음을 밝혀 에너지 보존의 개념을 확립하는 데 결정적인 역할을 하였다.

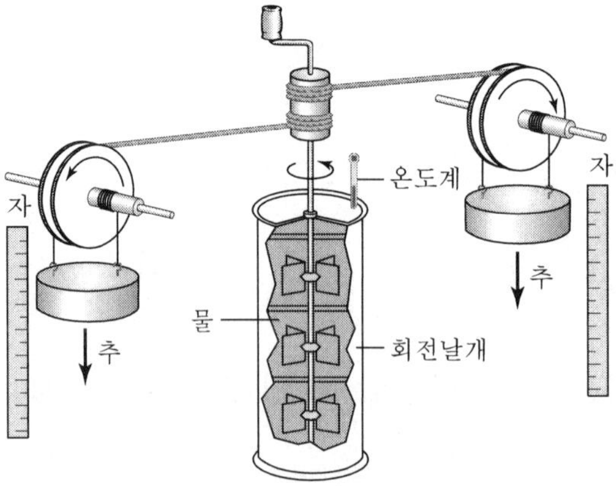

[줄의 실험]

2) 열량과 비열

질량 m인 어떤 물체의 온도를 1℃ 변화 시킬 때 필요한 열의 양(H)을 **열용량**이라 한다. 질량 m인 물체의 온도가 ΔT 만큼 증가하기 위해 필요한 열량은

$$Q = mc\Delta T$$

이다. 이 때 $H = mc$는 열용량이고, c는 물질의 고유특성을 갖는 비열용량, 즉 **비열**이라 한다.

c : 단위 질량당 열용량(비열) [kcal/kg・K]

비열이 작을수록 온도가 잘 올라가고 비열이 클수록 온도가 잘 올라가지 않는다.

특히 두 개 이상의 물체가 접촉 될 때 에너지 보존 법칙을 적용하면 열평형 상태가 된다. 즉 "고온의 물체가 잃은 열량"은 "저온의 물체가 얻은 열량"과 같다.

$$m_1c_1(T_h - T_e) = m_2c_2(T_e - T_c)$$

단, 두 물체의 질량 m_1, m_2이고 이 때 비열은 c_1, c_2, 물체의 온도는 고온 T_h, 저온 T_c이고, T_e는 열평형 온도이다.

예제 4.1

스티로폼 컵(열용량 무시)에 10℃의 물 150g이 들어있다. 만약 여기에 85℃의 물 100g을 넣는다면, 완전히 섞인 후 물의 열평형 온도는?

① 20℃ ② 40℃ ③ 50℃
④ 35℃ ⑤ 55℃

[풀이] 답 ②

차가운 물이 얻은 열량은 $m_c c\Delta T_c = m_c c(T_f - T_{ci}) = 150c(T_f - 10)$

뜨거운 물이 잃은 열량은 $m_h c\Delta T_h = m_h c(T_f - T_{hi}) = 100c(T_f - 85)$

즉, 잃은 열량+얻은 열량=0 이므로 $150c(T_f - 10) + 100c(T_f - 85) = 0$

$$(150 + 100)T_f = (8500 + 1500), \quad \therefore T_f = \frac{10000}{250} = 40(℃)$$

예제 4.2

그림 (가)는 금속 구슬 A가 금속 원형 고리 B의 중앙에 얹혀있는 모습을 나타낸 것이다. A의 온도는 T_A 이고 반지름이 r_A 이며, B의 온도는 T_B 이고 안쪽과 바깥쪽 반지름은 각각 r_B 와 R_B 이다. 그림 (나)는 (가)에서 외부환경에 열을 잃지 않고 A와 B 사이에만 열이 이동하여 A의 반지름과 B의 안쪽 반지름이 r' 으로 같아져 A가 B를 통과하는 것을 나타낸 것이다. 이 때, A와 B의 온도는 T' 으로 같고, B의 바깥쪽 반지름은 $R_B{}'$ 이다. A와 B의 질량은 같고, A와 B의 재질의 특성은 표와 같다.

	선팽창 계수	비열
A	α_A	c_A
B	α_B	c_B

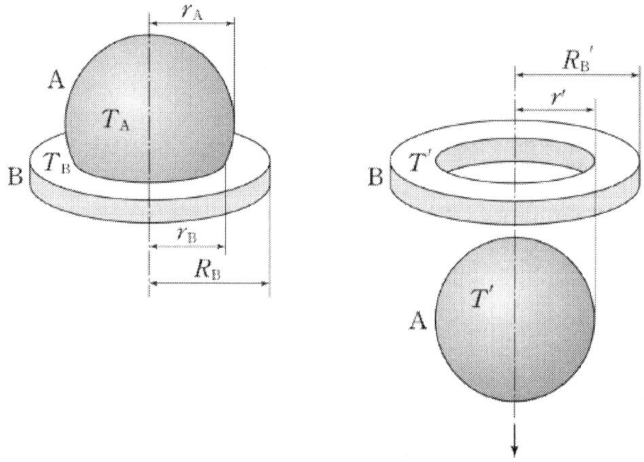

(가) (나)

이에 대한 설명으로 옳은 것만을 〈보기〉에서 있는 대로 고른 것은? (단, 매 순간 A와 B의 온도는 각각 균일하며, A와 B 사이의 마찰은 무시한다.)

<보 기>

ㄱ. $R_B - r_B < R_B{}' - r'$

ㄴ. $c_A(T_A - T') = c_B(T' - T_B)$

ㄷ. $r_A + r_A\alpha_A(T_A - T') = r_B + r_B\alpha_B(T' - T_B)$

① ㄱ ② ㄷ ③ ㄱ, ㄴ

④ ㄴ, ㄷ ⑤ ㄱ, ㄴ, ㄷ

[풀이] 답 ③

ㄱ. 열팽창 관계를 보면 다음과 같다.

$R_B' = R_B\{1+\alpha_B(T' - T_B)\}$, $r' = r_B\{1+\alpha_B(T' - T_B)\}$이므로

$$R_B' - r_B' = R_B\{1+\alpha_B(T' - T_B)\} - r_B\{1+\alpha_B(T' - T_B)\}$$

$$= (R_B - r_B)\{1+\alpha_B(T' - T_B)\}$$

$$\therefore R_B - r_B < R_B' - r'$$

ㄴ. 두 금속 사이에 이동된 열량은 $Q_A = mc_A(T_A - T')$, $Q_B = mc_B(T' - T_B)$ 이고 열평형 상태이므로 $c_A(T_A - T') = c_B(T' - T_B)$

ㄷ. 구의 부피팽창을 고려하여 비교한다.

3) 상태 변화

고체인 얼음을 가열하면 액체인 물이 되고 물을 가열하면 기체인 수증기가 되는데 이런 현상을 물질의 상태 변화라 하고 이 때 온도 변화 없이 물질의 상태만 바꾸는데 필요한 열을 **잠열**(숨은 열)이라 한다.

- 융해열 : 1kg의 고체를 같은 온도의 액체로 변화시키는데 필요한 열량.
- 기화열 : 1kg의 액체를 같은 온도의 기체로 변화시키는데 필요한 열량.

2. 열의 이동

두 물체 사이에 또는 한 물체에서도 온도차가 생기면 열은 온도가 높은 쪽에서 낮은 쪽으로 이동한다. 물질계가 열평형 상태에 도달할 때까지 열은 항상 온도가 높은 쪽에서 낮은 쪽으로 이동하며, 열의 이동 방법은 전도, 대류, 복사 3가지 형태이다.

1) 전도

고온의 물체와 저온의 물체를 접촉시킬 때 열이 이웃한 분자들 사이의 충돌에 의

해 물질 내부로 열이 이동하는 현상을 열의 **전도**라 한다.

- 전도체는 두께, 물질의 성질 등에 의존한다.
- 접촉면에서의 전도 열량은 같다.

따라서, 그림과 같이 물체를 통해 길이 L, 단면적 A, 두 물체의 온도차 $T_1 - T_2$일 때 Δt시간 동안 흐르는 열량은

$$Q = KA\frac{T_1 - T_2}{L}\Delta t \text{ [J]} \text{ : 푸리에의 전도법칙}$$

이다. 이 때 단위 시간동안 흐르는 전도 열량(일률)은

$$\frac{\Delta Q}{\Delta t} = KA\frac{T_1 - T_2}{L} \text{ [W]}$$

이다. 여기서, K는 열전도도(thermal conductivity), $\dfrac{T_2 - T_1}{L}$는 온도 기울기(음)이다.

열의 전도 현상에 의해 서로 다른 여러 개(A, B, C, …)의 접촉면이 있을 때, 접촉면의 단면적이 같다고 하면 접촉면을 흐르는 열량은 항상 같다. 따라서 다음과 같은 관계식으로 나타낼 수 있다.

$$K_A\frac{T_1 - T_2}{L_A} = K_B\frac{T_2 - T_3}{L_B} = K_C\frac{T_3 - T_4}{L_C} = \cdots$$

이 관계식은 접촉면들의 중간 온도를 알 수 있다.

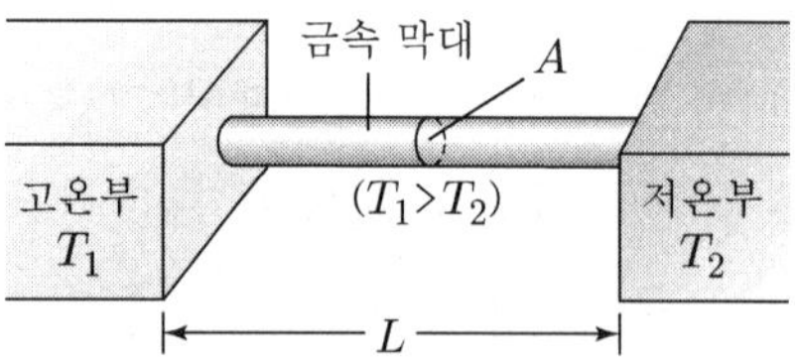

[전도 과정]

2) 대류

물질의 온도가 높아질수록 분자들의 열운동이 활발해져 열팽창을 하므로 밀도가

작아지게 된다. 기체나 액체는 온도가 균일하지 않을 경우 온도가 높은 것은 위로, 온도가 낮으면 아래로 내려와 밀도 차에 의해 순환운동이 일어난다. 이와 같이 물질 자체의 집단적 흐름에 의해 열이 전달되는 현상을 **대류**라 한다.

3) 복사

고체, 액체, 기체에 관계없이 모든 물체는 열이 전자기파의 형태로 열복사를 하는데 이런 현상을 **복사**라 한다. 복사 에너지의 양은 물체의 온도와 표면의 성질에 따라 달라진다. 복사 현상은 태양으로부터 지구에 도달하는 에너지처럼 멀리 떨어진 물체 사이에서도 아무런 매개체 없이 진공 중에서도 가능하다. 모든 물체는 복사 에너지를 방출하기도 하고 흡수하기도 하는데, 온도가 높은 물체의 분자들은 방출하는 에너지가 더 크고, 온도가 낮으면 흡수하는 에너지가 더 크다. 따라서 온도가 높은 물체에서 낮은 쪽으로 열이 전달된다.

즉, 한 물체가 에너지를 복사하는 비율은 단위 시간당 물체로부터 복사되는 에너지는

$$P = \sigma e A T^4 \,[\mathrm{W}] \quad \text{스테판-볼츠만의 복사법칙}$$

이 된다.

여기서 σ는 스테판-볼츠만 상수로 $\sigma = 5.67 \times 10^{-8}\mathrm{Wm^{-2}K^{-4}}$이며, e는 방사율이다. 방사율은 물질의 표면의 성질을 나타내는 상수로 0에서 1 사이의 값을 가지며 표면이 매끄럽고 밝을수록 방사율이 작으며 표면이 거칠고 어두울수록 크다. ($e = 1$; 흑체복사) 따라서 온도가 다른 두 물체 사이의 복사 일률은

$$P = \sigma e A\left(T_1^4 - T_2^4\right) \, (T_1 > T_2)$$

이다.

예제 4.3

※ 표를 참고하여 다음 물음에 답하여라.

(1) 일반적으로 고체, 액체, 기체 중에서 고체의 열전도율이 가장 크고 기체의 열전도율이 가장 작은 이유는?

(물질의 열전도율, 27℃)

물질	열전도율(J/ms℃)
알루미늄	237
구리	398
은	427
철	80.3
나무	0.12
벽돌	0.4~0.8
유리	0.7~0.9
얼음	2.1
물	0.61
공기	0.026

(2) 고체의 경우 금속이 나무나 유리 같은 비금속보다 열을 잘 전도하는 이유는?

(3) 온도가 20℃인 방의 한 쪽 벽이 두께가 5cm이고 면적이 $10m^2$인 나무로 되어 있다. 외부 온도가 −10℃일 때 매초 벽을 통해 외부로 전도되는 열량은?

[풀이] 답 (1) 분자 거리 가깝다. (2) 자유전자가 많다. (3) 720J

(1) 전도는 물질 자체가 이동하는 것이 아니고 접촉면 분자들의 충돌에 의한 열이 이동이므로 분자들 사이의 거리가 가까운 고체에서 열전도가 잘 된다. 기체의 경우에는 그 반대가 된다.

(2) 금속은 자유전자를 많이 포함하므로 이들의 이동에 의해 열이 쉽게 전도된다. 따라서 전기적 양도체는 열의 양도체가 된다.

(3) $Q = kA\dfrac{T_1 - T_2}{l}t = 0.12 \times \dfrac{10 \times 30}{0.05} \times 1 = 720(J)$

예제 4.4

스티로폼으로 만든 냉각기의 표면적은 $0.5m^2$이고, 평균두께는 2.0cm이다. 외부 온도가 30℃일 때, 냉각기 안에 있는 $1.5kg$의 얼음이 녹는데 걸리는 시간으로 가장 가까운 것은? (단, 스티로폼 열전도율은 $0.03\,W/m$℃, 얼음의 융해열 $L_f = 3.34 \times 10^5$J/kg이다.)

① 2시간 ② 4시간 ③ 6시간
④ 7시간 ⑤ 9시간

[풀이] 답 ③

냉각기 내부의 온도를 0℃ 라고 가정하면,

열에너지의 일률 P는 $\dfrac{\Delta Q}{\Delta t} = kA\dfrac{T_2 - T_1}{L} = (0.03)(0.5)\times\dfrac{30-0}{0.02} = 22.5(W)$

이므로 얼음의 융해열은 $L_f = 3.34\times 10^5\,J/kg$ 이므로 잠열에 의해

$\Delta Q = \Delta m L_f$ 이므로 $P\times\Delta t = \Delta m\times L_f$ 이므로

Δt 시간동안 녹는 얼음의 질량은 $\Delta m = 1.5\,kg$ 이므로

$$\therefore \Delta t = \frac{\Delta m L_f}{\Delta Q/\Delta t} = \frac{(1.5kg)(3.34\times 10^5\,J/kg)}{22.5\,W} = 2.23\times 10^4\,s$$

즉, 얼음이 모두 녹는데 6.2시간이 걸린다.

예제 4.5

그림과 같이 길이와 굵기가 동일한 두 금속 막대 A, B를 접촉시켰다. 이들 접촉면은 P이다. 두 금속 막대의 온도가 A는 100℃이고 B는 0℃로 유지시켰다.

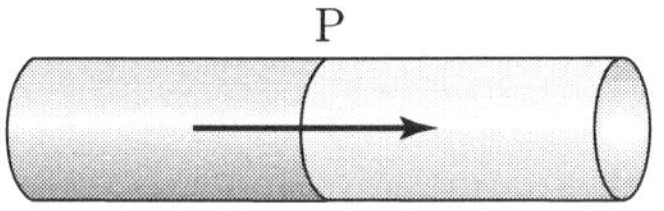

이 때, 두 금속 막대 A, B에서 생기는 현상에 대한 설명 중 옳은 것을 〈보기〉에서 모두 고르면? (단, 금속 A의 열전도율은 금속 B의 3배이고, 열은 두 금속을 통해서만 전달된다고 가정한다.)

<보 기>

ㄱ. 접촉면 P에서의 온도는 74℃이다.
ㄴ. 단위 시간당 면 A를 통과하는 열량은 면 B를 통과하는 열량과 동일하다.
ㄷ. 이들 금속의 열전달은 물질 구성 분자간의 충돌로 인해 전달된다.
ㄹ. 면 A, P 사이의 온도차는 면 P, B 사이의 온도차보다 크다.

① ㄱ, ㄴ ② ㄱ, ㄷ ③ ㄷ, ㄹ
④ ㄴ, ㄹ ⑤ ㄴ, ㄷ

[풀이] 답 ⑤

ㄱ. $3kA\frac{100-T}{l}=kA\frac{T-0}{l}$에서 $T=75$ ℃ 이다.

ㄴ, ㄷ. 열이동 현상은 전도라 하며 물질구성 분자간의 충돌로 인해 열이 전달되며 단위 시간 당 전도 열량은 $Q=kA\frac{\Delta T}{l}$ 로 주어지며 A와 B를 통해 전달되는 열량은 같다. (열량 보존법칙에 의해)

예제 4.6

그림은 −10℃의 고체 상태에 있는 어떤 물질을 10℃의 액체 상태로 변화시키는 과정에서 열량 Q_1, Q_2, Q_3가 공급된 것을 나타낸다.

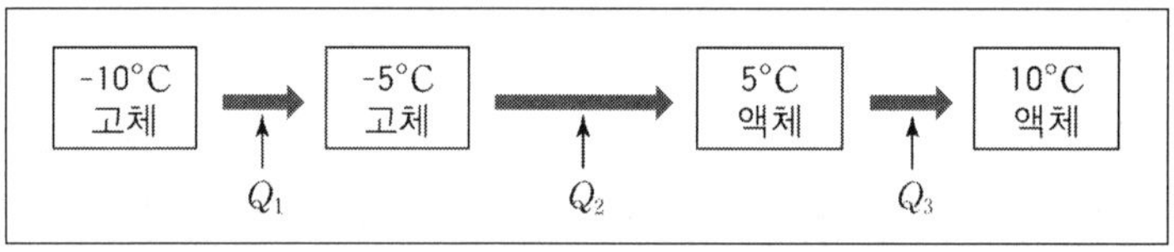

상태 변화가 0℃에서 일어나며 $Q_1 < Q_3$일 때, 이 물질에 대한 설명으로 옳은 것만을 〈보기〉에서 있는 대로 고른 것은?

<보 기>

ㄱ. 비열은 고체 상태일 때가 액체 상태일 때보다 더 크다.
ㄴ. 5℃ 액체가 −5℃ 고체로 변한다면 Q_2의 열량을 방출한다.
ㄷ. 0℃의 고체 상태로부터 같은 온도의 액체 상태로 변하는데 필요한 열량은 $Q_2-(Q_1+Q_3)$이다.

① ㄱ　② ㄴ　③ ㄷ
④ ㄱ, ㄴ　⑤ ㄴ, ㄷ

[풀이] 답 ⑤

ㄱ. 같은 양의 물질을 같은 온도 5℃만큼 올리는 데 필요한 열이 $Q_1 < Q_3$이므로 $Q=cm\Delta t$에서 비열은 액체 상태가 더 크다는 것을 알 수 있다.

ㄴ. −5℃ 고체가 5℃ 액체로 변하는 데 Q_2의 열량을 받았으므로 액체가 고체로 변하려면, 같은 열량을 방출해야 한다.

ㄷ. Q_2는 −5℃ 고체가 0℃ 고체까지 변하는 데 필요한 열 Q_1과 0℃액체에서 5℃ 액체까지 변하는 데 필요한 열량 Q_3를 포함하고 있으므로 0℃ 고체가 0℃ 액체로 순전히 상태가 변하는 데만 필요한 열량은 $Q_2-(Q_1+Q_3)$이다.

4.3 기체 법칙과 운동 이론

1. 기체 법칙

기체는 고체나 액체와는 달리 온도나 압력의 변화에 따라 기체의 부피가 크게 변하므로, 기체의 상태는 부피, 압력, 온도에 의해 결정된다.

1) 보일의 법칙

기체의 온도를 일정하게 유지하면서 압력을 증가시키면 기체의 부피는 압력에 반비례하여 줄어든다. 즉, 압력 P와 부피 V사이에 다음과 같은 관계를 갖는다.

$$PV=P_0V_0=\text{일정}$$

2) 샤를의 법칙

기체의 압력을 일정하게 유지하면서 온도를 1℃씩 높이면, 기체의 부피는 기체의 종류에 관계없이 0℃일 때 부피의 $\frac{1}{273}$배씩 늘어난다.

$$V=V_0\left(1+\frac{t}{273}\right)\ (t\ :\ \text{섭씨온도})$$

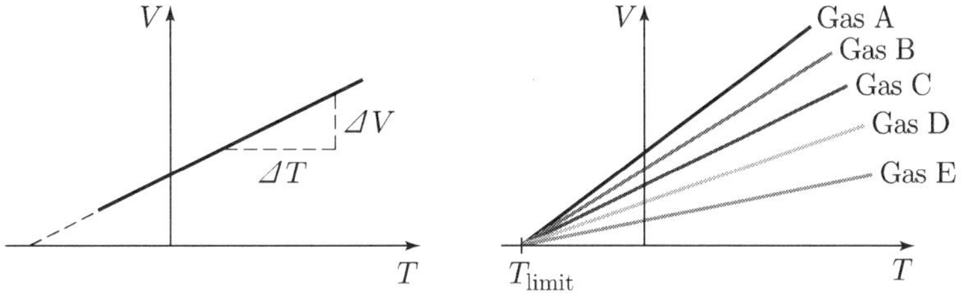

[샤를의 법칙]

이 때 절대온도 $T = t + 273$이고, 위의 식을 부피와 절대온도의 관계를 표현하면 다음과 같이 나타낼 수 있다.

$$\frac{V}{T} = \frac{V_0}{T_0}$$

3) 보일-샤를의 법칙

기체의 상태에 관계없이 용기 안에 있는 기체에 대하여 성립되며 보일과 샤를의 법칙에서 기체의 부피는 절대온도에 비례하고 압력에 반비례한다.

$$\frac{PV}{T} = \frac{P_0 V_0}{T_0}$$

예제 4.7

그림은 온도 단위가 °Z인 어떤 온도 체계에 따라 0 °Z 에서 30 °Z 까지 피스톤으로 밀폐된 두 실린더에 각각 담겨져 있는 이상 기체 A, B의 부피를 나타낸 것이다. A, B의 압력은 일정하게 유지되며 서로 같다.

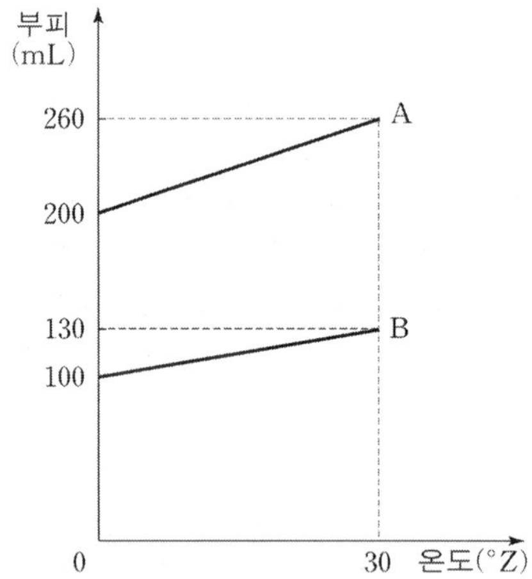

이에 대한 설명으로 옳은 것만을 〈보기〉에서 있는 대로 고른 것은? (단, 1 °Z 온도 변화를 나타내는 눈금의 크기는 일정하다.)

<보 기>

ㄱ. A의 몰수는 B의 몰수의 2배이다.

ㄴ. 절대온도 0 K는 $-100\,^{\circ}Z$에 해당한다.

ㄷ. $100\,^{\circ}Z$에서 B의 부피는 200 mL가 된다.

① ㄴ ② ㄷ ③ ㄱ, ㄴ

④ ㄱ, ㄷ ⑤ ㄱ, ㄴ, ㄷ

[풀이] 답 ⑤

ㄱ. $PV = nRT$에서 A, B의 압력이 일정하며, 이 때 같은 온도에서 $n \propto V$이므로 그래프 상 부피의 변화가 2배이므로 $n = 2$(몰)이 된다.

ㄴ. 1차 직선 $y = ax + b$을 이용하면, $x = -100(^{\circ}Z)$이다.

ㄷ. B의 1차 직선 식 $y = x + 100$이므로 $y = 100 + 100 = 200(mL)$이다.

2. 이상 기체의 상태 방정식

보일-샤를의 법칙을 통해

$$\frac{PV}{T} = \frac{P_0 V_0}{T_0}$$

이므로 표준상태의 온도, 압력 하에서

$$P_0 = 1\text{atm} = 1.013 \times 10^5 \text{N/m}^2, \quad T_0 = 273\text{K}, \quad V_0 = 22.4 \times n$$

$$\frac{PV}{T} = \frac{P_0 V_0}{T_0} = \frac{(1.01 \times 10^5)(22.4)}{273} \times n = 8.31 \times 10^3\, n = nR$$

이 된다. 여기서 R은 기체보편상수 [J/Kmole · K]이다.

따라서 n몰의 기체에 대해서 $\frac{PV}{T}$의 값은 nR가 되므로 다음과 같이 나타낸다.

$$PV = nRT \quad ; \text{ 이상기체 상태 방정식}$$

이상기체는 다음과 같은 특성을 갖는다.

• 위치에너지는 없다.

• 보통은 완전 탄성 충돌이다.
• 기체의 부피는 없고, 분자력도 없다.
• 냉각, 압축시켜도 액화나 응고가 일어나지 않는다.

한편, 실제 기체(real gas)의 경우는 다음과 같은 식으로 나타낸다.

$$\left(P+\frac{a}{V^2}\right)(V-b)=RT \quad ; \text{반데르 발스의 방정식}$$

여기서, a는 분자의 인력 인자, b는 분자의 크기 인자이다.

예제 4.8

그림은 단열 용기 속에 있는 단원자 이상 기체가 단열판에 의해서 나눠진 것을 모식적으로 나타낸 것이다. 양쪽 기체의 부피, 온도, 입자수는 각각 V, T, N과 $2V$, $3T$, $5N$이다.

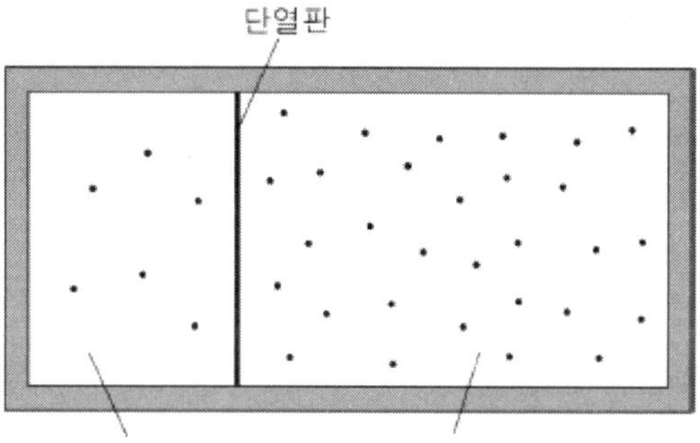

단열판이 제거된 후 기체가 평형 상태에 도달했을 때, 기체의 압력은?

① $\frac{10}{3}\frac{NkT}{V}$ ② $\frac{11}{3}\frac{NkT}{V}$ ③ $\frac{13}{3}\frac{NkT}{V}$
④ $\frac{14}{3}\frac{NkT}{V}$ ⑤ $\frac{16}{3}\frac{NkT}{V}$

[풀이] 답 ⑤

볼츠만 상수 $k=\frac{R}{N_A}$와 몰수 $n=\frac{N}{N_A}$이다. 입자수가 N일 때 n몰이라 하면 입자수가 $5N$일 때는 $5n$몰이다. 기체가 열적 평형 상태이므로

$$nc_v(T'-T)=5nc_v(3T-T'),\quad 6T'=16T,\quad T'=\frac{8}{3}T$$

따라서 전체 공간에서의 압력은 이상기체 상태방정식을 이용한다.

$p'(3V) = 6nR\left(\frac{8}{3}T\right) = 6\frac{N}{N_A}(kN_A)\left(\frac{8}{3}T\right) = \frac{48NkT}{3}$ 이고, 정리하면

압력은 $p' = \frac{16}{3}\frac{NkT}{V}$ 이다.

3. 기체의 운동 이론

그림과 같이 한 변의 길이가 L인 정육면체 안에 구속된 이상기체를 생각하자.

x축으로 질량 m인 한 개의 분자를 고려하면, v_x로 벽면에 완전탄성충돌하여 v_x로 튕겨 나온다.

즉, 운동량의 변화량은 $\Delta p = 2mv_x$이므로 벽면에 전달된 운동량은 $2mv_x$, 이상기체가 양쪽 벽면(A와 B면)을 왕복 운동할 때 시간 간격은 $\Delta t = \frac{2L}{v_x}$ 이다.

벽의 충격을 생각하면 $f\Delta t = \Delta p$ 이므로

$$f = \frac{\Delta p}{\Delta t} = \frac{2mv_x^2}{2L} \quad \text{(한 기체가 벽에 가한 평균 힘)}$$

이 된다.

따라서 N개의 분자에 의한 전체 평균 힘은

$$F = N\frac{\Delta \bar{p}}{\Delta t} = N\frac{m\overline{v_x^2}}{L}$$

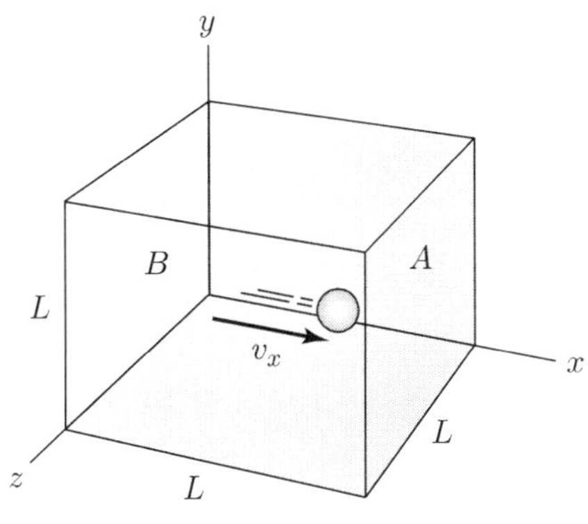

[기체 충돌]

이고, 이 때 면적 L^2 으로 위 식을 나누면 압력으로

$$P = \frac{F}{A} = \frac{Nm\overline{v_x}^2}{L^3} = \frac{Nm\overline{v_x}^2}{V}$$

$$PV = Nm\overline{v}_x{}^2$$

이다. 한편, $\overline{v^2} = \overline{v_x^2 + v_y^2 + v_z^2} = \overline{v_x}^2 + \overline{v_y}^2 + \overline{v_z}^2$ 이다.

이 때 x, y, z 성분은 독립적이므로 각 성분의 평균값은 동일하다.

즉, $\overline{v_x}^2 = \overline{v_y}^2 = \overline{v_z}^2$ 이므로 $\overline{v^2} = 3\overline{v_x}^2 \rightarrow \overline{v_x}^2 = \frac{1}{3}\overline{v^2}$

$$PV = \frac{1}{3}Nm\overline{v^2} = \frac{2}{3}N\left(\frac{1}{2}m\overline{v^2}\right)$$

여기서 $v_s = \sqrt{\overline{v^2}}$ (입자 집단적 운동 기술) 이므로

$$v_s = \sqrt{\overline{v^2}} = \sqrt{\frac{3PV}{Nm}} = \sqrt{\frac{3P(M/\rho)}{M}} = \sqrt{\frac{3P}{\rho}}$$

이다.

운동 이론에 의한 온도 관계는 이상기체 상태방정식을 이용하여 정리하면 다음과 같다.

$$PV = nRT \quad \Leftrightarrow \quad PV = \frac{2}{3}N \cdot \overline{E_k}$$

즉, $\frac{2}{3}N \cdot \overline{E_k} = nRT$ 에서 $\overline{E_k} = \frac{3}{2}\frac{n}{N}RT = \frac{3}{2}\frac{R}{N_A}T = \frac{3}{2}kT$

$$v_s = \sqrt{\frac{3kT}{m}}$$

이다. (v_s: 제곱-평균-제곱근(root-mean-square) 속력)

1) 내부 에너지

이상 기체의 분자들이 가지는 에너지인 내부 에너지는 고립된 이상기체에서

$$PV = \frac{2}{3}N \cdot \overline{E_k}$$

을 만족한다. 단원자(회전, 진동 없음) 기체에서 $N \cdot \overline{E_k} = U$라 할 수 있다.

$$PV = \frac{2}{3}U$$

따라서 $PV = nRT = \frac{2}{3}U$ 이므로 내부 에너지 U는

$$U = \frac{3}{2}nRT \text{ (내부 에너지)}$$

이 된다.

참고 내부 에너지

모든 물체에는 여러 종류의 많은 양의 에너지가 간추어져 있다. 예를 들어 주변에서 흔히 접하는 종이에도 분자들의 운동 에너지와 종이를 구성하는 분자들 사이의 상호 작용에 의한 위치 에너지가 들어 있다. 또, 종이를 태울 때 열이 발생하는 사실에서도 알 수 있듯이 화학 에너지도 저장되어 있으며, 원자핵 속의 결합 에너지 등이 있다. 이러한 에너지의 총합을 내부 에너지라고 한다.

어떤 계의 내부 에너지를 구하는 것은 매우 까다로울 수 있으므로 주로 내부 에너지의 변화량만을 취급한다. 정지하고 있는 물체의 운동 에너지는 0이지만, 내부의 분자들은 끊임없이 열운동을 하고 있으므로 물체를 구성하는 분자들은 운동 에너지를 가진다. 고체 분자들은 평형점을 중심으로 진동만을 하나, 액체나 기체 분자들은 병진 및 진동, 회전에 의한 운동 에너지를 모두 가질 수 있다. 또한, 분자 상호간에 작용하는 분자력에 의한 위치 에너지를 가진다. 이와 같이 물체를 구성하는 분자들이 가지는 운동 에너지와 위치 에너지의 합을 **내부 에너지**라고 한다.

이상 기체에서는 분자 상호간에 작용하는 분자력을 무시하므로, 단원자 분자인 이상기체의 내부 에너지 U는 다음과 같다.

$$E_k = \frac{3}{2}kT = \frac{3}{2}\left(\frac{R}{N_A}\right)T \text{ } (N_A = 6.02 \times 10^{23}\text{mol}^{-1} \text{ : 아보가드로 수})$$

이고, n몰의 기체 속에는 nN_A의 기체 분자가 들어 있으므로 이상 기체 n몰의 내부 에너지 U는

$$U = nN_AE_k = \frac{3}{2}nRT\left(= \frac{3}{2}PV\right)$$

이다. 즉, 이상 기체의 내부 에너지는 절대 온도에 비례한다.

2) 에너지 등분배의 법칙

이상 기체의 평균 운동 에너지가 절대 온도에 비례한다는 것은 기체 분자 운동론의 중요한 결론 중의 하나이다.

$$\frac{1}{2}m\overline{v^2} = \frac{3}{2}kT$$

작은 부피 속에도 기체 분자들의 수는 무수히 많고 이들은 모든 방향으로 무질서한 운동을 하므로 x, y, z 각 방향의 속도 성분은 같다고 볼 수 있다. 즉, 기체 분자들의 제곱 평균 속도 $\overline{v^2}$는

$$\overline{v^2} = \overline{v_x^{\ 2}} + \overline{v_y^{\ 2}} + \overline{v_z^{\ 2}} = 3\overline{v_x^{\ 2}} = 3\overline{v_y^{\ 2}} = 3\overline{v_z^{\ 2}}$$

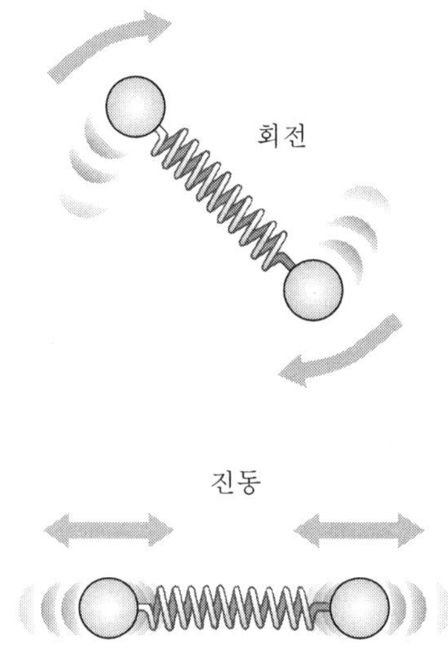

[이원자 분자]

이 된다. 따라서 각 방향의 운동 에너지 성분은

$$\frac{1}{2}m\overline{v_x^{\ 2}} = \frac{1}{2}m\overline{v_y^{\ 2}} = \frac{1}{2}m\overline{v_z^{\ 2}} = \frac{1}{2}kT$$

라 할 수 있으며 이것을 **에너지 등분배의 법칙**이라고 한다. 따라서 기체의 압력은 모든 방향으로 같은 값을 가진다.

일정한 크기의 용기 속에 들어 있는 1몰의 단원자 분자와 수소와 같은 이원자 분자에 같은 양의 열을 가했을 때 어느 쪽의 온도가 더 많이 높아지는지 생각해 보자.

이원자 분자들은 단원자와는 달리 병진 운동뿐만 아니라 진동 및 회전에 의한 운동 에너지를 가지므로 흡수한 열 중의 일부는 회전 및 진동에 의한 에너지를 증가시키는 데 쓰인다. 따라서 이원자 분자로 된 기체는 단원자 분자보다 온도가 더 적게 상승하므로 이원자 분자의 비열은 단원자 분자의 비열보다 더 크다. 즉, 산소나 암모니아 같은 다원자 분자들은 분자의 회전과 진동에 의한 운동 에너지를 가지므로 같은 온도에서 이상 기체보다 더 큰 내부에너지를 가진다.

참고 | 자유도

물체의 운동을 결정하는데 필요한 운동의 성분 수를 운동의 자유도라 한다.

예제 4.9

이상 기체는 단원자 분자로 구성되며, 절대온도 T인 이상 기체의 내부 에너지는 $U=\frac{3}{2}nRT$로 주어진다. 그림과 같이 아령 구조인 이원자 분자의 회전 운동을 고려할 때 z축을 중심으로 한 분자의 회전 운동 에너지는 무시할 수 있다.

이에 대한 운동에서 진동에 의한 운동 에너지를 무시할 때 산소, 질소와 같은 이원자 기체 분자의 내부 에너지는?

① nRT　　② $\frac{3}{2}nRT$　　③ $\frac{5}{2}nRT$

④ $\frac{7}{2}nRT$　　⑤ $3nRT$

[풀이] 답 ③

에너지 등분배 법칙에 따라 회전 운동의 자유도가 2(x축, y축을 중심으로 한 회전)이므로 이원자 분자로 된 기체의 내부 에너지는 다음과 같다.

$$U=\text{병진운동에너지}+\text{회전운동에너지}=3\times\frac{1}{2}nRT+2\times\frac{1}{2}nRT=\frac{5}{2}nRT$$

예제 4.10

그림은 단원자 이상 기체 A, B의 제곱 평균 제곱근(root-mean-square) 속력 v_{rms}^{A}, v_{rms}^{B}를 온도에 따라 나타낸 것이다. A, B의 원자의 질량은 각각 m_A, m_B이다.

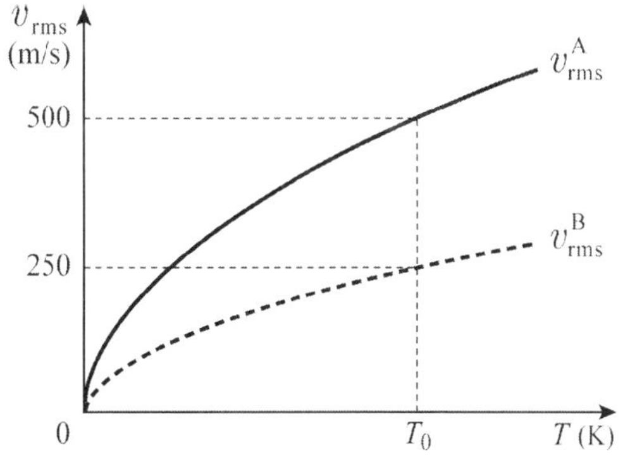

이에 대한 설명으로 옳은 것만을 〈보기〉에서 있는 대로 고른 것은?

<보 기>

ㄱ. m_A: m_B = 1 : 4이다.

ㄴ. $T=2T_0$일 때, v_{rms}^A: v_{rms}^B = 2 : 1이다.

ㄷ. B의 온도가 A의 온도의 2배일 때, $v_{rms}^A = v_{rms}^B$이다.

① ㄱ　　② ㄴ　　③ ㄱ, ㄴ

④ ㄱ, ㄷ　　⑤ ㄴ, ㄷ

[풀이] 답 ③

기체의 특성상 속력은 제곱 평균 제곱근인 v_{rms}가 된다.

$$E_k = \frac{1}{2}mv_{rms}^2 = \frac{3}{2}kT \rightarrow v_{rms} = \sqrt{\frac{3kT}{m}}$$

ㄱ. $v_{rms}^A \propto \sqrt{\frac{1}{m_A}}$, $v_{rms}^B \propto \sqrt{\frac{1}{m_B}}$ 이므로

질량의 비

$$m_A : m_B = \frac{1}{(v_{rms}^A)^2} : \frac{1}{(v_{rms}^B)^2} = \frac{1}{500^2} : \frac{1}{250^2} = \frac{1}{4} : \frac{1}{1} = 1 : 4$$

ㄴ. $v_{rms} = \sqrt{\frac{3kT}{m}}$ 에서 같은 온도에서의 속력의 비는

$$v_{rms}^A : v_{rms}^B = \sqrt{\frac{1}{1}} : \sqrt{\frac{1}{4}} = 1 : \frac{1}{2} = 2 : 1$$

ㄷ. 온도가 2배 증가하면 속력은 $\sqrt{2}$ 배 증가하므로

$$v_{rms}^A : v_{rms}^B = \sqrt{\frac{1}{1}} : \sqrt{\frac{2}{4}} = 1 : \sqrt{\frac{1}{2}} = \sqrt{2} : 1$$

예제 4.11

그림은 부피가 V인 실린더 내부에 1몰의 이상기체가 들어 있고, 피스톤 위의 수조에 물이 들어 있는 것을 나타낸 것이다. 실린더는 수평면 위에 놓여 있고, 면적이 A 인 피스톤은 정지 상태에 있다.

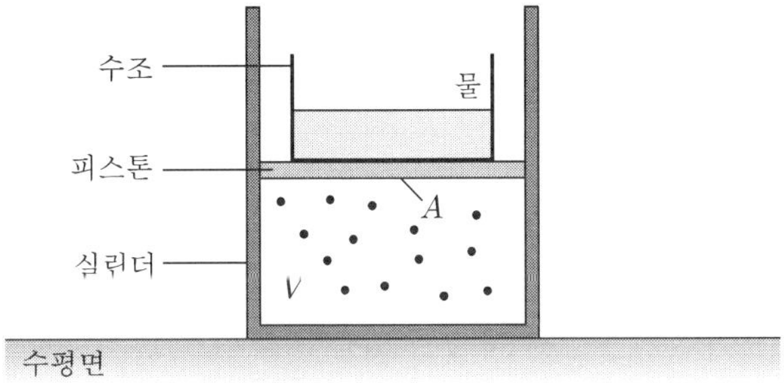

이상기체가 들어 있는 실린더 내부의 온도를 ΔT만큼 증가시키는 동시에 수조에 담긴 물의 질량을 ΔM만큼 증가시킬 때, V를 일정하게 유지하기 위한 $\frac{\Delta M}{\Delta T}$은? (단, 실린더와 피스톤은 단열재로 만들어져 있고, 실린더와 피스톤 사이의 마찰은 무시하며, 외부 기압은 일정하다. 중력가속도는 g, 기체상수는 R이다.)

① $\frac{RA}{2gV}$ ② $\frac{RA}{gV}$ ③ $\frac{3RA}{2gV}$

④ $\frac{RV}{gA^2}$ ⑤ $\frac{3RV}{2gA^2}$

[풀이] 답 ②

운동방정식으로부터 $Mg = PA$이므로 이상기체 상태방정식에서

$PV = nRT = RT$(1몰), $P = \frac{RT}{V}$이다.

따라서 온도 증가에 따라 질량 증가시, $\Delta Mg = PA = \frac{RA\Delta T}{V}$이다.

$$\therefore \frac{\Delta M}{\Delta T} = \frac{RA}{gV}$$

4.4 열역학 법칙

1. 기체의 팽창과 일

1) 기체가 하는 일

그림과 같이 용기 속에 갇힌 기체가 일정한 압력 하에서 하는 일을 구해 보자.

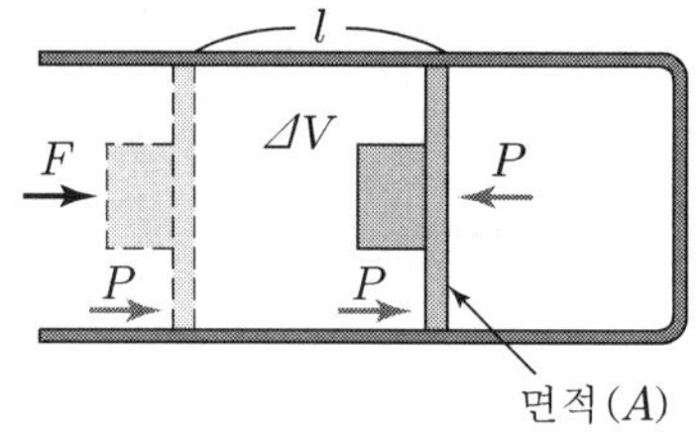

[기체가 하는 일]

피스톤의 단면적을 A라 할 때 외부의 힘에 의해 피스톤을 l만큼 압축하는 동안 감소한 부피는 $\Delta V = Al$이므로 기체가 외부로부터 받는 일은 다음 식과 같다.

$$W = Fl = PAl = P\Delta V$$

- $\Delta V > 0$**인 경우** 기체의 부피가 팽창하면서 기체가 외부에 대해 일을 한 것이다.
- $\Delta V < 0$**인 경우** 기체가 외부로부터 일을 받아 기체의 부피가 감소한 것이므로 기체는 외부에 대해 음(−)의 일을 한 것이다.

2) $P-V$ 그래프에서 일의 정의

그림과 같이 기체의 압력이 P_1으로 일정한 상태에서 부피가 V_1에서 V_2로 변하는 경우 그림의 직사각형의 색칠한 부분의 넓이가 기체가 한 일이 된다. 또한 온도가 일정하고 기체의 부피와 압력이 함께 변하는 경우에도 기체가 한 일은 곡선의 아래 부분의 넓이가 된다.

일반적으로 $P-V$그래프에서 기체가 하는 일의 양은 다음과 같이 나타낼 수 있다.

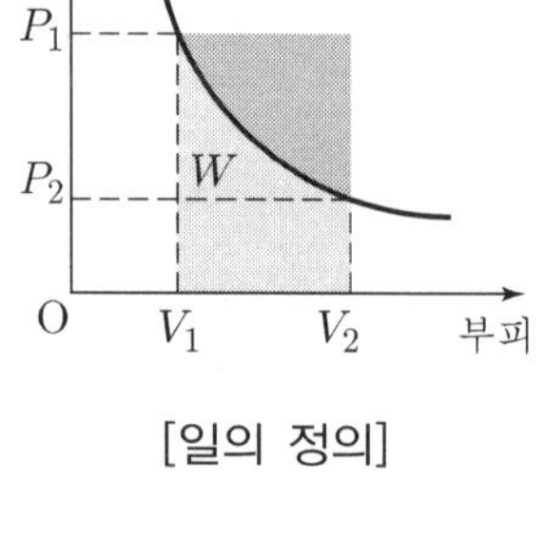

[일의 정의]

$$W = \int_{V_1}^{V_2} P dV$$

2. 열역학 제 1 법칙

기체에 열을 가하면 분자들의 열운동이 활발해지므로, 일반적으로 기체의 온도가 상승하면서 부피도 팽창한다. 그림과 같이 실린더 내부에 있는 기체가 열을 흡수하여 온도가 올라가면 기체의 내부 에너지가 증가하고, 부피가 팽창하여 피스톤을 밀어내므로 기체는 외부에 대하여 일을 하게 된다.

기체가 흡수한 열량을 Q, 내부 에너지의 증가량을 ΔU, 기체가 외부에 한 일을 W라 할 때,

$$Q = \Delta U + W = \Delta U + P\Delta V$$

가 된다.

이 식은 열 현상과 역학적 현상이 동시에 발생하더라도 이 과정에 관련된 모든 에너지를 고려해 보면 에너지가 보존된다는 것을 의미한다. 이것을 **열역학 제 1 법칙**이라고 하며, 열에너지를 포함한 에너지 보존 법칙이라고 할 수 있다. 즉, 어떤 계의 내부 에너지의 변화량 ΔU가 계에 공급된 열량 Q에서 그 계가 외부에 한 일 W의 양을 뺀 값과 같다는 것은 에너지가 창조되거나 소멸되지 않았다는 것을 의미한다.

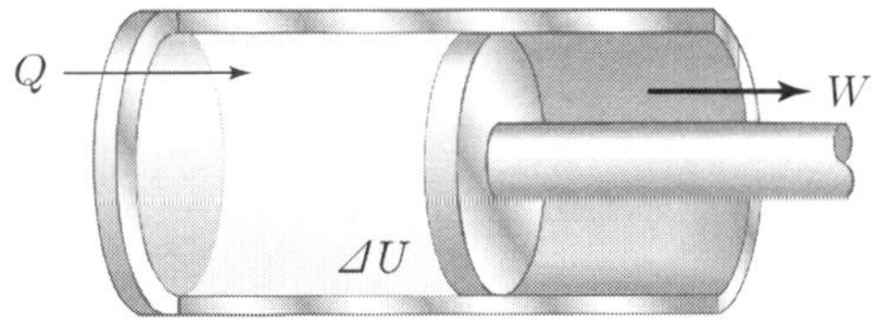

[열역학 제 1 법칙]

3. 기체의 열역학적 과정

열역학에서 주로 다루는 중요한 과정들과 그 과정들에 열역학 제 1 법칙을 적용하고, 이상 기체를 계로 취급하여 계가 거치는 여러 과정을 생각하자.

1) 등온과정(isothermal process)

온도가 일정하게 유지되는 열역학적 과정이다($\Delta T=0$). 이 과정은 보일의 법칙이 적용된다.

압력이 P_1, P_2로 변화할 때 부피가 V_1, V_2로 바뀌는 과정에서 일을 계산하면 다음과 같다.

$$W_{12}=\int dW=\int_{V_1}^{V_2} PdV$$

이상기체의 경우 $P=\dfrac{nRT}{V}$이므로

$$W_{12}=\int_{V_1}^{V_2}\frac{nRT}{V}dV=nRT\ln\frac{V_2}{V_1}$$

이다. 이 과정에서 총열량을 Q라 하고, 내부에너지가 변화하였다면 열역학 제 1 법칙은

$$\Delta U=Q-W_{12}$$

이다. 그런데 내부에너지는 온도에만 비례하므로 등온과정에서는 $\Delta U=0$이다. 따라서

$$Q=nRT\ln\frac{V_2}{V_1}$$

으로 된다.

- **등온팽창 : $V_1<V_2$인 경우** 계는 열을 흡수($Q>0$)하여 외부에 일을 하는 과정이다.
- **등온압축 : $V_1>V_2$인 경우** 열을 방출($Q<0$)하면서 부피가 감소하는 과정이다.

2) 정압과정(isobaric process)

압력이 일정하게 유지되는 열역학적 과정이다($\Delta P=0$). 부피가 V_1에서 V_2로 변화하는 동안 계가 한 일은

$$W=P(V_2-V_1)$$

이다.

따라서 열역학 제 1법칙은

$$U_2 - U_1 = Q - P(V_2 - V_1)$$

인데, 이 식을 정리하면

$$Q = (U_2 + PV_2) - (U_1 + PV_1)$$

이다. 여기서 $U+PV$는 **엔탈피**(enthalpy)라 하며, 엔탈피의 변화는 과정에서 계가 흡수한 열량만큼 증가한다는 것을 의미한다.

- **정압팽창** 기체가 외부로부터 열을 흡수하여 온도가 상승하면서 외부에 일을 하는 과정이다. ($Q>0,\ \Delta U>0,\ W>0$)
- **정압압축** 기체가 외부로 열을 방출하여 온도가 내려가면서 부피가 감소하는 과정이다. ($Q<0,\ \Delta U<0,\ W<0$)

3) 정적과정(isometric process)

체적이 일정하게 유지되는 열역학적 과정이다($\Delta V=0$). 이 경우 $\Delta W=0$이 되므로 열역학 제 1 법칙에서 $\Delta U=Q$가 성립되므로 과정 중에 계가 흡수한 열량만큼 계의 내부 에너지는 증가한다. 즉, 외부로부터 출입한 열량은 전부 기체의 내부 에너지를 변화시키는 데 쓰인다.

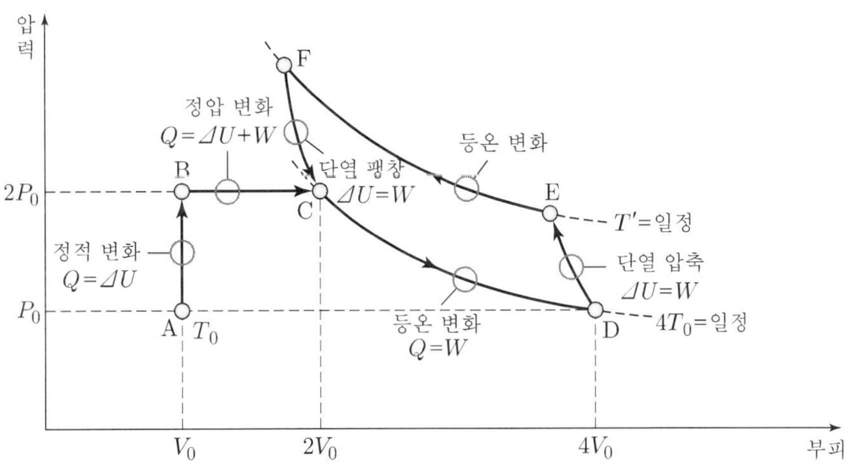

[기체의 여러 과정]

- **압력 증가** 기체가 외부로부터 열을 흡수하여 기체의 온도가 상승하는 과정이다.($Q>0,\ \Delta U>0$)
- **압력 감소** 기체가 외부로 열을 방출하면서 기체의 온도가 내려가는 과정이다.($Q<0,\ \Delta U<0$)

4) 기체의 비열

어떤 물질 1mol의 온도를 1K 높이는 데 필요한 열량을 **몰 비열**이라고 하며, 단위는 [J/mol·K]이다. 고체나 액체와 달리 압력에 따른 부피의 변화가 크므로, 부피를 일정하게 유지하면서 측정한 비열과 압력을 일정하게 유지하면서 측정한 비열의 값이 달라진다. 따라서 기체의 비열에는 **정적비열**과 **정압비열**의 두 가지가 있다.

- **정적비열**

기체의 부피를 일정하게 유지하면서 기체 1몰의 온도를 1K만큼 높이는 데 필요한 열량을 정적비열이라고 한다. 기체의 부피가 변하지 않을 경우($\Delta V=0$), 기체는 외부에 대하여 일을 하지 않으므로 열역학 제 1법칙에서

$$Q=\Delta U+P\Delta V=\Delta U$$

가 되므로 가해 준 열은 전부 기체의 내부 에너지를 증가시키는 데 쓰인다. 단원자 분자로 된 이상 기체 n몰의 내부 에너지는 $\Delta U=\frac{3}{2}nR\Delta T$이므로 이상 기체의 정적비열은 c_V는

$$c_V=\frac{Q}{n\Delta T}=\frac{\Delta U}{n\Delta T}=\frac{3}{2}R\fallingdotseq 12.5\,\text{J/mol}\cdot\text{K}$$

이다.

- **정압비열**

기체의 압력을 일정하게 유지하면서 기체 1몰의 온도를 1K만큼 높이는 데 필요한 열량을 정압비열이라고 한다. 이상 기체 상태 방정식 $PV=nRT$에서 기체가 하는 일 $W=P\Delta V=nR\Delta T$가 되므로 기체의 정압비열 c_P는

$$c_P = \frac{Q}{n\Delta T} = \frac{\Delta U + P\Delta V}{n\Delta T} = \frac{5}{2}R \fallingdotseq 20.8\,\mathrm{J/mol \cdot K}$$

이다.

열역학 제 1법칙에서 정압 팽창하는 이상 기체가 흡수하는 열량 Q는 다음과 같이 쓸 수 있다.

$$Q = \Delta U + P\Delta V = \frac{3}{2}nR\Delta T + nR\Delta T = nc_P\Delta T$$

• **기체의 비열비**

기체의 정압비열은 기체가 팽창하여 외부에 일을 하는 만큼 열을 더 가하여야 하므로 항상 정적비열보다 기체상수 R만큼 더 크다.

$$c_P = c_V + R$$

정압비열 c_P와 정적비열 c_V의 비를 기체의 **비열비**라고 한다. 이상 기체의 비열비 γ는

$$\gamma = \frac{c_P}{c_V} = 1 + \frac{R}{c_V} = \frac{5}{3} = 1.67$$

이 된다. 여기서 정압비열이 정적비열보다 큰 이유는 열을 흡수하는 동안 기체가 팽창하여 외부에 일을 하는데 열량을 필요로 하므로 정압비열이 정적비열보다 크다.

5) 단열과정(adiabatic process)

단열은 열의 출입을 차단한 과정이다($\Delta Q = 0$). 즉, 기체의 부피를 변화시키는 것으로 내부 압력과 온도가 변하게 되는데 이것에 대한 관계식을 비분을 통해서 생각해 보자.

$$dU = -PdV$$

이상기체에서 $dU = nC_V dT$이므로

$$dU = nC_V dT = -PdV$$

이상기체 상태방정식에서 $P = \frac{nRT}{V}$를 이용하여 위의 식에 대입하여 정리하면

$$\frac{dT}{T} = -\frac{R}{C_V}\frac{dV}{V} = -\left(\frac{C_P - C_V}{C_V}\right)\frac{dV}{V} = -\left(\frac{C_P}{C_V} - 1\right)\frac{dV}{V}$$

여기서 $\frac{C_P}{C_V} \equiv \gamma$라 정의하면

$$\frac{dT}{T} = -(\gamma - 1)\frac{dV}{V}$$

이고, 부피와 온도가 처음에 각각 V_1, T_1에서 단열 팽창하여 V_2, T_2로 된다면

$$\int_{T_1}^{T_2}\frac{dT}{T} = -(\gamma - 1)\int_{V_1}^{V_2}\frac{dV}{V}$$

$$\therefore \quad T_1 V_1^{\gamma-1} = T_2 V_2^{\gamma-1}$$

가 된다. 따라서 단열과정에서는 부피와 온도 사이의 관계식은 항상 "$TV^{\gamma-1}$=일정" 임을 알 수 있다. 한편, $P_1 V_1 = nRT_1$, $P_2 V_2 = nRT_2$에서

$$\frac{P_1 V_1}{P_2 V_2} = \frac{T_1}{T_2}$$

이므로 $T_1 V_1^{\gamma-1} = T_2 V_2^{\gamma-1}$을 이용하면

$$P_1 V_1^{\gamma} = P_2 V_2^{\gamma}$$

이 된다.

- **단열팽창** 기체의 부피가 팽창하면서 외부에 일을 한 만큼 내부에너지가 감소하여 기체의 온도가 내려가는 과정이다. ($W > 0$, $\Delta U < 0$)
- **단열압축** 외부의 압력에 의해 기체의 부피가 줄어들면서 내부 에너지가 증가하여 기체의 온도가 상승하는 과정이다. ($W < 0$, $\Delta U > 0$)

예제 4.12

그림은 1몰의 이상기체의 상태가 A→B→C→A를 따라 변화할 때 부피와 압력의 관계를 나타낸 것이다. A→B는 등압과정, B→C는 단열과정, C→A는 등온과정이다. A, B에서의 부피는 각각 V_0, $2V_0$이고, A에서의 온도는 T_0이다.

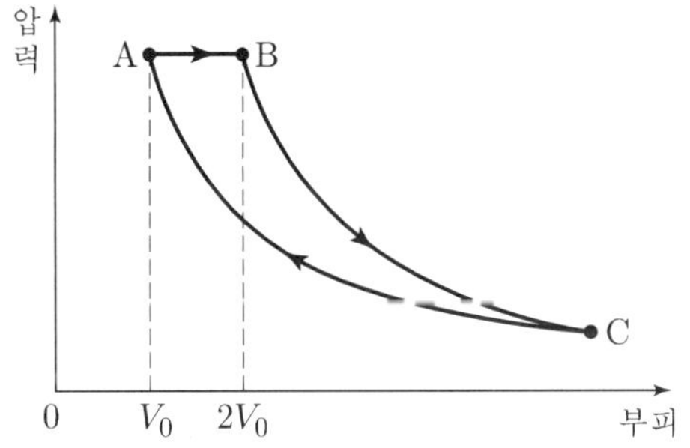

이에 대한 설명으로 옳은 것만을 〈보기〉에서 있는 대로 고른 것은? (단, R는 기체상수이고, T_0은 절대온도이다.)

<보 기>

ㄱ. B에서의 온도는 $2T_0$이다.

ㄴ. A→B 과정에서 기체는 열을 흡수한다.

ㄷ. B→C 과정에서 기체가 외부에 한 일은 $\frac{5}{3}RT_0$이다.

① ㄱ　② ㄴ　③ ㄷ
④ ㄱ, ㄴ　⑤ ㄱ, ㄴ, ㄷ

[풀이] 답 ④

ㄱ. 이상기체 상태방정식 $PV=nRT$에서 A에서 $PV_0=nRT_0$이고, B에서는

$$P(2V_0)=nRT'=nR(2T_0),\quad \therefore T'=2T_0$$

ㄴ. 열역학 제1법칙에서 $\Delta U=\frac{3}{2}nR(2T_0)$이므로 내부에너지 증가.

$$W=P\Delta V_0>0$$

이므로 $Q=\Delta U+W>0$이다. 따라서, 기체는 열을 흡수한다.

ㄷ. $B\to C$과정은 단열과정이므로 $Q_{BC}=0 \to W_{BC}=-\Delta U_{BC}$ $(n=1)$

$$W_{BC}=-(U_C-U_B)=-\frac{3}{2}RT_C+\frac{3}{2}RT_B$$

$$=-\frac{3}{2}RT_0+\frac{3}{2}R(2T_0)=\frac{3}{2}RT_0$$

4. 열기관과 카르노 순환

열을 흡수하여 일로 바꾸는 장치가 열기관이다. 카르노 기관은 열기관의 순환과정 중에서 열효율이 가장 좋은 이상적인 열기관이다.

1) 열기관

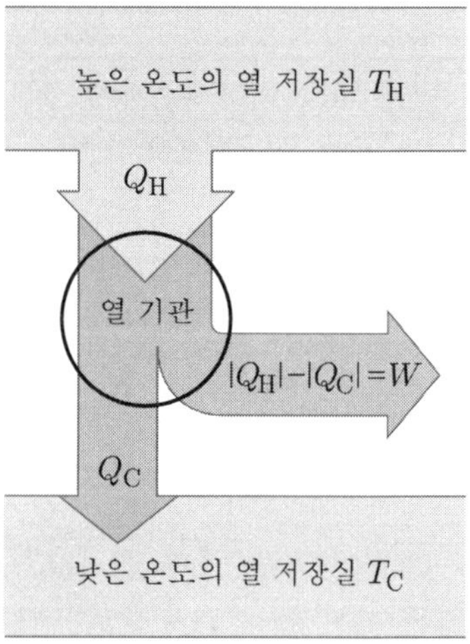

계로 하여금 환경으로부터 고온의 열 Q_H을 흡수하여 W의 일을 하면서 냉각, 팽창할 때의 온도 변화와 저온열원의 열 Q_C를 배출하여 냉각한다.

열기관의 계가 가열되고, 일하고 냉각되어 원상회복하는 한 싸이클의 과정에서 내부에너지는 원상으로 회복되고, $Q_H - Q_C$의 열을 흡수하여 W의 일을 하므로 열역학 제 1 법칙으로부터

$$W = Q_H - Q_C$$

이다. 이 결과 열기관이 할 수 있는 일의 양은 제약을 받는다. 즉, 열기관이 동작하는 동안 흡수한 열에너지에 대한 실제 외부에 한 일의 비율을 **열기관의 효율**이라 하며, 다음과 같이 정의한다.

$$e = \frac{W}{Q_H} = \frac{Q_H - Q_C}{Q_H}$$

: 열기관의 효율(efficiency)

2) 카르노 기관

카르노는 온도 T_H, T_C인 두 열원 사이에서 작동하는 이상적인 열기관인 가역기관을 생각하였다. 그래프에서와 같이 가역기관은 1 →2 →3 →4 →1의 과정에서 작동을 반대로 하면 1 →4 →3 →2 →1로 작동하는 기관을 의미한다. 즉, 기관이 외부에 한 일 W를 반대로 외부에서 기관에 일을 해주고 또한 기관이 외부로 방출한 열 Q_C를 외부에서 기관에 공급하면 외부에 아무런 영향을 남기지 않고 되돌아가는

기관을 가역기관이라 할 때 두 열원 T_H, T_C 사이에서 작동하는 모든 열기관의 효율 중에서 가역기관의 효율이 최대라고 하는 것이다. 따라서 카르노 기관의 순환 과정은 등온 두 과정과 단열 두 과정으로 이루어진다.

⇨ 4단계의 과정(등온팽창 → 단열팽창 → 등온압축 → 단열압축)을 거치는 최대의 효율을 가진다.

효율성을 비교하면,

열기관의 효율 $e = \dfrac{W}{Q_H} = \dfrac{Q_H - Q_C}{Q_H} = 1 - \dfrac{Q_C}{Q_H}$ 에서

$$Q_H = \int_1^2 p\,dV = nRT_H \ln\frac{V_2}{V_1}$$

$$Q_C = \int_3^4 p\,dV = nRT_C \ln\frac{V_3}{V_4}$$

$$\frac{Q_C}{Q_H} = \frac{T_C}{T_H}\left[\frac{\ln(V_3/V_4)}{\ln(V_2/V_1)}\right]$$

그림에서

1 → 2 과정 : 등온팽창으로 $p_1 V_1 = p_2 V_2$

3 → 4 과정 : 등온압축으로 $p_3 V_3 = p_4 V_4$

2 → 3 과정 : 단열팽창으로 $p_2 V_2{}^{\gamma} = p_3 V_3{}^{\gamma}$

4 → 1 과정 : 단열압축으로 $p_4 V_4{}^{\gamma} = p_1 V_1{}^{\gamma}$

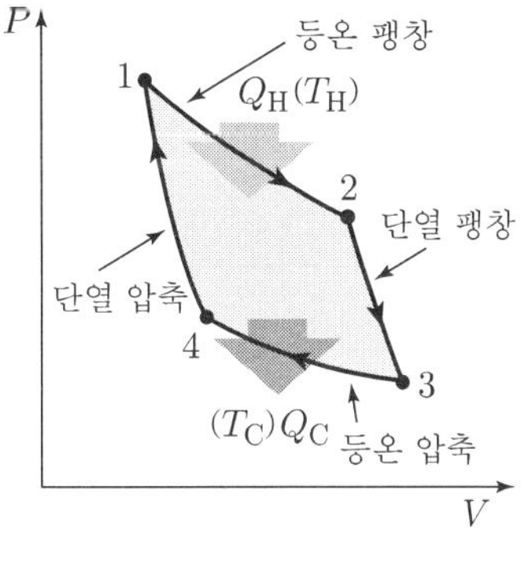

이므로, 위의 네 식을 변변 곱하고 $p_1p_2p_3p_4$ 로 나누면

$$\left(\frac{V_2}{V_1}\right)^{\gamma-1}=\left(\frac{V_3}{V_4}\right)^{\gamma-1}$$

$$\frac{V_2}{V_1}=\frac{V_3}{V_4}$$

이다. 이 결과를 $\frac{Q_C}{Q_H}$에 대해서 얻은 위 식에 대입하면 $\frac{Q_C}{Q_H}=\frac{T_C}{T_H}$이다.

카르노 기관의 열효율은

$$e=1-\frac{T_C}{T_H}$$

이다. 동일한 두 온도 사이에서 작동하는 모든 가역기관의 열효율은 동일하며, 두 온도 사이에서 작동하는 여하한 비가역기관의 효율보다 더 큰 효율을 가진다.

$$e=\frac{W}{Q_H}=1-\frac{Q_C}{Q_H}\leq 1-\frac{T_C}{T_H}$$

(단, 등호는 가역적인 기관인 카르노 기관이다.)

5. 열역학 제 2 법칙

열역학 제 1 법칙은 열에너지의 보존만 밝힐 뿐, 열 이동의 방향성은 밝히지 않는다. 자연계의 열적 변화의 방향성과 열효율의 한계를 밝힌 열역학 제 2 법칙은 여러 가지로 표현하나 내용적으로 모두 동등하다.

1) 켈빈(Kelvin) 표현

동일 온도를 유지하는 열원으로부터 얻어낸 열을 일로 바꾸게 하는 것 외에는 아무 것도 안하는 변환은 실현시킬 수 없다. 즉, 열에너지를 100% 역학적 에너지로 바꾸는 방법은 불가능하다.

2) 클라우지우스(Clausius) 표현

외부에 아무런 영향도 끼치지 않고 그 자연의 힘에 의해 작동되는 어떤 종류의

기관을 써서도, 한 물체로부터 이보다 높은 온도를 갖는 타물체로 계속적으로 열을 운반시킬 수 없다. 즉, 열을 스스로 저온에서 고온으로 흐르게 하는 방법은 불가능하다.

6. 엔트로피

1) 엔트로피의 정의

분자들의 에너지 교환으로 속력이 큰 분자들은 에너지를 잃고 속력이 작은 분자들은 에너지를 얻는 경향(확률)이 많다는 것은 에너지 교환의 통계적 성질이며, 열역학 제 2법칙의 미시적인 표현이라고 할 수 있다. 열역학이나 통계역학에서는 이와 같은 사실을 엔트로피(entropy)라는 개념을 도입하여 표현한다. 열역학적으로 새로운 상태함수로 엔트로피의 어원을 보면 그리스어로 "전환하는"이라는 뜻이 된다.

온도 T인 계가 열량 ΔQ를 받을 때 계의 엔트로피가

$$\Delta S = \frac{\Delta Q}{T}$$

만큼 증가한다고 한다. 엔트로피는 열역학적 상태량이며, 가역과정에서 엔트로피의 변화는 0이고, 비가역과정에서는 항상 0보다 크다. 따라서 자연계의 변화는 엔트로피가 증가하는 방향으로 일어난다. 즉,

$$\Delta S \geq 0$$

이다. 따라서 "자연계에서 관측되는 모든 과정은 더 큰 무질서을 향해서 진행하려는 경향을 갖는다."이 때 계의 무질서도를 **엔트로피**라 한다.

2) 이상기체의 엔트로피

이상 기체 1몰의 엔트로피를 구하자.

$$dQ = dU + pdV$$

$$pV = RT$$

$$dU = c_v dT$$

$$dS = \frac{dQ}{T} = \frac{dU + pdV}{T} = \frac{c_v dT + pdV}{T} = c_v \frac{dT}{T} + R\frac{dV}{V}$$

이식을 적분하면

$$S = c_v \ln T + R \ln V + S_0$$

이며, 여기서 $R = c_p - c_v$, $\gamma = \frac{c_p}{c_v}$를 이용하면

$$S = c_v \ln(TV^{\gamma-1}) + S_0$$

이 된다. 특히, $c_v = \frac{3}{2}N_0 k$이므로

$$S = \frac{3}{2}N_0 k \ln(TV^{\gamma-1}) + S_0$$

이다. 한편 이상기체의 경우 $\gamma = \frac{5}{3}$이므로 $\gamma - 1 = \frac{2}{3}$이고, 이 값을 위의 식에 대입하면 다음과 같은 식으로 나타낸다.

$$S = N_0 k \ln(VT^{3/2}) + S_0$$

3) 엔트로피의 증가

고온 물체의 온도 T_1, 저온 물체의 온도 T_2라 할 때 고온에서 저온으로 열량 Q가 이동한다면 저온 물체의 엔트로피는 $\frac{Q}{T_2}$만큼 증가하고, 고온 물체의 엔트로피는 $-\frac{Q}{T_1}$만큼 감소하게 된다. 즉, 전체 엔트로피의 변화량은

$$\Delta S = -\frac{Q}{T_1} + \frac{Q}{T_2}$$

이 된다. 따라서 $\Delta S > 0$이 되어 엔트로피의 총 변화량은 항상 증가한다.

4) 가역과 비가역 과정

외부에 어떤 변화도 남기지 않고 원래의 상태로 되돌아 갈 수 있는 변화를 가역 과정이라 하고, 되돌아가지 못하는 변화를 비가역 과정이라 한다. 실제 자연계에는 마찰이나 저항이 존재하므로 비가역 현상을 만족한다. '1)의 엔트로피의 정의'에서 언급 된 바, 자연계에서는 비가역적인 변화로 인해 엔트로피의 변화는 항상 증가함을 알 수 있다.

5) 자유팽창

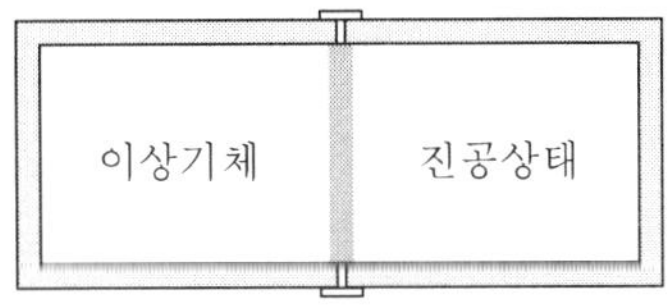

[자유팽창]

그림과 같이 단열시킨 밀폐된 용기의 가운데를 막고 한쪽은 이상기체, 한쪽은 진공으로 한다. 그리고 칸막이를 없애서 이상기체가 진공으로 팽창할 때 이를 **자유팽창**이라 한다.

자유팽창에서는 단열이므로 $Q=0$이고 진공이므로 기체는 외부에 한 일은 $W=0$이 된다. 이 때 열역학 제1법칙에서 내부에너지의 변화가 없으므로 온도변화도 없다. 즉, 팽창하는 기체는 압력도 받지 않은 상태에서 진공으로 확산되기 때문에 아무런 일도 하지 않는다. 이 과정에서 알 수 있는 것은 처음 상태와 나중 상태 뿐 이므로 비가역 과정으로 엔트로피의 변화량이 증가한다.

예제 4.13

그림과 같이 기체의 상태변화를 나타내는 그래프로 공기의 상승 또는 하강할 때의 단열과정이다.

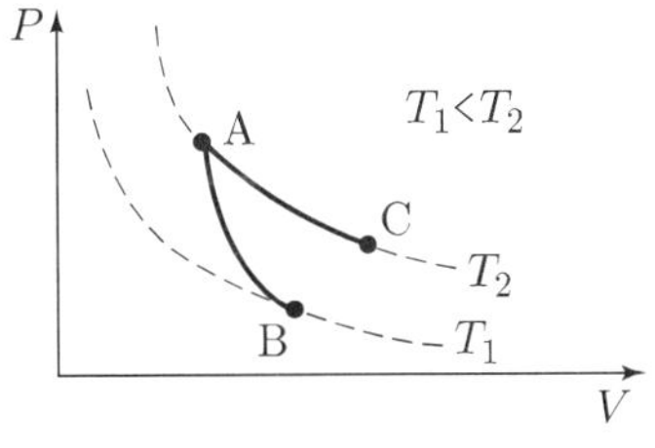

이 그래프에서 단열변화를 나타내는 과정과 이때의 공기의 이동방향 및 내부에너지의 변화를 바르게 짝지은 것은?

	단열변화과정	공기의 이동	내부에너지
①	A → B	상승	감소
②	A → B	하강	증가
③	A → C	하강	없음
④	B → A	하강	감소
⑤	B → A	상승	증가

[풀이] 답 ①

A → B는 공기가 상승할 때의 단열변화를 나타낸 것으로 $Q=\Delta U+P\Delta V$ 에서

$Q=0$ 이므로 $\Delta U = -P\Delta V$ 이다. 따라서 고도가 높아질수록 대기압이 낮아지므로 상승공기는 팽창($\Delta V > 0$), 내부에너지는 감소($\Delta U < 0$)과정이다.
(여기서, 하강 공기는 압축 $\Delta V < 0 \rightarrow \Delta U > 0$, 즉 온도가 상승한다.)

예제 4.14

그림은 0℃인 얼음 덩어리 2.5kg을 큰 암석 위에 놓고, 얼음이 녹는 것을 관찰하였다. 이때 엔트로피에 대하여 알아보고 있다.

이에 대한 설명으로 옳은 것만을 〈보기〉에서 있는 대로 고른 것은? (단, 얼음의 융해열은 3.34×10^5J/kg이다.)

<보 기>

ㄱ. 얼음의 엔트로피는 3060J/K이다.
ㄴ. 암석이 매우 커서 21℃를 유지한다면 암석의 엔트로피는 −2840J/K이다.
ㄷ. 전체 엔트로피의 변화는 220J/K이다.

① ㄱ　　② ㄴ　　③ ㄷ
④ ㄱ, ㄴ　　⑤ ㄱ, ㄴ, ㄷ

[풀이] 답 ⑤

ㄱ. 얼음을 녹이는 데 필요한 에너지 $Q = mL$ 에서

$$Q = mL = (2.5kg)(3.34 \times 10^5 J/kg) = 8.35 \times 10^5 J$$

$$\Delta S_{ice} = \frac{Q}{T} = \frac{8.35 \times 10^5 J}{273K} = 3060\, J/K$$

ㄴ. 암석의 엔트로피 변화는 우선 열의 흐름이 음(−)이므로

$$\Delta S_r = \frac{Q}{T} = \frac{-8.35 \times 10^5 J}{293K} = -2840\, J/K$$

ㄷ. 전체 엔트로피 변화는 $S = S_{ice} + S_r = 3060 - 2840 = 220\,(J/K)$

예제 4.15

그림은 어떤 열기관을 모식적으로 나타낸 것이다. 이 열기관은 온도가 600 K인 열원 A로부터 500 J의 열을 흡수하여 200 J의 일을 하고, 온도가 300 K인 열원 B로 300 J의 열을 방출한다.

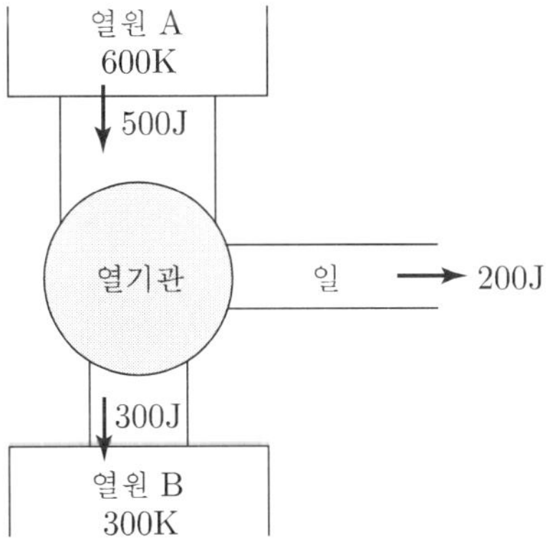

이에 대한 설명 중 옳은 것만을 〈보기〉에서 있는 대로 고른 것은?

<보 기>

ㄱ. 이 열기관의 열효율은 40%이다.
ㄴ. 열원 A와 열원 B의 엔트로피 변화량의 합은 0이다.
ㄷ. 열원 A와 열원 B 사이에서 작동하는 카르노 기관이 500 J의 열을 흡수하면 240 J의 일을 한다.

① ㄱ　　② ㄴ　　③ ㄷ
④ ㄱ, ㄴ　　⑤ ㄴ, ㄷ

[풀이] 답 ①

ㄱ. 열효율 $e = \frac{W}{Q_H} = \frac{200J}{500J} = \frac{2}{5}$, 40%

ㄴ. 총 엔트로피 변화량은 $\Delta S > 0$이고, 즉 비가역적이다.(열역학 제2법칙)

ㄷ. 카르노 기관은 $\frac{Q_L}{Q_H} = \frac{T_L}{T_H}$ 이므로

$$e = 1 - \frac{T_L}{T_H} = 1 - \frac{300K}{600K} = \frac{1}{2}, \quad 50\%$$

따라서, 500J을 흡수하면 250J의 일을 한다.

예제 4.16

다음은 몰수, 질량, 부피가 모두 같고 외부와 고립되어 있는 이상 기체 A와 이상 기체 B 사이에 일어나는 열 교환을 나타낸 것이다.

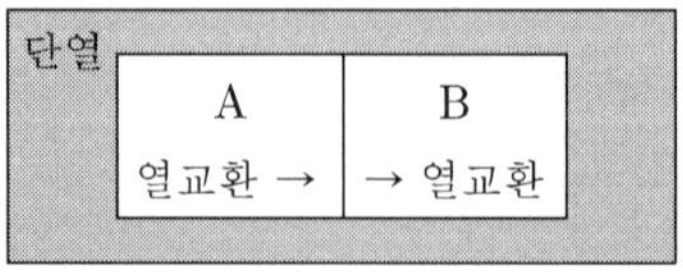

이 기체의 상태는 다음과 같다.

- 처음 상태 : A의 온도가 B의 온도보다 높다.
- 교환 상태 : A의 온도는 내려가고 B의 온도는 올라간다.
- 나중 상태 : A의 온도와 B의 온도는 같아진다.

이 과정과 관련된 설명 중 옳은 것만을 〈보기〉에서 있는 대로 고른 것은? (단, A와 B의 분자는 교환되지 않는다.)

<보 기>

ㄱ. 처음 상태에서 A분자의 평균 운동 에너지는 B분자의 평균 운동 에너지보다 크다.
ㄴ. 처음 상태에서 A의 압력은 B의 압력보다 높다.
ㄷ. 열 교환 과정에서 A와 B 전체의 에너지는 보존되지 않는다.
ㄹ. A의 온도는 올라가고 B의 온도가 내려가는 일은 일어나지 않는다.
ㅁ. 이 과정은 비가역 과정이다.

① ㄱ, ㄴ, ㄷ　② ㄱ, ㄷ, ㄹ　③ ㄱ, ㄴ, ㅁ
④ ㄱ, ㄴ, ㄹ, ㅁ　⑤ ㄱ, ㄴ, ㄷ, ㅁ

[풀이] 답 ④

열역학 제2법칙은 열에서 비가역성을 설명한 것이다.

처음 상태에서는 $PV = nRT$에서 n, R, V가 같고, $T_A > T_B$이므로 $P_A > P_B$이다.

교환 과정에서 열의 교환을 가지므로 A의 온도가 낮아지고 B의 온도는 올라간다.

나중 상태에서 온도가 같아지므로 운동 에너지가 같아진다.

예제 4.17

그림은 단열재로 만들어진 상자의 두 공간 A와 B에 각각 1몰의 이상기체가 들어 있는 것을 나타낸 것이다. A와 B는 금속판과 단열판에 의해 나뉘어져 있다. A와 B의 부피는 각각 V와 $2V$, 온도는 각각 T와 $2T$이다.

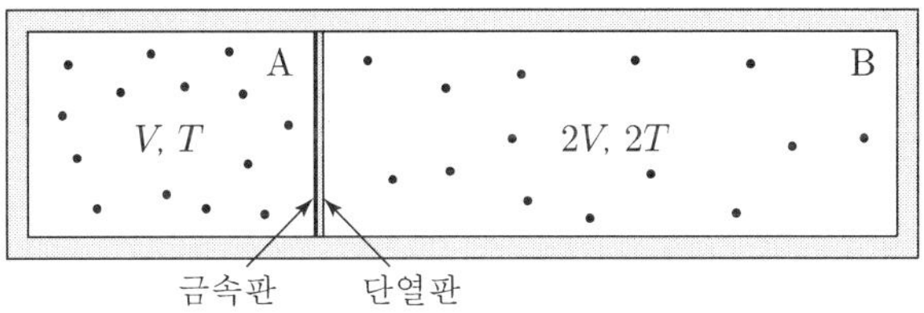

금속판은 남겨 두고 단열판을 제거하여 A와 B가 부피의 변화 없이 동일한 온도가 될 때, 이에 대한 설명으로 옳은 것만을 〈보기〉에서 있는 대로 고른 것은? (단, 금속판과 단열판의 부피는 무시한다.)

<보 기>

ㄱ. A와 B는 온도가 $1.5T$인 열적 평형 상태에 도달한다.
ㄴ. 온도가 변하는 동안 A의 압력은 감소한다.
ㄷ. 온도가 변하는 동안 B에 있는 이상기체의 엔트로피는 항상 증가한다.

① ㄱ　　② ㄴ　　③ ㄱ, ㄷ
④ ㄴ, ㄷ　　⑤ ㄱ, ㄴ, ㄷ

[풀이] 답 ①

ㄱ. 1몰의 부피가 일정한 상태이기 때문에 정적비열을 통해

$nc_v(T'-T)=nc_v(2T-T'')$에서 열평형 온도 $T''=\frac{3}{2}T=1.5T$이다.

ㄴ. $PV=nRT$에서 V, nR이 일정하므로 $P\propto T$이다. 따라서 온도가 증가하므로 압력도 증가하게 된다.

ㄷ. 엔트로피는 $\Delta S=\frac{\Delta Q}{T}$에서 B부분은 열량이 감소하므로 ΔQ가 감소하는 것이다. 즉, ΔS도 감소함을 알 수 있다.

연습문제

1. 그림은 부피 V, 부피 팽창 계수 β, 온도 20℃ 인 금속과 단열 용기에 담긴 온도 40℃ 인 액체를 나타낸 것이다. 금속의 질량과 액체의 질량은 같고, 액체의 비열은 금속 비열의 4배이다. 금속을 액체에 넣은 후 금속과 액체가 온도 T에서 열평형 상태가 되었을 때, 금속의 부피와 금속의 엔트로피의 변화량은 각각 ΔV, ΔS이다.

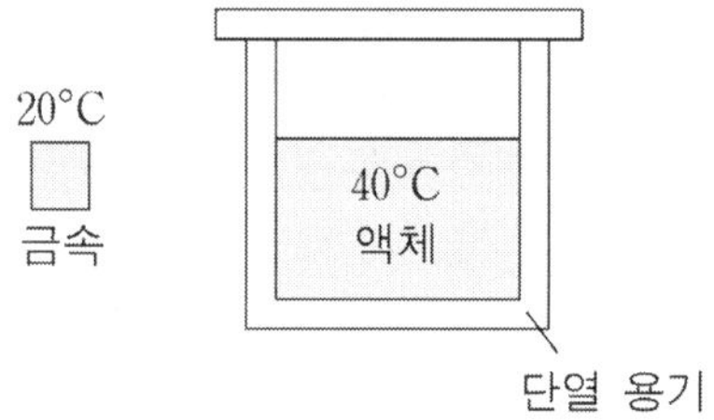

이에 대한 설명으로 옳은 것만을 〈보기〉에서 있는 대로 고른 것은? (단, 비열과 부피 팽창 계수의 온도에 따른 변화와 공기의 열역학적 변화는 무시한다.)

<보 기>

ㄱ. $T=36$℃ 이다.

ㄴ. $\dfrac{\Delta V}{V}=16\beta$이다.

ㄷ. $\Delta S>0$이다.

① ㄱ　② ㄷ　③ ㄱ, ㄴ
④ ㄴ, ㄷ　⑤ ㄱ, ㄴ, ㄷ

2. 그림 (가)와 같이 이상기체가 들어 있는 실린더가 열전달이 잘되는 금속판에 의해 두 부분 A, B로 나뉘어졌다. 금속판은 고정되어 있으며, A와 B 부분의 이상기체의 온도는 서로 같다. (가)의 피스톤 위에 추를 가만히 놓았더니 그림 (나)와 같이 피스톤이 정지하고, A와 B의 이상기체의 온도가 같아졌다. 이 과정에서 실린더와 피스톤을 통한 열 출입은 없다.

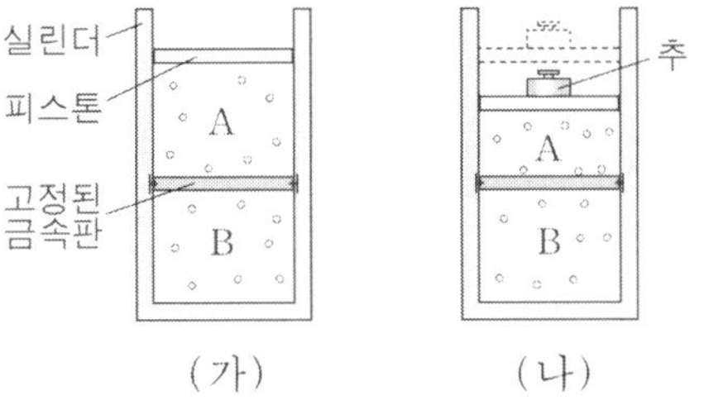

A와 B의 이상기체에 대한 설명으로 옳은 것만을 〈보기〉에서 있는 대로 고른 것은? (단, 실린더와 피스톤 사이의 마찰은 무시한다.)

<보 기>

ㄱ. (가)에서 (나)로 변하는 과정에서 열은 금속판을 통해 A에서 B로 이동하였다.
ㄴ. A의 이상기체의 내부에너지는 (나)에서가 (가)에서보다 크다.
ㄷ. B의 이상기체의 압력은 (나)에서가 (가)에서보다 작다.

① ㄱ　② ㄴ　③ ㄷ
④ ㄱ, ㄴ　⑤ ㄱ, ㄴ, ㄷ

3. 그래프는 일정량의 이상 기체가 세 경로 (가), (나), (다)를 따라 상태 A에서 상태 B로 갈 때 압력과 부피의 관계를 나타낸 것이다.

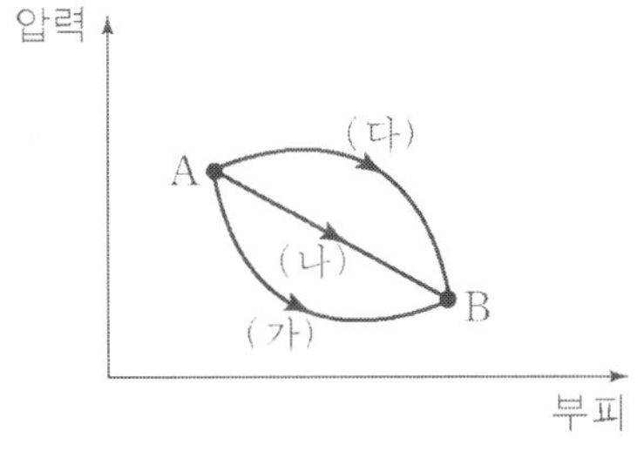

이에 대한 설명으로 옳은 것만을 〈보기〉에서 있는 대로 고른 것은?

<보 기>

ㄱ. 경로 (나)는 등온 팽창 과정을 나타낸다.
ㄴ. 기체가 외부에 한 일은 경로 (다)에서 가장 크다.
ㄷ. 기체에 가해 준 열량은 경로 (가)에서 가장 작다.

① ㄱ　　② ㄴ　　③ ㄱ, ㄴ
④ ㄴ, ㄷ　　⑤ ㄱ, ㄴ, ㄷ

4. 그림과 같이 지면에 놓여 있는 동일한 실린더 A, B의 피스톤이 각각 질량 m_A, m_B인 물체와 연결되어 정지해 있다. A, B에는 같은 몰수의 이상기체가 들어 있고, A, B의 피스톤의 질량은 같다. 실린더 안과 밖의 온도는 모두 T_0으로 같고, A에서 이상 기체의 부피는 B에서보다 크다.

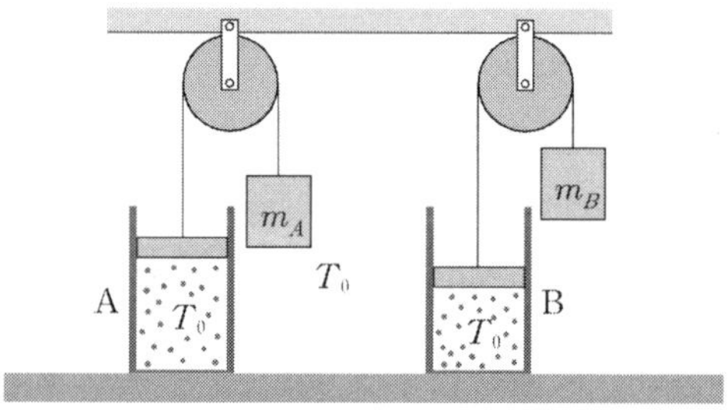

이에 대한 설명으로 옳은 것만을 〈보기〉에서 있는 대로 고른 것은? (단, 실의 질량과 모든 마찰은 무시하고, 대기압은 일정하다.)

<보 기>

ㄱ. A에서 기체의 압력은 B에서보다 작다.
ㄴ. $m_A > m_B$
ㄷ. A에서 기체 분자 1개의 평균 운동 에너지는 B에서보다 크다.

① ㄴ　　② ㄱ, ㄴ　　③ ㄱ, ㄷ
④ ㄴ, ㄷ　　⑤ ㄱ, ㄴ, ㄷ

5. 그림 (가)는 온도가 500K인 열원 A로부터 400J의 열을 흡수하여 150J의 일을 하고 250J의 열을 온도가 300K인 열원 B로 방출하는 열기관을 모식적으로 나타낸 것이다. 그림 (나)는 A로부터 B로 400J의 열이 이동한 것을 모식적으로 나타낸 것이다.

(가) (나)

이에 대한 설명으로 옳은 것만을 〈보기〉에서 있는 대로 고른 것은?

<보 기>

ㄱ. (가)의 열기관의 효율은 카르노 기관의 효율과 같다.
ㄴ. B의 엔트로피 증가량은 (나)의 경우가 (가)의 경우보다 크다.
ㄷ. A와 B의 엔트로피 변화량의 합은 (가)와 (나)의 경우가 서로 같다.

① ㄱ ② ㄴ ③ ㄷ
④ ㄱ, ㄴ ⑤ ㄴ, ㄷ

6. 그림은 물질 A로 이루어진 질량이 30 g인 물체가 일정한 압력에서 5 J/s로 열을 흡수하여 고체에서 액체로 서서히 변화할 때, 시간 t 에 따른 물체의 온도를 나타낸 그래프이다.

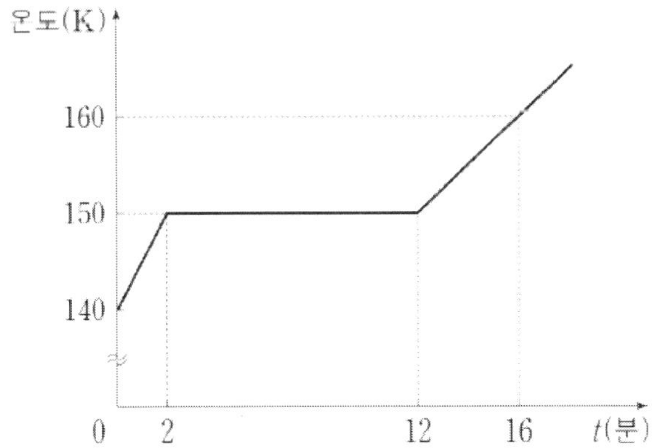

이에 대한 설명으로 옳은 것만을 〈보기〉에서 있는 대로 고른 것은?

<보 기>

ㄱ. A의 비열은 고체일 때가 액체일 때보다 크다.
ㄴ. A의 융해열은 100 J/g이다.
ㄷ. 물체의 온도가 150K로 유지되는 10분 동안 물체의 엔트로피 증가량은 20J/K이다.

① ㄴ ② ㄷ ③ ㄱ, ㄴ
④ ㄱ, ㄷ ⑤ ㄴ, ㄷ

7. 그림은 카르노 기관 A, B가 각각 한 순환 과정 동안 두 열원 사이에서 일정량의 열량을 받아 일을 하고 나머지 열량을 내보내는 것을 나타낸 것이다. A는 온도 1350K의 열원과 온도 T의 열원 사이에 있고, B는 온도 T의 열원과 온도 300K의 열원 사이에 있다. 각각의 한 순환 과정 동안 A가 내보내는 열량과 B가 받는 열량은 같고, A가 하는 일은 B가 하는 일의 2배이다.

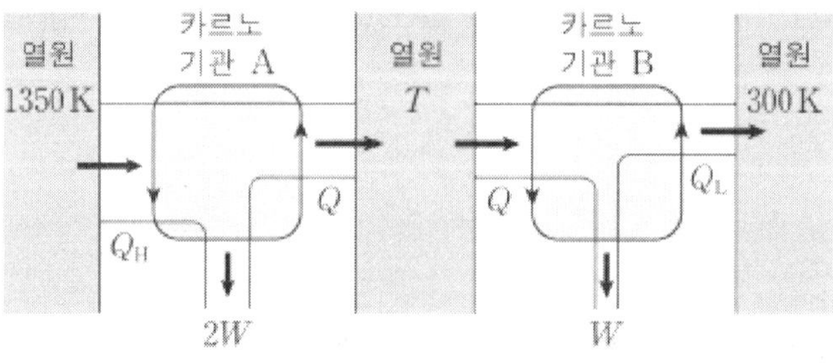

T는?

① 450K ② 525K ③ 650K
④ 825K ⑤ 1000K

PART 5 전자기학

5.1 정전기

5.2 전기장

5.3 전위

5.4 축전기

5.5 전류와 저항

5.6 축전기의 RC회로

5.7 자기장과 자기력

5.8 전자기 유도

5.9 교류 회로

5.1 정전기

1. 전하

전하란 전기를 띤 물질로 알짜전하를 가진 물체를 **대전체**라 하고 전기를 띤 경우를 대전되었다고 한다. 물질의 대전은 원자핵과 전자로 이루어진 전기적 중성의 물체가 마찰 과정에서 전자를 빼앗거나 받아들여 일어나는 것이다. 이처럼 한 물체가 양(+)으로 대전되면 다른 물체는 반드시 음(−)으로 대전된다. 대전된 물체는 다른 물체와 상호작용을 한다.

전하는 전자를 잃은 양전하(+)와 전자를 얻은 음전하(−)전하로 구분되고, 같은 종류의 전하들은 서로 반발하고(**척력**), 다른 종류의 전하들은 서로 끌어당긴다(**인력**). 특히 이들 현상에서 전하는 이동만 하지 전체적으로 전하는 없어지지 않는데 이러한 특성을 **전하 보존의 법칙**이라 한다.

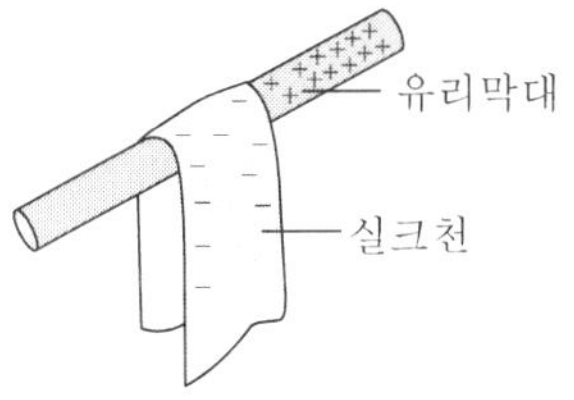

[마찰전기]

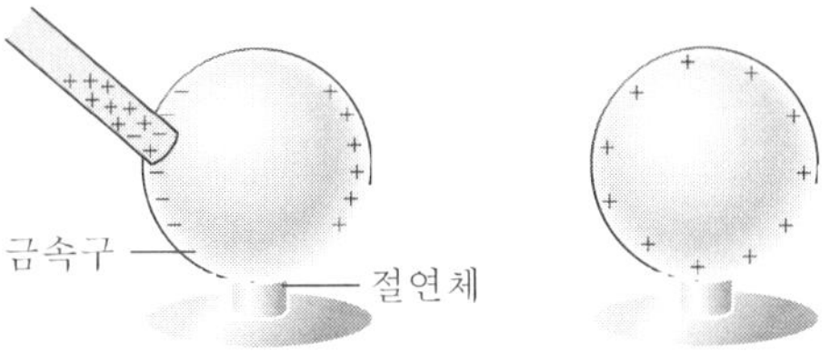

[정전기유도]

1) 전하량

- **양전하** 양성자, 양이온 등
- **음전하** 전자, 음이온 등
- **전자의 전하량** $q = 1.6 \times 10^{-19}$ [C]

여기서 전하량의 단위는 C(Coulomb)이고, 전자 또는 양성자가 갖는 전하량을 의미하며, 이 전하량을 기본 전하량이라 한다. 또한 전하량은 기본 전하량의 정수배로 존재하는데 이를 전하가 **양자화**되었다고 한다.

2) 절연체와 도체

절연체 안의 한 곳에 있던 전하는 원자핵에 강하게 속박되어 있어 다른 곳으로 잘 옮겨 갈수 없다. 반면에 도체 속의 전자들은 원자핵에 속박되지 않은 자유전자가 한 원자에서 다른 원자로의 이동이 자유롭다. 이처럼 도체가 전자를 받아들이거나 대전체 가까이에 있으면 내부의 전하는 재배치되고 다른 도체와 접촉하면 쉽게 전하를 빼앗긴다. 한편, 전기적 특성의 중간인 물질로 반도체도 있으며, 실리콘(Si), 게르마늄(Ge), 탄소(C) 결정체 등이 있다.

3) 정전기 유도

그림과 같이 중성의 도체에 대전체를 가까이 할 때 대전체와 가까운 쪽에는 반대 종류의 전하가 모이고, 먼 쪽에는 같은 종류의 전하가 모인다. 이러한 현상을 **정전기 유도현상**이라 한다.

2. 정전기력

그림과 같이 두 점전하들 사이에 작용하는 전기력은 같은 종류의 전하가 대전된 경우는 척력이, 다른 종류의 전하가 대전된 경우는 인력이 작용한다. 두 전하 사이에 작용하는 힘의 크기는 전하량의 곱에 비례하고, 전하들 사이의 거리의 제곱에 반비례한다. 이것을 **쿨롱의 힘**(정전기력)이라 하고 관계식으로 표현하면 다음과 같다.

$$\vec{F} = k\frac{q_1 q_2}{r^2}\hat{r} \text{ [N] (진공에서 } k = \frac{1}{4\pi\epsilon_0},\ k = 9\times10^9 \text{Nm}^2/\text{C}^2)$$

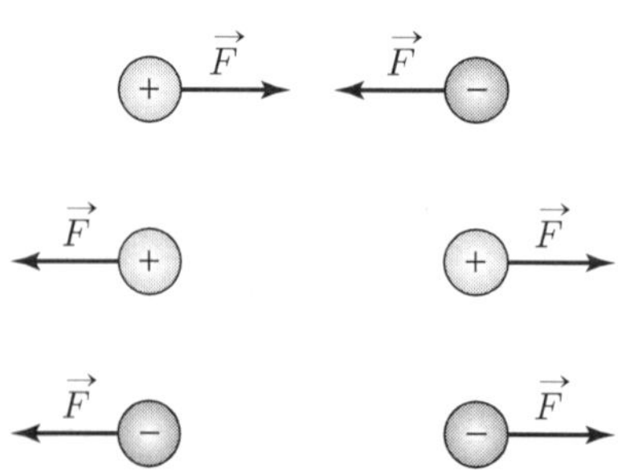

[정전기력]

여기서 ϵ_0는 자유공간(진공)의 유전율로 $\epsilon_0 = 8.85 \times 10^{-12} C^2/Nm^2$이고, 두 전하사이의 거리는 r, 전하량은 q_1, q_2이다.

• 힘의 크기 - 실험적 확인

거리에 따른 변화, 전하량에 따른 변화, 유전율에 따라 전기력의 크기가 결정된다. (모든 분자력은 쿨롱 힘에 의해 결정된다.)

• 정전기력의 중첩의 원리

한 전하(q)가 여러 전하(q_i)에 의해 받는 힘은 중첩의 원리에 의해 각각의 힘을 벡터적으로 합성을 하면 된다.

$$\overrightarrow{F} - \sum \overrightarrow{F}_i$$

예제 5.1

그림과 같이 전자는 질량이 m이고, 전하 q_e를 갖는다. 두 전자 사이의 중력과 정전기력의 크기를 비교해 보려고 한다.

이에 대한 설명으로 옳은 것만을 〈보기〉에서 있는 대로 고른 것은?
(단, 전자의 질량 $m = 9 \times 10^{-31}$kg, 전하량 $q_e = 1.6 \times 10^{-19}$C, $k = 9 \times 10^9 \text{Nm}^2/\text{C}^2$, $G = 6.67 \times 10^{-11} \text{Nm}^2/\text{kg}^2$이다.)

<보 기>

ㄱ. 두 전하 사이에는 척력이 작용한다.
ㄴ. 두 물체 사이에는 인력이 작용한다.
ㄷ. 정전기력의 크기는 중력의 크기보다 크다.

① ㄱ　　② ㄴ　　③ ㄱ, ㄴ
④ ㄴ, ㄷ　　⑤ ㄱ, ㄴ, ㄷ

[풀이] 답 ⑤

전기력의 크기

$$F_e = k\frac{q^2}{r^2} \quad ------- \text{(척력)}$$

중력의 크기

$$F_g = G\frac{m^2}{r^2} \quad ------- \text{(인력)}$$

이 때 이들 두 힘의 비는

$$\frac{F_e}{F_g} = \frac{kq^2}{Gm^2} = \frac{(9\times10^9)(1.6\times10^{-19})^2}{(6.67\times10^{-11})(9\times10^{-31})^2} = 4.2\times10^4$$

따라서 전자 사이의 인력인 힘으로 정전기력에 비해 중력은 무시할 만큼 너무 작다는 것을 알 수 있다. 즉, 정전기력으로 척력이지만 힘의 크기는 크다.

예제 5.2

그림과 같이 일직선상에서 일정한 거리를 두고 세 전하가 놓여 있다. 이들 전하의 크기는 $q_1 = -4.2\mu C$, $q_2 = +1.3\mu C$, $q_3 = +1.1\mu C$이다.

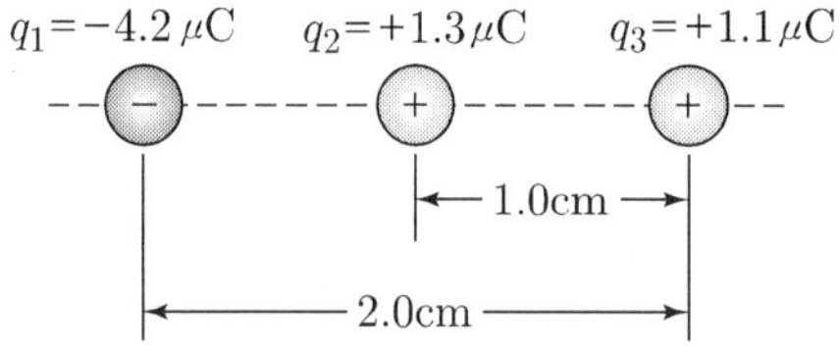

이 때, 다른 두 전하 q_1과 q_2가 q_3에 작용하는 알짜 정전기력의 크기는?
(단, $k = 9\times10^9 Nm^2/C^2$이다.)

① 15N ② 25N ③ 35N
④ 45N ⑤ 55N

[풀이] 답 ②

q_3에 작용되는 힘은 중첩의 원리에 의해 $F_3 = k\frac{q_2q_3}{(r_{23})^2} - k\frac{q_1q_3}{(r_{13})^2}$이므로

$$F_3 = +25(N)$$

따라서, 전하 q_3에 작용하는 알짜힘은 오른쪽으로 25N이다.

예제 5.3

그림은 두 도체구가 실로 연결되어 천장에 매달린 채 정지해 있는 것을 나타낸 것이다. 두 도체구의 질량은 모두 m 이고, 전하량은 각각 $+Q$ 와 $-Q$ 이다. 두 도체구 중심 사이의 거리는 L 이다.

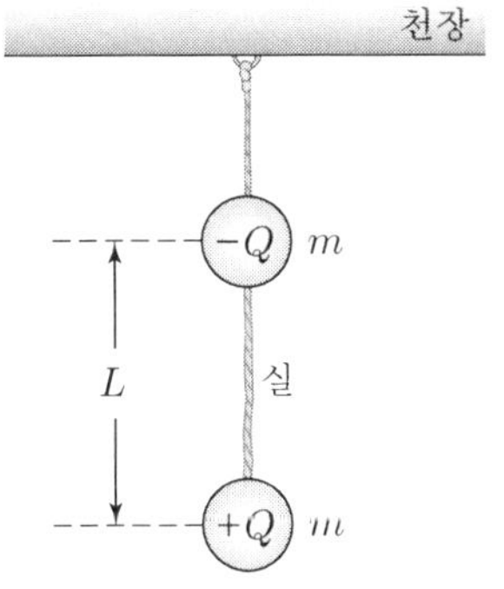

두 도체구 사이의 실에 작용하는 장력이 0 일 때 Q 의 값은? (단, L 은 두 도체구의 반지름보다 매우 크고, 천장에 의한 전기력과 실의 질량은 무시한다. 중력가속도는 g, 공기의 유전율은 ϵ 이다.)

① $L\sqrt{16\pi\epsilon mg}$ ② $L\sqrt{8\pi\epsilon mg}$ ③ $L\sqrt{4\pi\epsilon mg}$

④ $L\sqrt{2\pi\epsilon mg}$ ⑤ $L\sqrt{\pi\epsilon mg}$

[풀이] 답 ③

전하 중간의 장력은 합력으로 0이므로 아래의 전하가 갖는 중력과 정전기력은 평형이 된다.

$$mg = \frac{1}{4\pi\varepsilon}\frac{Q^2}{L^2} \rightarrow \quad Q = \sqrt{mg4\pi\varepsilon}\,L$$

5.2 전기장

1. 전기력선

전기장을 시각적으로 나타낸 것으로서 각 지점에 작은 양(+)전하를 놓을 때 그것이 전기력을 받아 가속되는 방향을 이은 선이다.

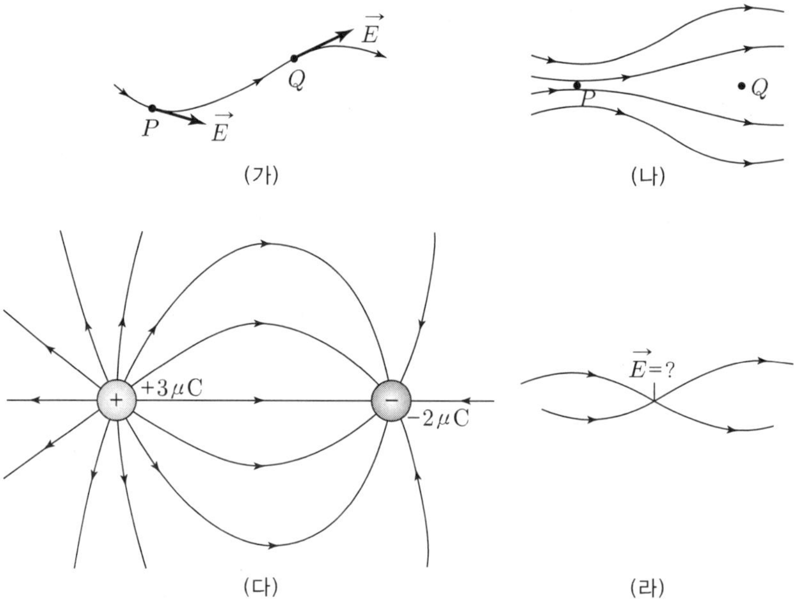

[전기력선]

(가) P점과 Q점에서의 전기장 방향이다.
(나) P점에서 전기장의 크기는 Q점보다 크다.
(다) 전하량의 크기가 전기력선 수를 의미한다.
(라) 전기력선이 서로 교차하면 그 교차점에서 전기장의 방향은 결정할 수 없다.

- 전기력선의 접선 방향은 그 지점의 전기장 방향이다.
- 전기력선과 수직으로 놓인 단위 면적을 지나는 전기력선의 수는 전기장의 세기에 비례한다.
- 전기력선의 접선 방향은 그 지점의 전기장 방향이다.
- 전기력선과 수직으로 놓인 단위 면적을 지나는 전기력선의 수는 전기장의 세기에 비례한다.

• 도체 안의 전하 분포와 전기력선

정전기적 평형상태에서 도체 안에는 전기력선이 존재하지 않는다. 도체 내부에는 전하의 이동이 없다. 도체가 대전되면 전하는 서로 힘의 균형을 이룰 수 있도록 표면에만 분포한다. 또 전기장 속에 중성의 도체를 놓으면 도체 내부의 전하 분포가 변하여 내부의 전기장이 없도록 한다. 이것은 정전기 유도 현상에 의해 전기적으로 차폐된 것이다.

2. 전기장의 세기

1) 전기장

한 전하(Q) 주위에 다른 전하를 접근시키면 이들 사이에는 전기력이 작용하는데 이처럼 전하 주위에 전기력이 미치는 공간을 **전기장**이라고 하고, $\vec{E}$로 표시한다.

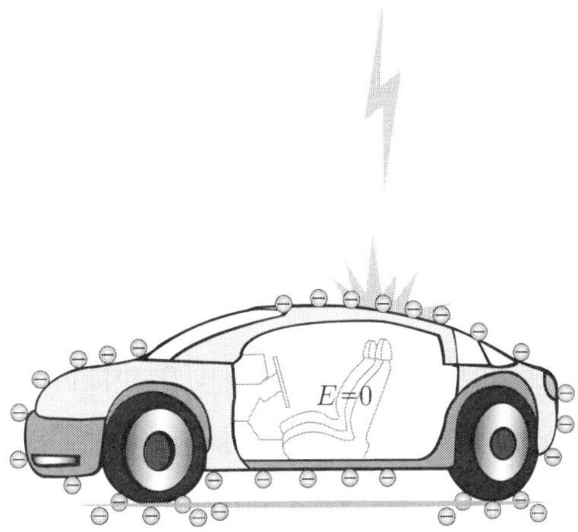

[전기적 차폐효과]

전기장은 전하가 힘을 받는 공간으로 단위 양전하 q를 전기장 안의 한 점에 놓을 때 그 전하가 받는 힘의 크기를 그 점에서의 **전기장의 세기**라 한다. 전기력이 $\vec{F}$라면, 전기장의 세기는 다음과 같이 정의된다.

$$\vec{E} = \frac{\vec{F}}{q}$$

여기서 전기장 $\vec{E}$는 벡터량이고, 단위는 [N/C]이다.

2) 섬전하 Q에 의한 전기징 E의 세기

점전하 Q로부터 거리 r 떨어진 점 P에서의 전기장의 세기는 그 곳에 단위 양전하 q를 놓았을 때 받는 힘은 다음과 같다.

그림에서 두 전하 사이에 작용하는 정전기력은 거리 r에서 단위 전하 q가 받는 힘으로 $F = \frac{1}{4\pi\epsilon_0}\frac{Q\,q}{r^2}$이다. 따라서 P점의 전기장 E의 세기는 단위 전하가 받는 힘을 의미하며

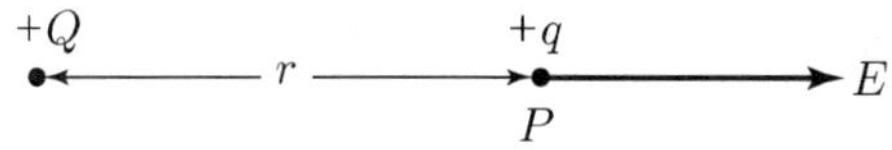

[전기장의 세기]

$$E = \frac{F}{q} = \frac{1}{4\pi\epsilon_0}\frac{Q}{r^2}$$

로 나타낼 수 있다.

특히, 점전하 주위의 전기장의 세기는 거리 제곱에 반비례하므로 균일하지 않다. 그러나 같은 거리인 곳은 전기장의 세기가 같다.

3) 전기장의 중첩의 원리

그림과 같이 점 P에서 시험전하 q에 작용하는 힘은 중첩의 원리에 의해 각각의 전하에 의한 벡터 합이다. 즉, 전기장의 세기는 $E = \frac{F}{q}$이므로

$$\vec{E} = \vec{E}_1 + \vec{E}_2 + \vec{E}_3 + \cdots = \sum_i \vec{E}_i$$

이다.

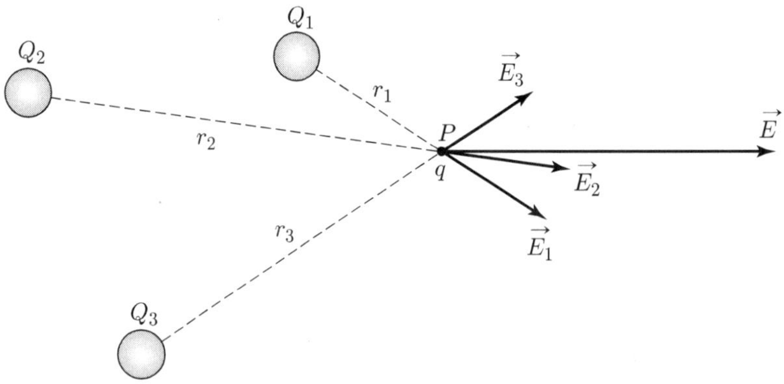

[전기장의 중첩]

참고 전기 쌍극자(Electric dipole)

크기가 같고 부호가 반대인 한 쌍의 전하가 약간의 거리를 갖고 떨어져 있는 형태이다.

- HCl, CO, H_2O 등은 영구 쌍극자
- 전기장에 의해 유도 쌍극자 형성

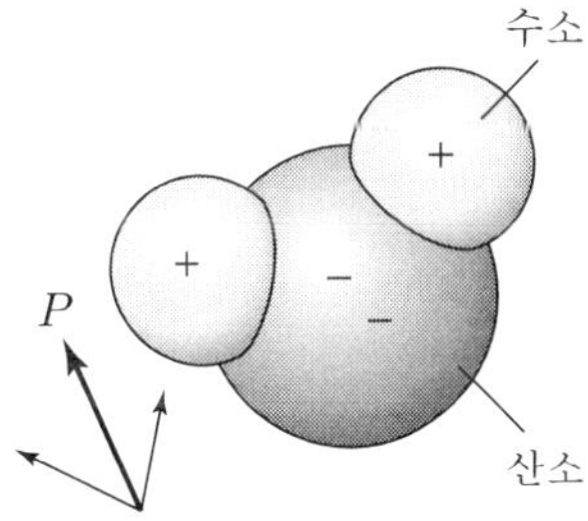

쌍극자에 의한 전기장의 세기

$$E_+ = E_- = \frac{kQ}{r^2 + a^2}$$

x 성분은 상쇄되고, y 성분은

$$E_y = -(E_+ + E_-)\cos\theta$$

$$= -\frac{2kQ}{r^2+a^2}\frac{a}{(r^2+a^2)^{1/2}} = \frac{-k2aQ}{(r^2+a^2)^{3/2}}$$

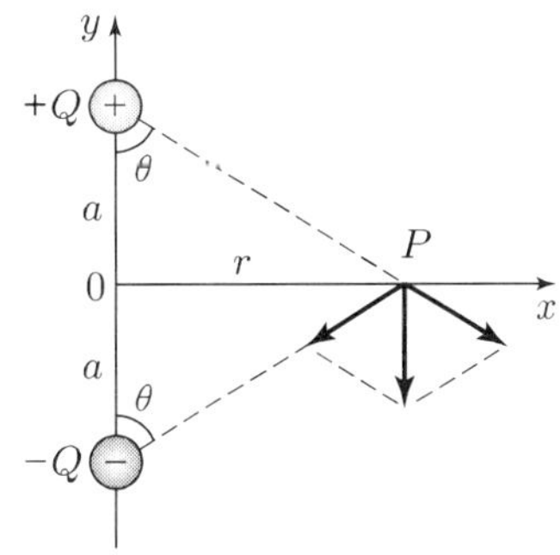

전기쌍극자 모멘트 $p = Q\ d\ \ (d = 2a)$

이 때, $r \gg a$ 이면 $(r^2+a^2)^{3/2} \to r^3$

$$E = \frac{kp}{r^3}$$

두 개 이상의 쌍극자가 존재하는 경우, 알짜 쌍극자모멘트는 각각 모멘트의 벡터합이다.

3. 전기 선속과 가우스 법칙

1) 전기 선속(Φ_E)

그림과 같이 전기장 $\mathbf{E}$가 어떤 폐곡면의 면적 요소 ΔA의 법선과 θ의 각을 이루며 그 폐곡면을 통과하는 모습을 나타낸 것이다. ΔA의 법선 방향은 폐곡면의 내부에서 외부로 나가는 방향이다. 이 때, 이 면적 요소를 통과하는 전기력선의 수를 **전기 선속** Φ_E라 한다.

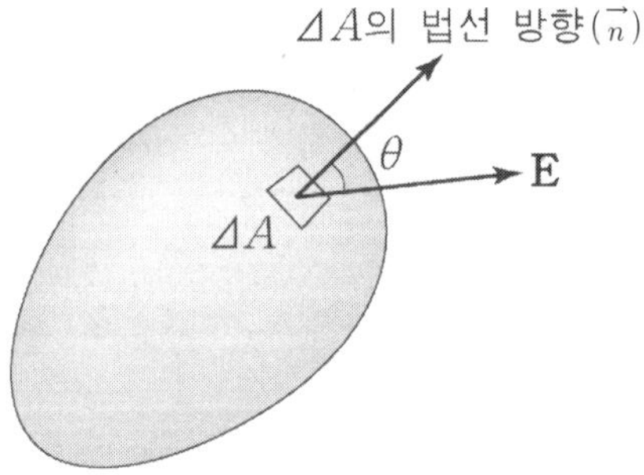

[전기 선속]

즉, 단면을 지나는 전기력선의 수에 비례하는 수학적인 양으로 다음과 같이 나타낸다.

$$\Phi_E = \vec{E} \cdot \Delta A\vec{n} = E\Delta A\cos\theta \ (\vec{n}: \text{ 법선 벡터})$$

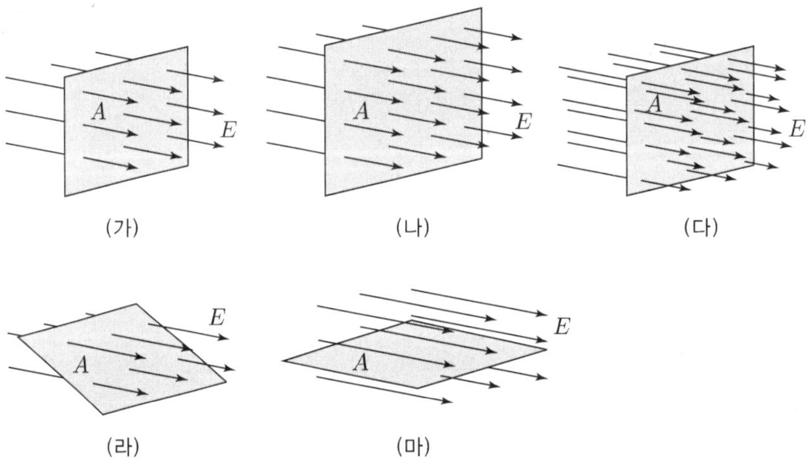

[단면, θ에 의한 전기 선속]

2) 가우스 법칙

전기장의 세기가 E인 전기장에 수직한 폐곡면을 생각하자. 이 폐곡면을 가우스면이라고 한다. 이 폐곡면을 지나는 총 전기선속의 양이 이 곡면 내에 있는 알짜 전하량 q에 비례하므로 다음의 식으로 표현된다.

$$\Phi_E = \frac{q}{\varepsilon_0}$$

폐곡면을 지나는 총 전기 선속 Φ_E는

$$\Phi_E = \oint E \cdot dA = \frac{q}{\epsilon_0}$$

이다. 이것을 **가우스의 법칙**이라 한다. 이 법칙을 이용하면 전기장의 세기 E를 쉽게 구할 수 있다.

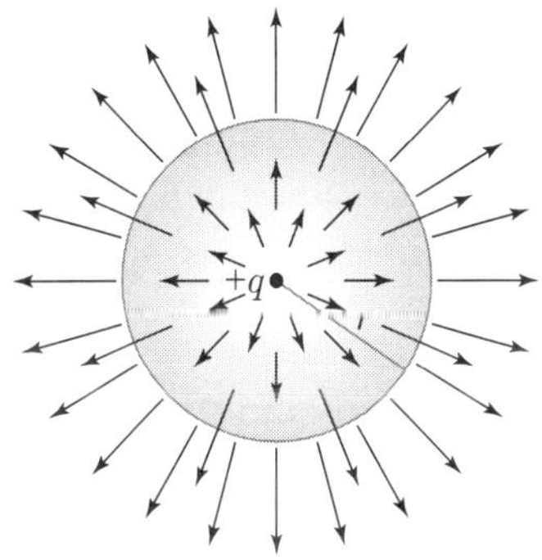

[구의 전기 선속]

예를 들면 그림과 같이 전하 q를 중심으로 하는 반지름 r인 속이 빈 구을 생각하자.

구면을 지나는 전기력선의 총수 Φ_E는

$$\Phi_E = \oint EdA = E(4\pi r^2) = \frac{q}{\epsilon_0}$$

$$E = \frac{1}{4\pi\epsilon_0}\frac{q}{r^2}$$

이다.

가우스의 법칙을 적용하면 곡면 내에는 순전하가 존재하지 않는다는 것을 알 수 있다. 이것은 도체 표면에만 전하가 존재하여야 한다는 것이다.

참고 전하밀도의 종류

- 선 전하 밀도 λ
- 면 전하 밀도 σ
- 체 전하 밀도 ρ

3) 여러 가지 전하분포에 따른 전기장의 세기 계산

• 무한 도선

가우스의 법칙 $\epsilon_0 \oint EdA = q$에서

$\oint dA = 2\pi rL,\ q = \lambda L$이므로

$\epsilon_0 E(2\pi rL) = \lambda L$, 전기장의 세기 $E = \frac{1}{2\pi\epsilon_0}\frac{\lambda}{r}$

• **무한 평면**

가우스의 법칙 $\epsilon_0 \oint EdA = q$에서

$\oint dA = A,\ q = \sigma A$이므로

$\epsilon_0(2E)(A) = \sigma A$, 전기장의 세기 $E = \dfrac{\sigma}{2\epsilon_0}$

특히, 평행판에 의한 전기장의 세기

$\epsilon_0 E(A) = \sigma A$, 전기장의 세기 $E = \dfrac{\sigma}{\epsilon_0}$

• **속이 빈 구(반지름 R)**

가우스의 법칙 $\epsilon_0 \oint EdA = q$에서

$\oint dA = A = 4\pi r^2,\ q = \sigma A$이므로

$\epsilon_0 E(4\pi r^2) = \sigma(4\pi R^2)$, 전기장의 세기 $E = \dfrac{\sigma}{\epsilon_0} \times \dfrac{R^2}{r^2}$(구 내부는 $E = 0$이다.)

특히, 구 표면에서의 전기장의 세기 $E = \dfrac{\sigma}{\epsilon_0}$

• **속이 꽉 찬 도체구(반지름 R)의 전하**

가우스의 법칙 $\epsilon_0 \oint EdA = q$에서

구의 내부에서 전기장의 세기 $E = 0$,

구의 표면에서 전기장의 세기 $E = \dfrac{1}{4\pi\epsilon_0}\dfrac{q}{R^2}$,

구의 외부에서 전기장의 세기 $E = \dfrac{1}{4\pi\epsilon_0}\dfrac{q}{r^2}$

• **속이 꽉 찬 절연체구**

가우스의 법칙 $\epsilon_0 \oint EdA = q$에서

구의 중심으로부터 표면까지 $\oint dA = A = 4\pi R^2,\ q = \rho\left(\dfrac{4}{3}\pi R^3\right)$이므로

전기장의 세기 $E = \frac{\rho}{3\epsilon_0} R$

구의 외부에서 전기장의 세기 $E = \frac{1}{4\pi\epsilon_0} \frac{q}{r^2}$

예제 5.4

그림은 일부의 전하를 둘러싸고 있는 폐곡면을 보여 준다. 이 때 표면을 통한 알짜 전기 선속을 구하고, 또한 전기 선속은 표면으로부터 어느 방향인지 바르게 짝지은 것은? (단, 자유공간에서의 유전율 $\epsilon_0 = 8.85 \times 10^{-12}\,\mathrm{C^2/N \cdot m^2}$ 이다.)

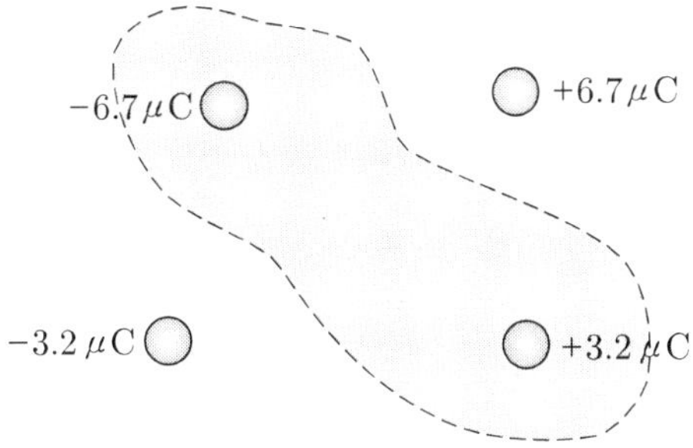

	알짜 전기선속	방향
①	$+3.95 \times 10^5\,\mathrm{N \cdot m^2/C}$	바깥 방향
②	$+3.20 \times 10^5\,\mathrm{N \cdot m^2/C}$	바깥 방향
③	$-3.95 \times 10^5\,\mathrm{N \cdot m^2/C}$	안쪽 방향
④	$-3.20 \times 10^5\,\mathrm{N \cdot m^2/C}$	안쪽 방향
⑤	$0\,\mathrm{N \cdot m^2/C}$	임의의 방향

[풀이] 답 ③

가우스 법칙으로부터 전기 선속은 가우스 폐곡면 내에 있는 전하들의 총합으로부터 계산된다.

$$\sum_i q_i = (3.2 - 6.7) \times 10^{-6}(C) \text{ 이므로}$$

전기 선속은

$$\Phi_E = \frac{\sum_i q_i}{\varepsilon_0} = \frac{-3.5 \times 10^{-6}C}{8.85 \times 10^{-12}C^2/Nm^2} = -3.95 \times 10^5\,\mathrm{N\,m^2/C}$$

예제 5.5

그림과 같이 반지름이 $2d$와 d인 두 원판을 통과하는 전기력선을 나타낸 것이다.

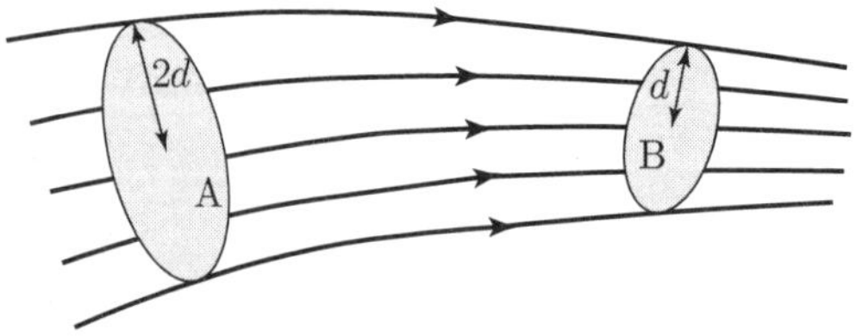

이 때 점 A와 B에서 전기장의 세기를 각각 E_{A}, E_{B}라 할 때 E_{A} : E_{B}로 바르게 짝지은 것은?

① $E_{\mathrm{A}}/E_{\mathrm{B}}=1/4$　② $E_{\mathrm{A}}/E_{\mathrm{B}}=1/2$　③ $E_{\mathrm{B}}/E_{\mathrm{A}}=1/4$

④ $E_{\mathrm{B}}/E_{\mathrm{A}}=1/2$　⑤ $E_{\mathrm{A}}/E_{\mathrm{B}}=1/8$

[풀이] 답 ①

반지름 $2d$ 및 d인 원의 넓이를 각각 S_A, S_B라 하면 그림과 같은 경우 S_A와 S_B를 지나는 총 전기력선의 수는 일정하므로 $E_AS_A=E_BS_B$을 만족한다.

따라서 $\dfrac{E_A}{E_B}=\dfrac{S_B}{S_A}\left(\dfrac{d}{2d}\right)^2=\dfrac{1}{4}$ 이다.

예제 5.6

그림은 전하량이 각각 Q, $2Q$, $3Q$, $4Q$, $5Q$, $6Q$인 양(+)의 점전하 여섯 개가 반지름이 R인 원 둘레에 같은 간격으로 놓여 고정되어 있는 것을 나타낸 것이다.

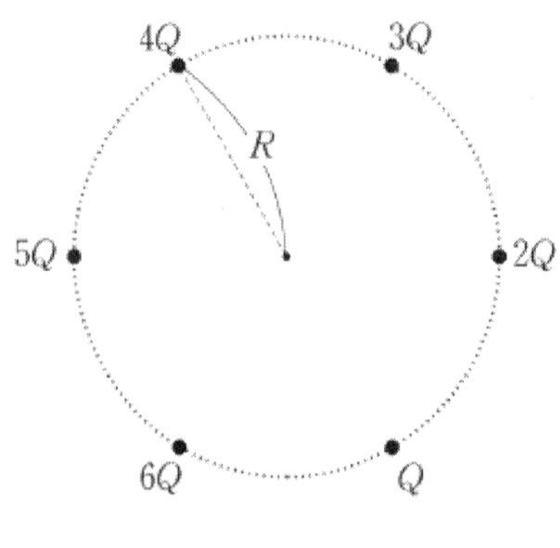

원의 중심에서 전기장의 세기는? (단, 이 공간의 유전율은 ϵ이다.)

① $\frac{1}{2\pi\epsilon}\frac{Q}{R^2}$　② $\frac{3}{2\pi\epsilon}\frac{Q}{R^2}$　③ $\frac{5}{2\pi\epsilon}\frac{Q}{R^2}$

④ $\frac{7}{2\pi\epsilon}\frac{Q}{R^2}$　⑤ $\frac{9}{2\pi\epsilon}\frac{Q}{R^2}$

[풀이] 답 ②

전기장의 세기는 $E=\frac{1}{4\pi\epsilon}\frac{Q}{R^2}$이고 여러 개의 점전하에서의 세기는 중첩의 원리에 의해 벡터적 합성을 통해 얻어낸다. 또한 같은 부호의 전하는 척력이 작용하므로 방향을 고려해야 한다. 다음과 같이 나타낸다. 중심에 시험전하 (+1C)를 놓고 각각의 세기를 계산한다.

4Q와 Q, 6Q와 3Q, 5Q와 2Q에 의해 전기장의 벡터적 합성을 취한다. 이 때 두 벡터의 사잇각은 60° 이고 최종 합성시 90° 이므로 다음과 같이 계산한다.

3개의 전기장의 세기를 E라 하면

$$E_{(2)}=\sqrt{E^2+E^2+2E^2\cos 60^\circ}=\sqrt{3}\,E \text{ 이고}$$

따라서 전체 합성 전기장의 세기

$$E_{합성}=\sqrt{3E^2+E^2}=2E=2\times\frac{1}{4\pi\epsilon}\frac{3Q}{R^2}=\frac{3Q}{2\pi\epsilon R^2}$$

예제 5.7

그림과 같이 면전하밀도 $+\sigma$로 균일하게 대전된 무한평면과 면전하밀도 $-\sigma$로 균일하게 대전된 반지름 d인 구 껍질이 고정되어 있다. 점 P는 무한평면으로부터 d, 구 껍질의 중심으로부터 $2d$만큼 떨어져 있다.

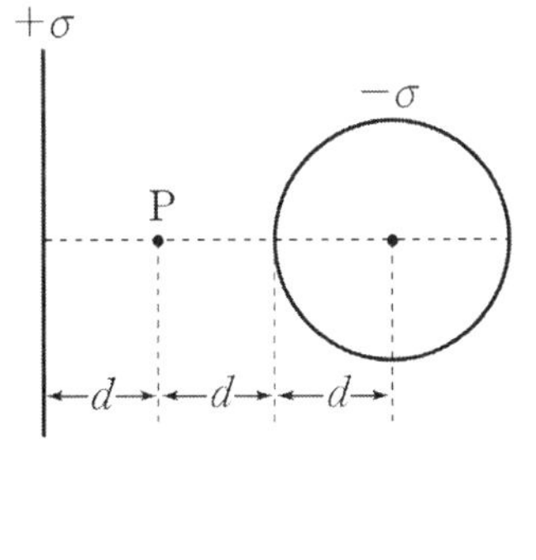

점 P에서 전기장의 세기는? (단, 공간의 유전율은 ε이다.)

① $\dfrac{9\sigma}{4\varepsilon}$ ② $\dfrac{7\sigma}{4\varepsilon}$ ③ $\dfrac{5\sigma}{4\varepsilon}$

④ $\dfrac{3\sigma}{4\varepsilon}$ ⑤ $\dfrac{\sigma}{4\varepsilon}$

[풀이] 답 ④

전기장의 세기를 구하기 위해 시험전하를 대상으로 P점에서 보면

두 평면 전하에 의해 대전된 경우 전기장의 세기 $\oint EdA = \dfrac{Q}{\epsilon}$에서 $E2A = \dfrac{\sigma A}{\epsilon}$,

즉 $E_{면} = \dfrac{\sigma}{2\varepsilon}$이고, 또한 도체구 표면에서의 전기장의 세기는 가우스법칙

$\oint EdA = \dfrac{Q}{\epsilon}$로부터 가우스면은 반지름 $2d$이고, 표면전하는 구표면으로 반지름

이 d이므로 $E(4\pi(2d)^2) = \dfrac{\sigma(4\pi d^2)}{\epsilon}$, 즉, $E_{구면} = \dfrac{\sigma}{4\epsilon}$ 이다. 즉, 두 전기장의 방향은 오른쪽이다.

따라서 전기장의 세기의 합은 $E = \dfrac{\sigma}{2\varepsilon} + \dfrac{\sigma}{4\varepsilon} = \dfrac{3\sigma}{4\varepsilon}$이다.

5.3 전위

1. 전위(Electric potential)

그림과 같은 평행판 사이에 균일한 전기장 E 내에 놓여 있는 전하 q는 어느 점에 놓아도 같은 방향, 같은 크기의 전기력 qE를 받는다. 여기서 전기력도 보존력이므로 높이차 d에만 의존하고 움직인 경로에는 무관하다. 이 때 양전하를 점 A에서 점 B까지 전기력의 방향과 반대되는 방향으로 이동하는 데는 외부에서 일을 해주어야 한다. 즉, 전기력 F에 의한 일

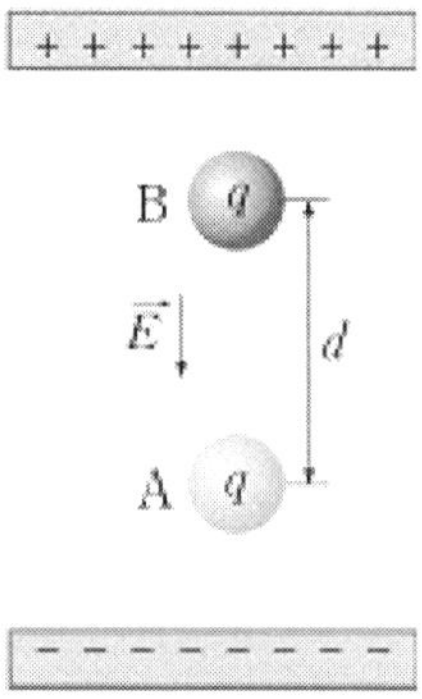

[전기력이 하는 일]

$$W = \int Fdr = \int qEdr$$

이다. 이것은 정전기력에 의한 전기적 위치에너지로서 전하 q에 저장된다. 따라서 전기적 위치에너지는 다음과 같이 표현된다.

$$E_p = -\int qEdr$$

1) 전위의 정의

전하를 점 A에서 점 B까지 서서히 이동할 때, 전기력에 저항해서 하는 일은 두 점의 위치 만에 의해 결정되므로 기준점을 A로 정했을 때 단위 양전하($+1C$)의 시험 전하를 점 A에서 점 B까지 이동시킬 때 일을 V_B로 나타내며 이 V_B를 점 A를 기준점으로 정했을 때의 점 B의 **전위**라 한다.

전위는 전기장 내에서 기준점으로부터 일정한 한 위치까지 단위 양전하를 옮기는데 필요로 하는 일의 양이다.

$$V = \frac{E_p}{q}[\mathrm{V}]$$

따라서 점전하로부터 무한히 멀리 떨어진 지점을 전위의 기준면으로 할 때 Q로 대전된 점전하 q로부터 거리 r만큼 떨어진 지점의 전위 V는 다음과 같이 표현된다.

$$V = \frac{E_p}{q} = -\int_{\infty}^{r} Edr = -\int_{\infty}^{r} \frac{1}{4\pi\epsilon_0}\frac{q}{r^2} = \frac{1}{4\pi\epsilon_0}\frac{q}{r}$$

여기서, 전위의 기준점은 이론상으로 무한 원점의 전위를 0으로 한다. 즉, $r \to \infty$; $E = 0$, $V = 0$이 된다.

2) 전자볼트

$W = qEd = qV$ 에서 만약 전하 q가 전자일 때 전하량의 크기가 e 이고 전위차가 1볼트이면,

$$W = (e)(1V) = 1.6 \times 10^{-19}\,\mathrm{J}$$

$$1eV = 1.6 \times 10^{-19}\,\mathrm{J}$$

$$1[\mathrm{V}] = 1[\mathrm{J/C}]$$

3) 등전위면

전기장 내에 전위가 같은 점들의 집합으로 이루어진 하나의 면을 **등전위면**이라고 한다. 전하가 등전위면을 운동할 때에는 에너지 변화가 없으므로 일이 필요 없다. 따라서 등전위면과 전기력선은 항상 직교한다.

4) 대전된 도체구 주위의 전위와 전기장

- $+Q$로 대전된 도체구의 전하는 표면에만 고르게 분포한다.
- 도체구의 중심에서 r만큼 떨어진 곳의 전위는 다음과 같다.

$$V = k\frac{Q}{r} \quad \left(k = \frac{1}{4\pi\varepsilon_0}\right)$$

- 구의 반지름이 a일 때 도체 표면의 전위는 다음과 같다.

$$V = k\frac{Q}{a}$$

- 정전 상태에서 전하는 힘의 균형 상태에 놓여 있으므로 도체 내부의 전기장은 0이다.
- 도체 내부의 한 점에서 다른 지점으로 전하를 옮기는 데 필요한 일도 0이다. 따라서 도체 내부는 등전위이다.

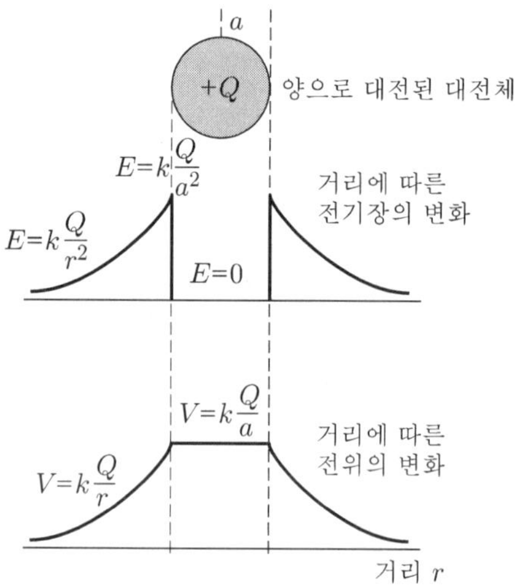

[전위와 전기장]

2. 전위차

① 정지한 전하가 만드는 전기장에도 사용되지만,

② 전원 장치에 연결된 도선 속에서와 같이 전류를 흐르게 하는 전기장에도 사용한다.

특히 ②에서는 도선 상의 두 점 사이를 단위 전하가 이동할 때 하는 일이다. 따라서 전위보다 **전위차**란 개념을 사용하고, 이것은 기준점에 상관없이 불변이기 때문이다.

1) 전위차의 정의

전기장 내의 두 점 사이의 전위차란 한 점에서 다른 점으로 단위 양(+)전하를 옮기는 데 필요한 일이다. (단위 : V 또는 J/C)

전위차가 V인 두 점 사이에 전하량 q인 대전체를 옮기는 데 필요한 일 W는

$$W = qV$$

이다.

따라서 (+)전하에 가까워질수록 전위는 높고 (-)전하에 가까워질수록 전위는 낮다.

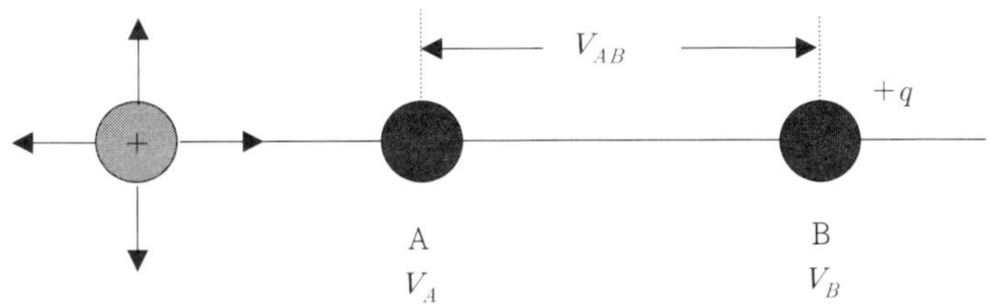

위의 그림에서 점 A와 점 B에서의 전하 q로부터 전위차를 나타내면 다음과 같다.

$$V_{AB} = V_B - V_A = -\int_{r_A}^{r_B} E dr = kq\left(\frac{1}{r_B} - \frac{1}{r_A}\right) = k\frac{q}{d}$$

2) 전기장 E와 전위차 V의 관계

$+q$의 전하를 균일한 전기장 E 내의 한 점에 놓으면 일정한 힘 qE가 이 전하에 작용한다. 이 전하가 점 A에서 전기력선을 따라 거리 d만큼 떨어진 점 B까지 이동되면 그 사이에 받는 일은 $W = qV$가 되므로 V와 E 사이에는

$$V = Ed \quad \text{또는} \quad E = \frac{V}{d}$$

의 관계가 있다.

한편, 전기장의 세기가 균일하지 않을 때는 전기력선에 따라 충분히 작은 거리 Δx를 취하고 Δx의 양 끝의 전위차를 ΔV라 할 때 그 곳의 전기장의 세기 E는

$$E=-\frac{\Delta V}{\Delta x} \quad \text{또는} \quad E=\lim_{\Delta x \to 0}\left(-\frac{\Delta V}{\Delta x}\right)=-\frac{dV}{dx}$$

가 된다.

예를 들면, $V(x)=-ax^2+bx+c$로 주어질 때, $x=1$인 위치에서의 전기장의 세기 $E(x)$는 $E(x)=-\frac{dV}{dx}=2ax-b$이므로 $E(1)=2a-b(V/m)$이다.

전기장의 세기가 균일한 공간에서의 전기장의 세기는 전위차가 V, 간격을 d라 하면 전기장의 세기 E는 $E=\frac{V}{d}$이다.

예제 5.8

그림은 전하량이 각각 Q, $-9Q$인 점전하가 각각 x축 상의 $x=0$, d인 점에 고정된 것을 나타낸 것이다.

x축 상에서 전위가 0인 점들 중에서 $x=0$인 점으로부터 가장 가까운 점의 위치는? (단, 두 전하에서 무한히 먼 위치의 전위는 0으로 한다.)

① $\frac{d}{4}$ ② $\frac{d}{10}$ ③ $\frac{d}{20}$ ④ $-\frac{d}{12}$ ⑤ $-\frac{d}{2}$

[풀이] 답 ②

$V=k\frac{q}{r}$에서 임의의 점 x에서 전위가 0인 지점은

$$\frac{Q}{x}+\frac{-9Q}{d-x}=0 \rightarrow \therefore x=\frac{d}{10}$$

예제 5.9

전기장 안의 전위가 0인 O점으로부터 $+2\text{C}$의 전하를 A점까지 옮기는 데 외부에서 10J의 일을 하였다. 또한 -1C의 전하를 O점으로부터 B점까지 옮기는 데 외부에서 2J의 일을 한다면 A점의 전위와 B점의 전위로 바르게 짝지은 것은?

	A점의 전위	B점의 전위		A점의 전위	B점의 전위
①	2V	−3V	②	3V	−3V
③	5V	−2V	④	5V	3V
⑤	2V	3V			

[풀이] 납 ③

기준점에서 단위 양전하($+1C$)의 전하를 옮기는 데 필요한 일이 전위이므로 A점의 전위는 $V_A = \dfrac{W}{Q} = \dfrac{10J}{2C} = +5V$이다. 한편, 음전하를 B점까지 옮기는 데 일이 필요하므로 양전하는 기준점으로부터 저절로 B점까지 옮겨진다. 따라서 B점의 전위는 0보다 작고,

$$V_B = \frac{W}{Q} = \frac{2J}{-1C} = -2V$$

이다.

예제 5.10

전하 q로부터 거리 r인 점 A와 $2r$인 점 B에서의 전기장의 세기를 각각 E_A, E_B라 하고, 전위를 각각 V_A, V_B라 할 때, 점 A, B에서의 전기장의 세기의 비 E_A/E_B와 두 점에서의 전위의 비 V_A/V_B를 바르게 짝지은 것은?

	전기장의 세기의비	전위의 비
①	4	2
②	1	1
③	2	1
④	2	4
⑤	1	2

[풀이] 답 ①

점전하에 의한 전기장의 세기 $E = k\dfrac{q}{r^2}$는 $\dfrac{1}{r^2}$에 비례하므로

$\dfrac{E_A}{E_B} = \left(\dfrac{r_B}{r_A}\right)^2 = \left(\dfrac{2r}{r}\right)^2 = 4$이고, 또, 전위 $V = k\dfrac{q}{r}$는 $\dfrac{1}{r}$에 비례하므로

$\dfrac{V_A}{V_B} = \dfrac{r_B}{r_A} = \dfrac{2r}{r} = 2$ 이다.

예제 5.11

그림과 같이 두 금속 구의 반지름 r와 R의 비가 r : $R=1$: 3 이다. 두 구을 도선으로 연결할 때 대전된 전하량의 비 q/Q를 구하면?

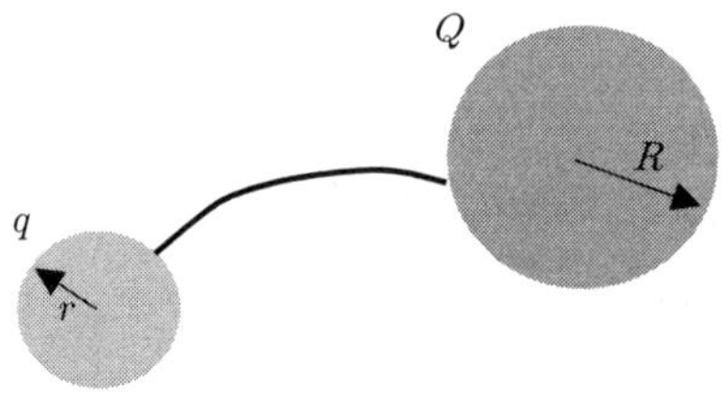

① 9　　② 3　　③ 1　　④ $\frac{1}{3}$　　⑤ $\frac{1}{9}$

[풀이] 답 ④

두 금속공은 도선에 의해 연결되었으므로 등전위가 된다.

두 금속공의 전위 $k\frac{q}{r}=k\frac{Q}{R}$이므로 $\frac{q}{Q}=\frac{r}{R}=\frac{1}{3}$이 된다.

3. 균일한 전기장 속의 전하의 운동

1) 전하 운동

균일한 전기장이란 전기장 E의 방향과 세기가 어디서나 일정한 공간을 말하며,

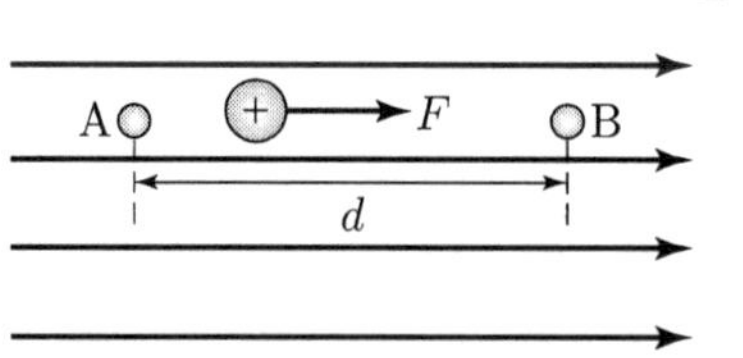

[전하 운동]

그림과 같이 균일한 전기장 E 안에 전하량이 q, 질량이 m인 대전 입자가 놓여지면 대전 입자의 처음속도 v와 전기장 방향의 힘(알짜힘) $F=qE$에 의하여 등가속도

운동을 한다.

$$F = ma = qE, \quad a = \frac{qE}{m}$$

입자의 운동 방향에 따라 운동 상태를 보면 다음과 같다.

- **정지해 있던 대전 입자** 전기장 방향으로 등가속도 직선 운동을 한다.
- **나란한 방향으로 입사한 대전 입자** 처음속도가 있는 등가속도 운동으로 중력장 내에서의 연직 상방 운동이나 연직 하방 운동과 유사하다.
- **수직한 방향으로 입사한 대전 입자** 처음속도가 힘과 수직 방향인 운동으로 중력장 내에서의 운동과 같이 포물선 운동을 한다.

2) 역학적 에너지의 보존법칙

전위가 V_A, $V_B(V_A > V_B)$인 전기장 내의 두 점 사이에서 전기력에 의해 전하 q가 운동할 때 점 A, B를 지날 시점의 속력을 각각 v_A 및 v_B라 하면 다음과 같이 역학적 에너지의 보존 법칙이 성립한다.

$$qV_A + \frac{1}{2}mv_A^2 = qV_B + \frac{1}{2}mv_B^2$$

예제 5.12

그림과 같이 균일한 전기장 E 속에 전하량 $+q$이고, 질량 m인 대전 입자를 전기장과 반대 방향으로 초속도 v_0로 입사시켰다.

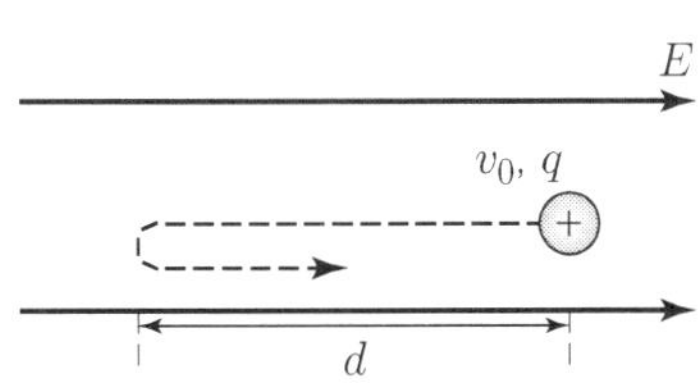

이 전하의 운동에 대한 설명으로 옳은 것만을 〈보기〉에서 있는 대로 고른 것은?

<보 기>

ㄱ. 전기장을 거슬러 최대로 갈 수 있는 거리는 $\frac{mv_0^2}{2qE}$이다.

ㄴ. 최대 거리에서의 전위차는 Ed이다.

ㄷ. 다시 제자리로 오는 데 걸리는 시간은 $\frac{2mv_0}{qE}$이다.

① ㄱ　　② ㄴ　　③ ㄱ, ㄷ

④ ㄴ, ㄷ　　⑤ ㄱ, ㄴ, ㄷ

[풀이] 답 ⑤

ㄱ. 입자의 운동에너지는 모두 전하의 위치에너지가 될 때까지 이동할 수 있으므로 $\frac{1}{2}mv_0^2 = qEd,\ \ d = \frac{mv_0^2}{2qE}$이다.

ㄴ. 최대로 갈 수 있는 거리가 d이므로 그곳까지의 전위차는 Ed이다.

ㄷ. 대전 입자가 받는 힘 $F = qE$, 대전 입자의 가속도는 $a = \frac{F}{m} = \frac{qE}{m}$

t초 후의 속도는 $v = v_0 + at = v_0 - \frac{qE}{m}t$, 최대 변위까지 걸린 시간 $t_m = \frac{mv_0}{qE}$

제자리로 돌아오는데 걸리는 시간 $t = 2t_m = \frac{2mv_0}{qE}$ 이다.

예제 5.13

전기장 내에서 500eV의 운동 에너지를 갖는 전자의 속력을 구할 때 가장 가까운 값은? (단, 전자의 질량 $m_e = 9.11 \times 10^{-31}\text{kg}$, $1\text{eV} = 1.6 \times 10^{-19}\text{J}$이다.)

① $1.33 \times 10^7\text{m/s}$　　② $1.33 \times 10^5\text{m/s}$　　③ $2.33 \times 10^7\text{m/s}$

④ $2.33 \times 10^5\text{m/s}$　　⑤ $1.33 \times 10^{10}\text{m/s}$

[풀이] 답 ①

일-에너지 정리로부터 $W = qV = 500eV\left(\frac{1.6 \times 10^{-19}J}{1eV}\right) = 8 \times 10^{-17}J$

즉, $KE = \frac{1}{2}mv^2$ 에서 $qV = \frac{1}{2}mv^2$ 이므로

$$v = \sqrt{\frac{2KE}{m}} = \sqrt{\frac{2(8 \times 10^{-17})}{9.11 \times 10^{-31}}} = 1.33 \times 10^7(m/s)$$ 이다.

5.4 축전기

1. 축전기

양전하나 음전하끼리는 서로 반발하기 때문에 한 종류의 전하만을 좁은 장소에 모으려면 특별한 장치가 필요하다. 양전하 부근에 절연된 음전하가 있으면 두 전하 사이에 인력이 작용하기 때문에 전하는 달아나지 못하고 한 곳에 모여 있게 된다. 이 원리를 이용하여 양과 음으로 대전된 두 개의 도체를 서로 마주 보게 하여 많은 전하를 축적시켜 두는 장치를 **축전기**라 한다.

예를 들면, 금속판에 반도체(p형)판을 접합하면 아주작고, 인력이 작용하기 때문에 좋은 축전기가 된다.

1) 전기용량의 정의

고립된 도체에 주어진 전하는 그 안에 저장된다. 그런데 도체가 저장할 수 있는 전하량은 도체표면에 나타나는 전기장의 세기와 관계한다. 이처럼 전하를 모을 수 있는 능력이 **전기용량**의 개념이다. 고립된 도체가 Q의 전하량을 받아 전위가 V만큼 변할 때 전기용량 C는

$$C = \frac{Q}{V} \ [\mathrm{F}]$$

이다. 전기용량은 도체의 전위를 1V 높이는 데 필요한 전하량과 같다. 여기서 전기용량의 단위는 [C/V]로 패럿(Farad)인 [F]로 쓴다.

2) 고립된 도체구의 전기용량

유전율 ε인 매질 속에서 반지름 r인 도체구가 전하량 Q이면 표면의 전위는 $V = \frac{1}{4\pi\varepsilon}\frac{Q}{r}$이므로 도체구의 전기용량은 반지름 r에 비례한다. 즉, 전기용량은 다음과 같다.

$$C = \frac{Q}{V} = 4\pi\varepsilon r$$

2. 평행판 축전기

1) 평행판 축전기의 전기용량

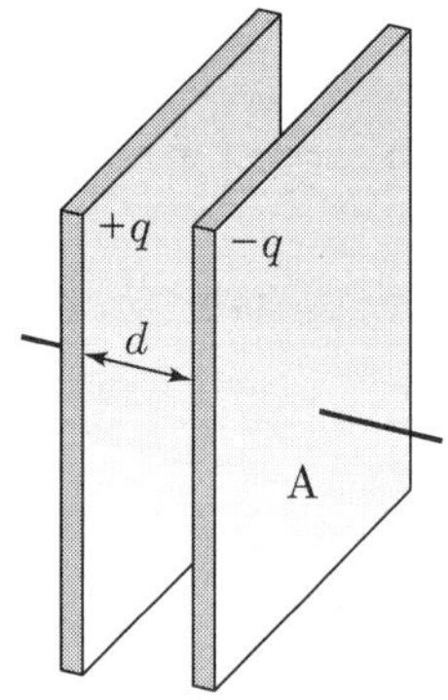

[평행판 축전기]

두 평행판을 거리 d 로 하고, 판 단면적은 A 일 때 두 판에 전하가 축적되었다면, 두 판에는 전위차가 형성된다. 판 사이는 진공일 때 유전율은 ϵ 이다.

$$C = \frac{\epsilon A}{d}$$

2) 축전되는 전하량을 결정하는 요소

전위차(V), 극판사이의 간격(d), 극판을 마주보는 면적(A), 극판을 둘러싸고 있는 절연체의 유전율(ϵ) 등이다. 즉, 기하학적으로 밀접한 관계를 갖는다.

3) 유전체

유전체의 분자들은 전기장에 의해 분극이 일어난다. 이 때 양극판(+)에 가까운 쪽에는 음(−)전하가 나타나고, 음극판에 가까운 쪽은 양(+)전하가 나타나서 극판 전하에 의한 전기장을 감소시킨다. 같은 전위차를 유지하려면 더 많은 전하가 극판 쪽으로 이동하여야 하는 데, 이것이 유전체가 전기용량을 증가시키는 이유이다.

즉, 극판 사이에 유전율이 ϵ 인 유전체를 삽입하면

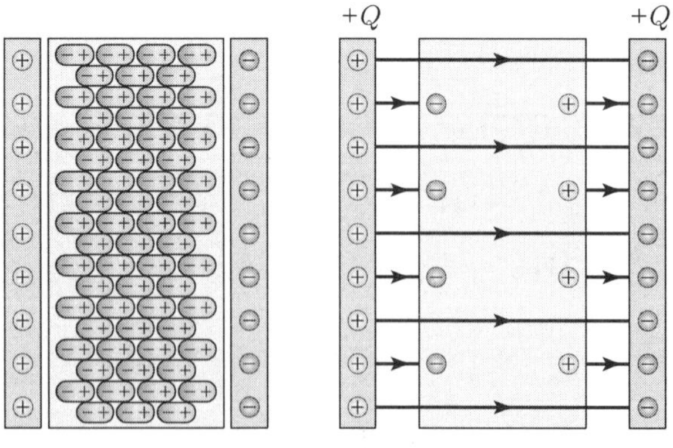

[유전 분극]

$$C_\epsilon = \epsilon \frac{A}{d} = \epsilon_0 \epsilon_r \frac{A}{d} = \epsilon_r C$$

이므로 전기용량이 증가하는 것을 입증한다. (단, $\frac{\epsilon}{\epsilon_0} = \epsilon_r$, 비유전율이다.)

3. 축전기의 연결

1) 직렬연결의 등가용량

각 축전기에는 같은 양의 전하가 대전되고, 각 축전기의 전위차의 합이 전지의 전위차가 되므로 등가용량은

$$\frac{1}{C} = \frac{1}{C_1} + \frac{1}{C_2} + \frac{1}{C_3} + \cdots\cdots$$

이다.

$$V_1 : V_2 : V_3 = \frac{1}{C_1} : \frac{1}{C_2} : \frac{1}{C_3}$$

2) 병렬연결의 등가용량

각 축전기에는 전지의 전위차와 같은 전위차가 걸리고, 각 축전기의 전하량의 합이 총 전하량이 되므로 등가용량은

$$C = C_1 + C_2 + C_3 + \cdots\cdots$$

이다.

$$Q_1 : Q_2 : Q_3 = C_1 : C_2 : C_3$$

4. 충전된 축전기에 저장된 에너지

전하가 없을 때부터 충전이 끝날 때까지 축전기에 전하를 운반하는 데 전지가 하는 일 W는 qV이다. 즉, 축전기에 저장된 에너지는 축전기에 모인 전하량에 비례하므로 그래프와 같이 원점을 지나는 직선으로 나타낼 수 있다. 미소전하량 Δq만큼 이동시,

$$\Delta W = V\Delta q$$

$$\sum \Delta q = Q$$

이므로 전하가 이동하면 전압 $V = \dfrac{Q}{C}$

가 될 때까지 충전하는 데 소요되는 일 W는

$$W = \sum \Delta W = \sum_i V\Delta q_i$$

$$W = \int_0^Q Vdq = \int_0^Q \frac{q}{C}dq = \frac{1}{2}\frac{Q^2}{C} = \frac{1}{2}CV^2$$

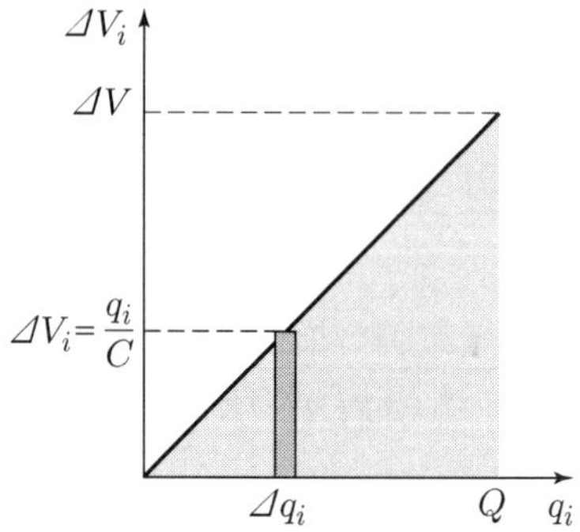

[$V-q$ 그래프]

이다. 이 일은 정전 에너지로서 축전기 내부에 저장된다.

충전된 축전기에 저장된 에너지는 극판 사이의 매질 안에 전기장의 형태로 저장된 에너지이다. 따라서 전기장 E를 이용하여 에너지를 표현하면

$$W = \frac{1}{2}CV^2 = \frac{1}{2} \cdot \frac{\varepsilon A}{d} \cdot (Ed)^2 = \frac{1}{2}\varepsilon E^2 Ad$$

이다. 특히, 평행판 축전기는 가장자리를 무시하면 전기장이 균일하다. 여기서 단위 부피당 에너지인 에너지 밀도 u는

$$u = \frac{W}{Ad} = \frac{\frac{1}{2}CV^2}{Ad} = \frac{1}{2}\epsilon E^2$$

이 된다.

예제 5.14

그림과 같이 축전기에 전지를 연결하여 충분한 시간 동안 전하를 충전시킨 후, 전지를 제거하고(가 과정), 축전기의 거리를 증가시켰다(나 과정). 이 과정에서 충전된 전하량은 손실되지 않는다.

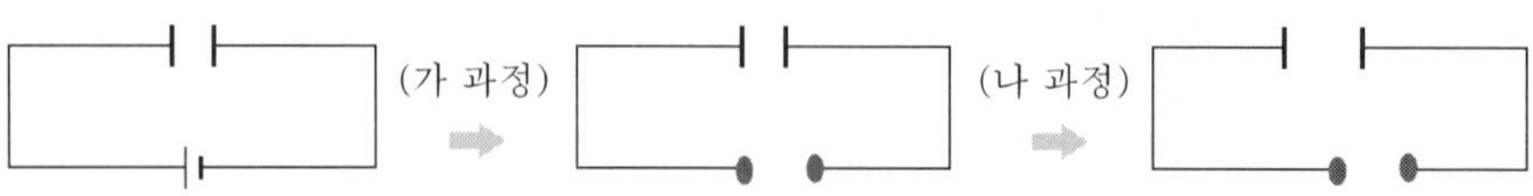

위의 (나 과정)에 대한 설명으로 옳은 것만을 〈보기〉에서 있는 대로 고른 것은?

<보 기>

ㄱ. 외부에서 일을 해주어야 한다.
ㄴ. 축전기 판 사이에서 전위차는 일정하다.
ㄷ. 축전기 사이에 저장되는 에너지량이 증가한다.

① ㄱ　　② ㄴ　　③ ㄱ, ㄷ
④ ㄴ, ㄷ　　⑤ ㄱ, ㄴ, ㄷ

[풀이] 답 ③

ㄱ. 축전기는 두 판에 서로 다른 전하로 대전되어 두 판의 거리를 증가시키면 외부에서 일을 해주어야 하고, 반대로 거리를 좁히면 두 판 내의 전기장이 외부에 일을 해주어야 한다.

ㄴ, ㄷ. 두 판 사이의 거리가 증가되면 두판에 증가하는 전기력에 대하여 일을 해 주므로 해 준 일만큼 축전기에 저장된 에너지 증가한다. 즉, $U=\dfrac{Q^2}{2C}$에서 Q가 일정하고 C는 감소하므로 축전 에너지 U는 증가하게 된다.
그러나 $C=\epsilon\dfrac{A}{d}$이므로 $V=\dfrac{Q}{C}=\dfrac{dQ}{\epsilon A}$에서 V는 d에 비례하여 증가한다.

5.5 전류와 저항

1. 전류와 전하

전자나 이온에 의해 운반되는 전하의 흐름이 **전류**이며, 금속에서 전류는 음전하(자유전자)의 움직임이다. 기체나 전해 용액에서는 양전하 또는 음전하, 아니면 모두의 움직임이다. 양전하가 한 방향으로 운동하는 것은 음전하가 그와 반대방향으로 운동하는 것과 같은 효과를 준다.

전류가 흐르기 위해서는 (i) 전하가 이동하는 회로가 있다. (ii) 전하를 이동시킬 수 있는 전기장이 있다. (iii) 전하의 운반체가 계속적으로 공급되든가 또는 순환된다.

항상 일정한 방향으로 흐르는 전류를 직류라 하며, 도선의 단면을 단위 시간당 통과하는 전하량을 **전류의 세기**라고 한다.

전류의 세기는 도체의 단면을 단위 시간에 통과하는 전하량으로 정의한다. 그러므로 Δt의 시간 동안에 Δq의 전하량이 도선의 단면을 통과했을 때의 전류의 세기 I는

$$I = \frac{\Delta q}{\Delta t}$$

이다. 전류의 단위는 암페어[A]가 사용된다. 1A는 1초 사이에 1C의 전하가 도체의 단면을 통과할 때의 전류의 세기이다.

2. 전압과 전기 저항

1) 전압

회로의 두 점 사이의 전위차 V는 단위 전하가 한 점에서 다른 점으로 이동하는 동안 다른 형태의 에너지로 변환되는 전기 에너지의 양을 말한다. 이것을 **전위차** 또는 **전압**이라 한다.

따라서 전압이 V인 두 점 사이를 q의 전하가 이동하면 변환되는 전기에너지의 양은 $W = qV$이다.

전류가 흐르는 회로에서 양전하가 점 A에서 점 B로 이동하고 있으면 A점은 B점보다 높은 전위이다. 전압이란 전류가 높은 전위에서 낮은 전위 쪽으로 흐르게 하는 일종의 압력으로 볼 수 있다.

2) 전기 저항

똑같은 전위차를 주어도 도체에 따라서 흐르는 전류의 세기가 다르다. 이것은 저항이 생기기 때문이다. 도선의 전기 저항은 R로 표시한다. 도체의 저항 R는 양단의 전위차와 흐르는 전류의 비이다. 전기 저항의 단위는 옴[Ω]이 사용된다.

$$R = \frac{V}{I} \ [\Omega]$$

3) 도체에서의 저항

도선 내의 전기장의 세기를 E, 길이 L, 단면적 A인 도체에 V를 인가하면, 도체

내의 전자수밀도 n, 전자 유동속도 v_{d}라 할 때, 전류의 세기 I는

$$I = nev_{\mathrm{d}}A$$

이다.

이 때 질량 m인 전자는 $F = ma = eE$, $a = \frac{eE}{m}$

인 등가속도 운동을 한다. 전자의 평균 충돌 시간 t에서 유동속도 v_d는

$$v_{\mathrm{d}} = at = \frac{eEt}{m}$$

가 되며, 전류는 다음과 같은 식으로 나타낸다.

$$I = \frac{ne^2tA}{m}E$$

즉, 도체 내에서 전기장이 균일하다면

$$E = \frac{V}{L}$$

이므로, 전류는

$$I = \frac{ne^2tA}{m}E = \frac{ne^2tA}{m}\frac{V}{L}$$

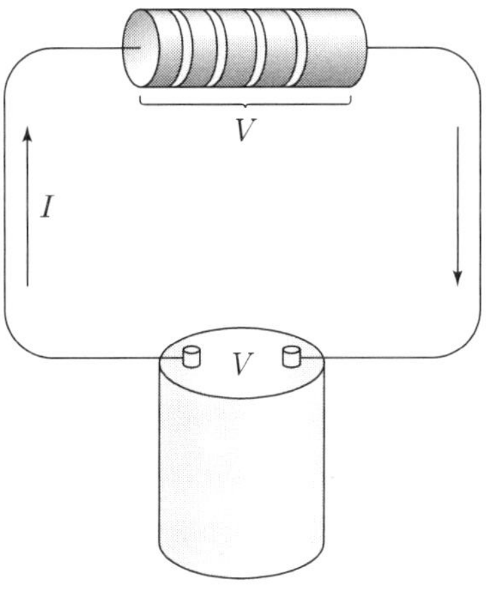

[직류회로]

이고, 위의 수식을 바꾸면

$$V = \left[\frac{L}{A}\left(\frac{m}{ne^2t}\right)\right] \times I = RI \quad ⇨ \quad V = RI \text{ ; 옴의 법칙}$$

4) 비저항

물질에 따라 비저항은 다르다. 순수 금속보다 합금이 더 크다.

$$V = \frac{L}{A}\left(\frac{m}{ne^2t}\right) \times I = \frac{L}{A}(\rho)I$$

여기서 $\rho = \frac{m}{ne^2t}$; 저항률 또는 비저항(resistivity), 단위 : [Ω · m]

⇨ $R = \rho\frac{L}{A}$

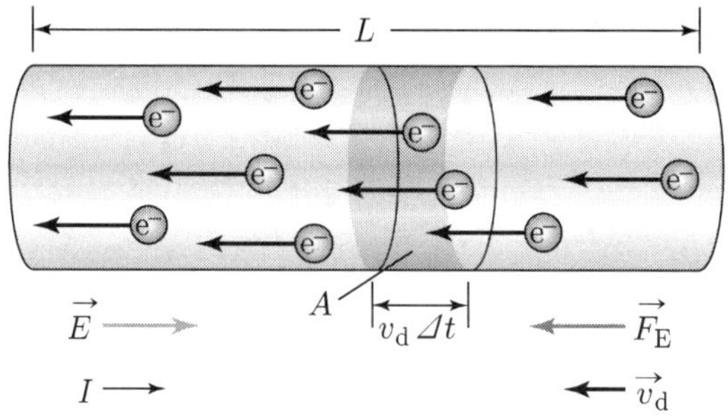

[도체에서 저항]

한편, 온도에 따른 도선의 저항 변화는

$$R_t = R_0(1+\alpha t) \quad (\alpha \text{ : 저항 온도 계수})$$

이다.

3. 저항의 연결

1) 직렬연결

하나의 전류원과 하나의 전도 경로가 있기 때문에 전류 I는 전체 회로에 걸쳐서 일정한 값을 갖는다. 이 때 합성 저항은

$$V = IR_1 + IR_2 + \cdots \quad \Rightarrow \quad V = IR_t = I(R_1 + R_2 + \cdots)$$

$$R_t = \sum_i R_i$$

이다.

2) 병렬연결

분기점에서 독립적으로 전류가 흐르므로 전압 V은 일정하다. 이 때 합성 저항은

$$I = \frac{V}{R_t} = \frac{V}{R_1} + \frac{V}{R_2} + \cdots \quad \Rightarrow \quad \frac{1}{R_t} = \frac{1}{R_1} + \frac{1}{R_2} + \frac{1}{R_3} + \cdots$$

$$\frac{1}{R_t} = \sum_i \frac{1}{R_i}$$

이다.

4. 기전력

전류가 흐르지 않은 상태에서 두 전극 사이에 유지되는 일정한 전압을 전지의 **기전력**이라 하고 회로에 전류가 흐르고 있을 때의 전지의 두 극 사이의 전압을 **단자 전압**이라 한다. 기전력은 전기 에너지의 공급원을 나타내고, 전압은 전기 에너지의 소비처를 나타낸다. 기전력은 단위 전하당의 에너지 공급의 정도이지 힘이 아니다.

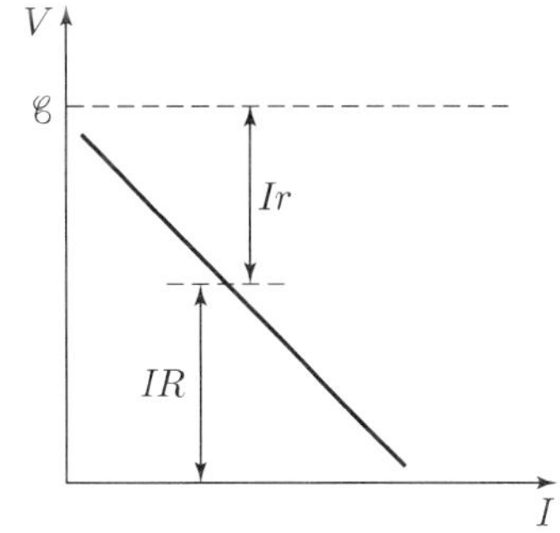

[기전력]

전지(기전력 $\mathscr{E}$) 내에 내부저항(r)이 걸린다. 따라서 부하저항(또는 외부저항 R)과 연결되면 회로의 전류는

$$I = \frac{\mathscr{E}}{r+R}$$

이고, 전지의 양 단자 전위차를 단자전압(V)이라 한다. 기전력은 내부저항을 거치면서 전압강하에 의해 줄어든다. 그림과 같이 기전력 $\mathscr{E}$는 외부저항(R)이 소비한 에너지+내부저항(r)이 소비한 에너지이다.

단자전압은

$$V = \mathscr{E} - Ir$$

이다.

5. 키르히호프의 법칙과 단순 저항 회로

전지와 저항 등이 복잡하게 연결된 회로를 회로망이라 한다. 회로망에 정상전류가 흐르고 있을 때 키르히호프의 법칙을 만족한다.

1) 키르히호프 법칙

전지와 저항이 연결된 회로에서 각 저항에 흐르는 전류를 구하는 규칙을 말한다.

- **제 1 법칙** 회로상의 한 교차점으로 들어오는 전류의 합은 나가는 전류의 합과 같다.

$$\sum I_{in} = \sum I_{out} \text{ (분기점법칙)}$$

- **제 2 법칙** 회로상의 어떤 폐곡선을 선택하여도 기전력의 총합은 전압 강하(IR)의 총합과 같다.

$$\sum E_n = \sum I_m R_m \text{ (고리법칙)}$$

그림과 같은 회로에 키르히호프 법칙을 적용해 보면 다음과 같다.

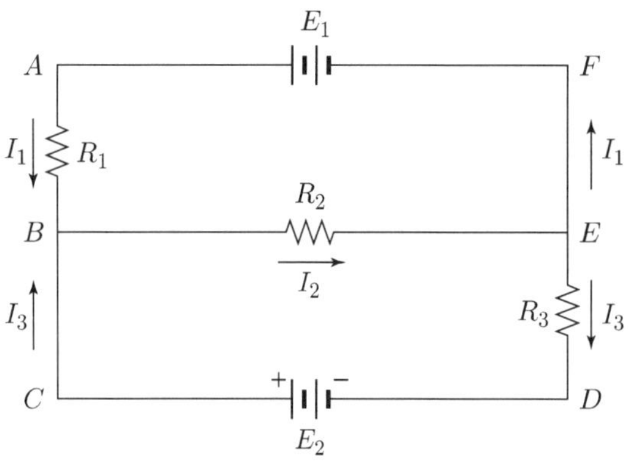

[키르히호프의 법칙]

제 1 법칙으로부터

점 B에서 $I_1 + I_3 = I_2$

이고, 제 2 법칙으로부터

ABEF회로 : $E_1 = I_1R_1 + I_2R_2$

CBED회로 : $E_2 = I_2R_2 + I_3R_3$

ACDF회로 : $E_1 - E_2 = I_1R_1 - I_3R_3$

이다.

6. 소비 전력과 측정기기

1) 소비 전력

전류가 흐른다는 것은 회로상의 어딘가에서 전기 에너지가 다른 형태의 에너지로 전환되고 있음을 암시한다. 전위차가 V인 저항(R)을 통하여 전류 I가 흐를 때 그곳에서 사라지는 전기 에너지(발생하는 열)의 양은 $W=QV(Q=It)$이다. 따라서 소비전력 P는

$$P=\frac{W}{t}=IV=I^2R=\frac{V^2}{R}\ [\mathrm{W}]$$

이 된다.

2) kWh

전기 에너지가 다른 형태의 에너지로 전환된 양을 나타내는 것으로 1kW의 소비전력으로 1시간 동안 소비하는 전기 에너지의 양으로 $3.6\times10^6 J$이 된다.

3) 전류계(Ammeters)

전류 측정 장치인 전류계는 회로에서 흐르는 전류를 측정한다. 이상적인 전류계는 저항이 0이어서 도선에 흐르는 전류에 영향을 주지 않아야 한다. 그러나 실제 전류계는 어느 정도 유한한 저항을 갖게 마련이지만, 그 저항이 가능한 작으면 작을수록 좋다.

어떤 전류계에 저항기(R_{sh})를 병렬로 연결하여 일정량의 전류가 계기에 있는 코일을 우회하도록 함으로써, 그 전체 눈금 편향보다 큰 전류를 측정할 수 있다. 회로에 연결하는 전류계는 직렬로 연결한다.

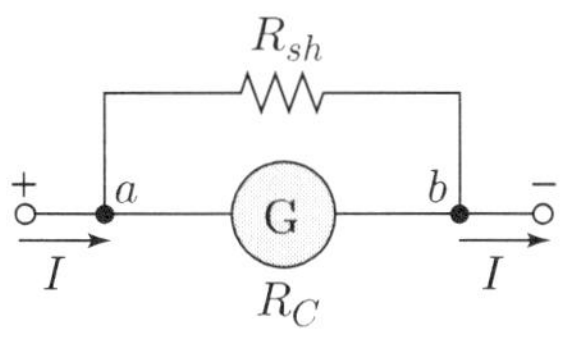

$$I=I_s+I_G$$

4) 전압계(Voltmeters)

검류계를 통해 전압계를 만들려면 저항을 직렬로 연결하여 검류계에 흐르는 전류를 제한한다. 즉, 이상적 전압계는 무한대의 저항을 가지고 있어서 거의 전류를 허용하지 않는다. 회로에 연결하는 전압계는 병렬로 연결한다.

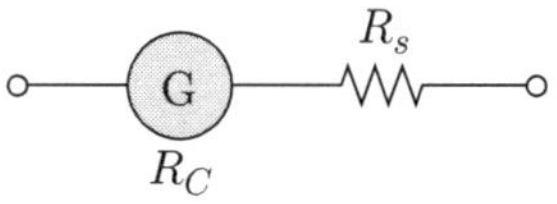

$$V = V_G + V_s$$

5) 전위차계

전원으로부터 어떠한 전류도 끌어들이지 않으면서 전원의 기전력을 측정하는 장치이다. 그림에서 검침봉에 의해 저항선의 길이는 $\mathrm{AH} = l_s$, $\mathrm{AH'} = l_x$라 하면, 도체 저항 $R = \rho\frac{l}{A}$을 만족하므로 저항은 도체의 길이에 비례한다.

즉 $I = \frac{\varepsilon}{R}$에서 전류 I가 일정하면 $R \propto \varepsilon$가 되어

$$\frac{\varepsilon_s}{l_s} = \frac{\varepsilon_x}{l_x}$$

을 만족한다. 따라서

$$\varepsilon_x = \frac{l_x}{l_s}\varepsilon_s$$

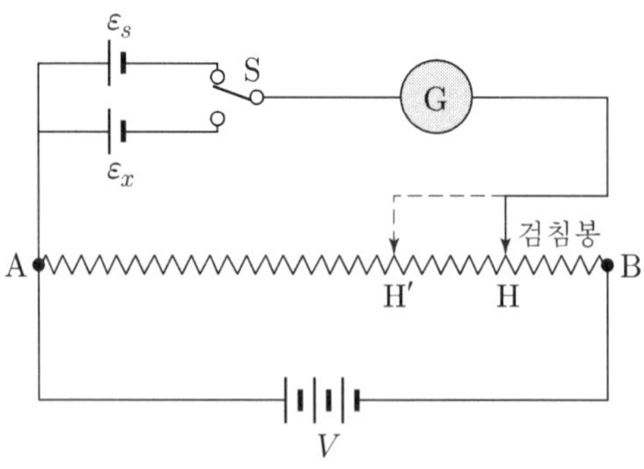

[전위차계]

이다. 여기서 l_x, l_s는 저항선의 길이이고 이 길이를 측정하면 미지 전지 ε_x의 값을 알 수 있다.

참고 | 전기적 측정 장치

회로에서 전류와 전위차는 전류계, 전압계를 이용하여 측정한다.

• **전류계**

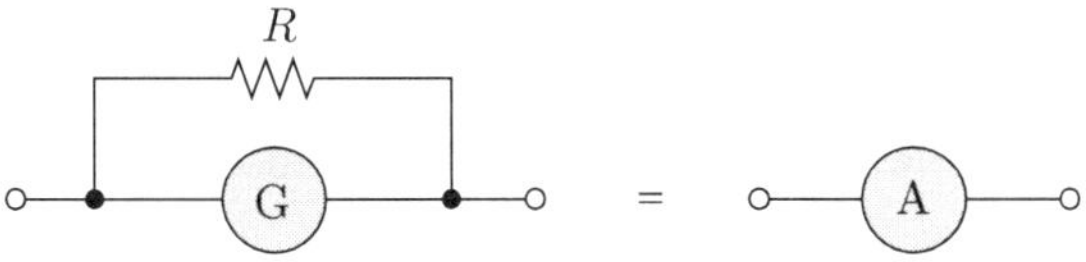

• **전압계**

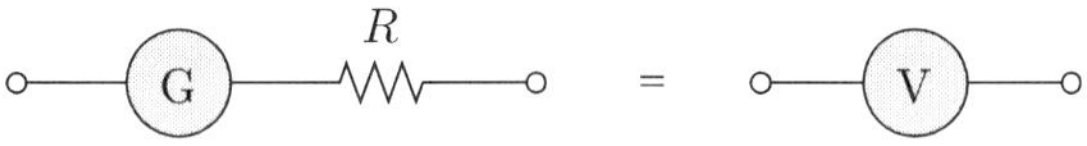

• **휘트스톤 브리지** 전압계와 전류계를 이용하여 저항을 측정할 때 연결되는 전압계와 전류계에 의해 회로의 전류나 전압에 변화가 일어난다. 따라서 아무리 정교하게 제작하여도 구조적인 오차를 포함하게 된다. 이를 보완하는 저항의 측정법이 "휘트스톤 브리지"이다. 이 측정법은 계기의 정확도가 그리 문제되지 않는다. 다만 저항값을 알고 있는 저항이 필요하다.

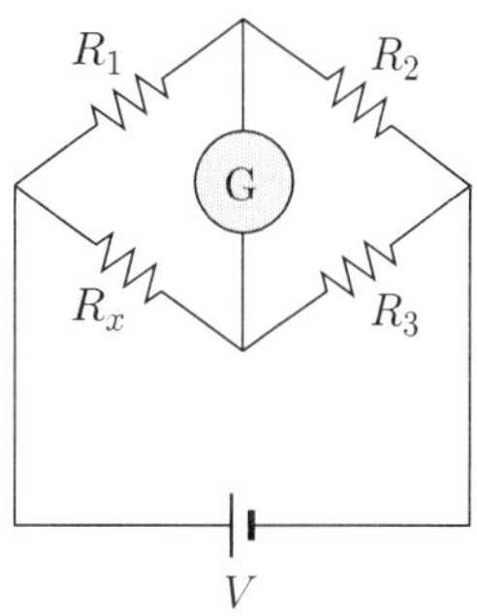

$$R_1 R_3 = R_2 R_x, \quad R_x = \frac{R_1 R_3}{R_2}$$

예제 5.15

그림과 같이 휘트스톤 브리지의 원리에 의해 저항을 4개 연결하고 미지 저항 1개를 연결하였다.

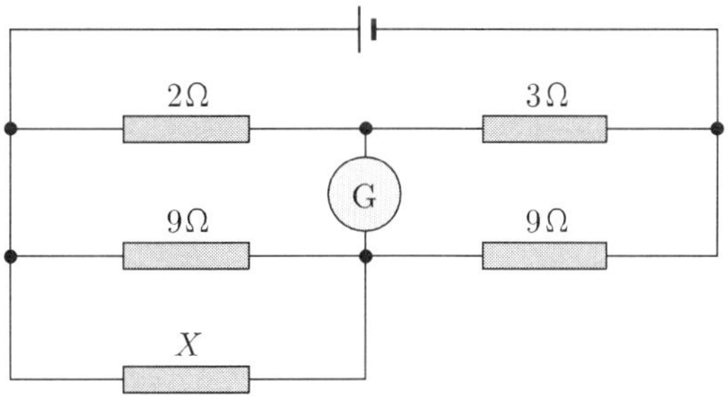

이 때 이 회로에서 미지 저항 X는? (단, 현재 검류계 Ⓖ에는 전류가 흐르지 않는다.)

① 9Ω　　② 12Ω　　③ 15Ω
④ 18Ω　　⑤ 20Ω

[풀이] 답 ④

9Ω과 X의 합성저항을 R이라 하면 휘트스톤 브리지의 원리에 의해

$$2\times 9 = 3\times R,\quad R = 6\Omega \text{ 이다.}$$

병렬연결의 합성저항을 구하는 식에 대입하면

$$\frac{1}{R} = \frac{1}{9} + \frac{1}{X},\quad X = \frac{9R}{9-R} = \frac{9\times 6}{9-6} = 18\Omega \text{ 이다.}$$

예제 5.16

그림은 최대 허용 전류가 4 mA이고 내부저항이 36Ω인 전류계와 저항을 연결하는 방법을 나타낸 것이다.

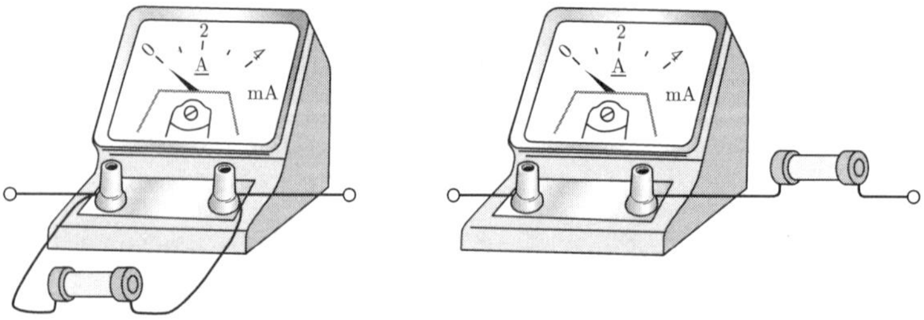

(가)　　(나)

이 전류계와 저항을 이용하여 100mA의 전류까지 측정하려고 할 때, 필요한 저항과 연결 방법을 바르게 짝지은 것은?

	저항	연결 방법		저항	연결 방법		저항	연결 방법
①	1.5Ω	(가)	②	3 Ω	(가)	③	3 Ω	(나)
④	4 Ω	(가)	⑤	4 Ω	(나)			

[풀이] 답 ①

전류계에서 내부저항과 외부저항 연결에 관한 문제로 전류계와 저항 연결은 병렬로 연결해야 한다. (좋은 전류계는 작은 저항을 가져야 한다.) 바늘이 전 눈금을 회전시(4mA) 전압강하는 $V = IR = 4mA\times 36\Omega$ 이다.

분기저항에 걸리는 전압강하도 같아야 하므로

$$V = IR = 4mA \times 36\Omega = (100mA - 4mA)R_s \text{ 이고}$$

$$R_s = \frac{4 \times 36}{96} = 1.5(\Omega) \text{ (분기저항)이다.}$$

예제 5.17

그림은 미지 전지의 기전력 ε_x를 측정하기 위한 전위차계의 회로도를 나타낸 것이다. 두 점 A와 B 사이에는 굵기가 일정하고 길이가 100 cm인 저항이 연결되어 있다. ε_s는 표준전지의 기전력, V는 ε_s와 ε_x보다 큰 전압이고, G는 검류계, S는 전환스위치, H는 검침봉의 위치이다.

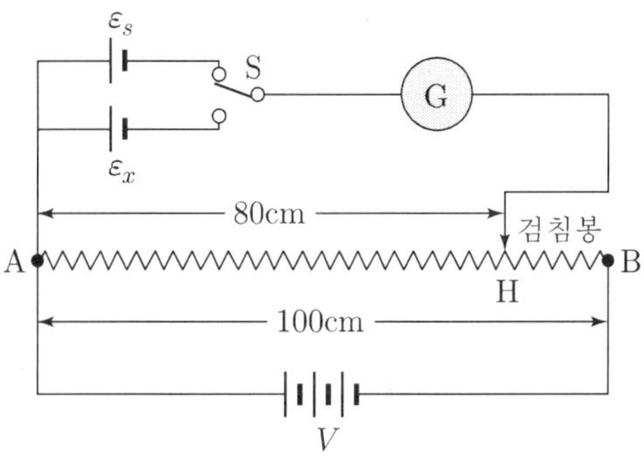

S를 표준전지에 연결하고 H를 조절하여 G의 값이 0 이 되었을 때 A와 H 사이의 길이가 80cm이었으며, S를 미지 전지에 연결하였을 때 G의 값이 0이 되는 A와 H 사이의 길이는 40cm이었다. ε_x의 값은?

① $0.4\varepsilon_s$　② $0.5\,\varepsilon_s$　③ $1.2\,\varepsilon_s$　④ $2.0\,\varepsilon_s$　⑤ $3.0\,\varepsilon_s$

[풀이] 답 ②

전위가 같을 때 전류 $i = 0$, 즉 G의 값이 0이 된다.
문제 조건에서 ε_s: $80cm$, ε_x: $40cm$임을 알 수 있다.

$$\varepsilon_s = IR_{80}, \quad \varepsilon_x = IR_{40} \text{이고} \quad R = \rho\frac{l}{A}, \quad R \propto l \text{인 조건을 이용하면,}$$

$$\text{즉, } \varepsilon_s : \varepsilon_x = 2 : 1, \quad \varepsilon_x = \frac{1}{2}\varepsilon_s \text{이다.}$$

5.6 축전기의 RC 회로

1. 축전기의 충전 · 방전

1) 충전

그림의 회로는 축전기 C, 저항 R 그리고 기전력 V로 구성되고 스위치 S를 a의 위치에 연결하면 충전되는 것을 의미하고, 충전 후 스위치를 b에 연결하면 방전하게 된다.

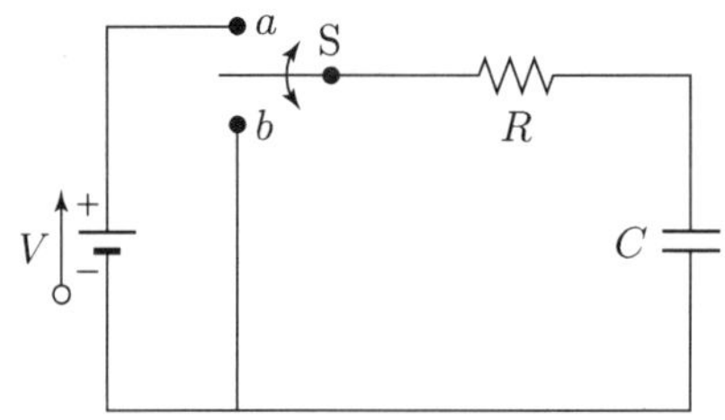

[RC 회로]

스위치를 a에 연결하여 충전 과정에 대해 알아보자.

- 전류 I는 스위치를 연결하는 순간 최대값을 가진다. 시간이 지남에 따라 점차 감소하여 0이 된다.
- 축전기 전압 V_C는 0에서부터 급격히 증가하다가 서서히 최대값이 된다. 축전기가 완전히 충전되었을 때 회로 전류 I는 0이 된다. 저항 전압 V_R은 전류의 그래프와 같은 모양을 보이고 이 모든 그래프는 지수함수이다.

즉 충전되는 동안 항상 $V = V_C + V_R$을 만족한다. 스위치를 넣는 순간 $V_C = 0$, $V_R = V$이고, 완전히 충전된 다음 $V_C = V$, $V_R = 0$이 되고, 이 때 회로 전류는 0이다. 충전 전하량에 대한 지수함수를 구해보자.

$$V = IR + \frac{q}{C}$$

여기서 $I = dq/dt$ 이므로

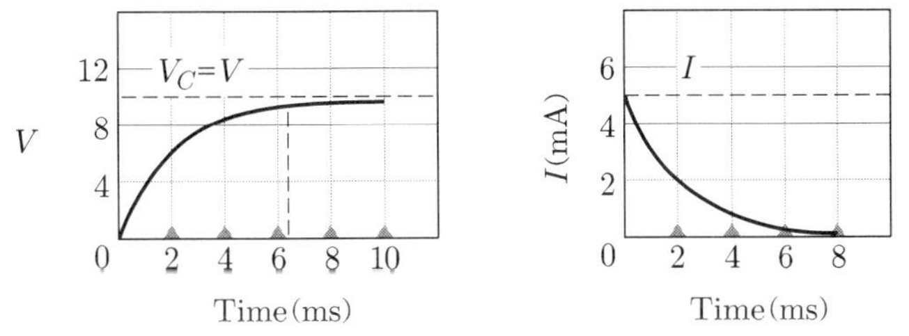

[V, $I-t$ 그래프]

$$R\frac{dq}{dt}+\frac{q}{C}=V$$

$$\frac{dq}{dt}=\frac{VC-q}{RC}$$

$t=0$일 때 전하는 $q=0$이었으므로 q를 구하면 다음과 같은 결과가 나온다.

$$q=VC\left(1-e^{-t/RC}\right)$$

그런데 축전기가 최대로 충전되었을 때 그 전위차는 V가 되므로 최대충전 전하량은 $Q=CV$이다.

2) 시상수(time constant)

$$RC\equiv\tau$$

$$I=\frac{dq}{dt}=\frac{V}{R}e^{-t/RC}\ (t=0\text{에서 충전, } t\to\infty\text{에서 } I\to 0 \text{ 충전완료})$$

충전을 시작할 때의 전류가 일정하게 유지된다면 시간 $t=RC$ 후에 축전기는 완전히 충전된다. 실제 전류는 점점 감소하므로 더 많은 시간이 소요된다. 시간 $t=RC$를 회로의 **시상수**라고 하며, 그동안에 축전기에는 최대 전하량의 63%가 모인다. 따라서 회로의 RC값이 클수록 축전기에 충전되는 시간이 길어진다.

3) 방전

RC 회로의 스위치를 b로 옮겼을 때 축전기는 방전을 하게 된다.

- 전류 I와 V_R는 충전할 때와 반대 방향이다.

• 방전하는 동안 V_C와 V_R는 반대 방향이고 크기는 같아서 합이 0이다.

방전 과정에 대한 지수함수를 구해보자.

$$R\frac{dq}{dt}+\frac{q}{C}=0$$

$$\frac{dq}{q}=-\frac{dt}{RC}$$

여기서, $t=0$일 때 $q=Q$이다. 즉 $q=Qe^{-t/RC}$, $V_C=Ve^{-\frac{t}{RC}}$이므로

$$I=-\frac{V}{R}e^{-t/RC}\ (-\text{부호는 충전전류의 방향과 반대})$$

예제 5.18

그림은 전압이 V_0으로 일정한 전원 장치, 저항값이 R인 저항 4개, 전기용량이 C인 축전기로 구성된 회로와 회로 상의 점 P를 나타낸 것이다. 스위치를 a에 연결하여 축전기를 충분히 충전시켰더니 축전기의 전하량이 Q_0이 되었다. 이때 스위치를 b에 연결하여 축전기를 방전시킨다.

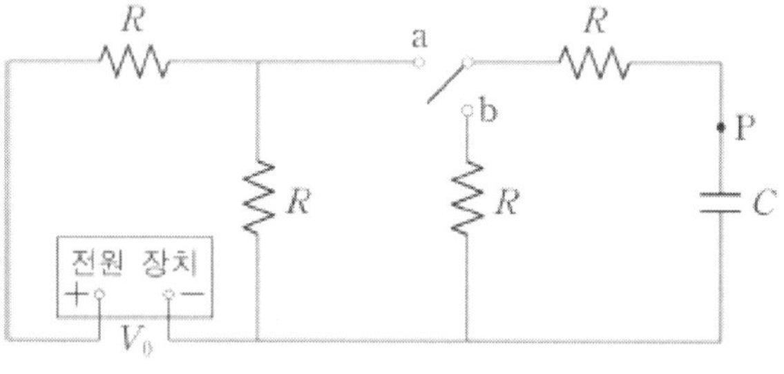

축전기가 방전되는 동안, 이에 대한 설명으로 옳은 것만을 〈보기〉에서 있는 대로 고른 것은?

<보 기>

ㄱ. 축전기가 방전되는 회로의 시간 상수는 RC이다.

ㄴ. P에 흐르는 전류의 최댓값은 $\frac{V_0}{2R}$이다.

ㄷ. 축전기의 전하량이 $\frac{Q_0}{2}$일 때 축전기에 저장된 전기 에너지는 $\frac{1}{32}CV_0^2$이다.

① ㄴ　　② ㄷ　　③ ㄱ, ㄴ

④ ㄱ, ㄷ　　⑤ ㄴ, ㄷ

[풀이] 답 ②

ㄱ. 방전할 때, 회로의 고리 방정식은 $q(t) = Q_0 e^{-\frac{t}{(2R)C}} = Q_0 e^{-\frac{t}{\tau}}$ 이므로

시상수 $\tau = 2RC$

ㄴ. 회로상에서 저항의 병렬로 전압 분리가 생겨 축전기 충전되는 전압은

$V_C = \frac{V_0}{2}$ 이므로 시간에 대해 $I(t) = -\frac{Q_0}{2RC} e^{-\frac{t}{\tau}}$ 이다.

따라서 최댓값은 $\frac{Q_0}{2RC} = \frac{V_0}{4R}$ 이다.

ㄷ. 전하량이 반으로 줄면 $q = \frac{Q_0}{2}$ 이므로

$$U = \frac{q^2}{2C} = \frac{1}{2C}\left(\frac{Q_0}{2}\right)^2 = \frac{1}{8C} Q_0{}^2$$

이때 축전기에 걸리는 전압 $V_C = \frac{V_0}{2}$ 이므로

$$\therefore\ U = \frac{1}{8C}\left(C\frac{V_0}{2}\right)^2 = \frac{1}{32} C V_0{}^2$$

예제 5.19

그림 (가)는 전압이 V로 일정한 직류 전원, 저항값이 R인 저항, 전기용량이 C인 축전기, 스위치 S가 직렬로 연결된 회로를 나타낸 것이다. 축전기 내부의 유전율은 ϵ이다. 그림 (나), (다), (라)는 S를 닫았을 때 축전기에 충전되는 전하량 Q, 회로에 흐르는 전류 I, 축전기 양단의 전위차 V_C를 각각 시간 t에 따라 나타낸 그래프이다. a, b, c는 각각 Q, I, V_C의 최대값이다.

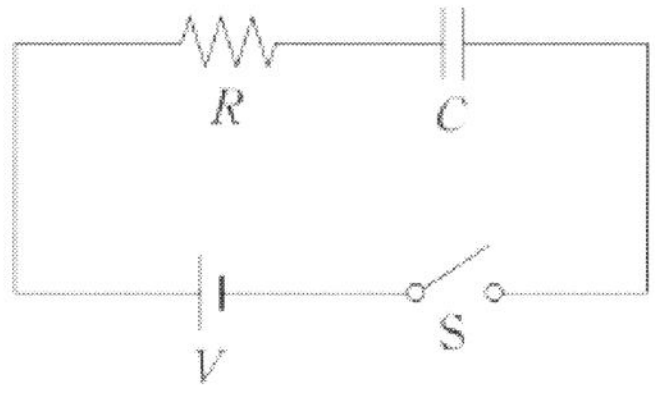

(가)

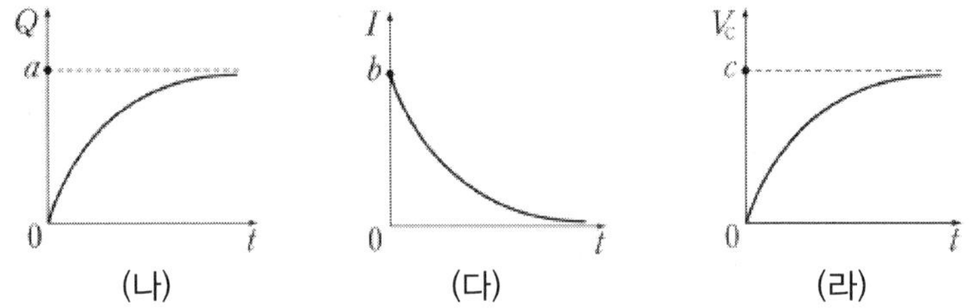

다른 조건은 그대로 두고 축전기의 내부를 유전율이 ϵ보다 더 큰 유전체로 바꾸었을 때 a, b, c의 변화에 대한 설명으로 옳은 것만을 〈보기〉에서 있는 대로 고른 것은?

<보 기>

ㄱ. a는 증가한다.
ㄴ. b는 증가한다.
ㄷ. c는 증가한다.

① ㄱ ② ㄴ ③ ㄷ
④ ㄱ, ㄴ ⑤ ㄱ, ㄴ, ㄷ

[풀이] 답 ①

직류 전류에 의한 RC회로이므로 축전기의 전기용량 $C=\epsilon\dfrac{A}{d}$에서 유전율이 큰 유전체로 바꾸면 전기용량이 증가한다.

ㄱ. 충전 전하량 $Q=CV$에서 전하량이 증가한다.

ㄴ, ㄷ. (직렬 연결된 상태) 그 외의 물리량 전류 I와 전압 V_C는 그대로 유지된다.

예제 5.20

그림은 전지, 축전기, 스위치, 저항 R_1과 R_2로 구성된 회로를 나타낸 것이다. 스위치를 닫아 충분한 시간 동안 축전기를 충전시킨 후, 다시 스위치를 열어 방전시킨다.

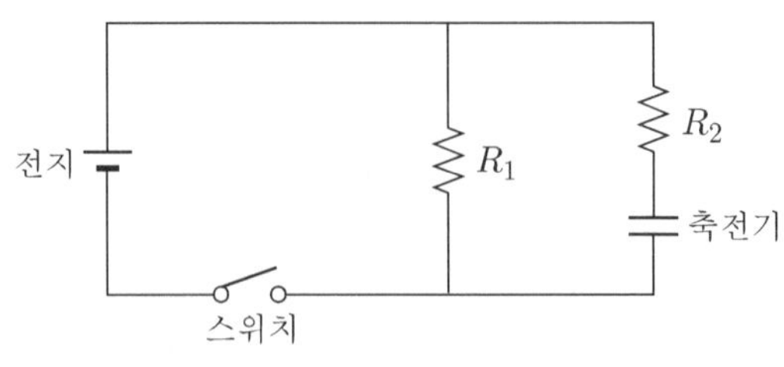

이 과정에 대한 〈보기〉의 설명 중 옳은 것을 모두 고른 것은?

<보 기>

ㄱ. 축전기가 충전되는 동안 R_1에 흐르는 전류는 증가한다.
ㄴ. 축전기가 충전되는 동안 R_2에 걸리는 전압은 증가한다.
ㄷ. 완전히 충전된 축전기 양단의 전압은 R_1에 걸리는 전압과 같다.
ㄹ. 축전기가 방전되는 동안 R_2에 걸리는 전압은 감소한다.

① ㄴ　　② ㄷ　　③ ㄷ, ㄹ
④ ㄱ, ㄴ, ㄹ　　⑤ ㄱ, ㄷ, ㄹ

[풀이] 답 ③

충전되는 동안 R_1 에 흐르는 전류는 일정하다. 이것은 두 저항에 걸리는 전위차가 같기 때문에 $q = q_0\left(1 - e^{-\frac{t}{RC}}\right)$ 로부터 직류회로연결에서 병렬연결은 전압이 일정하다. 그러나 축전기가 충전되는 동안 축전기가 있는 R_2 는 시간에 따라 전하를 축적하기 위해 전압은 감소된다. 즉 전류 $i = i_0 e^{-\frac{t}{RC}}$ 로부터 지수적으로 전류가 감소하기 때문이다.

ㄱ. 병렬이므로 전위차가 일정하다. 따라서 전류가 일정해진다.
ㄴ. 충전하기 위해 R_2에는 전압 강하하므로 전압은 감소한다.
ㄷ. 완전히 충전되는 경우는 양쪽 저항에 걸리는 전위는 등전위이다.
ㄹ. 방전하기 위해서 R_2에서는 전압 강하해야 하므로 전압이 감소한다.

예제 5.21

전기 기구에서 사용하는 축전기에 전하가 충전될 때에는 그림 (가)와 같이 전하가 조금씩 흘러들어가 축전기 두 판 사이의 전압은 차츰 증가하다가 멈추게 된다. 또, 표 (나)는 축전기 양단에 걸린 전압 V와 경과 시간 t 사이의 관계를 보여 주고 있다.

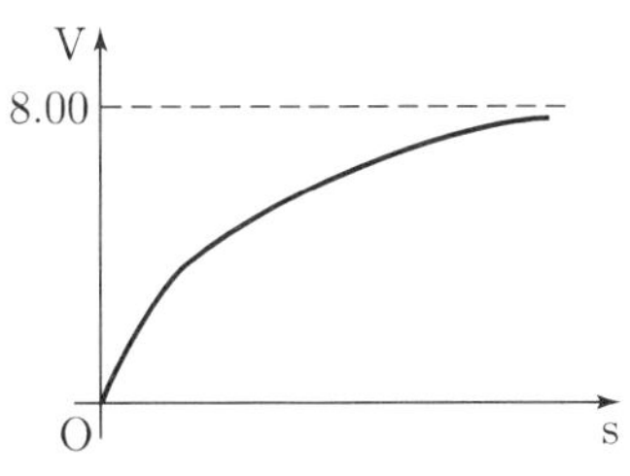

(가)

경과된 시간(초)	0	1	10	30	50	70
축전기 양단의 전위차(V)	0	0.80	4.50	7.88	8.00	8.00

(나)

축전기의 전기용량이 $2\mu F$이라고 하면 3분 후, 축전기의 음극판에 저장되는 전자의 수는? (단, 전자의 전하량은 1.6×10^{-19}C이다.)

① 10^{14}개 ② 10^{15}개 ③ 10^{16}개
④ 10^{17}개 ⑤ 10^{18}개

[풀이] 답 ①

축전기의 축적된 전하량 Q는

$$Q = CV\text{에서}$$

$$Q = CV = 2\times10^{-6}\times8 = 1.6\times10^{-5}(C)$$

따라서, 전자의 개수는 $n = \dfrac{1.6\times10^{-5}}{1.6\times10^{-19}} = 10^{14}$(개) 이다.

5.7 자기장과 자기력

1. 자석과 자기장

자석의 자성은 끝의 자극이라 불리는 곳에서 발생하는 것처럼 생각된다. 자극은 2종류인 N극과 S극이 있으며 자극은 항상 짝으로 나타난다. 같은 극은 반발하고 다른 극은 끌어당긴다.

주변에 다른 자석이 없으면 자유롭게 매달린 자석의 축은 지구의 남북 방향과 나란하게 위치하려는 성질이 있다. 자석 주위에 다른 자석이 힘을 받는 공간을 **자기장**이라 한다. 자기장을 시각적으로 나타내기 위해서 "자기력선"을 이용한다.

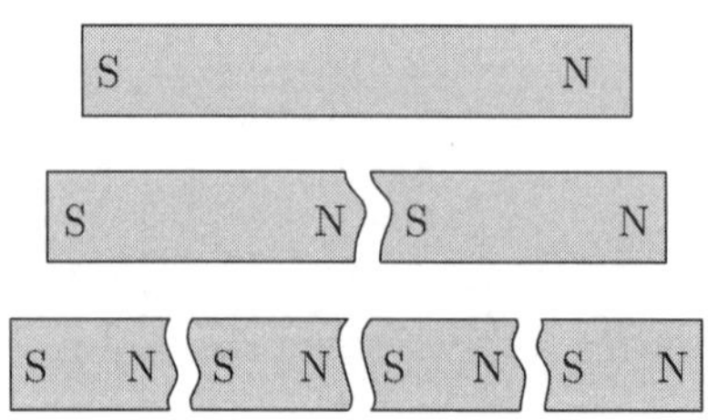

[자석]

• **자극의 세기와 단위**

두 자극 m_1, m_2 사이에 작용하는 자기력을 측정해 보면

$$F = k\frac{m_1 m_2}{r^2} \ [\mathrm{N}]$$

가 된다. 이것을 **자기력에 대한 쿨롱의 법칙**이라 한다. 여기서 상수 k의 값은 $k = \dfrac{1}{4\pi\mu}$이며, 이 μ를 물질의 투자율이라 한다. 진공 중에서는 진공의 투자율 $\mu_0 = 4\pi \times 10^{-7} [\mathrm{N/A^2}]$ 가 된다.

이 때 같은 세기의 두 자극이 1m 떨어져 있을 때, 그 사이에 작용하는 힘이 $\dfrac{10^7}{16\pi^2} N = 6.332 \times 10^4 N$이 되는 자극의 세기를 단위로 사용하고 이것을 1 웨버 [Wb]라 한다. 따라서 자극의 세기의 단위 [Wb]는 $\left[\dfrac{\mathrm{N \cdot m}}{\mathrm{A}}\right]$가 된다.

전기장에서 전기력선을 생각한 것과 같이 자기장에서도 자기력선을 생각하고 자극의 단면을 통과하는 자기력선속의 양을 자극의 세기로 정의한다.

따라서 자극의 세기의 단위 [Wb]는 자기력선속의 단위로 사용된다. 자기장 내에서 자기력선에 수직한 단위 단면적을 통과하는 자기력선속을 B로 나타내고, 이 B를 **자기장의 세기** 또는 **자기선속 밀도**라고 한다. 즉, 자기장의 세기의 단위는 $[\mathrm{Wb/m^2}]$이 사용되며, 이것을 테슬라 [T]라 한다.

$$[\mathrm{Wb/m^2}] = [\mathrm{N/m \cdot A}] = [\mathrm{T}]$$

2. 전류에 의한 자기장

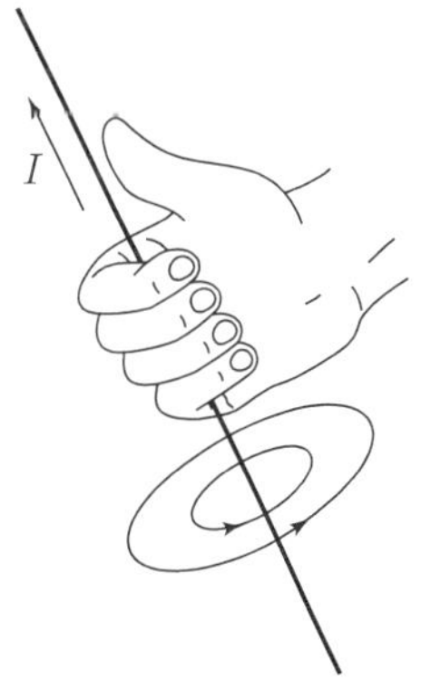

[전류에 의한 자기장]

전류가 흐르는 도선 주위에 자기장이 생긴다. 자기장이 형성되는 모양은 전류가 흐르는 도선의 모양과 밀접한 관련이 있다. 즉 직선 전류 주위의 자기장은 동심원의 형태이다.

1) 오른나사의 법칙

오른나사를 전류의 방향으로 진행시키기 위하여 돌려야 하는 방향으로 자기장이 나타난다. (그림 참조)

직선전류, 원 도선과 솔레노이드 등은 이 관계를 만족한다.

참고 전하의 운동

- 정지한 전하는 전기장을 만든다.
- 등속 운동하는 전하는 전기장과 자기장을 모두 만든다.
- 가속도 운동하는 전하에 의해 전·자기장으로부터 전자기파를 발생한다.

2) 앙페르의 법칙

전류 I가 흐르는 도선을 둘러싸는 임의의 반지름 r의 원주에 따라 자기장의 세기 $\boldsymbol{B}$를 선적분한 값은 $\mu_0 I$와 같다.

$$\oint \boldsymbol{B} \cdot dl = \mu_0 I \ (\text{투자율 } \mu_0 = 4\pi \times 10^{-7}\,\mathrm{Tm/A})$$

여기서 I는 폐경로에 둘러싸이는 총 전류로서 적분경로의 방향으로 오른나사의 진행방향과 같은 방향으로 전류가 흐를 때를 양의 방향으로 잡는다.

• 직선 전류에서의 자기장 세기

$$\oint \boldsymbol{B} \cdot dl = \mu_0 I$$

$$B \oint dl = B(2\pi R) = \mu_0 I$$

$$B = \frac{\mu_0}{2\pi} \frac{I}{R} \ [\mathrm{T}]$$

• 원형 전류에 의한 자기장의 세기

원형 도선에 전류가 흐르면 도선을 중심으로 자기장이 형성된다. 자기장의 세기는 직성에서의 자기장의 세기에 π배만큼 증가하므로

$$B = \frac{\mu_0}{2} \frac{I}{r}$$

이 된다. 자기장의 방향은 직선 도선과 반대로 된다.

• **솔레노이드에서 자기장의 세기**

솔레노이드 내부의 자기장을 계산하면 $abcd$의 폐회로에서 앙페르의 법칙을 적용하여 구한다.

$$\oint \boldsymbol{B} \cdot dl = \mu_0 I$$

그림에서 폐회로의 적분은 a → b에서만 Bh의 값을 갖고 다른 경로는 적분이 0이다. 그리고 우변의 전류는 폐회로 $abcd$에 둘러싸이는 도선의 감긴 수를 N이라고 하면 NI이다. 따라서 $Bh = \mu_0 NI$이고

$$B = \mu_0 \frac{N}{h} I = \mu_0 nI \text{ (}n\text{은 단위 길이당 감은 횟수)}$$

이 된다. 자기장의 방향은 원형도선과 같은 방향으로 내부에만 존재한다.

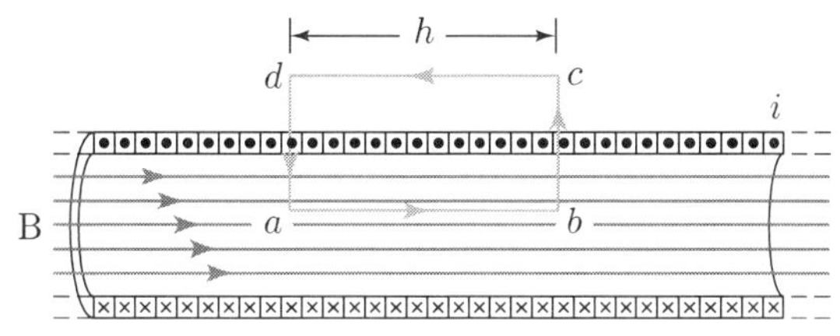

[솔레노이드]

• **토로이드에서 자기장의 세기**

$$\oint \boldsymbol{B} \cdot dl = \mu_0 I$$

$$B(2\pi r) = \mu_0 IN, \quad B = \frac{\mu_0}{2\pi} \frac{IN}{r}$$

예제 5.22

그림은 평면상에 있는 ㄱ 모양의 무한히 긴 도선에 일정한 전류 I가 흐르는 것을 나타낸 것이다. 점 p, q, r는 도선과 동일 평면상에 있는 정사각형 격자상의 지점을 나타낸다.

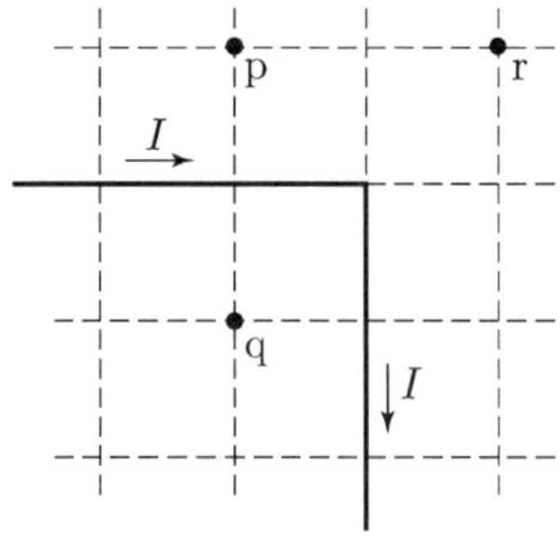

p, q, r에서의 전류 I에 의한 자기장에 대한 설명으로 옳은 것만을 〈보기〉에서 있는 대로 고른 것은?

<보 기>

ㄱ. p에서 자기장의 방향은 평면에 수직으로 들어가는 방향이다.
ㄴ. p에서 자기장의 세기는 q에서보다 작다.
ㄷ. r에서 자기장의 세기는 0 이다.

① ㄱ ② ㄴ ③ ㄷ
④ ㄱ, ㄷ ⑤ ㄴ, ㄷ

[풀이] 답 ②

ㄱ. 직선도선에 전류가 흐르면 도선 주변에 자기장이 발생한다. 즉, 자기장의 세기 $B=\frac{\mu_0}{2\pi}\frac{I}{r}$이고, 오른나사법칙에 의해 p점에서는 지면 밖으로 수직으로 나오는 방향이다.

ㄴ. q점은 지면 안으로 수직으로 들어가는 방향이고, 두 도선에 의해 세기는 더 커진다.

ㄷ. r점에서 자시장의 세기는 존재하고 모서리에 의해 지면 밖으로 나오게 된다.

예제 5.23

그림은 초기에 저장된 전하량이 0인 원형 평행판 축전기에 전류 I가 흘러 충전되고 있는 것을 나타낸 것이다. 점 a는 축전기 외부에 있고, 점 b는 반지름이 r인 두 도체판 사이에 있다.

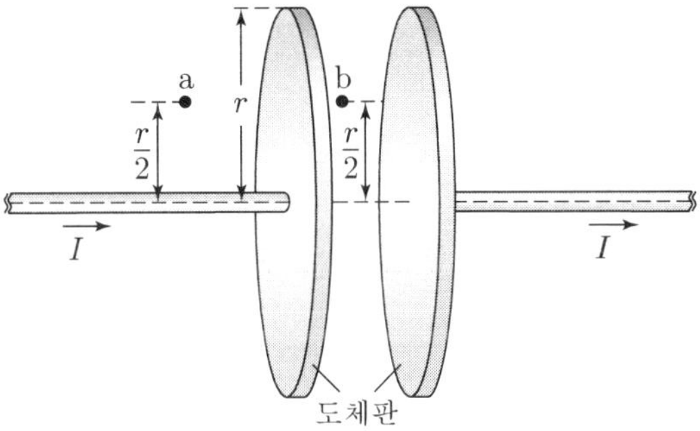

충전되는 동안 a, b에서의 자기장과 전기장에 대한 설명으로 옳은 것만을 〈보기〉에서 있는 대로 고른 것은? (단, 지구 자기장의 영향은 무시하며, 각 도체판의 중심에 수직으로 연결된 두 도선은 일직선 상에 있다.)

<보 기>

ㄱ. a에서 자기장의 방향은 도선과 평행하다.
ㄴ. b에서 자기장의 세기는 0이다.
ㄷ. b에서 전기장의 세기는 증가하고 있다.

① ㄱ　　② ㄴ　　③ ㄷ
④ ㄴ, ㄷ　　⑤ ㄱ, ㄴ, ㄷ

[풀이] 답 ③

ㄱ. 도선에 전류가 흐르면 앙페르법칙에 의해 오른나사법칙으로 자기장 방향은 지면에서 나오는 방향이므로 도선에 수직이다.

ㄴ. 축전기를 충전하는 동안 도체판 사이에 전류가 흐른다(변위전류). 따라서 자기장이 발생한다.

ㄷ. 전하가 축적되므로 전기장의 세기도 증가한다.

3. 자기장 내에서의 자기력

1) 자기장 속의 도선 전류에 작용하는 자기력

전류가 흐르는 도선은 자기장 속에서 자석과 같이 행동한다. 따라서 자기력을 받는다. 즉, 길이 l인 도선에서 받는 힘은

$$\vec{F} = I\vec{l} \times \vec{B} = IlB\sin\theta\,\hat{e}$$

이다. 여기서, θ는 전류방향과 자기장 방향이 이루는 각이고, $\hat{e}$는 단위벡터이다. 각각의 벡터 방향은 플레밍의 왼손법칙에 의해 방향을 결정할 수 있다(엄지 : 힘, 검지 : 자기장, 중지 : 전류).

2) 자기장 속의 전하가 받는 자기력

그림과 같이 도선 속에 갇혀 있지 않은 움직이는 전하는 자기장에 의해서 힘을 받는다. 이 힘은

$$\vec{F} = q\vec{v} \times \vec{B} = qvB\sin\theta\,\hat{e}$$

이다.

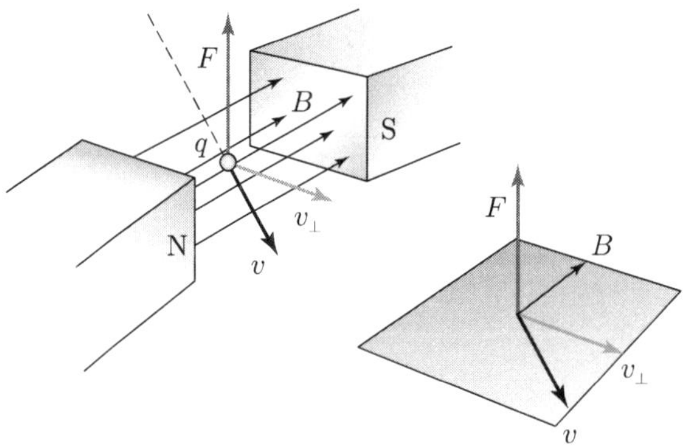

[자기장 내의 전하가 받는 자기력]

이것은 운동하는 단일 전하 q에 작용되는 것과 같음을 알 수 있다.

- 정지한 입자와 자기장과 나란한 방향으로 입사한 대전 입자는 아무런 힘을 받지 않는다.
- 자기장에 수직으로 입사된 대전 입자는 원운동을 한다.
- 비스듬히 입사한 대전 입자는 나선운동을 한다.

그림과 같이 질량 m, 전하량 q인 양(+)으로 대전된 입자가 균일한 자기장 B에 수직하게 입사할 때의 운동을 알아보자.

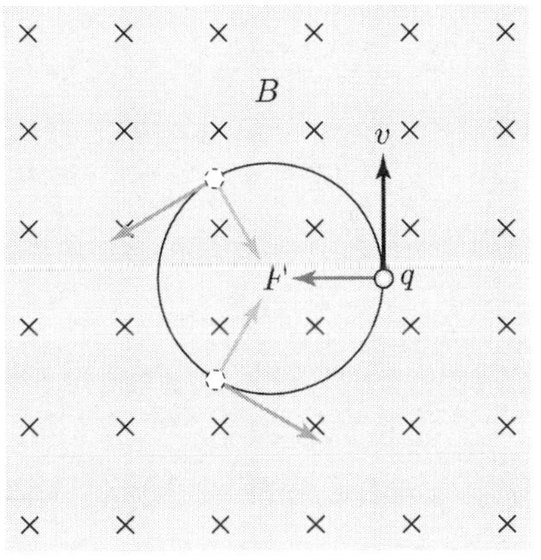

[자기장 내의 전하의 원운동]

$$F = qvB\sin\theta = qvB$$

이 입자는 뉴턴의 운동법칙을 따르므로 $a = \dfrac{F}{m} = \dfrac{qvB}{m}$ 이다. 따라서 입자의 경로는 원운동이고, 이 때 원운동을 유지하기 위한 구심 가속도는 움직이는 전하와 자기장과의 상호작용에 의한다. 즉,

$$a_c = \frac{v^2}{r} = \frac{qvB}{m}$$

$$r = \frac{mv}{qB}$$

이 된다.

예제 5.24

그림은 균일한 자기장 속에서 $+x$ 방향으로 일정한 속력 v 로 운동하는 물체 1이 정지해 있는 양(+)으로 대전된 전하량 q 인 물체 2와 충돌하는 것을 나타낸 것이다. 충돌 후 물체 1은 $-x$ 방향으로 일정한 속력 $\dfrac{1}{3}v$ 로 운동하고, 물체 2는 반지름이 r 인 원궤도를 따라 운동한다. 물체 1, 2의 질량은 각각 m, $2m$ 이고, 자기장의 방향은 xy 평면에 수직으로 들어가는 방향이며, 자기장의 세기는 B 이다.

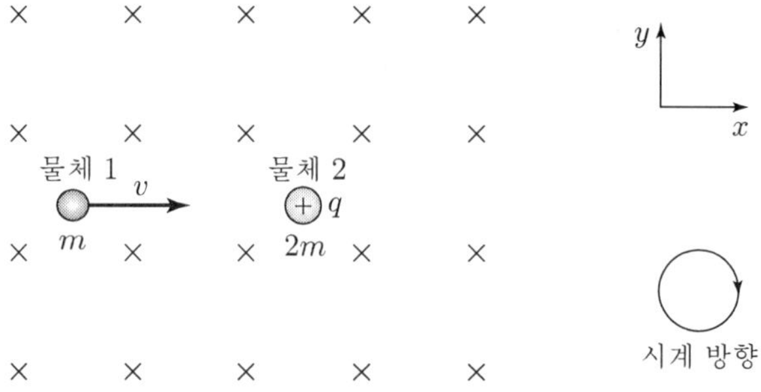

충돌 후 물체 2의 운동에 대한 설명으로 옳은 것만을 〈보기〉에서 있는 대로 고른 것은?
(단, 충돌 전후 물체 2의 전하량은 변화가 없고, 물체의 크기와 전자기파 발생은 무시한다.)

<보 기>

ㄱ. 속력은 $\frac{2}{3}v$이다.

ㄴ. 시계 방향으로 원운동한다.

ㄷ. r는 $\frac{2mv}{3qB}$이다.

① ㄱ　② ㄷ　③ ㄱ, ㄴ
④ ㄱ, ㄷ　⑤ ㄴ, ㄷ

[풀이] 답 ①

ㄱ. 충돌 후 물체 1은 $-\frac{1}{3}v$, 물체2는 원운동(r)을 한다.

운동량 보존법칙에 의해

$$mv + 0 = m\left(-\frac{1}{3}v\right) + (2m)v', \quad \therefore v' = \frac{2}{3}v \text{ 이다.}$$

ㄴ. 플레밍의 왼손법칙에 의해 자기장 내에서 (+)전하인 물체 2는 $+x$으로 진행하므로 힘의 방향은 위로 받게 된다. 따라서 시계반대방향으로 회전됨을 알 수 있다.

ㄷ. 물체 2는 원운동하므로

$$\frac{(2m)(\frac{2}{3}v)^2}{r} = Bq\left(\frac{2}{3}v\right), \quad \therefore r = \frac{4mv}{3Bq} \text{ 이다.}$$

참고 자기장 내에서의 전하 특성

• 홀 효과(Hall Effect)

자기장 속에서 전류가 흐르면 전하 운반체(대전 입자)는 힘을 받아 도선의 한 끝으로 끌리게 되어 도선 속에서 전하가 분리되는 현상을 "홀 효과"라 한다.

그림과 같이 자기장 속의 도선 일부분을 크게 확대하여 생각하면, 이 때 도선 속의 전하 운반체가 $+q$의 전하를 띠었다고 하자.

$+q$의 입자가 왼쪽에서 오른쪽으로 유동 속도 v로 이동해 가면 로렌츠 힘 $F=qvB$를 위쪽으로 받게 되어 위쪽 면으로 모이게 된다. 위 면에 (+)전하가 모이게 되면 윗면에서 아래쪽 방향의 전기장 E가 생기고 (+)전하는 아래쪽으로 $F=qE$를 받게 된다. 따라서 전하 q는 전기력과 로렌츠 힘을 받게 되고 두 힘이 같아질 때까지 $+q$는 위쪽으로 모인다. 두 힘이 평형이 되어 더 이상 윗면으로 이동하지 않으면 $qE=qvB$이고 $E=vB$의 관계가 된다.

이 때 (+)전하가 많이 모인 위쪽 면은 아래 면과 전위차를 나타낸다.

이 때의 전위차 V_H(홀 전위차)를 측정하면 도선 내의 전하의 부호를 알 수 있다. 즉, 위쪽과 아래쪽의 처음 전위를 측정하고 위쪽면의 전위가 높아지면 전하 운반체는 (+), 아래쪽면의 전위차가 처음보다 낮아지면 전하 운반체는 (−)전하이다.

$$V_H = Ed = vBd \quad \rightarrow \quad vd = \frac{V_H}{B}$$

또, 도선 내에 흐르는 전류 I는 $I=Senv(S=dl)$이므로

$$n = \frac{I}{Sev} = \frac{I}{elvd} = \frac{IB}{elV_H}$$

위 식에서 V_H를 측정하면 단위 부피당 전하 운반체의 수 n을 구할 수 있다.

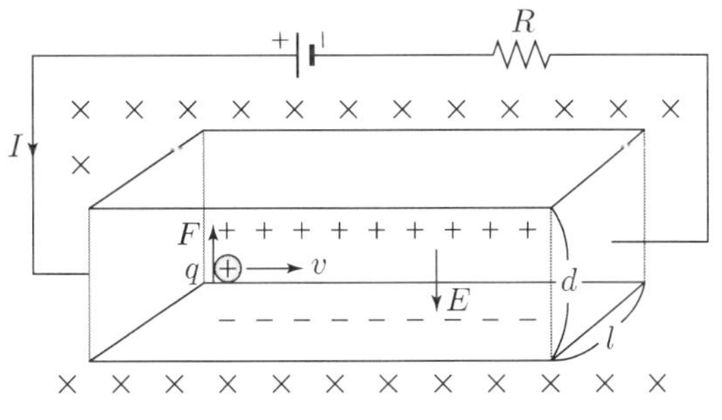

• 질량 분석기(Mass spectrometer)

그림과 같이 이온원에서 발생한 이온들은 slit을 통과한 후 전자기장이 동시에 걸려 있는 속도선택기를 통과함으로써 같은 방향, 같은 크기의 속도를 갖는 이온들만이

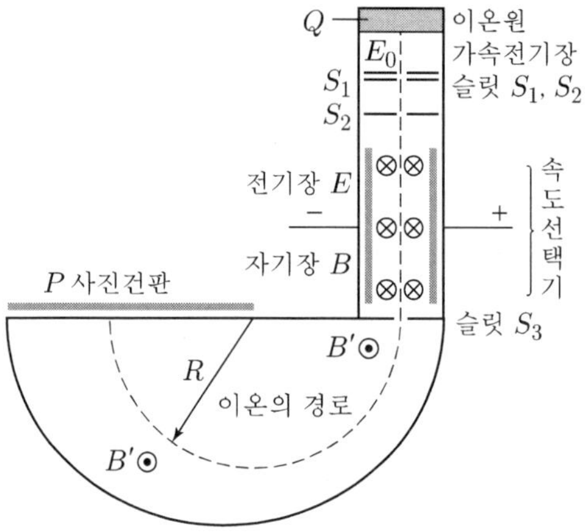

질량분석기 속으로 들어가게 된다.
이 때 이온들은 원운동을 하게 되며

$$r = \frac{mv}{eB}$$

이다. e, B, v 등이 모두 일정하므로 반지름은 질량 m에 의하여 결정된다. 이 때 속도선택기는 전하가 $evB = eE$ 인 조건을 만족하는 이온만을 선별한다.

• **사이클로트론(Cyclotron)**

원자핵반응을 위한 대전입자(양성자 또는 중성자)의 가속장치이다. 균일한 자기장 속에 양성자원을 놓으면 양성자는 자기장에 의해 힘을 받아서 원운동을 하게 될 것이다. 이 때 양성자가 한 원통 속애서 반 회전을 마치면 dee 사이에서 양성자를 가속하도록 전위차를 걸어 속도가 커지게 한다.

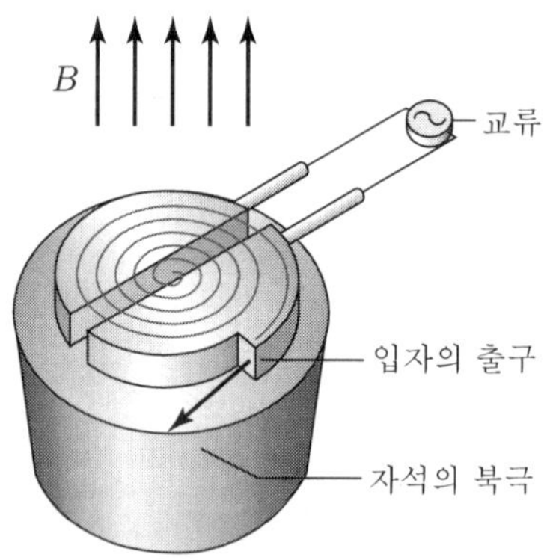

이와 같이 양성자가 dee 속에서 반회전한 뒤 dee 사이를 통과할 때마다 가속하기 위하여 양성자가 1회전하는 주기와 같은 주기로 교류 전위차를 두 dee사이에 걸어 주어야 한다. 교류진동수는 사이클로트론 진동수가 되어야 한다. 즉,

$$f = \frac{eB}{2\pi m}$$

이다.

예제 5.25

그림은 균일한 자기장 B에 수직으로 놓여 있는 폭 w의 도체에 전류 I가 흐를 때, 점 a와 b에서의 전위 V_a와 V_b의 차이 $\Delta V(= V_a - V_b)$를 측정하는 것을 나타낸다.

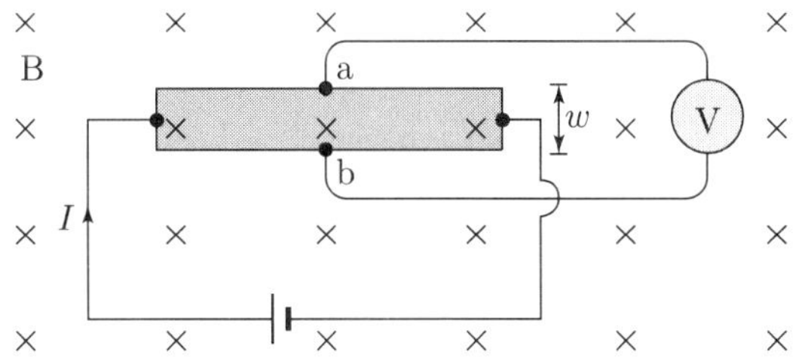

이에 대한 〈보기〉의 설명 중 옳은 것을 모두 고른 것은? (단, 자기장은 지면 안쪽을 향한다.)

<보 기>

ㄱ. 전하 운반체가 음(−)전하이면 $\Delta V > 0$이다.
ㄴ. 자기장의 방향을 반대로 하면 ΔV의 부호가 바뀐다.
ㄷ. 전하 운반체의 유동속도를 구하기 위해서는 B의 크기, ΔV, w를 측정해야 한다.

① ㄱ ② ㄴ ③ ㄷ
④ ㄱ, ㄴ ⑤ ㄴ, ㄷ

[풀이] 답 ⑤

홀효과는 도체 또는 반도체에서 전류에 기여하는 전하운반체가 전자인 hole인지를 구분할 수 있는 장치이다. 즉, 도체 또는 반도체로 된 얇은 막에 수직으로 자기장을 가한 후 길이 방향으로 전류 I가 흐를 때 전하운반체가 자기력에 의해 막의 한쪽으로 쏠리게 되어 막의 양 옆면 사이에 전위차가 생기는 현상이다. 따라서 $qE = qvB$를 이용하며, (+)전하가 많이 모인 위쪽면은 아래면과 전위차를 가진다. 이때의 전위차 V_H(홀 전위차)를 측정하면 도선 내의 전하량의 부호를 알 수 있다. 즉, 위쪽과 아래쪽의 처음 전위를 측정하고 위쪽면의 전위가 높아지면 전하 운반체는 (+), 아래쪽면의 전위차가 처음보다 낮아지면 전하 운반체 (−)전하이다.

$$V_H = Ew = vBw \rightarrow vw = \frac{V_H}{B}$$

또, 도선 내에 흐르는 전류 I는

$I = Senv\,(S = wl)$이므로

$$n = \frac{I}{Sev} = \frac{I}{elvw} = \frac{IB}{elV_H}$$

위 식에서 V_H를 측정하면 단위 부피당 전하 운반체의 수 n을 구할 수 있다.

4. 전류와 전류 사이에 작용하는 자기력

두 개의 평행한 도선에 각각 전류가 흐르고 있을 경우, 그림처럼 도선 1에서 자기장을 형성하고, 도선 2에 상호작용하면

- 전류가 같은 방향일 때 ⇨ 인력
- 전류가 반대 방향일 때 ⇨ 척력

이다.

따라서, 그림에서 도선 1이 받는 인력은

$$F = I_2 l B_1$$

이고, 두 도선의 떨어진 거리 d이므로 도선 2의 위치에서 도선 1에 의해서 생성된 자기장의 크기는

$$B_1 = k' \frac{I_1}{d}$$

$$F = I_2 l B_1 = I_2 l \left(k' \frac{I_1}{d}\right) = k' \frac{I_1 I_2}{d} l$$

이다.

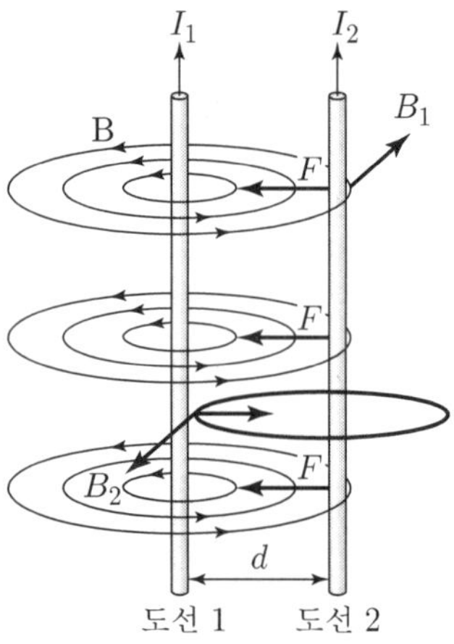

[두 도선의 자기력]

예제 5.26

그림과 같이 전류 I_1이 흐르는 직선 도선으로부터 d 떨어진 곳에 한변의 길이가 a인 정사각형 모양의 도선에 전류 I_2가 흐를 때 이 도선이 받는 자기력의 크기는? (단, μ_0은 진공에서 투자율이다.)

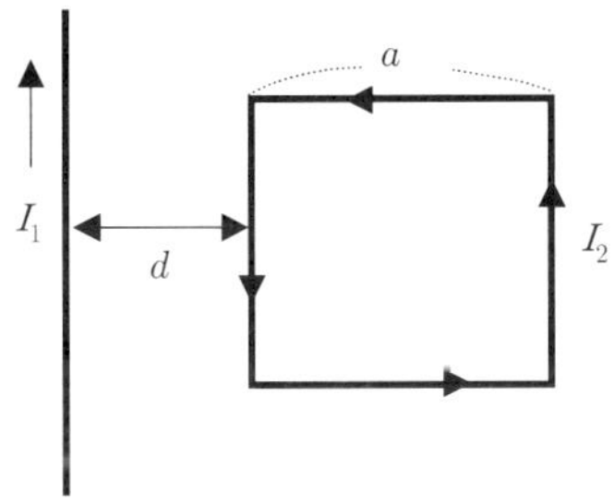

① $\frac{\mu_0}{2\pi}\frac{a^2}{d(a+d)}I_1I_2$　② $\frac{\mu_0}{2\pi}\frac{a}{d(a+d)}I_1I_2$　③ $\frac{\mu_0}{2\pi}\frac{a^2}{a+d}I_1I_2$

④ $\frac{\mu_0}{2\pi}\frac{d^2}{a(a+d)}I_1I_2$　⑤ $\frac{\mu_0}{2\pi}\frac{ad}{a+d}I_1I_2$

[풀이] 답 ①

정사각형 도선에서 윗변과 아랫변이 받는 힘은 상쇄되고 왼쪽 변은 직선도선과 반대방향으로 전류가 흐르므로 받는 힘은 척력

$$F_1 = \frac{\mu_0}{2\pi}\frac{I_1I_2}{d}a$$

이고, 오른쪽 변은 직선도선과 같은 방향으로 전류가 흐르므로 받는 힘은 인력

$$F_2 = \frac{\mu_0}{2\pi}\frac{I_1I_2}{d+a}a$$

이므로 주어진 합력

$$F = F_1 - F_2 = \frac{\mu_0}{2\pi}\frac{a^2}{d(a+d)}I_1I_2$$

이다.

예제 5.27

그림과 같이 세 도선 a, b, c가 나란하게 같은 간격으로 놓여 있다. 도선 a에는 20A의 전류가 지면 뒤쪽으로 흐르고 도선 b와 c에는 똑같은 세기의 전류 10A가 지면 앞쪽으로 흐른다.

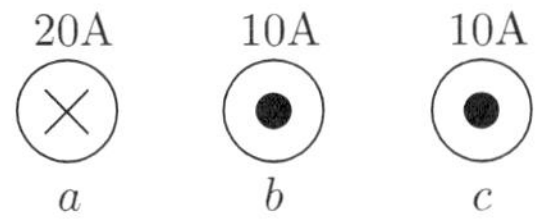

이 과정에 대한 설명으로 옳은 것만을 〈보기〉에서 있는 대로 고른 것은?

<보 기>

ㄱ. 세 도선 a, b, c에 흐르는 전류가 직류일 때 도선 b가 받는 힘의 방향은 오른쪽이다.

ㄴ. 세 도선 a, b, c에 같은 위상의 60Hz 교류가 흐를 때 도선 b는 좌우로 진동하지만 우리 눈에는 거의 보이지 않는다.

ㄷ. 도선 a, b 사이의 간격이 2배 멀어지면 도선 b가 받는 힘의 방향이 왼쪽이다.

① ㄱ ② ㄴ ③ ㄷ

④ ㄱ, ㄴ ⑤ ㄱ, ㄷ

[풀이] 답 ①

ㄱ. 두 도선에서의 힘 $F=\dfrac{\mu_0}{2\pi}\dfrac{I_1 I_2}{r}l$로 척력이 작용하여 가운데 도선은 오른쪽으로 힘을 받는다.

ㄴ. 세 도선에 흐르는 전류의 방향이 주기적으로 바뀌더라도 위상이 모두 같으므로 도선 b가 받는 힘의 방향은 변하지 않는다. 즉, 진동하지 않는다.

ㄷ. 거리에 반비례하지만 힘의 방향은 변하지 않는다.

5.8 전자기 유도

전류가 자기장을 만들 듯이 자기장에 의해 전류의 발생, 즉 "전자기 유도 현상"이 패러데이와 헨리에 의해 발견되었다. 이러한 전자기유도 현상은 도선과 자기장의 상대 운동이 있을 때와 공간의 자기장이 변할 때 관측된다.

1. 자기 선속과 패러데이 법칙

패러데이는 자기력선에 착안하여 그림과 같은 모형으로 전자기유도 현상을 설명하였다.

'도선에 유도되는 기전력은 그 속을 통과하는 자기력선의 수가 변할 때나 도선이 자기력선을 끊고 지나갈 때 나타난다'고 하였다. 즉, 자기장 안에서 도선을 운동시키

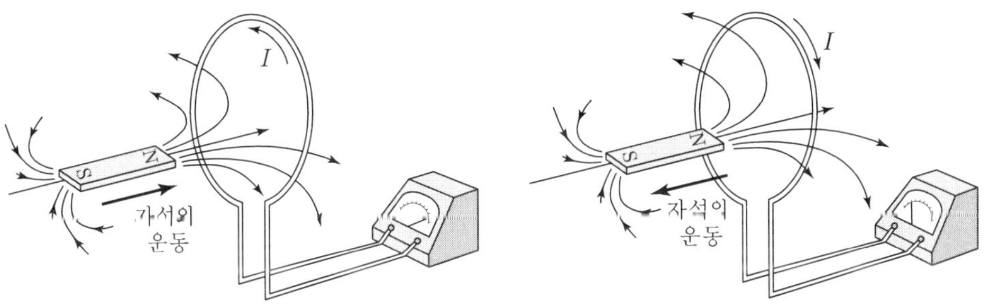

[패러데이의 법칙]

거나, 변하는 자기장 안에 있는 도선에는 전자기 유도에 의해 유도 전류가 흐른다. 따라서 유도 기전력은 코일을 지나는 자기선속(자속)의 시간 변화율에 비례함을 알 수 있다.

그러면 자기선속은 코일 속을 지나는 자기력선의 수로 정의하고, 이 때 자기력선의 수를 자속 Φ_B로 나타낸다.

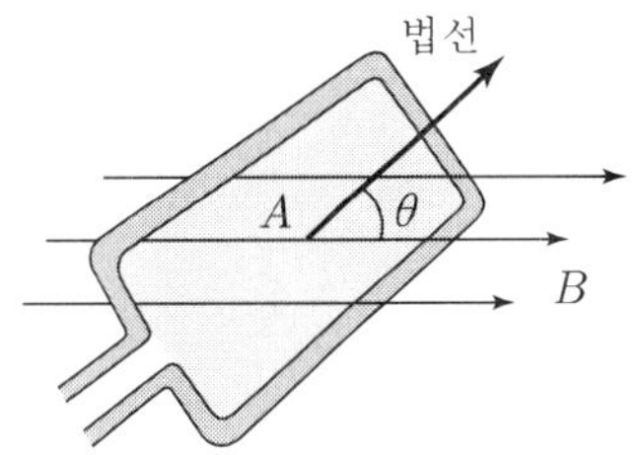

[자기선속]

$$\Phi_B = \vec{B} \cdot \vec{A} = BA\cos\theta \ \ [\mathrm{Wb} = \mathrm{T} \cdot \mathrm{m}^2]$$

여기서, 자속의 단위는 Wb(Weber, 웨버)이다.

1) 렌츠의 법칙

위의 그림에서 N극이 원형코일에 가까워지면 코일을 통과하는 자속의 수가 증가하는데 코일은 이 를 방해하기 위한 방향으로 유도 전류가 흐른다. 즉 코일을 지나는 자기력선의 수가 시간에 따라 변하면 그 변화를 방해하려는 방향으로 전류가 유도되는 현상을 말한다.

2) 패러데이의 법칙

자석의 운동을 빠르게하면 유도 기전력이 증가하고 이에 따라 유도전류가 흐른다. 즉 기전력의 크기는 도선의 감은 수와 자속의 시간 변화율에 비례한다.

$$\varepsilon = -N\frac{\Delta\Phi_B}{\Delta t} \ \ [\mathrm{V}] \ \ (N\text{: 코일의 감은 수})$$

여기서, (-)부호는 렌츠의 법칙에 따라 유도전류의 방향을 의미한다.

2. 유도 기전력 구하기

그림과 같이 균일한 자기장 B영역에 수직으로 ㄷ자 도선 위에 길이 l 인 도체 막대가 v로 움직일 때, 일단은 에워싼 면적이 증가하면 자속이 증가하고, 자기장 속에서 도체 막대의 전자는 로렌츠 힘을 받게 된다. 이 때 도체 막대에는 유도전류가 생긴다.

$$\mathcal{E}=-\frac{\Delta\Phi_B}{\Delta t}=-\frac{\Delta(BA)}{\Delta t}=-B\frac{\Delta A}{\Delta t}=-B\frac{(l\Delta x)}{\Delta t}=-Bl\frac{\Delta x}{\Delta t}$$

이다. 이 때 $\Delta x/\Delta t=v$ 이므로 유도기전력은

$$\mathcal{E}=-Blv$$

이다. 이들 현상을 다시 표현하면 다음과 같다.

자기장 B에 수직하게 전하 q가 v로 운동하면, q가 받는 힘

$$F=qvB$$

이다.

따라서 전하가 $C \rightarrow D$까지 움직이면

$$W=Fl=qvBl$$

이고, 이것은 기전력이 전위차를 의미하므로

$$\mathcal{E}=\frac{W}{q}=Blv$$

가 된다. 만일 회로에서 저항 R을 고려하면 다음과 같이 전력을 계산한다.

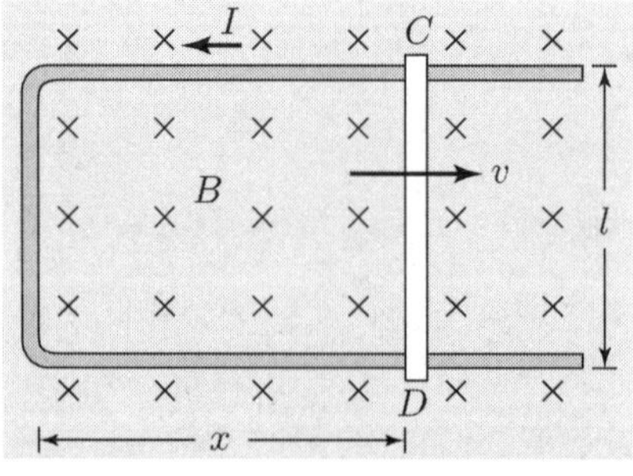

[유도 기전력]

$$I = \frac{\mathcal{E}}{R} = \frac{Blv}{R}, \quad F = BIl$$

$$P = Fv = BIlv = \frac{(Blv)^2}{R} = \frac{\mathcal{E}^2}{R}$$: 저항 R에서 소모되는 전력

예제 5.28

그림과 같이 한 변이 10cm인 정사각형 코일이 20번 감긴 고리로 되어있다. 처음에 코일은 자기장이 0.25T인 자석의 두 극 사이에 정지해 있다. 이 때 코일의 면은 자기장에 수직이다. 코일을 0.01초 동안에 자기장으로부터 완전히 끄집어낸다면 코일에 유도되는 평균 기전력은?

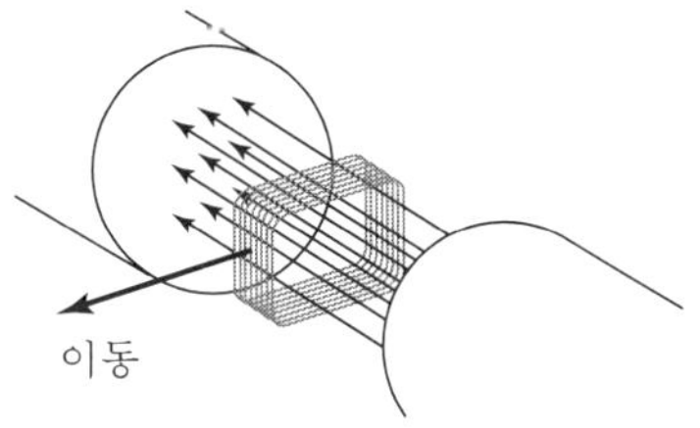

① 5V ② 0.9V ③ 1V
④ 1.5V ⑤ 2V

[풀이] 답 ①

유도기전력을 알기위해 먼저 한 개의 고리 자기선속은 $\Phi_B = BA\cos\theta$ 이고,
이 때 자기장과 면이 수직이므로 $\cos\theta = 1$ 이고, 초기 자기선속 $\Phi_i = Bl^2$ 이다. 코일을 자석으로부터 꺼낸 후에는 $\Phi_f = 0$ 즉, $\Delta\Phi_B = 0 - \Phi_i = -\Phi_i$ 이다. 그러므로 유도기전력 ε는

$$\varepsilon = -N\frac{\Delta\Phi_B}{\Delta t} = \frac{NBl^2}{\Delta t} = \frac{(20)(0.25\,T)(0.1m)^2}{0.1s} = 0.5\,V$$

예제 5.29

그림은 무한히 긴 직선 도선 A, 금속 막대 B가 놓인 ㄷ자형 도선이 같은 평면상에 나란히 있는 것을 나타낸다. A에는 일정한 전류 I가 흐르고, B는 일정한 속력 v로 운동하고 있다.

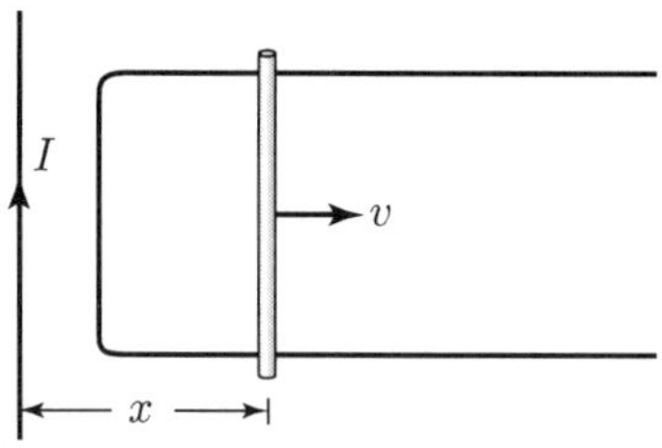

이 때 유도되는 기전력 $\mathcal{E}$의 크기를 A로부터의 거리 x에 따라 개략적으로 나타낸 것 중 가장 적당한 것은? (단, 유도기전력은 도선 A의 전류에 의한 것만 있다고 가정한다.)

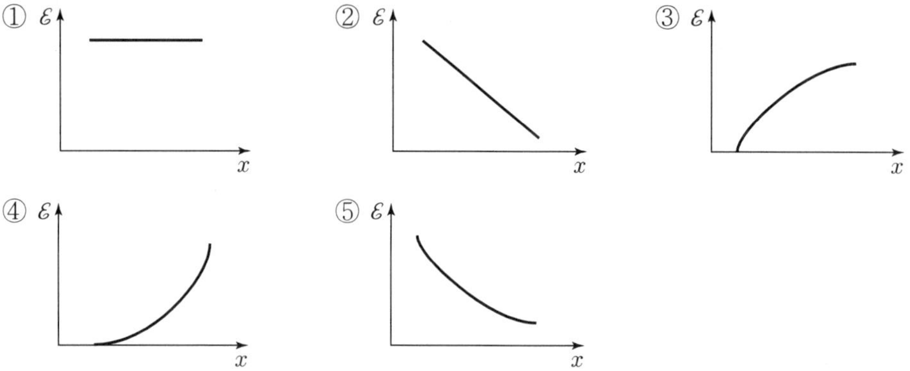

[풀이] 답 ⑤

$B=\dfrac{\mu_0}{2\pi}\dfrac{I}{x}$ 이므로 $\varepsilon=Blv=\dfrac{\mu_0 Ilv}{2\pi}\dfrac{1}{x}$ 이고 거리에 반비례 곡선을 만족한다.

다른 풀이) 공간의 한 점에서의 자기력선속의 변화는 자기장변화로 인한 $\varepsilon\propto\dfrac{1}{x}$ 이다. 패러데이의 법칙으로부터 $\varepsilon=-\dfrac{d\Phi_B}{dt}$ 에서 $x\rightarrow\infty$ 이면 $B\rightarrow 0$ 이다.

따라서 $B=\dfrac{\mu_0}{2\pi}\dfrac{I}{x}$ 에서

$$\Phi_B=\int BdA=\int_0^x \frac{\mu_0}{2\pi}\frac{I}{x}(l\,dx)=\frac{\mu_0 Il}{2\pi}\ln x$$

$$\therefore \varepsilon=\frac{d\Phi_B}{dt}=\frac{\mu_0 Il}{2\pi}\frac{1}{x}\frac{dx}{dt}=\frac{\mu_0 Ilv}{2\pi}\frac{1}{x}\propto\frac{1}{x}$$

3. 회전하는 코일

그림과 같이 코일이 균일한 자기장 B 안에서 자기장에 수직한 축을 중심으로 회전

하고 있다. 시각 t일 때 코일 면의 법선이 자기장과 θ각을 이루고 있다면 코일 면을 통과하는 자속은

$$\Phi_B = BA\cos\theta$$

이고, 코일이 각속도 w로 회전하고 있을 때

$$\Phi_B = BA\cos wt$$

이다. 이 때 코일에 유도되는 기전력은

$$\mathcal{E} = -\frac{d}{dt}(N\Phi_B) = -N\frac{d}{dt}(BA\cos wt) = BANw\sin wt$$

이다.

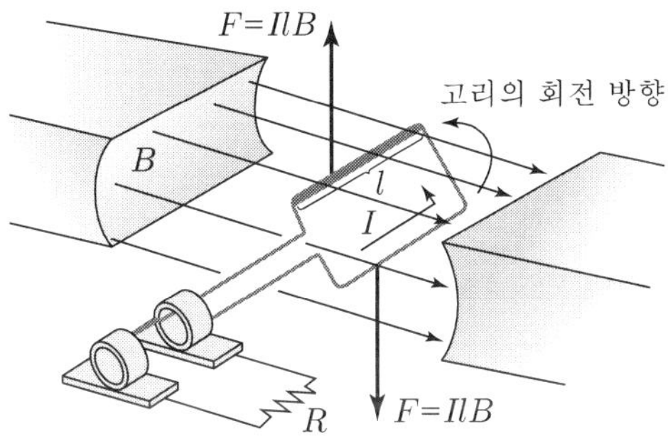

[회전하는 코일]

4. 변압기

변압기는 특별한 전력 손실 없이 교류전압을 증가 또는 감소할 수 있는 장치이다. 즉, 상호유도를 통해 교류의 전압이 변화된다. (그림 참조)

"1차 코일 공급 전력=2차 코일 소비 전력"

$$V \propto N$$

$$V_1 = -N_1\frac{\Delta\Phi}{\Delta t},\quad V_2 = -N_2\frac{\Delta\Phi}{\Delta t}$$

$$\frac{V_1}{V_2} = \frac{N_1}{N_2}$$

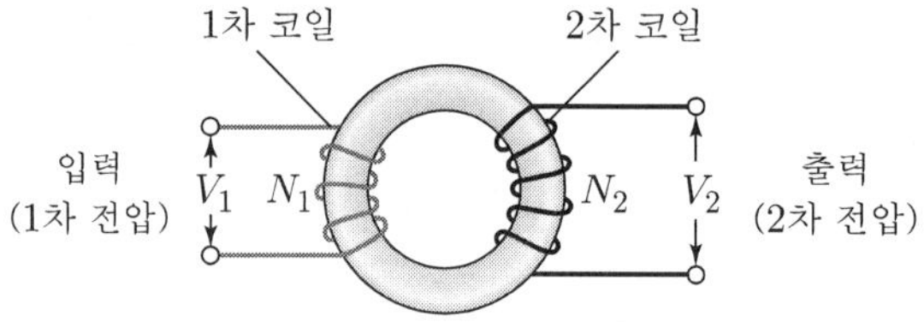

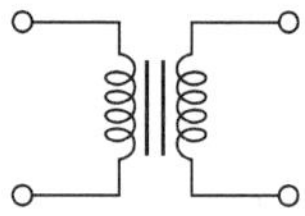

[변압기]

이 때 $P = IV$ 이므로 $I_1 V_1 = I_2 V_2$ 에서

$$\frac{V_1}{V_2} = \frac{N_1}{N_2} = \frac{I_2}{I_1}$$

이다.

5. 인덕턴스

1) 자체유도

전류가 코일을 지날 때 자기장이 형성되고 이 변화로 기전력이 유도되는지 생각하자. 그림과 같이 전류 I, N번 감긴 코일에서

$$N\Phi_B = LI$$

이다. 여기서, L 은 자체유도계수이다. 계수는

⇨ 코일모양, 크기 의존

⇨ 단위 $[\mathrm{V\,s/A = H}]$

이다. 이 때 자기선속의 변화는

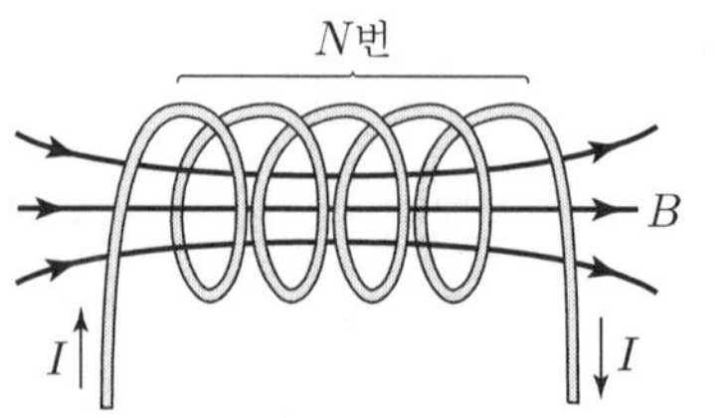

[자체유도]

$$\Delta(N\Phi_B) = L\Delta I$$

$$\mathcal{E} = -\frac{\Delta(N\Phi_B)}{\Delta t} = -L\frac{\Delta I}{\Delta t}$$

이다.

2) 상호유도

그림에서 코일 (1)에 흐르는 전류 I_1에 의하여 생긴 자속은 전류 I_1에 비례할 것이다. 따라서 코일 (2)의 단면을 관통하는 자속 Φ_{21}도 I_1에 비례하므로

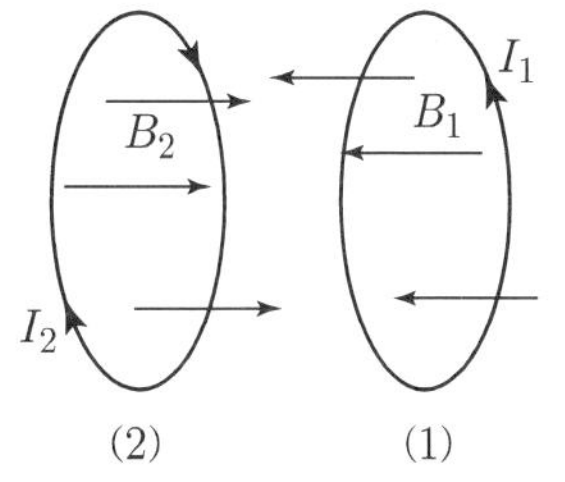

[상호유도]

$$\Phi_{21} = M_{21} I_1$$

이고, I_1이 시간에 따라 변화하면 Φ_{21}도 변화되어 코일 (2)에 기전력이 발생된다. 이 현상을 **상호유도**(mutual induction)라고 한다. 이 때 기전력은

$$\mathcal{E}_{21} = -M_{21}\frac{dI_1}{dt}$$

이다. 여기서 M_{21}을 상호유도계수(mutual induction)라고 한다. 또한 회로 (2)에 흐르는 전류변화에 의하여 회로 (1)에도 상호유도 기전력

$$\mathcal{E}_{12} = -M_{12}\frac{dI_2}{dt}$$

이 발생한다. 이 때 상호유도계수는 $M_{12} = M_{21}$이고 자체유도계수나 상호유도계수의 단위는 [V · s/A = H]이다.

예제 5.30

그림 (가)는 호흡정지감지기를 차고 있는 어린 아이를 나타낸 것이며, 그림 (나)는 호흡정지감지기의 원리를 모식적으로 나타낸 것이다. 코일1은 일정한 기전력 ε, 저항 r에 연결되어 있고 지점 a와 b 사이를 진동수 f로 단순조화 진동한다. 길이 l, 감은 수 N인 코일2는 저항 R과 연결되어 코일1과 같은 중심축 상에 고정되어 있다.

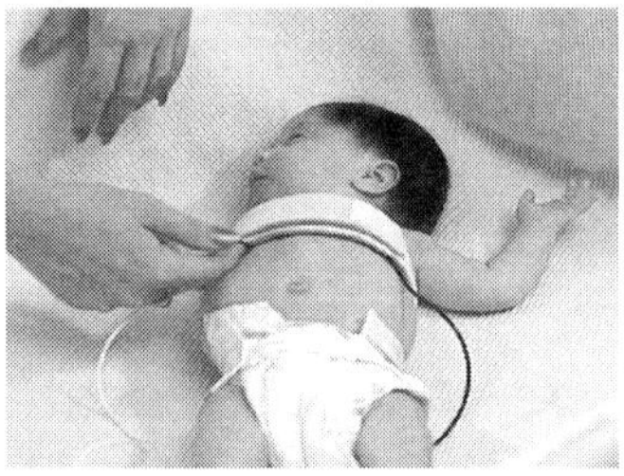

(가)

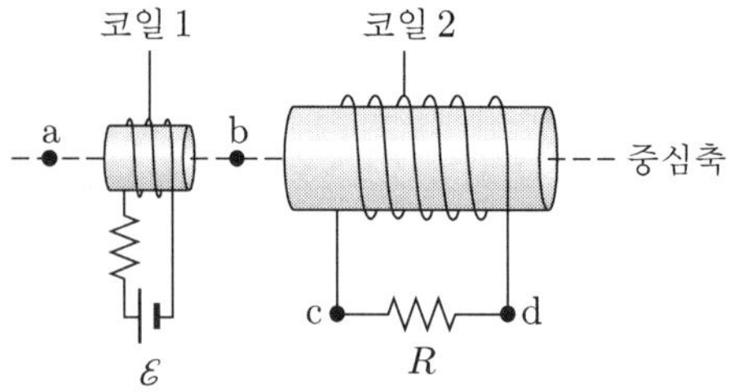

(나)

코일1이 a와 b로 이동하는 동안, 이에 대한 설명으로 옳은 것만을 〈보기〉에서 있는 대로 고른 것은? (단, 코일1에 유도되는 기전력은 무시한다.)

<보 기>

ㄱ. 저항 R에 흐르는 전류의 방향은 $c \rightarrow R \rightarrow d$ 방향이다.
ㄴ. 코일1에 의한 코일2의 유도기전력의 최대값은 N이 클수록 크다.
ㄷ. 코일1에 의한 코일2의 유도기전력의 최대값은 f가 클수록 크다.

① ㄱ ② ㄷ ③ ㄱ, ㄴ
④ ㄴ, ㄷ ⑤ ㄱ, ㄴ, ㄷ

[풀이] 답 ⑤

ㄱ. 코일1에서 전류방향이 $a \rightarrow b$이므로 역기전력에 의해 코일2는 시계반대방향으로 전류가 흐르므로 $c \rightarrow R \rightarrow d$로 흐른다.

ㄴ. $\varepsilon = N\dfrac{d\Phi_B}{dt}$에 의해 코일 감은 횟수가 클수록 기전력 커진다.

ㄷ. $\varepsilon = -\dfrac{d}{dt}(N\Phi_B) = -N\dfrac{d}{dt}(BA\cos wt) = NBA(2\pi f)\sin wt$이므로 이때의 유도기전력이 최대가 된다.

7. 자기장 내에 에너지 저장

크기가 L인 인덕터에 $\Delta I/\Delta t$의 비율로 변하는 전류 I를 발생하는데 필요한 전력은

$$P = \mathcal{E} I = LI\frac{\Delta I}{\Delta t}$$

이다. 에너지는

$$\Delta W = P\Delta t \quad \Rightarrow \quad W = \sum \Delta W = \sum LI\Delta I$$

$$W = \frac{1}{2}LI^2$$

이다. 이 때, 솔레노이드 인덕터를 고려하면 에너지는

$$N/l = n, \quad L = \mu_0 n^2 Al$$

$$W = \frac{1}{2}LI^2 = \frac{1}{2\mu_0}B^2 Al$$

이다.

따라서 단위 부피당의 에너지 밀도 u_B는

$$u_B = \frac{W}{Al} = \frac{1}{2}\frac{B^2}{\mu_0}$$

이 된다.

8. RL 회로

그림과 같이 인덕터 L, 저항기 R, 기전력 V_0에서의 회로를 생각하자.

키르히호프의 법칙에 의해

$$V_0 + V_R + V_L = 0$$

이다. 즉, $V_0 - IR - L\frac{\Delta I}{\Delta t} = 0$

$$\frac{\Delta I}{\Delta t} = \frac{V_0 - IR}{L} = -\frac{R}{L}\left(I - \frac{V_0}{R}\right)$$

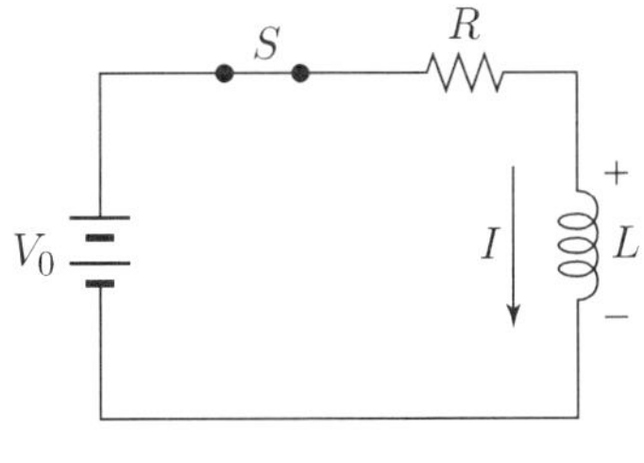

[RL 회로]

이므로 V_0/R은 상수이면서 전류 I_0이므로 미분방정식을 풀면

$$\frac{\Delta(I-V_0/R)}{\Delta t}=-\frac{R}{L}(I-V_0/R)$$

$$I=\frac{V_0}{R}-\frac{V_0}{R}e^{-Rt/L}=I_0\left(1-e^{-\frac{Rt}{L}}\right)$$

이다. 여기서, 스위치를 닫는 순간인 $t=0$일 때 I_0, $\tau_L=\frac{L}{R}$은 유도 시상수이다.

또한, $V_0-IR+V_L=0$에서 인덕터 양단의 전위차는

$$V_L=IR-V_0=-V_0e^{-Rt/L}$$

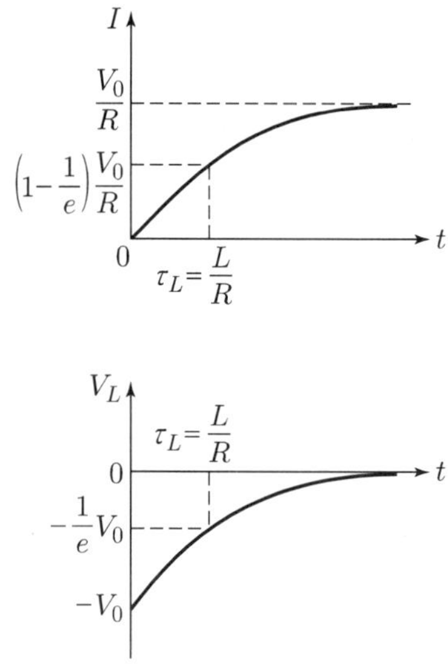

[인덕터의 전류, 전압]

이다.

한편, 스위치를 열면 전지를 제거한 것이므로 $V_0=0$이 되어 $L\frac{\Delta I}{\Delta t}+IR=0$이 된다. 이 때 이 식을 풀면 $I=\frac{V_0}{R}e^{-\frac{Rt}{L}}$이 된다.

9. 전자기파

1) 변화하는 자기장에 의해 발생하는 전기장

코일을 통과하는 자기선속이 변화하면 전자기 유도에 의해 코일에 전류가 흐른다. 이 때 코일이 없어도 자기선속이 변화하면 자기선속의 주위에 전기장이 발생한다. 이것은 코일 대신에 넓은 금속판을 사용했을 때 금속판 위에 맴돌이 전류가 만들어지는 것으로 보아 알 수 있다. 이와 같이 자기장이 변화하면 그 주위의 공간에 전기장이 발생한다.

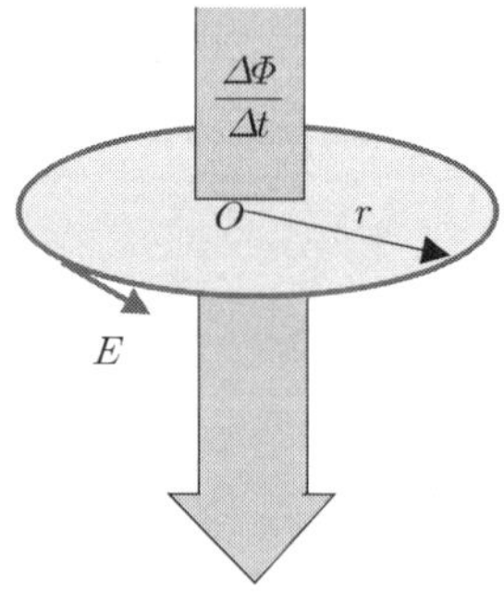

[자기장의 변화에 의한 전기장]

중심점 O의 주위를 통하는 자속이 시간 Δt 사이에

$\Delta\Phi$만큼 변화할 때, O를 중심으로 하는 자기장에 수직한 반지름 r의 원주에 따라 발생하는 유도 기전력을 V, 원주에 따른 전기장의 세기를 E라 하면

$$V = El = 2\pi rE$$

가 되므로 발생하는 전기장의 세기는

패러데이의 법칙에 의해 $2\pi rE = \dfrac{\Delta\Phi}{\Delta t}$ 이므로

$$E = \frac{1}{2\pi r}\frac{\Delta\Phi_B}{\Delta t}$$

가 된다.

2) 변화하는 전기장에 의해 발생하는 자기장

앞에서 정의된 축전기에 충전된 전하 q가 Δt시간 사이에 Δq만큼 변화하면 변화한 전하량에 의해 전류 $I = \dfrac{\Delta q}{\Delta t}$가 도선 내를 흐른다. 이 때 극판 사이의 공간에서도 도선에 흐르는 전류 I와 같은 세기의 전류가 흘렀다고 볼 수 있는 효과가 나타난다.

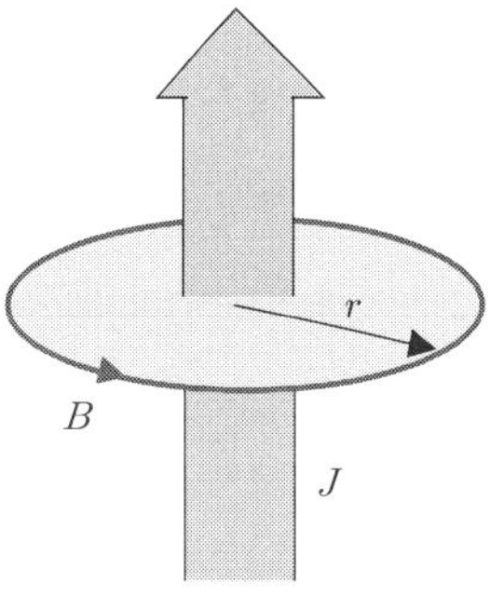

[변위 전류에 의한 자기장]

즉 전기장의 변화에 의한 자기장의 변화가 극판 사이의 공간에 발생한다. 이와 같이 공간 내에 자기장을 발생하게 하는 전기장의 변화를 전류로 볼 때 이 전류를 **변위 전류**라 한다. 즉 극판 사이의 전위차를 V, 전기장의 세기를 E라 하면

$$CV = \left(\frac{\epsilon A}{d}\right) \times Ed = \epsilon EA$$

가 된다. 여기서 $\epsilon EA = D$라 하면 이 D를 전기 변위라 하고, 이 전기 변위의 시간적 변화율

$$J = \frac{\Delta D}{\Delta t}$$

를 변위 전류라 한다.

그림과 같이 변위 전류가 흐를 때 발생하는 자기장은

$$B = \frac{\mu_0}{2\pi}\frac{J}{r}$$

이 되며, 또한

$$2\pi r = \mu_0 J = \mu_0 \frac{\Delta D}{\Delta t}$$

가 된다.

3) 전자기파의 발생

- L-C 전기 진동할 때
- 대전입자가 가속도 운동할 때
- 원자에서 궤도 전자가 전이할 때
- X-선이 (전자가 금속과 충돌시)방출할 때
- γ선이 (원자핵 붕괴시)방출할 때

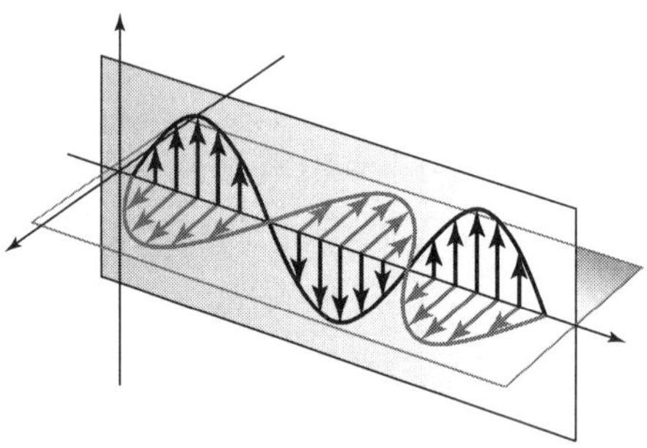

[전자기파]

이런 전자기파는 진공에서는 속력 c로, 매질에서는 속력 $v(c > v)$를 갖는다. 이 때 한 매질에서 다른 매질로 진행하면 파가 휘어진다.(굴절현상)

즉, 굴절률 $n = \frac{c}{v}$이고, 파의 진행속도는 $v = f\lambda$이다. 여기서, f는 진동수, λ는 파장이다.

4) 빛의 속도

전자기파는 공간을 통해 움직일 때 에너지를 운반한다. 따라서 전기장과 자기장에서 에너지 밀도를 이용하여 빛의 속도를 구해보자.

$$u_E = \frac{1}{2}\epsilon_0 E^2, \quad u_B = \frac{1}{2}\frac{B^2}{\mu_0}$$

공간에서의 전체 에너지밀도는

$$u = u_E + u_B = \frac{1}{2}\epsilon_0 E^2 + \frac{1}{2}\frac{B^2}{\mu_0}$$

이다. 이 때 E와 B사이의 관계는 맥스웰 방정식으로부터

$$u_E = u_B$$

$$B = \sqrt{\epsilon_0 \mu_0}\, E = \frac{E}{c}$$

$$c = \frac{1}{\sqrt{\epsilon_0 \mu_0}}$$

5) 전자기파의 종류

전자기파는 그 파장 영역이 매우 넓은 파동이다. 파동은 파장의 길이에 따라 그 성질이 많이 달라지므로, 전자기파에는 그 파장의 길이에 따라 여러 가지 이름이 다르게 붙여져 있다. 다음은 몇 가지 전자기파의 파장이다.

- 장파는 파장이 긴 전자기파로서 그 파장은 10km 이상
- γ선은 가장 짧은 파장을 가지는 전자기파로서 그 파장은 $0.01nm$ 이하
- 가시광선은 그 파장이 약 $380nm \sim 760nm$
- 마이크로파는 그 파장이 약 $0.1nm \sim 0.01nm$
- 통신 또는 방송용의 파장은 수 m에서 수십 km 범위
- 단파의 파장은 10m 정도

따라서 파장이 수십 cm에서 수 mm까지의 전자기파는 직진 성질이 강하므로 레이더에 이용된다.

참 고 변위전류

그림과 같이 축전기를 교류 전원에 연결시키면 전압은 시시각각으로 변하므로 축전기 속에 생기는 전기장도 시간적으로 변하게 되어 자기장이 생긴다. 전류가 흐르는 도선 주위에도 자기장이 생기고 있으나 축전기 속에도 도선에서 생기는 자기장과 같은 방향으로 자기장이 생기고 있기 때문에 축전기에도 도선에서와 같은 전류가 흘러 이 전류에 의한 자기장이 생겼다고 볼 수 있다.

이와 같이, 자기장을 유도하는 전기장의 변화를 전류로 나타낼 때 이 전류를 도선에 흐르는 전도 전류와 구분하여 **변위 전류**라고 한다.

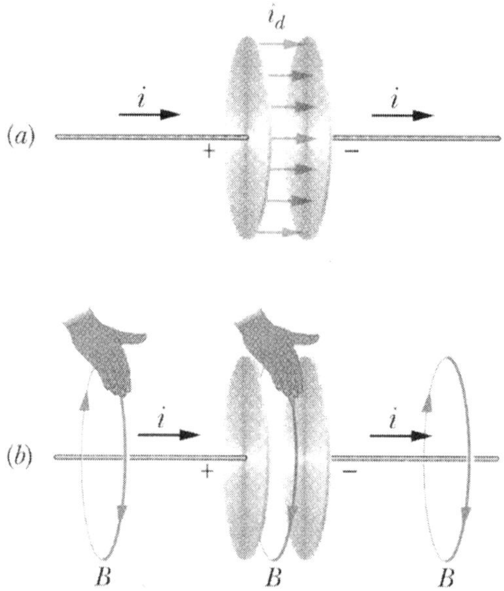

앙페르 법칙에 의해 $\oint \boldsymbol{B} \cdot d\boldsymbol{A} = \mu_0 I$인데 맥스웰은 축전기 판 사이에 변위 전류가 생겨 자기장이 발생됨을 알았다. 즉 위의 법칙을 수정하여 다음과 같은 관계식을 보인다.

$$\oint \boldsymbol{B} \cdot d\boldsymbol{A} = \mu_0 I + \epsilon_0 \frac{d\Phi_E}{dt}$$

참고 맥스웰 방정식

1. 전기력선은 전하에서 시작하여 전하로 끝난다. (정전기에 대한 가우스법칙)

⇨ 전기장을 기술, 쿨롱법칙 유도 $\oint E \cdot dA = \frac{Q}{\epsilon_0}$

2. 자기력선은 닫힌 고리를 형성한다. (자기에 대한 가우스 법칙)

⇨ 자기 홀극(magnetic monopole)이 존재하지 않는다. $\oint B \cdot dA = 0$

3. 자기장은 전류에 의해 생성된다. (앙페르 법칙)

⇨ 전류 및 전기장으로도 자기장이 생성된다. $\oint B \cdot dl = \mu_0 I + \epsilon_0 \frac{d\Phi_E}{dt}$

4. 변화하는 자기선속은 기전력을 유도한다. (페러데이 법칙)

⇨ 자기장의 결과 전기장이 생성된다. $\oint E \cdot dl = -\frac{d\Phi_B}{dt}$

5.9 교류 회로

1. 교류와 직류

직류는 도체 속의 전하들을 한 방향으로 이동시키는 것이고, 교류는 이동 방향이 계속 변하는 것이다. 그러나 본질에 있어서는 두 가지 모두 회로 상에서 열을 내거나 방출하게 한다는 점에서 서로 같다고 볼 수 있다. 교류의 파형은 사인파 이외에도 톱니모양, 삼각형 모양등 여러 가지 형태가 있다.

1) 교류의 표현식

교류는 시간에 따라 크기와 방향이 주기적으로 변한다. 사인파 교류는

$$\varepsilon = \varepsilon_0 \sin 2\pi f t$$

$$I = I_0 \sin 2\pi f t$$

이다.

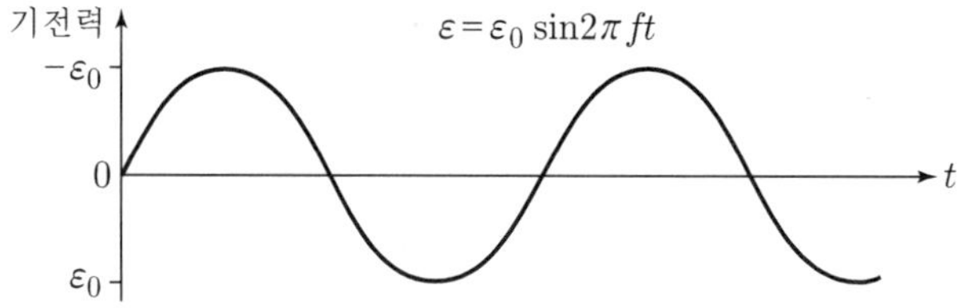

[교류 사인파]

2) 교류의 실효값

교류는 매 순간마다 그 크기가 변한다. 교류의 전압을 한 주기 동안 평균하면 0이 된다. 그래서 제곱 평균 제곱근(rms)의 값을 이용한다. 이것이 교류의 **실효값**이다.

실효값이란 같은 저항에서 같은 시간에 같은 양의 전기 에너지가 열로 바뀌는 직류의 값이다. 진동하는 전원 전압에서 두 단자 사이의 순간 전위차 $\mathcal{E}$은

$$\mathcal{E} = \mathcal{E}_0 \sin 2\pi ft$$

이다. 교류에서 순간전류를 I라 하면

$$p = I^2 R$$

이다. 그러나 R이 일정하므로 평균전력은

$$\overline{p} = \overline{I^2 R} = \overline{I^2}\, R$$

이다. 이 때 제곱 평균 제곱근에 의한 전류의 실효값으로

$$I_{rms} = \sqrt{\overline{I^2}} = \frac{I_0}{\sqrt{2}}$$

이고, 제곱 평균 제곱근에 의한 전압의 실효값으로

$$\varepsilon_{rms} = \sqrt{\overline{\varepsilon^2}} = \frac{\varepsilon_0}{\sqrt{2}}$$

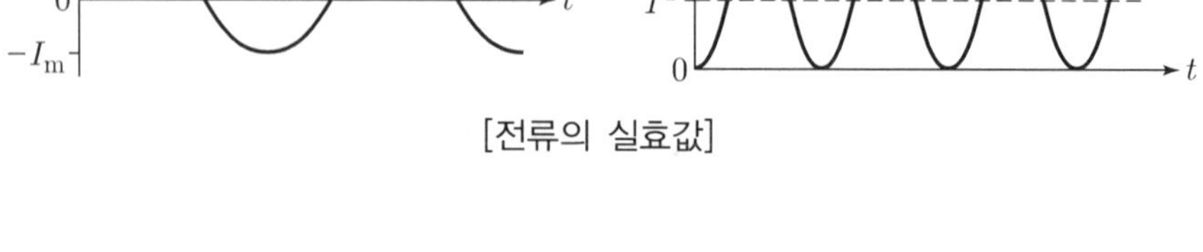

[전류의 실효값]

이다. 따라서 전력의 실효값은 다음과 같이 나타낸다.

$$\bar{p} = I_{rms}\varepsilon_{rms} = \frac{1}{2}I_0\varepsilon_0$$

참고 교류의 실효값의 계산

전압, 전류의 순간값 ε, I, 최대값 ε_0, I_0, 실효값 ε_e, I_e이라고 하자.

$$\varepsilon = \varepsilon_0 \sin wt, \quad I = I_0 \sin wt$$

$$\varepsilon_e = \sqrt{\overline{\varepsilon^2}}, \quad I_e = \sqrt{\overline{I^2}} \text{ 이므로}$$

이들 실효값은

$$\overline{\varepsilon^2} = \frac{1}{T}\int_0^T \varepsilon_0^2 \sin^2 wt\, dt = \frac{\varepsilon_0^2}{T}\int_0^T \frac{1}{2}(1-\cos 2wt)dt = \frac{\varepsilon_0^2}{2}$$

$$\sqrt{\overline{\varepsilon^2}} = \varepsilon_e = \sqrt{\frac{\varepsilon_0^2}{2}} = \frac{\varepsilon_0}{\sqrt{2}}$$

같은 방법으로 계산하면

$$I_e = \frac{I_0}{\sqrt{2}}$$

이다.

2. 교류 회로에서 축전기의 역할

축전기는 직류회로에서 충전만 하고 전류를 통과시키지 않는다. 그러나 교류 전원을 연결하면 축전기를 통해 교류는 흐른다. 축전기는 충전, 방전, 다시 반대 방향 충전 등을 반복한다. 이 때 회로에는 전류가 흐른다. 따라서 전기용량이 클수록, 교류 주파수가 클수록 축전기를 통해 전류가 많이 흐른다.

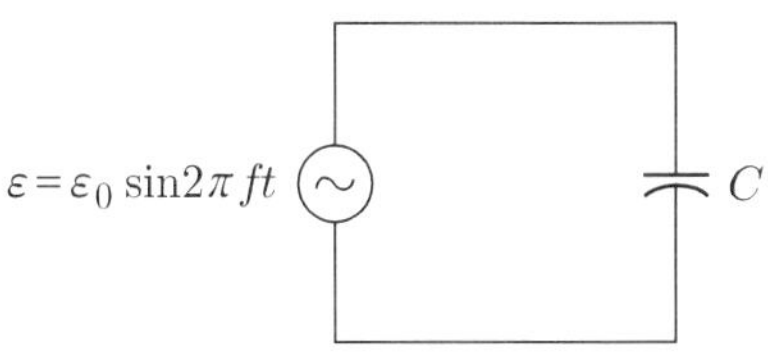

[축전기]

1) 수학적 접근

시각 t일 때 축전기 양단의 전위차

$$\varepsilon = \varepsilon_0 \sin 2\pi f t$$

이다. 그 시각에 축전기의 전하량

$$Q = C\varepsilon$$

이고, 축전기를 통해 흐르는 전류는

$$I = \frac{dQ}{dt} = C\frac{d\varepsilon}{dt} = C\varepsilon_0 2\pi f cos 2\pi f t$$

$$= C\varepsilon_0 2\pi f sin\left(2\pi f t + \frac{\pi}{2}\right)$$

$$= I_0 \sin\left(2\pi f t + \frac{\pi}{2}\right)$$

이다. 이때 용량 리액턴스 X_C를 구하면 다음과 같다.

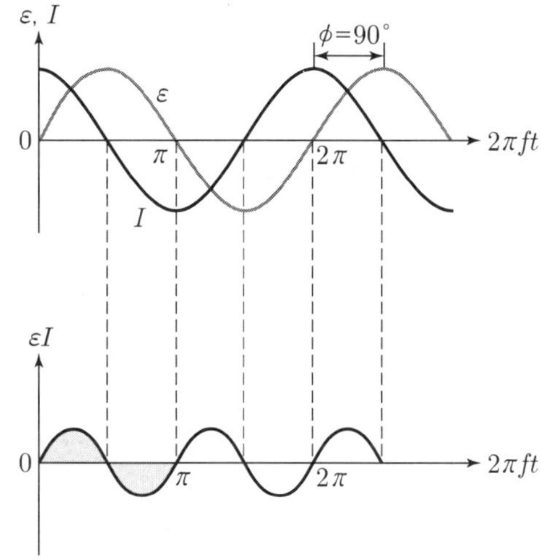

[전압–전류–전력]

$$I_0 = 2\pi f C\varepsilon_0 = wC\varepsilon_0,$$

$$X_C = \frac{\varepsilon_0}{I_0} = \frac{\varepsilon_0}{wC\varepsilon_0} = \frac{1}{wC} = \frac{1}{2\pi f C}$$

2) 해석

위의 관계식으로부터 알 수 있는 사실은 전위차가 $\frac{\pi}{2}$ 뒤진다.

축전기에 공급되는 평균 전력은 0이 된다. 또한 용량 리액턴스에서 저주파 교류는 흐르지 않는다. 진동수가 0이면 리액턴스는 무한히 커진다. 이것은 축전기가 직류를 통과시키지 못하기 때문이다. 또한 X_C가 실제 저항이 아니므로 회로의 전력을 소비하지 않는다.

3. 교류 회로에서 코일의 역할

코일은 렌츠와 패러데이의 법칙에 따라 반대 방향의 역기전력이 나타난다.

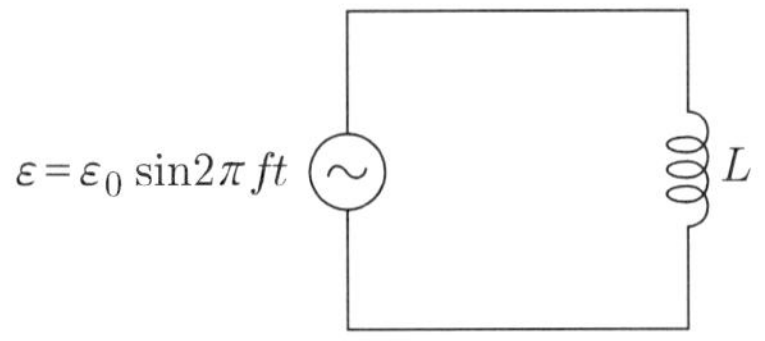

[인덕터]

즉 전압은 코일을 작용하고, 역기전력은 전원에 작용하는 것으로서 마치 두 물체들 사이의 작용-반작용 관계와 유사하다.

1) 수학적 접근

유도 계수 L인 코일에 흐르는 전류가 I라고 하면

$$I = I_0 \sin 2\pi ft$$

$$\varepsilon = \varepsilon_0 \sin 2\pi ft$$

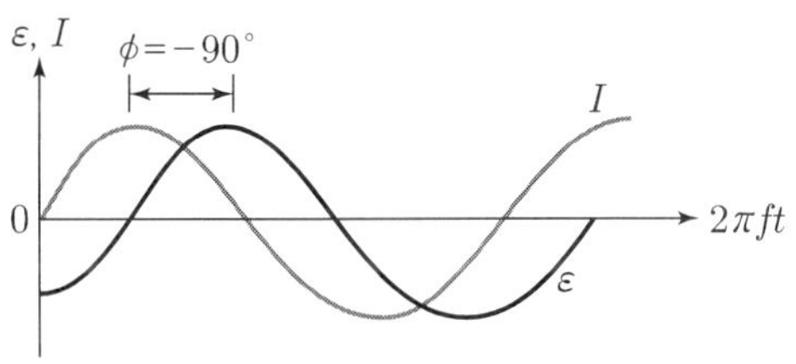

[전압-전류]

이다. 전류가 변할 때 코일에 유도되는 역기전력은

$$\begin{aligned} \varepsilon &= -L\frac{dI}{dt} = -L\frac{d}{dt}(I_0 \sin 2\pi ft) \\ &= -2\pi f L I_0 \cos 2\pi ft \\ &= -\varepsilon_0 \cos 2\pi ft = \varepsilon_0 \sin\left(2\pi ft - \frac{\pi}{2}\right) \end{aligned}$$

이다. 코일의 저항이 0이라 하면, 코일 양단의 전압은 역기전력의 크기와 같고 방향은 반대이다.

$$\varepsilon = \varepsilon_0 \sin 2\pi ft$$

이때 유도 리액턴스 X_L은

$$X_L = \frac{\varepsilon_0}{I_0} = 2\pi f L = wL$$

이다.

2) 해석

위의 관계식으로부터 알 수 있는 사실은 전위차가 $\frac{\pi}{2}$ 앞선다.

코일은 회로의 전력을 소비하지 않는다. 또한 축전기와는 달리 진동수가 커지면 리액턴스가 크므로 고주파 교류는 흐르기 어렵다.

한편, **저항**만을 연결한 교류회로에서는 전류의 위상과 전압의 위상이 같고, 직류, 교류가 다 흐른다.

4. RLC 회로와 공진 주파수

1) 리액턴스 벡터 표시법

$$\overrightarrow{V} = \overrightarrow{V}_R + \overrightarrow{V}_L + \overrightarrow{V}_C$$

각각의 회로요소에서 전위차는

저항기 → 전류와 위상이 같다.

인덕터 → 전류보다 90° 앞선다.

축전기 → 전류보다 90° 뒤진다.

이다. 따라서 단순 조화 운동을 원운동과 관계지으면, 위상자를 벡터처리해서 RLC 소자 전체의 전압 v는 최대이며, 진동수 f로 진동하므로 전압은 전류보다 ϕ만큼 앞선다.

$$\tan\phi = \frac{V_L - V_C}{V_R}$$

$$\phi = \tan^{-1}\left(\frac{X_L - X_C}{R}\right)$$

이 때 전압의 최대값은

$$V_m = \sqrt{V_R^2 + (V_L - V_C)^2}$$

$$V_m = I_m \sqrt{R^2 + (X_L - X_C)^2}$$

이고, 즉, $Z = \sqrt{R^2 + (X_L - X_C)^2}$ 이다.

또는,

$$Z = \sqrt{R^2 + \left(2\pi f L - \frac{1}{2\pi f C}\right)^2} \quad : \text{임피던스(impedance)}$$

이다. 그러므로 교류 회로에서

$$V_m = I_m Z$$

로 나타낸다.

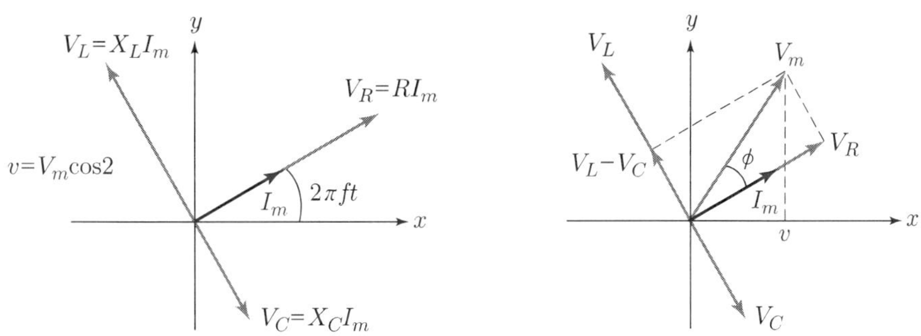

[리액턴스 벡터표시]

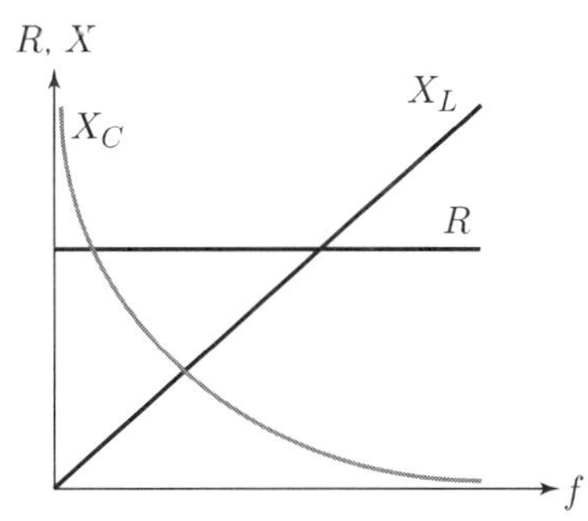

[리액턴스–진동수 그래프]

2) 공명 주파수

$V_{\mathrm{m}} = I_m Z$ 에서

$$I_{\mathrm{m}} = \frac{V_{\mathrm{m}}}{\sqrt{R^2 + \left(2\pi f L - \frac{1}{2\pi f C}\right)^2}}$$

이다. 이 식으로부터 진동수의 의존도를 확인할 수 있다.

- $f \to 0$ ⇨ 전류=0 (축전기가 직류 방해)
- $f \to \infty$ ⇨ 전류=0 (인덕터가 높은 진동수 방해)
- 중간 진동수 f일 때 전류가 커지면서 ⇨ $2\pi f L = 1/2\pi f C$

이면 전류가 최대이고, 이 조건을 만족할 때 공명 주파수

$$f_0 = \frac{1}{2\pi\sqrt{LC}} \quad \text{(직렬)}$$

가 된다. 그림에서 저항이 작으면 매우 예리하고 좁은 범위의 진동수로 전류가 커진다.

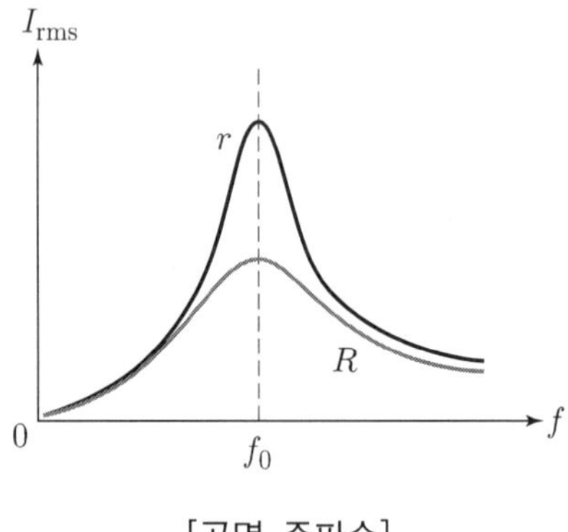

[공명 주파수]

3) LC 전기 진동

L과 C가 병렬로 구성될 때도 공명은 일어난다. 이 때 인덕터와 축전기에 걸리는 전압은 같다. 따라서 전류는

$$I_L = \frac{V}{X_L} = \frac{V}{2\pi f L}\ ,\quad I_C = \frac{V}{X_C} = 2\pi f C V \quad ⇨ \quad \text{위상차 } 180°$$

이므로 전원의 전류는 다음과 같다.

$$I = I_L + (-I_C) = \left(\frac{1}{2\pi f L} - 2\pi f C\right) V$$

- 진동수가 작을 때 인덕터의 리액턴스가 작아져 인덕터 쪽으로 큰 전류가 흐른다.
- 진동수가 클 때 축전기의 리액턴스가 작아져 축전기 쪽으로 큰 전류가 흐른다.
- 중간 진동수를 가지면, 이 때 $1/2\pi f L = 2\pi f C$이고

$$f = \frac{1}{2\pi\sqrt{LC}} \quad ⇨ \quad I = 0$$

이다. 즉, 전원에서 에너지 공급은 없으나 LC회로에서 위와 같은 현상이 계속되는 것을 **전기 진동**이라 하고, 이 때 흐르는 전류를 진동 전류라 한다.

그림과 같은 LC회로를 동조회로라 하며, 라디오의 동조회로가 있다.

한편, LC회로에 저항이 0이면 회로에서 소모되는 전력도 0이 되므로 전기진동은 무한히 계속되지만 실제로 도선과 코일에 약간의 전기 저항이 존재하기 때문에 전기 에너지가 점차 줄어들어 진동전류는 점차 감쇄되어 사라진다. 따라서 회로의 전기진동을 유지하려면 외부로부터 에너지를 공급해 주어야 한다.

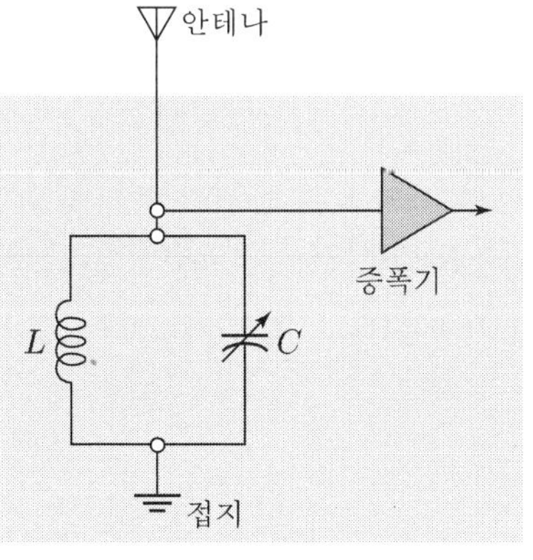

[동조회로]

예제 5.31

RLC 회로가 공진할 때, 이에 대한 설명으로 옳은 것을 고른 것은?

① 저항에 걸리는 전압은 0이다.
② 저항에 걸린 전압과 전원의 전압이 서로 같다.
③ 축전기에 걸린 전압이 0이다.
④ 코일에 걸린 전압과 전원의 전압이 서로 같다.
⑤ 전원의 전압과 회로에 흐르는 전류의 위상이 90° 차이가 난다.

[풀이] 답 ②

회로에 최대의 전류가 흐르게 되고, 용량 리액턴스와 유도 리액턴스가 같은 값을 가지므로 회로 임피던스 $Z=R$가 된다. 따라서 $V=IZ=IR$에서 전원 전압과 저항 양단의 전압이 같아진다.

예제 5.32

그림 (가)는 진동수가 10^4Hz인 사인(sine) 파형의 교류 전압 ε을 시간에 따라 나타낸 것이며, 이 교류 전원이 연결된 RLC회로를 나타낸 것이다.

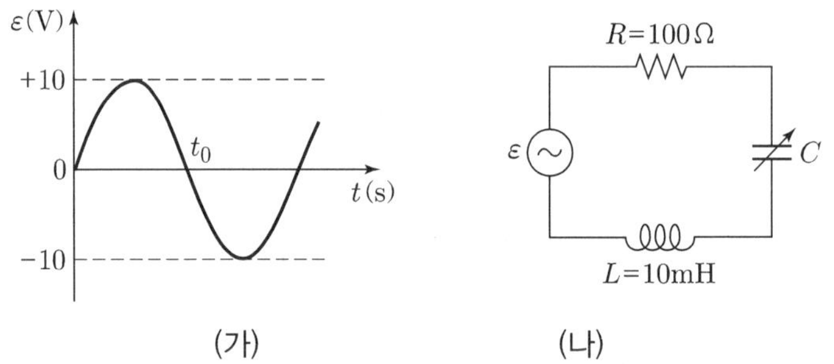

(가) (나)

그림 (가)의 t_0와 그림 (나)에서 공명이 일어나기 위한 전기용량 C 값을 옳게 짝지은 것은?

	t_0	C		t_0	C
①	2×10^{-4}	$\frac{1}{\pi^2}\mu F$	②	2×10^{-4}	$\frac{1}{2\pi^2}\mu F$
③	2×10^{-4}	$\frac{1}{4\pi^2}\mu F$	④	5×10^{-5}	$\frac{1}{2\pi^2}\mu F$
⑤	5×10^{-5}	$\frac{1}{4\pi^2}\mu F$			

[풀이] 답 ⑤

진동수 $f = 10^4 (Hz)$이므로

$$T = \frac{1}{f} = \frac{1}{10^4}(s)\text{이므로 } t_0 = \frac{T}{2} = \frac{10^{-4}}{2} = 5 \times 10^{-5}(s)$$

$$f = \frac{1}{2\pi\sqrt{LC}}\text{에서 } 10^4 = \frac{1}{2\pi\sqrt{10 \times 10^{-3} C}}, \quad 10^8 = \frac{1}{4\pi^2 \times 10^{-2} C}$$

따라서 $C = \frac{1}{4\pi^2 \times 10^6} = \frac{1}{4\pi^2}\mu(F)$ 이다.

예제 5.33

그림과 같이 RLC회로에서 $V_R = 15\,V$, $V_L = 100\,V$, $V_C = 80\,V$이고 회로에 흐르는 전류의 실효값이 $3A$이다.

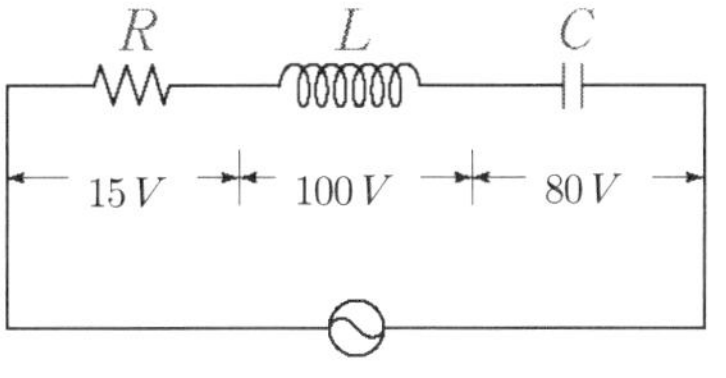

이 때 교류회로에 대한 설명으로 옳은 것만을 〈보기〉에서 있는 대로 고른 것은?

<보 기>

ㄱ. 교류 전원에 의한 단자 전압은 $25\,V$이다.
ㄴ. 교류 전류는 주파수가 증가하면 축전기 속은 잘 흐르나, 코일 속은 흐르기 어려워진다.
ㄷ. 회로에서의 소모되는 전력은 45W이다.

① ㄱ, ㄴ　② ㄱ, ㄷ　③ ㄴ, ㄷ
④ ㄱ　⑤ ㄱ, ㄴ, ㄷ

[풀이] 답 ⑤

ㄱ. $V = \sqrt{V_R^2 + (V_L - V_c)^2} = \sqrt{15^2 + (100 - 80)^2} = 25\,V$

ㄴ. 코일의 전류 $I=\frac{V}{2\pi fL}$로 진동수가 증가하면 전류는 감소하고, 축전기의 전류 $I=2\pi fCV$이므로 진동수가 증가하면 전류는 증가한다.

ㄷ. 옴의 법칙에서 $R=\frac{V_R}{I}=\frac{15}{3}=5\Omega$이고, 저항 R에서만 전력이 소모되므로 $P=I^2R=45(W)$ 이다.

연습문제

1. 그림은 절연체 위에 같은 간격으로 놓여 있는 금속구 A, B, C에 대전되지 않은 금속구 D를 순서대로 접촉시켜 나가는 것을 나타낸 것이다. 금속구 A, B, C의 처음 전하량은 각각 +2Q, +3Q, −4Q이었다.

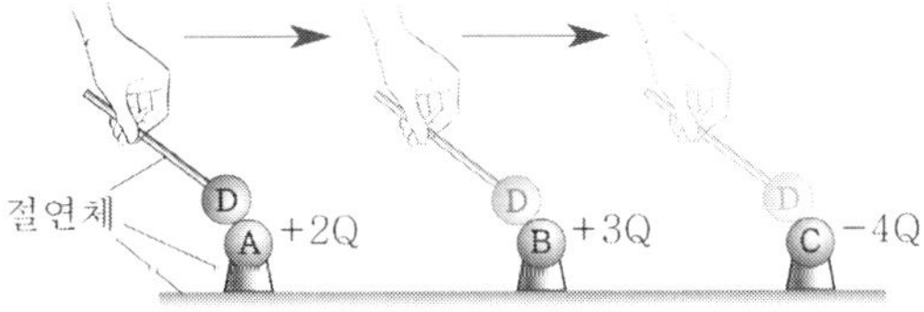

C에 접촉 후 D를 멀리 치웠을 때, A, B, C에 대한 설명으로 옳은 것만을 〈보기〉에서 있는 대로 고른 것은? (단, A, B, C, D는 모두 동일한 금속구이며, D를 각 금속구에 접촉시킬 때 다른 금속구의 영향은 무시한다.)

<보 기>

ㄱ. C의 전하량은 −Q이다.
ㄴ. B와 C 사이에는 서로 척력이 작용한다.
ㄷ. A가 B로부터 받는 전기력의 크기는 C로부터 받는 전기력의 4배이다.

① ㄱ ② ㄴ ③ ㄱ, ㄴ
④ ㄱ, ㄷ ⑤ ㄴ, ㄷ

2. 그림 (가)는 수평면 위에 양(+)으로 대전된 전하량이 Q인 물체가 용수철 상수 k인 용수철에 연결되어 정지해 있는 것을 나타낸 것이다. 그림 (나)는 그림 (가)의 상태에서 오른쪽 방향으로 크기가 E인 균일한 전기장이 걸렸을 때, 용수철이 d만큼 늘어나 물체가 힘의 평형 상태로 정지해 있는 모습을 나타낸 것이다.

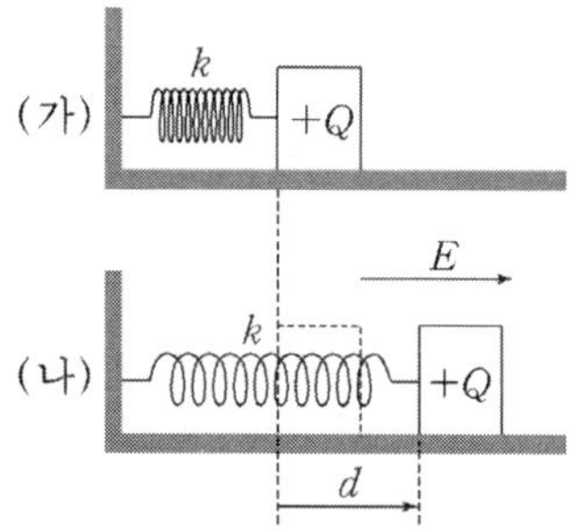

(나)에서 용수철이 늘어난 길이 d는? (단, 용수철은 탄성 한계 내에서 늘어났으며, 물체의 전하량은 일정하고, 용수철의 질량과 모든 마찰은 무시한다.)

① $\dfrac{QE}{3k}$　② $\dfrac{QE}{2k}$　③ $\dfrac{QE}{k}$

④ $\dfrac{2QE}{k}$　⑤ $\dfrac{3QE}{k}$

3. 그림은 전압이 일정한 전원장치, 전류계, 가변저항 R_1, 저항 R_2를 이용하여 제작한 전기 저울을 모식적으로 나타낸 것이다. 저울접시에 물체를 올려놓으면 저울접시가 아래로 내려가 가변저항 R_1의 저항값이 작아진다.

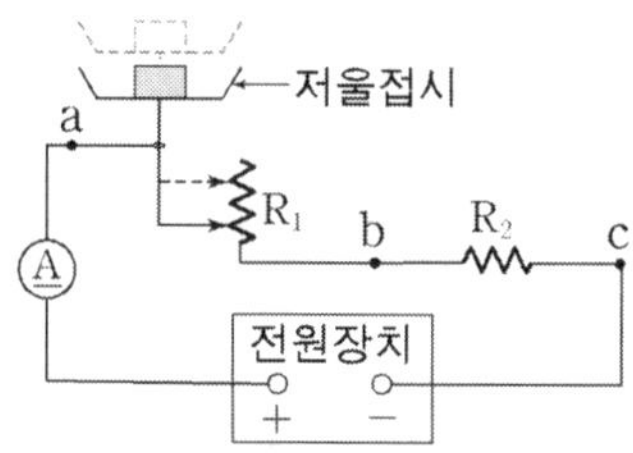

저울접시에 물체를 올려놓았을 때, 이에 대한 설명으로 옳은 것만을 〈보기〉에서 있는 대로 고른 것은?

<보 기>

ㄱ. 올려놓기 전보다 점 a와 점 c 사이에 걸리는 전압은 감소한다.
ㄴ. 올려놓기 전보다 점 a에 흐르는 전류의 세기가 증가한다.
ㄷ. 올려놓기 전보다 점 b와 점 c 사이에 걸리는 전압이 감소한다.

① ㄱ　② ㄴ　③ ㄷ

④ ㄱ, ㄴ　⑤ ㄱ, ㄷ

4. 그림 (가)는 양(+)전하 Q로 대전되어 고정되어 있는 금속구 주위의 등전위면(선)을 점선으로 나타낸 것이다. 그림 (나)는 저장된 전하량이 Q인 평행판 축전기 내부의 등전위면(선)을 점선으로 나타낸 것이다.

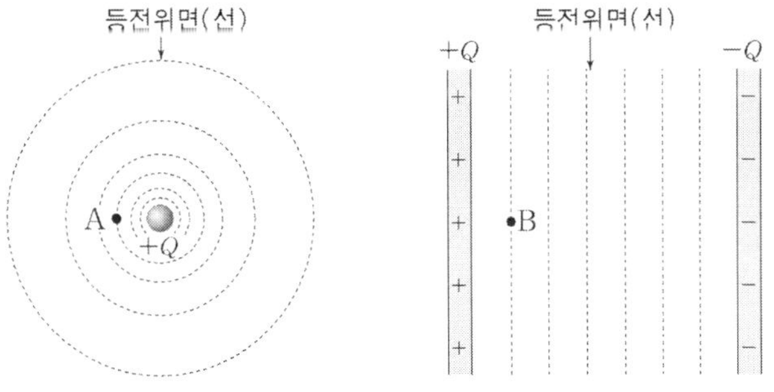

(가) (나)

A점과 B점에 각각 양(+)전하로 대전된 입자를 가만히 놓았을 때, 이 입자들의 운동에 대한 설명으로 옳은 것만을 〈보기〉에서 있는 대로 고른 것은? (단, 전기력 이외의 다른 힘과 전자기파 발생은 무시한다.)

<보 기>

ㄱ. (가)의 경우 입자의 운동 경로는 직선이다.
ㄴ. (가)의 경우 입자의 가속도의 크기는 점점 감소한다.
ㄷ. (나)의 경우 입자는 등속 운동한다.

① ㄱ ② ㄴ ③ ㄷ
④ ㄱ, ㄴ ⑤ ㄱ, ㄴ, ㄷ

5. 그림과 같이 음(−)으로 대전된 전하량 q, 질량 m인 입자가 속력 v로 전기장 영역에 입사하여 반지름 R인 원궤도를 따라 등속 원운동한다. 점선 A, B는 등전위선의 일부이며, 입사한 입자는 A를 따라 운동한다.

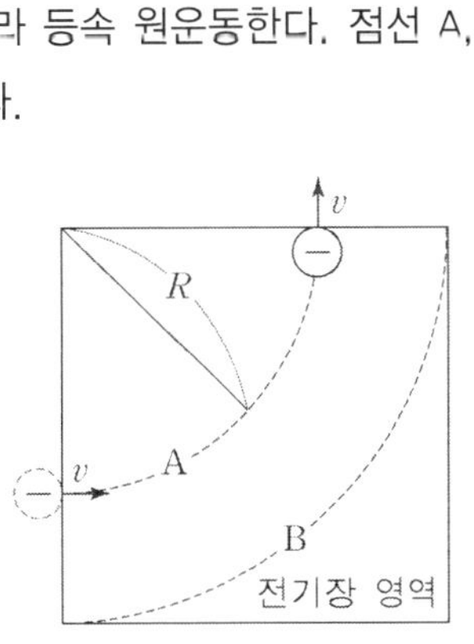

이에 대한 설명으로 옳은 것만을 〈보기〉에서 있는 대로 고른 것은? (단, 전기력 이외의 다른 힘과 전자기파 발생은 무시한다.)

<보 기>

ㄱ. A에서 전위는 B에서 전위보다 높다.
ㄴ. 전기력이 입자에 한 일은 0이다.
ㄷ. A에서 전기장의 세기는 $\frac{mv^2}{qR}$ 이다.

① ㄱ ② ㄴ ③ ㄱ, ㄷ
④ ㄴ, ㄷ ⑤ ㄱ, ㄴ, ㄷ

6. 그림은 전압이 일정한 전원 장치, 저항값이 같은 저항 6개, 스위치로 구성한 회로와 회로 상의 점 a, b를 나타낸 것이다.

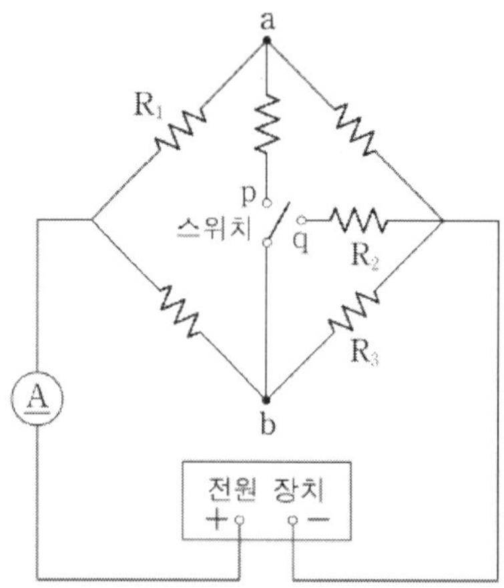

이에 대한 설명으로 옳은 것만을 〈보기〉에서 있는 대로 고른 것은?

<보 기>

ㄱ. 스위치가 p에 연결되었을 때, a의 전위는 b의 전위보다 높다.
ㄴ. 전류계에 흐르는 전류의 세기는 스위치가 p에 연결되었을 때가 스위치가 q에 연결되었을 때보다 작다.
ㄷ. 스위치가 q에 연결되었을 때, R_2와 R_3에서 소비되는 전력의 합은 R_1에서 소비되는 전력보다 크다.

① ㄴ　　　② ㄷ　　　③ ㄱ, ㄴ
④ ㄱ, ㄷ　　　⑤ ㄴ, ㄷ

7. 그림 (가)는 전류 I가 반시계 방향으로 흐르는 원형 도선을 나타낸 것이다. 이때 중심에서 자기장의 세기는 B_0이다. 그림 (나)는 (가)의 원형 도선의 중심 P로부터 거리 d만큼 떨어진 곳에 전류 $5I$가 흐르는 직선 도선이 놓인 것을 나타낸 것이다. 이때 P에서 자기장의 세기는 0이다.

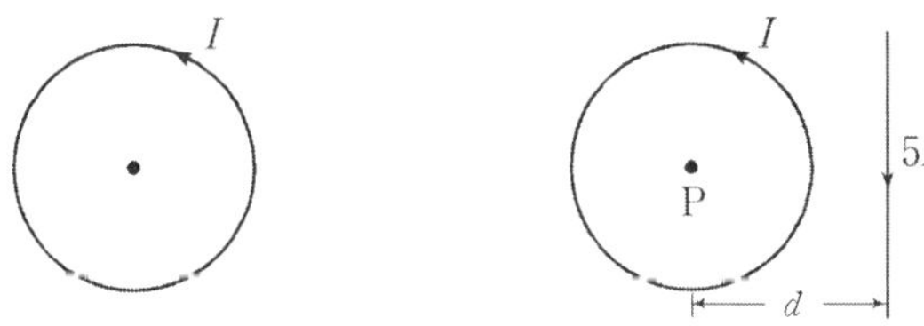

(가)　　　(나)

(나)에서 다른 조건은 그대로이고 직선 도선에 흐르는 전류의 세기만 $10I$일 때, P에서 자기장의 세기는?

① $\frac{B_0}{3}$　　　② $\frac{B_0}{2}$　　　③ B_0
④ $2B_0$　　　⑤ $3B_0$

8. 그림과 같이 $-z$ 축 방향으로 향하는 균일한 자기장 속에 y 축 방향으로 두 직선 도선을 수평면에 고정하고, 그 위에 x 축 방향으로 금속 막대를 올려놓았다. 금속 막대를 손으로 잡고 도르래를 통하여 질량 m인 물체를 매단 상태에서 스위치 S를 닫은 후 손을 놓았다.

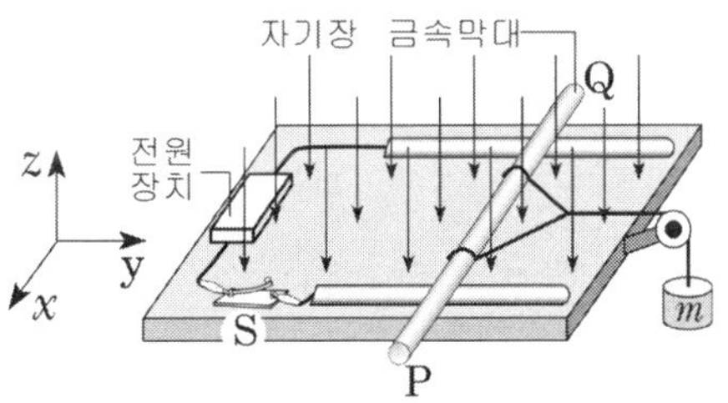

금속 막대가 움직이지 않았다면, 이에 대한 설명으로 옳은 것만을 〈보기〉에서 있는 대로 고른 것은? (단, 모든 마찰과 실의 질량은 무시하며, 중력 가속도는 g이다.)

<보 기>

ㄱ. 금속 막대가 받는 합력(알짜힘)의 크기는 mg이다.
ㄴ. 금속 막대에는 Q에서 P 방향으로 전류가 흐른다.
ㄷ. 전원 장치의 극을 반대로 하면 금속 막대는 $+y$ 축 방향으로 끌려갈 것이다.

① ㄱ ② ㄴ ③ ㄷ
④ ㄱ, ㄴ ⑤ ㄱ, ㄷ

9. 그림은 저항값이 R인 저항, 자체 유도 계수가 L인 코일, 전기 용량이 C인 축전기가 교류 전원에 직렬로 연결된 회로를 나타낸 것이다.

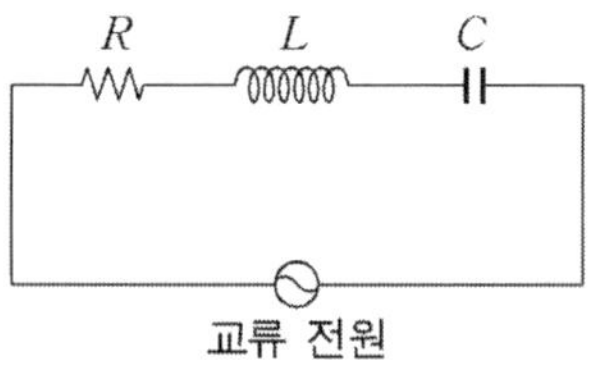

이 회로의 공명 진동수를 증가시키기 위한 방법으로 옳은 것만을 〈보기〉에서 있는 대로 고른 것은?

<보 기>

ㄱ. R와 C는 변화시키지 않고, L을 크게 한다.
ㄴ. R와 L은 변화시키지 않고, 축전기에 동일한 축전기를 직렬로 연결한다.
ㄷ. R와 L은 변화시키지 않고, 축전기 극판 사이의 유전체의 유전율을 증가시킨다.

① ㄱ ② ㄴ ③ ㄱ, ㄴ
④ ㄱ, ㄷ ⑤ ㄴ, ㄷ

10. 그림 (가)와 같이 종이면에 놓여 있던 한 변의 길이가 l인 정사각형 금속 고리가 $+x$ 방향의 일정한 속도로 폭이 L인 자기장 영역 Ⅰ을 통과하여 자기장 영역 Ⅱ를 지나고 있다. Ⅰ, Ⅱ의 자기장 방향은 종이면에 수직이고 크기는 각각 B_1, B_2로 균일하고 일정하다. 그림 (나)는 금속 고리에 유도되는 전류를 금속 고리가 Ⅰ에 입사하는 순간부터 시간에 따라 나타낸 그래프이다.

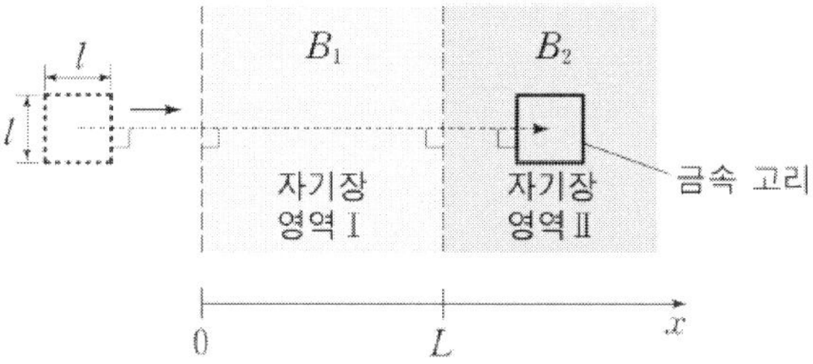

(가)

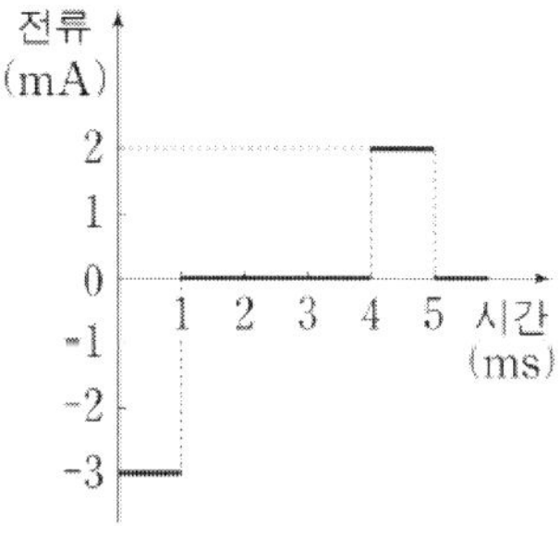

(나)

이에 대한 설명으로 옳은 것만을 〈보기〉에서 있는 대로 고른 것은? (단, 금속 고리는 회전하지 않고 모양을 그대로 유지한다.)

<보 기>

ㄱ. $L = 4l$ 이다.

ㄴ. $B_1 = 3B_2$ 이다.

ㄷ. 자기장의 방향은 I 에서와 II 에서가 서로 반대이다.

① ㄴ ② ㄷ ③ ㄱ, ㄴ
④ ㄱ, ㄷ ⑤ ㄱ, ㄴ, ㄷ

PART 6 빛과 파동

6.1 파동의 발생

6.2 거울 및 렌즈

6.3 파동의 회절

6.4 파동의 중첩의 원리

6.5 파동의 간섭

6.1 파동의 발생

1. 파동의 정의

1) 파동

물질의 한 곳에서 생긴 진동 상태가 물질을 따라 퍼져 나가는 현상이다. 이 때 매질은 이동하지 않고 제자리에서 진동만 한다. 파동이 만들어지는 곳을 파원, 파동을 전달시키는 물질을 매질이라 한다. 즉, 파동에 따른 매질은 다음과 같다.

- **수면파** 매질 - 물
- **음파** 매질 - 공기
- **전자기파(빛)** 매질 없이 전파

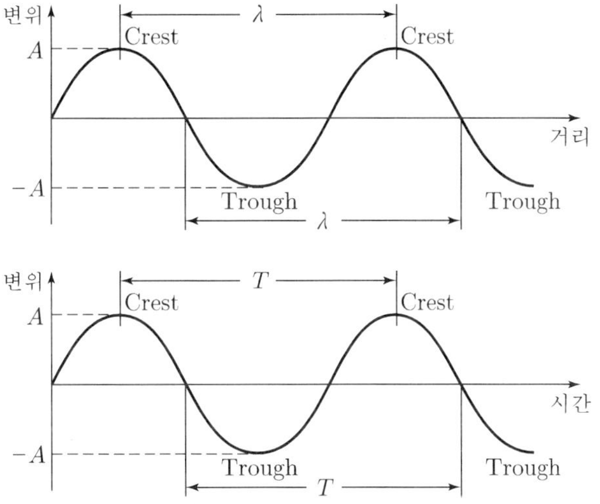

[파동의 정의]

파동에 필요한 기본적 물리량에 대해 알아보자. 그래프에서 변위가 위쪽으로 최대인 부분을 마루(creat), 아래로 최대인 부분을 골(trough)이라 하고, 평형 위치에서 마루(또는 골)까지의 높이를 진폭(A)이라 한다. 마루에서 이웃하는 마루까지의 거리 또는 골에서 골까지의 거리를 파장(λ)이라 하고, 시간에 따라 한 번 진동하는 데 걸리는 시간이 파동의 주기(T), 그 주기의 역수를 진동수(f)라 한다.

2) 파동의 종류

파동은 매질의 진동 방향에 따라 횡파와 종파로 나눈다.

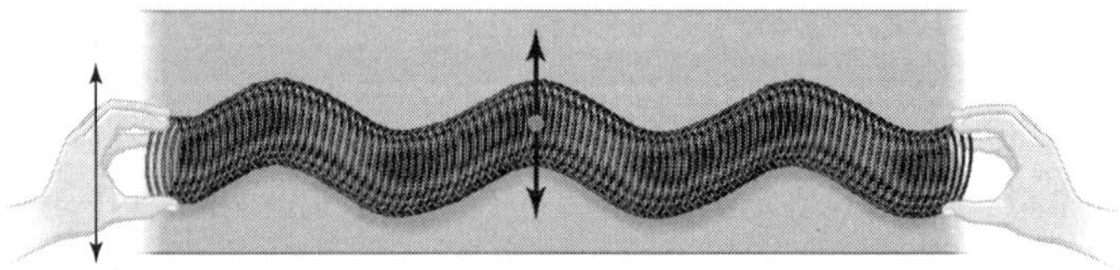

[횡파]

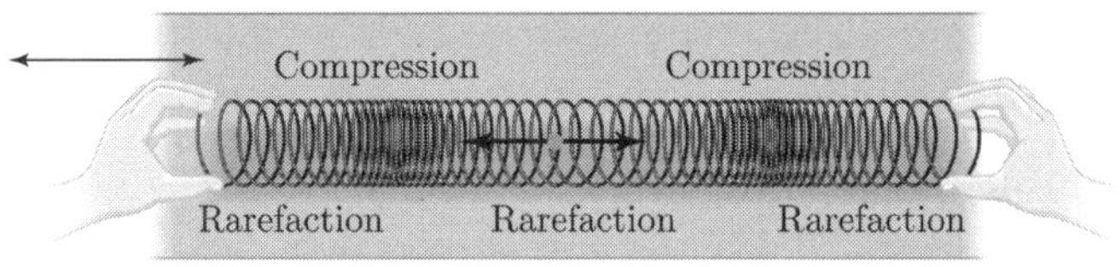

[종파]

- **횡파** 파동을 전달하는데 매질의 진동 방향과 에너지의 이동 방향이 서로 수직인 경우
- **종파** 매질의 진동 방향과 에너지의 이동 방향이 서로 평행인 경우

3) 파동의 수학적 표현

파동이 한 파장 진행하는 동안에 파를 이루는 모든 부분이 한 번 진동한다. 그 동안에 걸린 시간은 주기 T이므로 파의 속력을 v, 파장을 λ라 할 때 속력은

$$v = \frac{\lambda}{T} = f\lambda$$

가 된다.

그림과 같이 횡파가 오른쪽으로 v의 속력으로 진행하는 경우, 원점으로부터 x만큼 떨어진 지점의 변위를 알아보자.

어느 시각 t일 때 원점의 변위는

$$y = A\sin wt = A\sin\frac{2\pi}{T}t$$

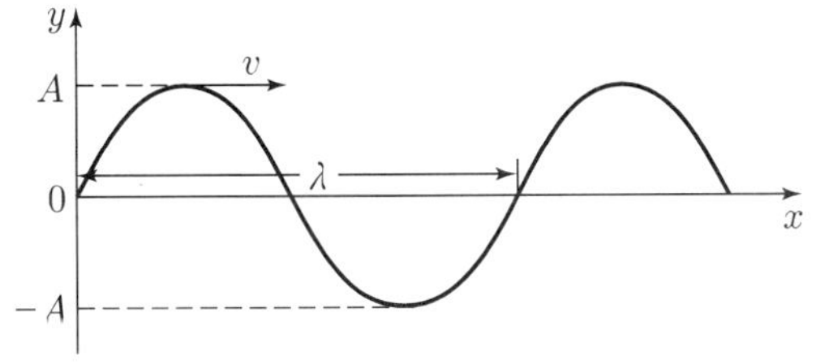

이므로, $\frac{x}{v}$시간 전의 변위는

$$y = A\sin w\left(t - \frac{x}{v}\right) = A\sin\frac{2\pi}{T}\left(t - \frac{x}{v}\right)$$

이다. $v = f\lambda$을 이용하여 정리하면 다음과 같은 관계식이 된다.

$$y = A\sin 2\pi\left(\frac{t}{T} - \frac{x}{\lambda}\right) \text{ (파동방정식)}$$

2. 파동의 에너지

역학적 파동은 에너지 보존법칙을 만족한다. 이 법칙을 이용하여 파동 에너지를 구해보자.

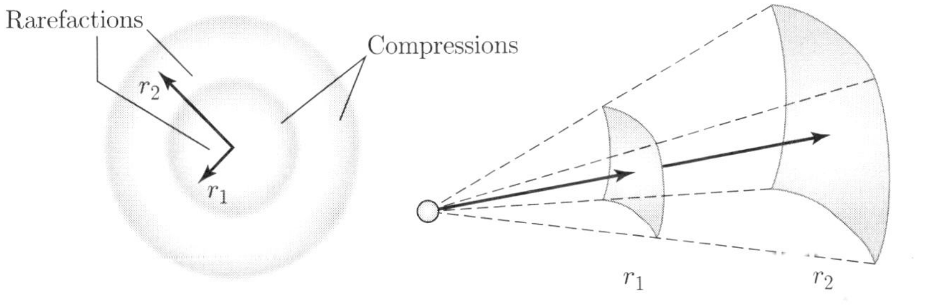

그림과 같이 빛의 세기를 통해 일률은 다음과 같이 정의할 수 있다. 즉,

"반지름 r_1에서 구 껍질을 통해 나가는 일률 = 다른 반지름 r_2에서의 일률"

이다.

$$\text{일률} = \text{세기} \times \text{표면적}$$

그림의 r_1, r_2의 경우

$$I_1 4\pi {r_1}^2 = I_2 4\pi {r_2}^2$$

$$\frac{I_2}{I_1} = \frac{{r_1}^2}{{r_2}^2}$$

이다.

파동의 세기는 $I = Wv$ 이므로 질량 ρ 인 단위부피의 물체가 상수 k 인 용수철에 매달려 단진동하는 경우를 생각해보자.

변위 x 와 속력 v 는

$$x = A\sin wt$$

$$v = wA\cos wt$$

이다. 여기서, $k = \rho w^2$ 이다.

이 때 물체의 단진동 에너지는 파동에 의한 에너지와 유사하고 다음과 같이 표현된다.

$$W = \frac{1}{2}\rho v^2 + \frac{1}{2}kx^2 = \frac{1}{2}\rho w^2 A^2(\cos^2 wt + \sin^2 wt)$$

$$= \frac{1}{2}\rho w^2 A^2 = 2\pi^2 \rho (fA)^2$$

또한, 파동의 세기는

$$I = (\frac{1}{2}\rho w^2 A^2)v = 2\pi^2 \rho (fA)^2 v$$

이 된다.

예제 6.1

그림은 가스 불꽃과 음파 반사판을 이용하여 음파의 진동수를 측정한 장치를 나타낸 것이다. 단일 진동수의 음파를 발생하는 장치와 반사판의 위치는 고정하고, 가스 불꽃을 음파발생장치 쪽으로 서서히 이동시키면서 가스 불꽃의 모양 변화를 관찰하여 공기 진동의 진폭이 최소인 곳을 찾았다. 그 결과 반사판으로부터의 거리가 3.2, 6.4, 9.6, 12.8, 16.0 cm인 곳에서 공기 진동의 진폭이 최소이었다.

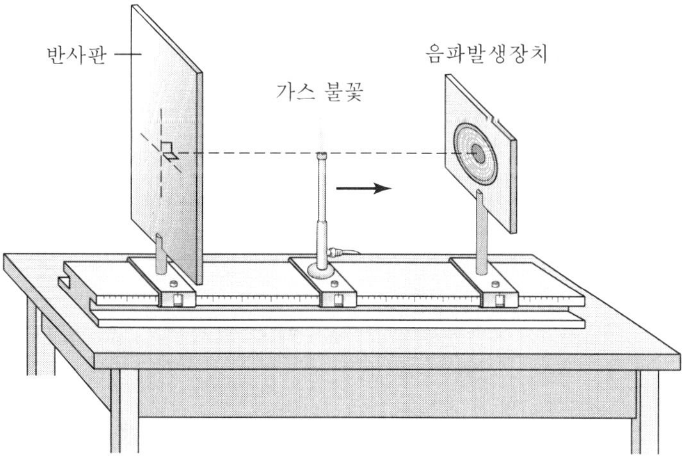

이 실험에서 음속이 340 m/s 이었을 때 음파발생장치에서 나온 음파의 진동수에 가장 가까운 값은?

① 4100 Hz ② 5300 Hz ③ 6500 Hz
④ 7700 Hz ⑤ 8900 Hz

[풀이] 답 ②

반사판으로부터의 거리가 3.2, 6.4, 9.6, 12.8, 16.0 cm인 곳에서 공기 진동의 진폭이 최소인 것은 반파장인 위치이다.

$$즉,\ \frac{\lambda}{2} = 6.4 - 3.2 = 3.2, \quad \lambda = 6.4(cm)$$

따라서 $v = f\lambda$에서 $f = \frac{v}{\lambda} = \frac{340}{0.064} = 5312(Hz)$이다. 따라서 문제에서 원하는 가까운 값은 $5300(Hz)$이다.

예제 6.2

그림(가)와 같이 한 쪽 끝이 벽에 고정되고 선밀도가 일정한 줄에 매달린 용수철에 추가 연결되어 연직방향으로 단순조화운동을 하고 있다. y는 평형점을 기준으로 나타낸 추의 위치이고, 추가 운동하는 동안 줄의 길이는 변하지 않고 장력만 변한다. 그림 (나)는 y를 시간에 따라 나타낸 것이다.

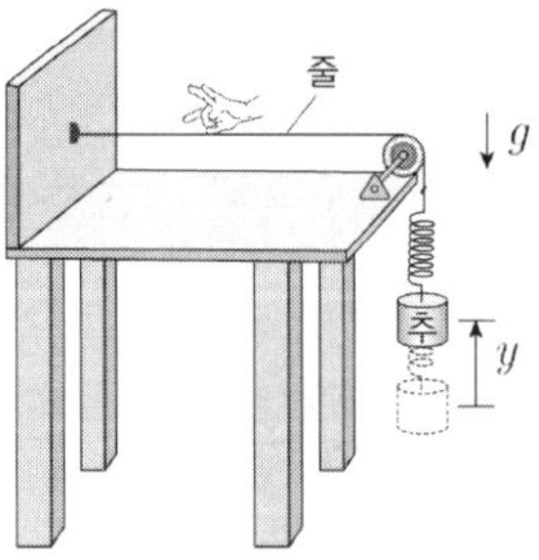

(가)

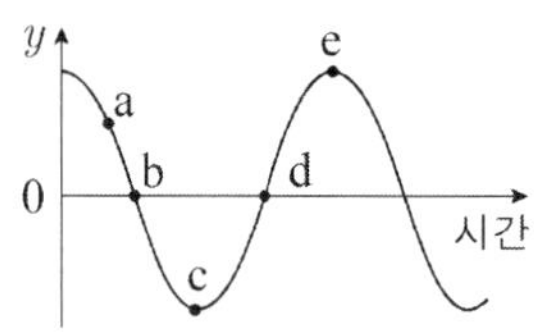

(나)

줄을 가볍게 튕겨 생긴 횡파(가로파동)의 속력이 가장 빠를 때, 그림 (나)의 점 $a \sim e$ 중에서 추가 있는 곳은?

① a　　② b　　③ c

④ d　　⑤ e

[풀이] 답 ③

단조화 진동시 줄의 길이는 그대로, 장력만 변화한다. 이 때 추가 아래로 내려오면 장력 T가 커진다.

$v = \sqrt{\dfrac{T}{\mu}}$ 에서 $v \propto \sqrt{T}$ 이므로 그래프의 진폭이 $-y$인 지점일 때 장력 T가 가장 크고, 파의 진행속도가 가장 빠르다. 즉, c점이 된다.

3. 반사와 산란

빛이 직진하다가 거울이나 수면에 닿으면 반사된다. 이 때 반사 광선의 방향은 입사 광선의 방향에 따라 다르다. 평면이 거칠면 나란히 빛이 입사해도 반사는 여러 방향으로 나아간다. 이러한 현상을 **난반사**라 하며, 물체를 어느 방향에서나 볼 수 있는 것도 빛의 난반사 때문이다. 특히 공기 분자나 물 분자와 같은 작은 입자에 의해서도 빛이 난반사된다. 이와 같은 빛의 난반사를 **산란**이라 한다. 파장이 짧은 빛일수록 산란이 잘된다.

1) 반사 법칙

빛이 진행하다가 다른 매질의 경계면에서 매질의 종류에 따라 전부 또는 일부가 반사된다.

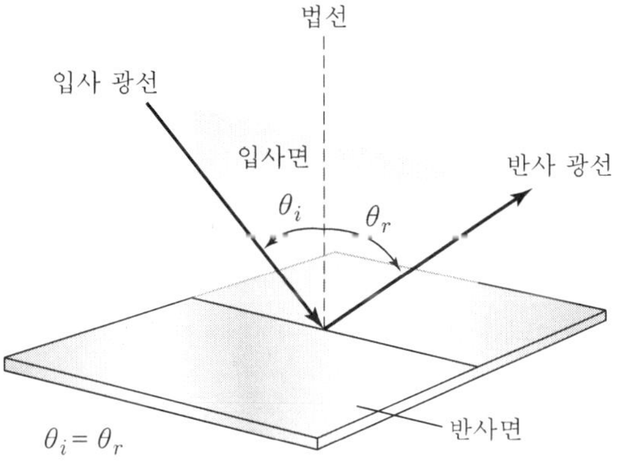

[반사법칙]

- 입사와 반사 광선이 법선의 양쪽에 있고,
- 입사각과 반사각은 같다. $(\theta_i = \theta_r)$

2) 산란 현상

빛이 미립자에 의해 빛의 파동 에너지를 흡수하여 진동하고 그 진동 에너지가 사방으로 퍼져 나가는 현상을 산란이라 한다.

빛의 산란 정도는 파장에 따라 다르다. 파장이 길면 산란이 잘 일어나지 않는다. 알갱이가 굵은 입자들은 모든 파장의 빛을 똑같이 산란시키므로 흰색으로 보인다.

- 공기분자에 의한 산란의 세기가 파장의 네제곱에 반비례한다. $(\propto \frac{1}{\lambda^4})$
- 파장이 짧은 빛은 산란이 잘 일어나서 하늘이 푸르게 보이는 것이다.
- 노을이 붉은 것도 햇빛이 공기층에서 파란색은 산란되고 파장이 긴 붉은 빛이 들어오기 때문이다.

4. 파동의 반사파의 위상

- **고정단에서의 반사** 한 쪽 끝이 고정된 줄에서 파가 진행할 때 고정된 끝에서 반사되는 파는 뒤집어져서(위상이 반대, π) 반사한다.
- **자유단에서의 반사** 끝이 자유롭게 움직일 수 있는 줄에서 파가 진행할 때, 줄 끝에서 반사되는 파는 위상의 변화 없이 그대로 반사된다.

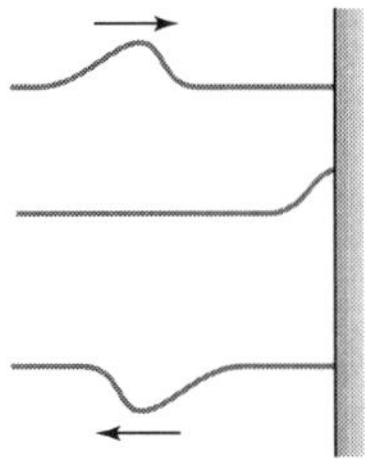

[고정단에서의 반사]

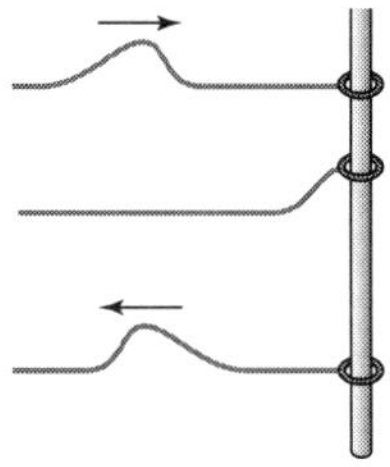

[자유단에서의 반사]

6.2 거울 및 렌즈

1. 평면거울

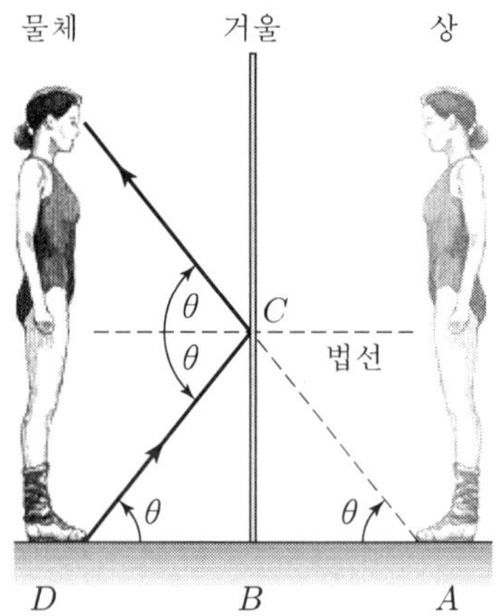

[평면거울]

거울은 빛의 반사 특성으로 거울 속의 물체를 상이라 한다. 반사된 빛이 실제로 만나는 곳에 만들어지는 상이 **실상**이고, 반사되어 나가는 빛의 경로를 뒤로 연장하여 만나는 곳에 생기는 상을 **허상**이라 한다.

거울을 통해서 물체를 보면 물체가 거울의 뒤편에 있는 것처럼 보인다. 물체와 상은 거울에 대해 대칭이다. 물체의 상은 항상 정립 허상이다.

물체를 전부 보기 위해서는 반사에 의해 그 물체 길이의 최소 반이 되어야 전부 볼 수 있다. 예를 들어 그림에서 사람의 키가 L인 사람이 자신의 전신을 보기 위한 평면거울의 최소 길이는 $\frac{L}{2}$이다.

2. 오목, 볼록 거울

1) 오목거울

물체거리 p, 상거리 q와 초점거리 $f=\frac{1}{2}R$에 의한 거울에 관련된 관계식을 생각하자.

그림에는 두 개의 다른 닮은꼴 삼각형 $\triangle OAC$와 $\triangle IJC$가 있다. $\overline{AC}=p-R$, $\overline{JC}=R-q$이다.

$$\frac{\overline{OA}}{\overline{AC}}=\frac{\overline{IJ}}{\overline{JC}},$$

$$\frac{h}{p-R}=\frac{-h'}{R-q}$$

식을 정리하면 $\frac{h'}{h}=-\frac{R-q}{p-R}$, 이 때 $\frac{h'}{h}$는 배율이므로 $\frac{h'}{h}=-\frac{q}{p}=-\frac{R-q}{p-R}$이다.

여기서, $f=\frac{1}{2}R$를 대입하여 정리하면 거울방정식을 얻는다.

$$\frac{1}{p}+\frac{1}{q}=\frac{1}{f}\ (f>0)\ :\ \text{거울방정식}$$

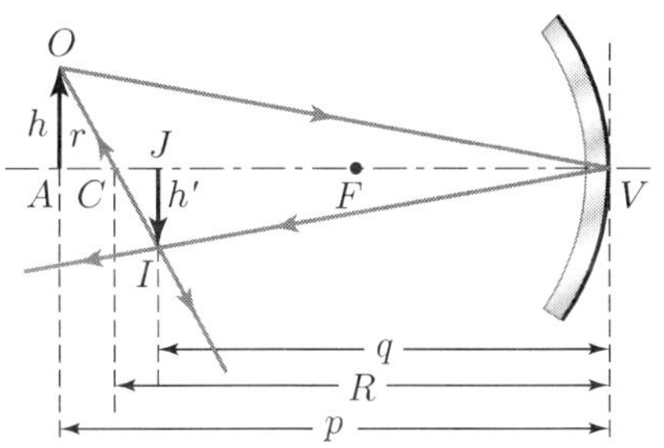

[오목거울]

- **오목거울의 상**

  C 밖에 물체 : 축소도립실상, $C-F$사이에 물체 : 확대도립실상,
  F의 물체 : 확대정립허상.

2) 볼록거울

볼록거울의 상은 항상 실물보다 축소정립허상이 거울의 중심과 허초점 사이에 생긴다. 물체가 거울의 중심에 접근할수록 허상의 위치도 거울의 중심에 가까워지면서 크기는 커진다.

$$\frac{1}{p}+\frac{1}{q}=\frac{1}{f}\ (f<0)$$

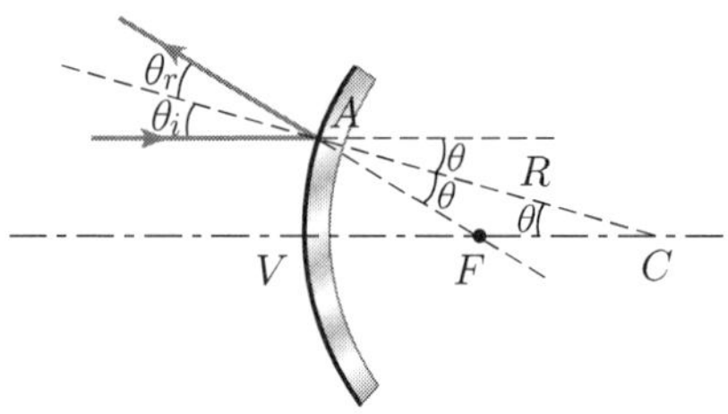

[볼록거울]

3. 굴절의 법칙

빛이 어떤 물질 속을 진행하다가 다른 물질과의 경계면을 만나면 빛의 일부는 경계면에서 반사하고 일부는 다른 물질 속으로 꺽여져 들어간다. 이와 같은 현상을 빛의 **굴절**이라고 한다.

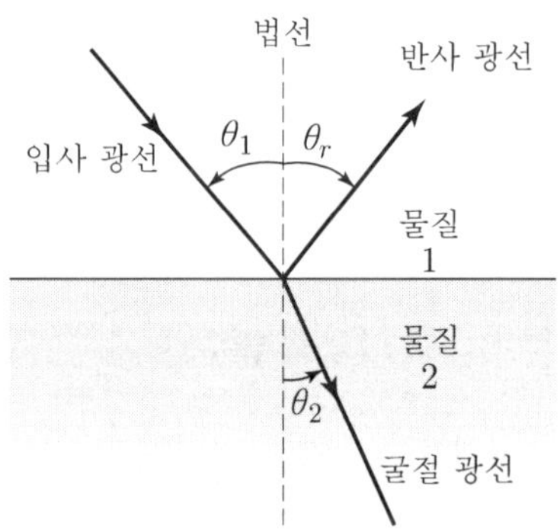

[굴절의 법칙]

1) 스넬의 법칙

굴절을 이해하기 위해서는 호이겐스의 원리를 이용할 수 있다. 공기와 유리 사이의 평면 경계면에 입사한 평면파를 통해서 굴절 현상을 알아보자.

일단 공기에서 연속된 평면파면이 유리를 향하여 진행한다. 파면 사이의 거리는 한 파장과 같다. 일단 파면이 유리 경계에 도달하여 새 매질로 들어가면 파의 속력은 줄어든다. 그림에서 입사각 θ_1과 굴절각 θ_2를 관련시키는 데 이용되는 두 개의 직각 삼각형을 보여준다(△OAB, △OBC). 이들 두 삼각형은 빗변(s)을 공유하므로 삼각비를 이용하여 다음과 같은 식을 나타낼 수 있다.

$$\sin\theta_1 = \frac{v_1 \Delta t}{s}, \quad \sin\theta_2 = \frac{v_2 \Delta t}{s} \quad \rightarrow \quad \frac{\sin\theta_1}{\sin\theta_2} = \frac{v_1}{v_2}$$

이 때 매질이 달라져도 파의 진동수 f는 달라지지 않는다. 즉, 파동의 기본 관계식 $v = f\lambda$를 이용하여 위의 식을 정리하면

$$\frac{\lambda_1}{\lambda_2} = \frac{v_1}{v_2} = \frac{n_2}{n_1}$$

이 된다. 따라서 두 관계식을 정리하면 다음과 같다.

$$\frac{\sin\theta_1}{\sin\theta_2} = \frac{\lambda_1}{\lambda_2} = \frac{v_1}{v_2} = \frac{n_2}{n_1} = n_{12}$$

이 때 사인비와 굴절률과의 관계로부터

$$n_1 \sin\theta_1 = n_2 \sin\theta_2$$

임을 알 수 있다. 굴절의 법칙은 스넬에 의해 실험적으로 발견되었고, 이 식을 **스넬의 법칙**이라 한다. 굴절현상에서 아주 중요한 법칙임을 알 수 있다.

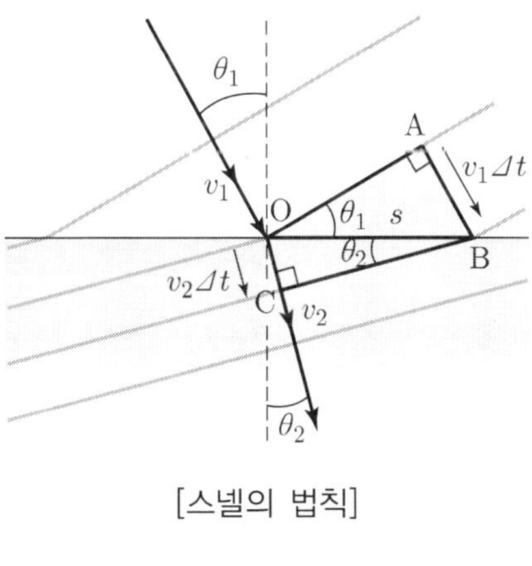

[스넬의 법칙]

참고 **호이겐스의 원리**

파면 위의 모든 점들은 새로운 점파원이 되고, 이 점파원에서 만들어진 파들의 파면에 공통 접선이 새로운 파면이 된다. (구면파, 평면파)

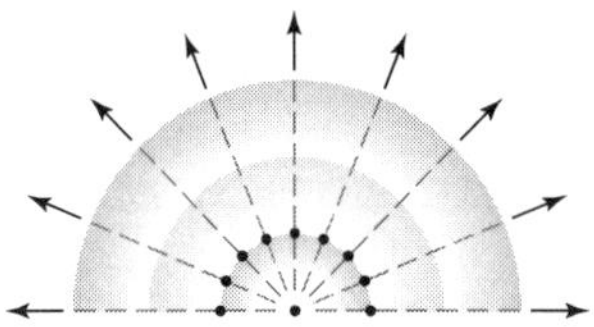

(가) 점파원

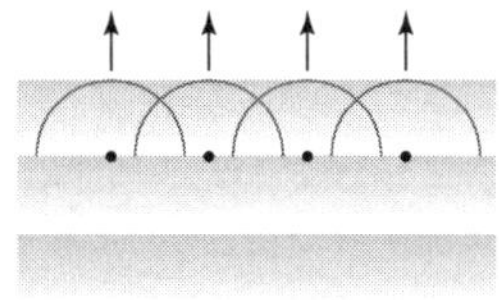

(나) 직선 파원

예제 6.3

그림의 사진은 초음파(ultrasonic)를 이용한 태아의 이미지이다. 이처럼 의학에서는 환자의 치료 진단에 중요한 부분을 차지하는 장비로서 중요성은 점점 커지고 있다. 이 초음파기기를 이용하여 다음과 같은 진단 사실로부터 몇 가지 물리적 현상을 알게 되었다.

진단 사실

Ⅰ. 초음파가 공기에서 인체 내부로 들어갈 때, 초음파의 속도는 변하고 진동수는 변하지 않는다.

Ⅱ. 초음파는 인체 내부에서 흡수되거나 분산되어 세기가 약해지는데, 진동수가 높을수록 더 빨리 약해진다.

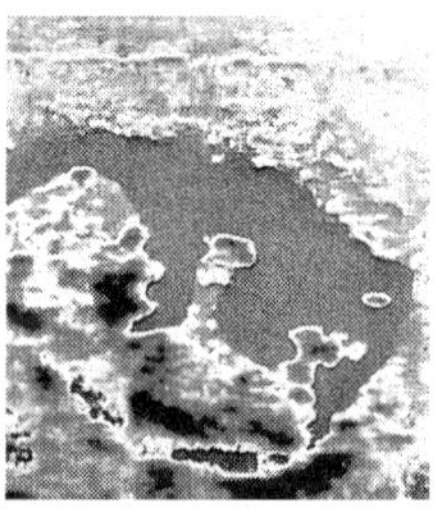

위 진단 사실을 통하여 추론한 것으로 옳은 것만을 〈보기〉에서 있는 대로 고른 것은?

<보 기>

ㄱ. 공기에서 인체 내부로 비스듬히 입사한 초음파는 굴절할 것이다.

ㄴ. 초음파가 공기에서 인체 내부로 들어갈 때, 초음파의 파장은 변하지 않을 것이다.

ㄷ. 같은 세기의 초음파를 사용하면 진동수가 낮을수록 초음파가 인체 내부로 더 깊이 들어갈 수 있을 것이다.

① ㄱ ② ㄴ ③ ㄷ

④ ㄱ, ㄷ ⑤ ㄴ, ㄷ

[풀이] 답 ④

ㄱ, ㄴ. 공기에서 인체인 매질로 파동이 진행하므로 굴절하게 되고 속도와 파장이 변하며,

ㄷ. 진동수가 낮을수록 파동이 인체 내부로 더 깊이 들어갈 수 있다.
이 때 초음파의 감쇄는 초음파가 갖는 에너지가 열로 변환되어 소실되는 현상으로 진동수가 클수록 에너지가 감소량이 많아진다.

예제 6.4

그림 (가)는 파장이 다른 두 단색광 A, B가 진공에서 나란히 입사각 θ_i로 입사하여 매질의 경계면에서 굴절하는 것을 모식적으로 나타낸 것이다. A, B의 파장은 각각λ_A, λ_B이고, A, B의 굴절각은 각각 θ_A, θ_B이다. 그림(나)는 파장에 따른 (가)의 매질의 굴절률을 나타낸 그래프이다.

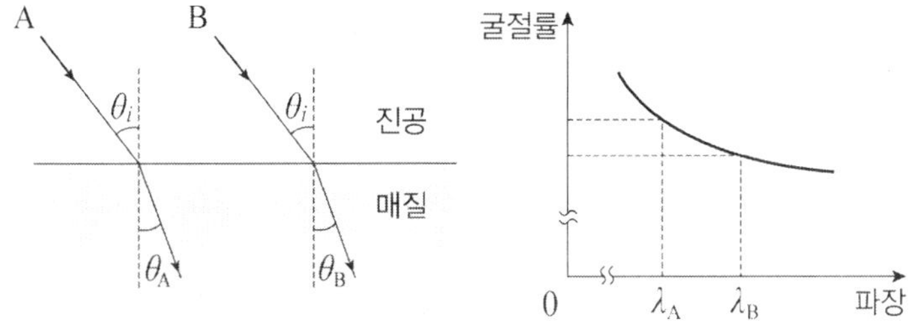

(가) (나)

이에 대한 설명으로 옳은 것만을 〈보기〉에서 있는 대로 고른 것은?

<보 기>

ㄱ. 매질에서의 속력은 A가 B보다 빠르다.
ㄴ. A의 진동수는 진공과 매질에서 같다.
ㄷ. $\theta_A < \theta_B$이다.

① ㄱ ② ㄴ ③ ㄷ
④ ㄱ, ㄷ ⑤ ㄴ, ㄷ

[풀이] 답 ⑤

ㄱ. $v=f\lambda$로 f는 매질에서 변하지 않는다. 따라서 파장이 길면 속력도 커진다.

$\lambda_A < \lambda_B \;\rightarrow\; v_A < v_B$이므로 B가 빠르다.

ㄴ. 파의 진동수는 매질에서 불변이다.

ㄷ. $n=\dfrac{c}{v}$에서 $v_A < v_B$이므로 $n_A > n_B$이다.

스넬의 법칙($n_i\sin\theta_i = n_r\sin\theta_r$)으로부터 굴절각을 비교하면

$$1\times\sin\theta_i = n_A\sin\theta_A,\; 1\times\sin\theta_i = n_B\sin\theta_B$$

$$\rightarrow\; n_A > n_B \Leftrightarrow \sin\theta_A < \sin\theta_B \;\Leftrightarrow \theta_A < \theta_B$$

2) 전반사

그림과 같이 굴절률이 큰 매질에서 굴절률이 작은 매질로 빛이 굴절되어 나갈 때 입사각이 커지면 굴절각도 커진다. 입사각이 점점 커져서 굴절각이 90°가 될 때의 입사각을 임계각이라 한다. 이 때 굴절률과 임계각은 다음과 같은 관계가 있다.

$$n_{12} = \frac{\sin r_1}{\sin i_1} = \frac{\sin r_2}{\sin i_2} = \cdots = \frac{\sin 90^\circ}{\sin i_c} = \frac{1}{\sin i_c}$$

입사각(i)이 임계각보다 커지면 입사한 빛은 마치 거울에서 반사하듯이 전부 반사되고, 이러한 현상을 **전반사**라고 한다.

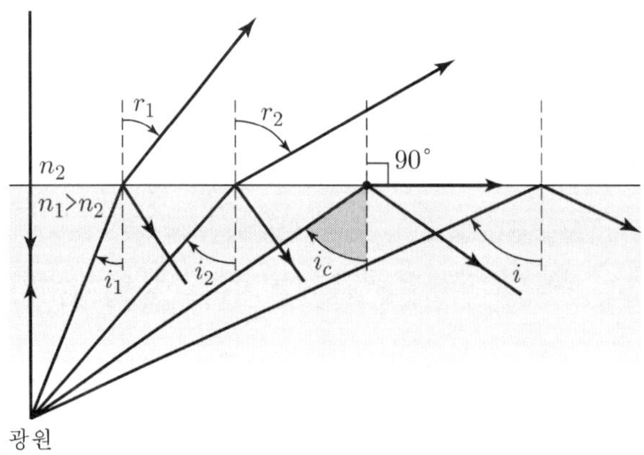

[전반사]

예제 6.5

그림은 45°, 45°, 90° 유리 프리즘이다. 이 프리즘으로 내부 전반사에 의하여 광선의 방향을 90°로 바꿀 수 있다.

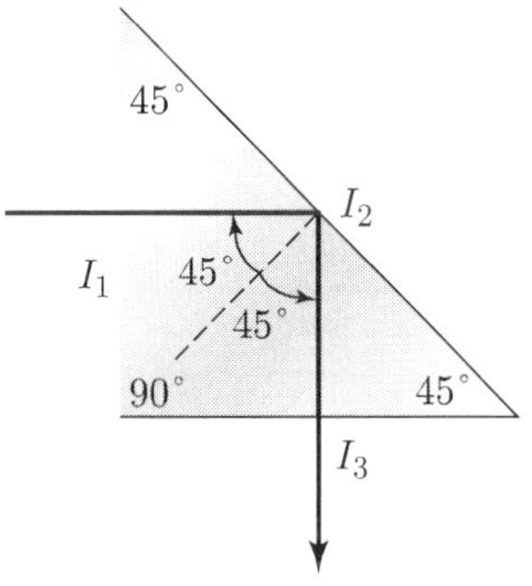

이에 대한 설명으로 옳은 것만을 〈보기〉에서 있는 대로 고른 것은? (단, 유리의 굴절률은 1.52이다.) (단, $\sin 41° \fallingdotseq 0.66$이다.)

<보 기>

ㄱ. $1.52 = \dfrac{1}{\sin i_c}$을 만족할 때 전반사가 발생한다. ($i_c$: 임계각)

ㄴ. i_c가 46°에서 전반사가 생긴다.

ㄷ. 굴절률이 큰 매질에서 굴절률이 작은 매질로 빛이 진행할 때 전반사 생긴다.

① ㄱ ② ㄴ ③ ㄷ
④ ㄱ, ㄴ ⑤ ㄱ, ㄷ

[풀이] 답 ⑤

ㄱ. 스넬의 법칙을 적용하면 $(1.52)\sin i_c = 1 \times \sin 90°$ 일 때 전반사가 발생한다.

ㄴ. 임계각 i_c를 계산하면 $n_{유} = 1.25$, 공기의 굴절률 $n_{공} = 1$

임계각은 $i_c = \sin^{-1}\left(\dfrac{1}{1.52}\right) = 41.1°$

ㄷ. 밀한매질에서 소한매질로 진행할 때 전반사가 이루어진다.

예제 6.6

그림은 광섬유를 이용하여 단색광을 인체 내의 체액에 입사시키는 것을 단면도로 나타낸 것이다. 단색광은 광섬유 내부에서 직진하다가 각 ϕ로 절단된 절단면에서 굴절각 θ로 굴절한다. 광섬유의 굴절률 n_1은 체액의 굴절률 n_2보다 크다.

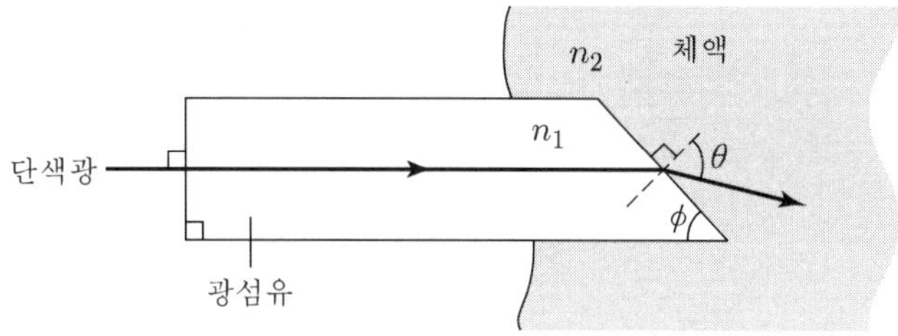

이에 대한 설명으로 옳은 것만을 〈보기〉에서 있는 대로 고른 것은? (단, $0 < \phi < \frac{\pi}{2}$이다.)

<보 기>

ㄱ. 광섬유 내부에서 단색광의 파장은 체액에서보다 짧다.

ㄴ. $n_2 \cos\phi = n_1 \sin\theta$이다.

ㄷ. $0 < \cos\phi < \frac{n_2}{n_1}$이면 단색광은 절단면에서 전반사한다.

① ㄱ　　② ㄴ　　③ ㄷ

④ ㄱ, ㄷ　　⑤ ㄱ, ㄴ, ㄷ

[풀이] 답 ①

입사각 θ_1, 굴절각 $\theta_2 = \theta$라 하고, 법선을 기준으로 입사각을 보면 $\theta_1 = 90 - \varnothing$이다. 스넬법칙에 의해

$\frac{n_2}{n_1} = \frac{\sin(90 - \varnothing)}{\sin\theta} = \frac{\cos\varnothing}{\sin\theta} = \frac{\lambda_1}{\lambda_2}$이고, 이 때 $n_1 > n_2$이므로 $\frac{\lambda_1}{\lambda_2} < 1$이다.

ㄱ. 광섬유 내의 파장인 λ_1이 작은 값, 즉 짧아야 한다.

ㄴ. 스넬법칙에서 $n_1\cos\varnothing = n_2\sin\theta$이다.

ㄷ. 전반사가 될 수 있다면 임계각인 $\theta_2 = \theta = 90^\circ$가 되어야 한다.

$\frac{n_2}{n_1} \leq \frac{\cos\varnothing}{\sin 90^\circ} = \cos\varnothing$일 때 전반사가 된다.

4. 볼록, 오목 렌즈

렌즈에 의해 생기는 상은 빛의 굴절에 의한 것으로

- 실상 : 빛이 입사하는 반대편 공간의 상
- 허상 : 빛이 입사하는 쪽 공간의 상

이 된다.

1) 볼록렌즈

그림과 같이 빛의 굴절을 이용하여 평행 광선을 한 곳으로 모으며, 이 때 평행 광선이 모이는 점을 초점이라 한다. 초점거리 f에 의한 관계식은 다음과 같다.

$$\frac{1}{p}+\frac{1}{q}=\frac{1}{f}, \quad m=\frac{q}{p}$$

p : 물체까지 거리, q : 상까지 거리, f : 초점까지 거리

볼록렌즈는 오목거울과 같이 물체의 위치에 따라 상의 위치와 종류가 달라진다. 렌즈로부터 멀리 떨어진 물체를 보면 거꾸로 된 작은 실상(축소도립실상)이고, 렌즈에 가까이 대고 보면 바로선 확대된 허상(확대정립허상)이다.

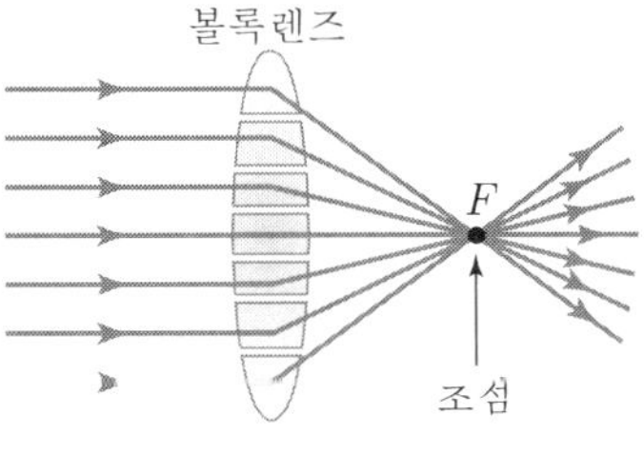

2) 오목렌즈

그림과 같이 축에 나란하게 빛을 입사시키면 빛은 굴절 후 어느 한 점에서 나온 것처럼 퍼져 나간다. 이 때 어느 한 점을 허초점이라 한다. 오목렌즈는 허초점을 가지므로 초점거리는 $-f$값을 가진다. 볼록거울과 같이 오목렌즈에 의해 만들어지는 상은 물체와 같은 쪽에 항상 축소정립허상을 갖는다. 특히, 물체가 렌즈의 중심에

접근하면 허상의 위치도 렌즈의 중심에 가까워지면서 상의 크기도 커진다. 초점거리 f에 의한 관계식은 다음과 같다.

$$\frac{1}{p}+\frac{1}{q}=\frac{1}{f},\quad m=\frac{q}{p}$$

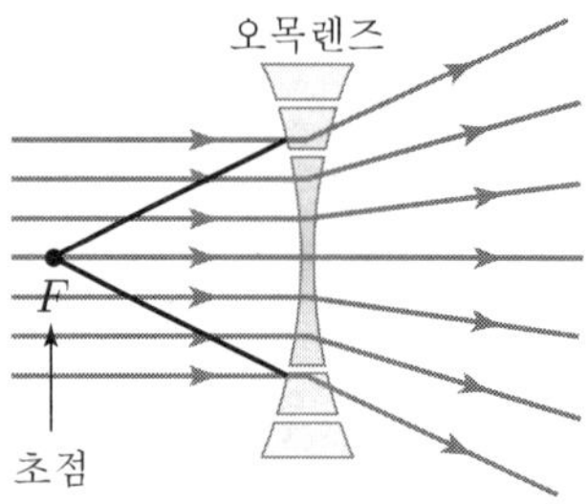

3) 복합 렌즈

그림에서 렌즈 L_1의 초점거리가 f_1, 렌즈 L_2의 초점거리가 f_2인 얇은 렌즈를 맞붙였을 때 두 렌즈에 의한 초점거리 f는 다음과 같은 관계로부터 얻어진다.

물체 AB가 렌즈 L_1에 의해 b_1에 생기는 상을 $A'B'$이라면 상이 렌즈 L_2에 의해 맺어지는 상을 $A''B''$이라 하자.

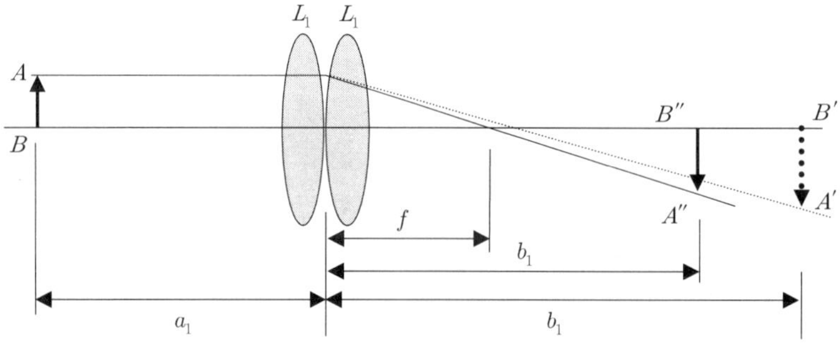

[복합렌즈]

상의 관계식에서

$$\frac{1}{a_1}+\frac{1}{b_1}=\frac{1}{f_1},$$

$$\frac{1}{-b_1}+\frac{1}{b_2}=\frac{1}{f_2}$$

이고, 두 식을 더하면 복합렌즈는 $\frac{1}{a_1}+\frac{1}{b_2}=\frac{1}{f_1}+\frac{1}{f_2}$가 된다.

따라서 복합렌즈의 초점 f는 다음과 같은 관계를 갖는다.

$$\frac{1}{f_1}+\frac{1}{f_2}=\frac{1}{f}$$

예제 6.7

그림 (가)는 시료의 3차원 정보를 얻을 수 있는 공초점(confocal) 현미경을 나타낸 것이며, 그림 (나)는 공초점 현미경의 광학적 구조를 모식적으로 나타낸 것이다. 광원에서 나온 빛이 시료에 접속되어 직경 a 인 형광을 발생시키며, 이 형광은 초점거리 f인 렌즈에 의해 검출기 표면에 직경 5a인 상을 맺는다.

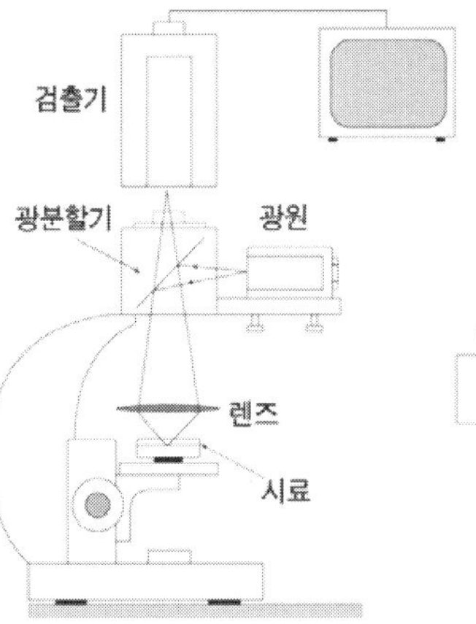

(가)

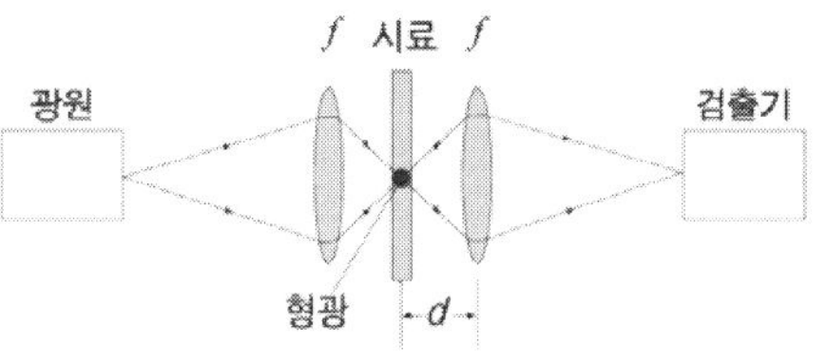

(나)

시료에서 형광이 발생하는 지점과 렌즈 사이의 거리 d로 가장 적절한 것은? (단, 광원, 렌즈, 검출기의 중심은 동일 직선상에 있고, 렌즈와 시료의 두께는 무시한다.)

① $0.2f$ ② $0.5f$ ③ $1.2f$ ④ $2f$ ⑤ $5f$

[풀이] 답 ③

복합렌즈인 현미경은 대물렌즈(볼록)와 대안렌즈(볼록)로 구성되며, 렌즈의 두께는 무시한다. 그림과 같이 렌즈를 배치하면 다음과 같다.

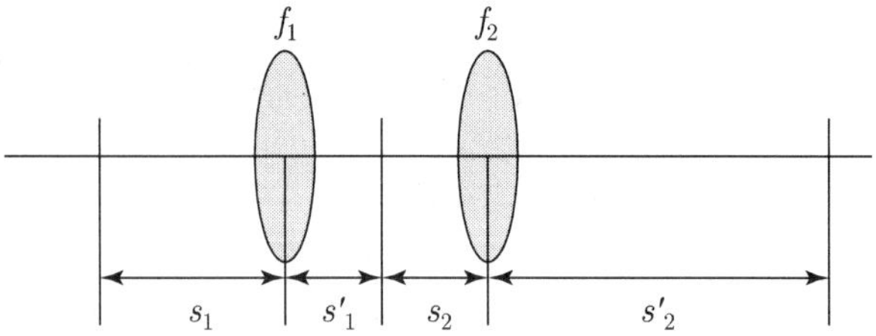

- 대물/대안렌즈의 초점공식 : $\dfrac{1}{s_1}+\dfrac{1}{s'_1}=\dfrac{1}{f_1}$, $\dfrac{1}{s_2}+\dfrac{1}{s'_2}=\dfrac{1}{f_2}$
- 두 렌즈 사이 거리 : s'_1+s_2
- 배율 : $m_1=-\dfrac{s'_1}{s_1}$, $m_2=-\dfrac{s'_2}{s_2}$, $m_{tot}=m_1m_2$

문제에서 상의 직경 a와 검출기 표면에 직경 $5a$인 상이므로

대안렌즈의 배율 : $\dfrac{5a}{a}=\dfrac{s'_2}{d}$, $s'_2=5d$

따라서 $\dfrac{1}{s_2}+\dfrac{1}{s'_2}=\dfrac{1}{f_2}$에서 $\dfrac{1}{d}+\dfrac{1}{s'_2}=\dfrac{1}{f}$, $d=\dfrac{s'_2f}{s'_2-f}=\dfrac{5df}{5d-f}$

이므로 $5d^2-6df=0$, $d(5d-6f)=0$. $\therefore d=\dfrac{6}{5}f=1.2f$

5. 빛의 분산

그림과 같이 백색광을 프리즘에 통과시키면 여러 가지색으로 나뉘어져 나온다. 이와 같이 투명한 물질에서 빛이 진동수에 따라 다르게 굴절하여 색깔이 분리되는 현상을 빛의 **분산**이라 하고, 나누어진 색의 띠를 스펙트럼이라 한다. 이것은 빛이 매질 속에서 파장에 따라 속도가 다르므로 굴절률도 파장에 따라 다르다. 즉 색에 따라 굴절률이 다르기 때문이다.

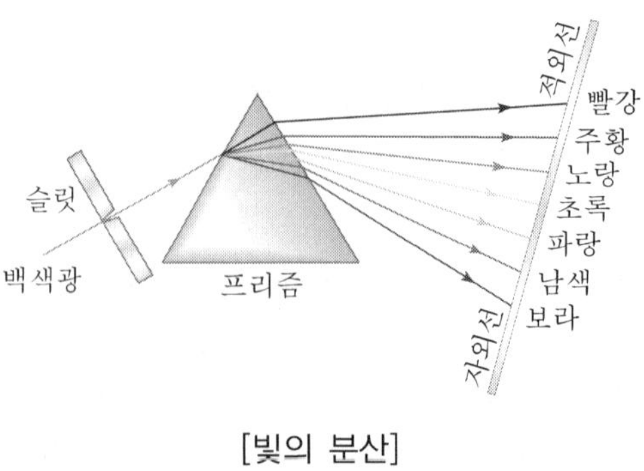

[빛의 분산]

또한, 빛의 분산 현상은 렌즈의 경우에도 나타난다. 그림과 같이 백색광이 렌즈를 통과한 후 각각 다르게 굴절되어 빛의 분산이 일어나서 한 초점에 맺히지 못하는 현상을 **색수차**라고 한다. 색수차 외에 **구면수차**가 있는데, 이는 렌즈의 각 부분에서 빛이 굴절하는 정도가 다르기 때문에 나타나는 현상이다.

수차는 광학 기기에서 상을 흐리게 하거나 색 번짐 현상을 일으키므로 이를 줄이기 위해서 오목렌즈와 볼록렌즈를 조합해서 쓰기도 한다.

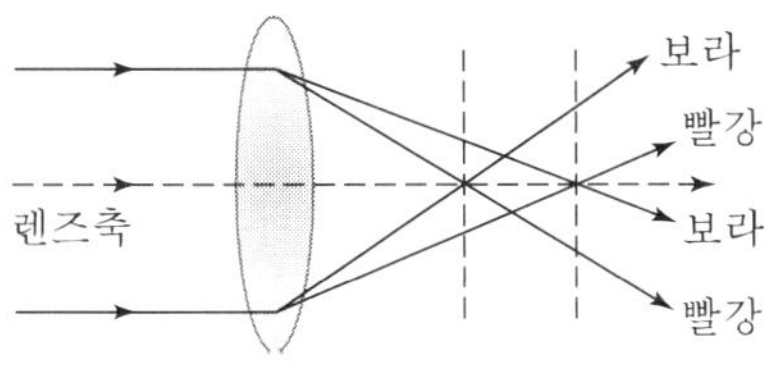

[색수차]

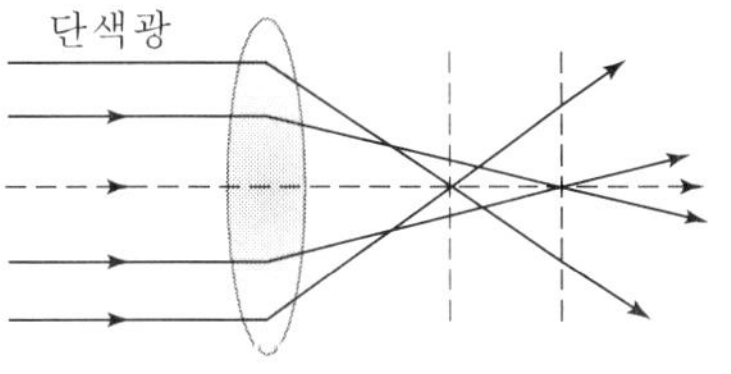

[구면수차]

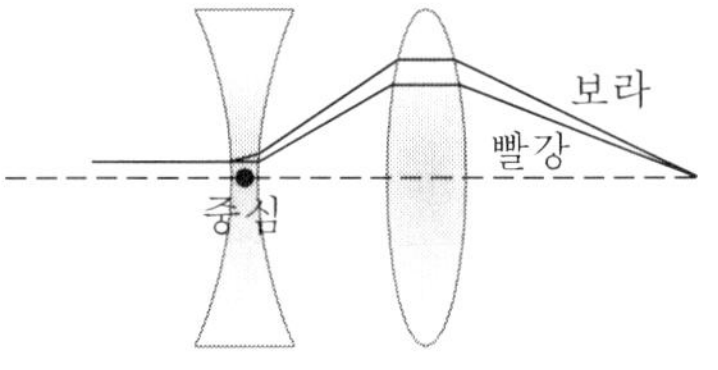

[렌즈의 조합]

예제 6.8

그림은 파장이 λ인 가시광선이 유리로 만든 직각프리즘의 OA면에 수직으로 입사하여 진행하는 것을 나타낸 것이다. θ는 OA면과 빗면 사이의 각, d는 입사 광선과 x축 사이의 거리, h는 직각프리즘의 높이, 점 P는 프리즘을 통과한 광선이 x축과 만나는 점이다.

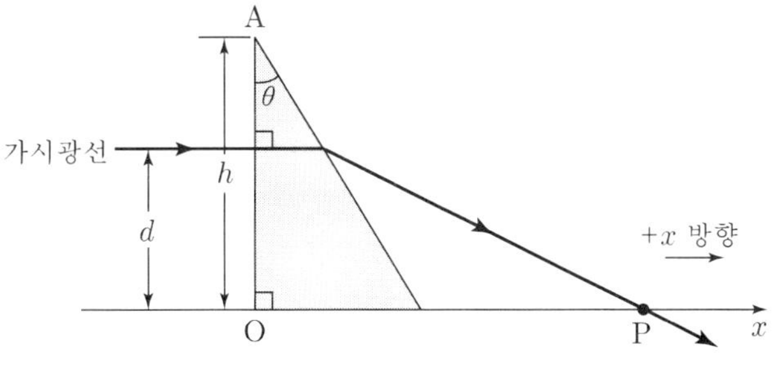

이에 대한 설명으로 옳은 것만을 〈보기〉에서 있는 대로 고른 것은? (단, OA면의 위치, 프리즘의 재질, h 는 변하지 않는다.)

<보 기>

ㄱ. λ 와 θ 가 일정할 때, d 가 감소하면 P는 $+x$ 방향으로 이동한다.
ㄴ. λ 와 d 가 일정할 때, θ 가 감소하면 P는 $+x$ 방향으로 이동한다.
ㄷ. θ 와 d 가 일정할 때, λ 가 변하여도 P의 위치는 변하지 않는다.

① ㄱ ② ㄴ ③ ㄱ, ㄴ
④ ㄱ, ㄷ ⑤ ㄴ, ㄷ

[풀이] 답 ②

굴절과 파장에 따른 굴절정도, 즉 분산을 생각한다.

ㄱ. 파장과 프리즘이 그대로 이고 d를 감소하면 매질이 같기 때문에 굴절정도가 같다. 따라서 P점이 $-x$쪽으로 굴절된다.

ㄴ. θ가 감소하면 입사각이 감소하므로 스넬의 법칙에 따라 굴절각도 감소하여 P는 $+x$ 방향으로 이동한다.

ㄷ. 파장이 변화하므로 분산에 의해 굴절정도가 다르다. 따라서 P위치는 변한다.

참고 분산에 의한 빛의 스펙트럼

고온의 고체나 액체에서 나온 빛의 스펙트럼을 보면 빨강에서 보라까지의 빛이 연속적으로 나타남을 볼 수 있다. 이것을 **연속스펙트럼**이라 한다. 그러나 원자나 분자 상태의 기체를 방전관에 넣고 방전시키면 스펙트럼이 특유한 모양의 선으로 나타난다. 이것을 **선스펙트럼**이라 한다. 선스펙트럼은 사람의 경우에 지문과도 같다. 사람마다 지문이 다르듯이 원소의 종류마다 스펙트럼의 모양이 다르므로 스펙트럼을 조사해 보면 미지의 원소의 종류를 알아낼 수 있다.

한편, 고온의 물체에서 나온 연속 스펙트럼을 저온의 기체층에 통과시키면 그 기체가 고온이었을 때 내는 선스펙트럼이 위치해 있던 자리에 검은 띠가 나타난다. 이 검은 선은 그 파장에 해당하는 빛이 저온의 기체 원자에 흡수되어 나타나는 것으로 이런 스펙트럼을 흡수스펙트럼이라 한다. 얼핏 연속 스펙트럼처럼 보이는 태양 광선도 자세히 보면 일종의 **흡수스펙트럼**이다. 이는 태양을 감싸고 있는 저온의 기체층이 햇빛을 흡수하기 때문에 나타나는 것으로 프라운호퍼선이라고 한다.

예제 6.9

그림과 같이 볼록렌즈 앞 P 위치에 물체를 놓으면 Q 위치에 놓인 스크린 상이 생긴다.

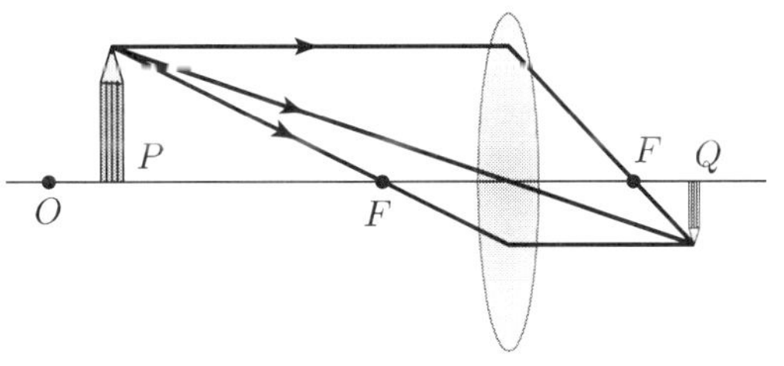

이 렌즈 앞 가운데에 구멍이 동그랗게 뚫린 금속판을 가져다 놓았다.

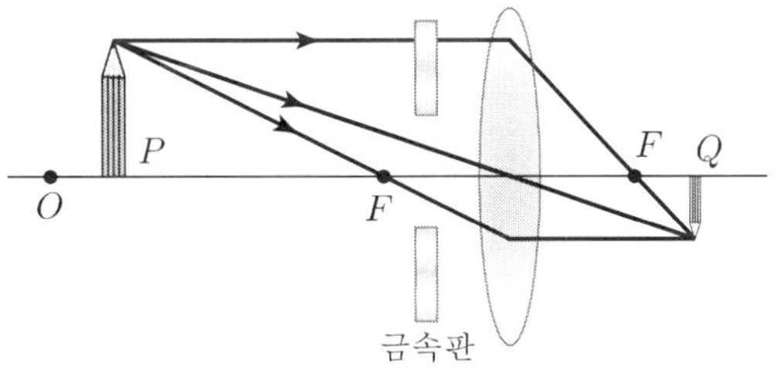

이 때 생기는 물체의 상에 대한 설명으로 옳은 것만을 〈보기〉에서 있는 대로 고른 것은?

<보 기>

ㄱ. 상을 맺게하는 빛의 양이 줄어든다.
ㄴ. 물체의 상이 생기지만 밝기는 변하지 않는다.
ㄷ. 물체의 상이 생기고, 밝기는 어두워진다.

① ㄱ　② ㄴ　③ ㄷ
④ ㄱ, ㄴ　⑤ ㄱ, ㄷ

[풀이] 답 ⑤

물체의 특징 부분에서 여러 갈래의 빛이 렌즈를 통한 여러 경로를 거쳐 Q의 위치에 다시 모이면서 상이 맺히게 된다. 따라서 수많은 여러 갈래의 빛의 경로 준 일부분을 금속판으로 차단시켜도 나머지 일부분은 렌즈를 통해 Q의 위치에 모이게 되므로 상이 맺힌다. 다만 상을 맺게 해주는 빛의 양이 줄어들어 밝기는 어두워진다.

6.3 파동의 회절

1) 회절

파동이 장애물이나 좁은 틈을 통과할 때 그 뒤편까지 파가 전달되는 현상을 **회절**이라 한다. 이런 회절 현상은 파장이 길수록, 틈이 좁을 수록 잘 일어난다.

그림은 틈의 크기에 따라 회절의 정도를 보여주고 있다. 역시 틈이 작아질수록 회절이 잘 일어남을 알 수 있다.

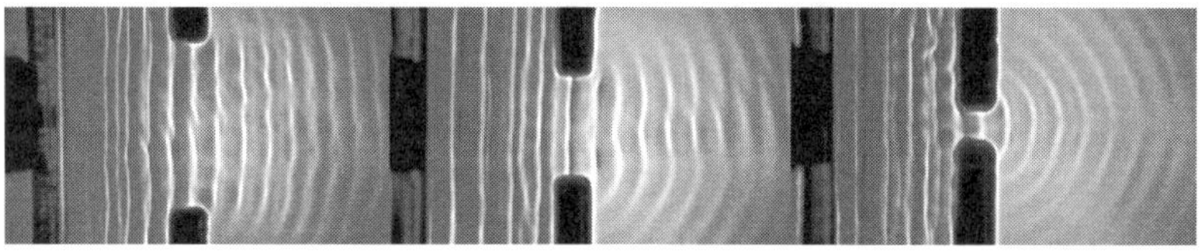

[회절의 정도]

2) 빛의 회절

수면파, 소리, 라디오파와는 달리 빛은 거의 회절하지 않는다. 이는 빛의 파장이 훨씬 짧기 때문이다. 그러나 빛도 아주 좁은 틈을 통과할 때는 회절한다. 그림의 회절 사진은 짧은 파장을 이용하여 금속판에 입사시켜 회절 무늬를 얻은 것이다.

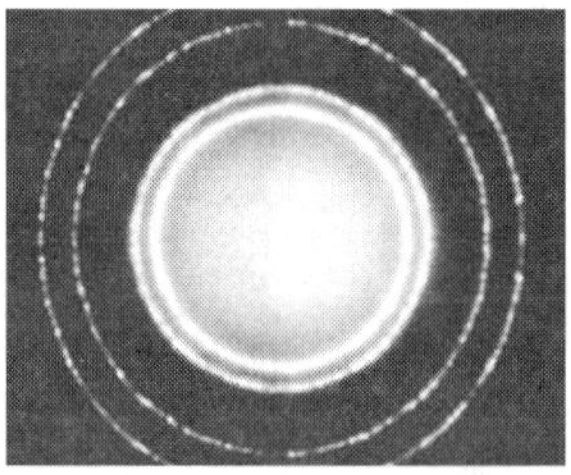

[전자선의 회절 무늬]

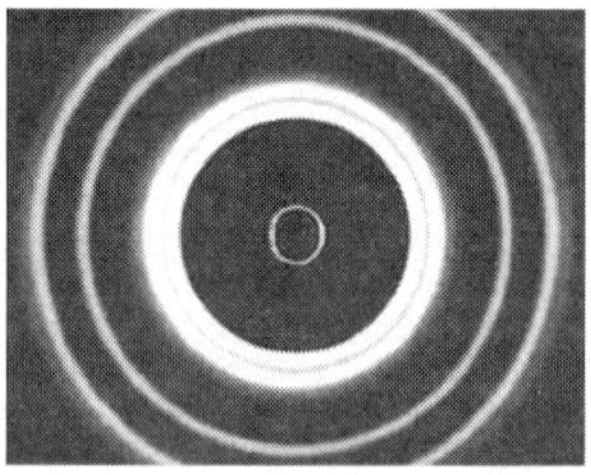

[X선의 회절 무늬]

관측하려는 물체의 크기가 빛의 파장 정도가 되면 물체의 상은 회절 때문에 흐려지게 되므로 관찰이 어려워진다. 그러므로 광학 현미경으로 무한정 확대해 볼 수 없다. 이 문제를 어느 정도 극복한 것이 전자선인 물질파를 이용해서 물체를 관찰하는 전자 현미경이다. 전자의 물질파 파장은 빛보다 훨씬 짧으므로 빛보다는 덜 회절한다. 이로부터 파장이 짧을수록 더 세밀한 관측이 가능함을 알 수 있다.

6.4 파동의 중첩의 원리

그림과 같이 두 파동이 겹쳐져서 만들어 지는 파동은 각각의 파동이 합쳐진 것과 같다. 즉, 두 파동이 겹쳐졌을 때 합성파의 변위는 두 파동의 각각의 변위를 합한 것과 같다. 이것을 파동의 **중첩의 원리**라고 한다. 중첩이 끝난 후의 파동은 중첩되기 전의 파동의 특성은 그대로 유지하면서 원래의 방향으로 나아가게 되는 성질을 **파동의 독립성**이라 한다.

$$y = y_1 + y_2$$

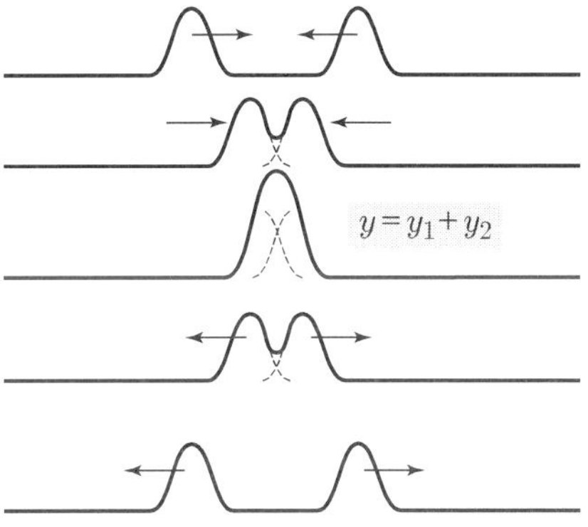

[파동의 중첩의 원리]

1. 정상파

그림은 진폭과 진동수가 같은 두 파가 서로 반대 방향으로 진행하다 겹치면 어느 방향으로도 진행하지 않고 제자리에서 진동만 하는 파가 만들어 진다. 이런 파를 **정상파**라 하고 전혀 진동하지 않는 점을 **마디(Node)**, 최대 진폭으로 진동하는 점을 **배(Anti-node)라**고 한다. 마디와 마디 또는 배와 배까지의 거리는 파장의 $\frac{1}{2}$이 된다. 이때의 두 파에 의한 정상파의 관계식을 구해보면 다음과 같다.

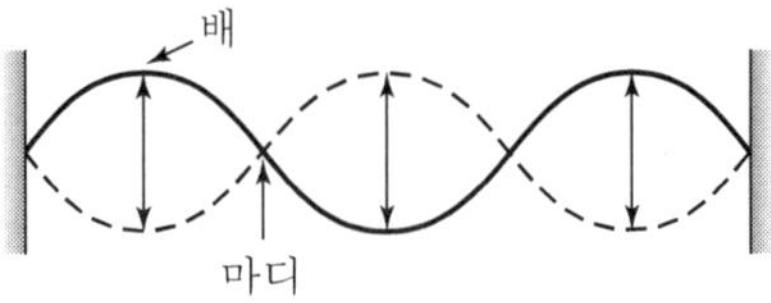

[정상파]

중첩의 원리에 의하여 $y=y_1+y_2$를 계산하면 다음과 같다.

$$y = A\sin 2\pi\left(\frac{t}{T}-\frac{x}{\lambda}\right)+A\sin 2\pi\left(\frac{t}{T}+\frac{x}{\lambda}\right)$$

$$y = 2A\cos 2\pi\frac{x}{\lambda}\sin 2\pi\frac{t}{T}$$; 정상파 식

배 $\frac{2\pi x}{\lambda}=\pm m\pi \quad ⇨ \quad x=\pm\frac{m\lambda}{2}$ (진폭=±2A)

마디 $x=\pm\frac{\lambda}{4}(2m+1)$ (진폭=0)

1) 현악기

줄의 양 끝을 팽팽하게 당겨서 고정시키고 줄을 진동시키면 정상파가 만들어 지면서 정상파와 같은 진동수의 소리가 발생한다. 따라서 줄의 기본 진동수는

$$f=\frac{v}{\lambda}=\frac{v}{2L}$$

이다. 줄의 길이 L에서 λ_n은 다음과 같다.

$$\lambda_n=\frac{2L}{n}\ (n=1,\ 2,\ 3,\ \cdots)$$

$$f_n=n\frac{v}{2L}$$

한편, 휘어지는 줄의 경우 횡파의 속력은 줄에 걸린 장력 T, 단위 길이당 줄의 질량(선밀도)을 μ라 할 때

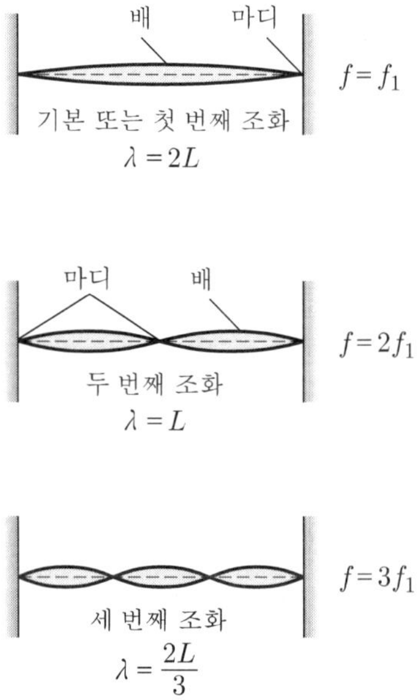

$$v = \sqrt{\frac{T}{\mu}}$$

이므로 팽팽한 줄에서 정상파의 공명진동수는

$$f_n = \frac{n}{2L}\sqrt{\frac{T}{\mu}}\ (n = 1,\ 2,\ 3, \cdots)$$

이다.

2) 관악기(한쪽이 막힌 관).

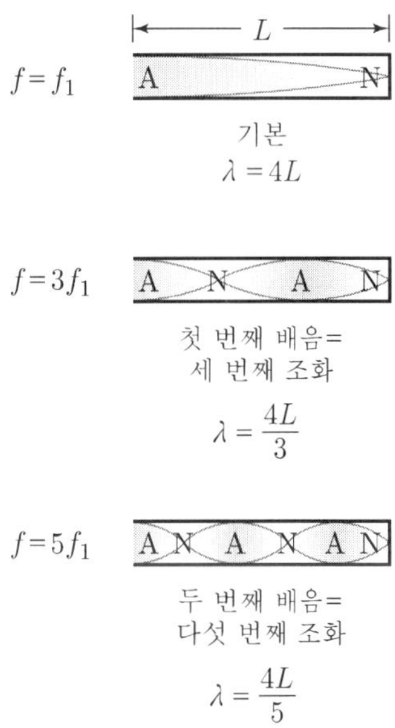

길이 L인 한 쪽이 막힌 관에 소리가 간섭을 일으켜 정상파가 만들어 진다. 줄의 진동과 다른 점은 소리는 종파이므로 막힌 부분은 마디가 되고 열린 부분은 배가 된다.

관의 기본 진동수는

$$f = \frac{v}{\lambda} = \frac{v}{4L}$$

이다. 따라서 파장은

$$\lambda_{2m-1} = \frac{4L}{2m-1}$$

이고, 고유진동수는

$$f = \frac{v}{\lambda} = \frac{2m-1}{4L}v\ (m = 1,\ 2,\ 3,\ \cdots)$$

이다.

3) 양쪽이 열린관(공기 자유로이 진동)

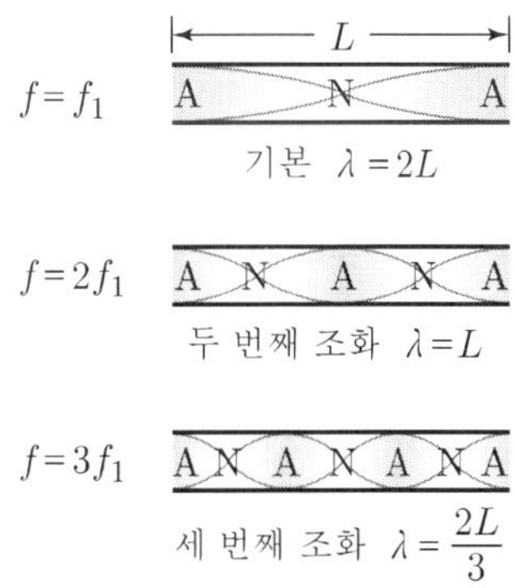

양끝이 모두 배로 진동한다. $(L = \frac{\lambda}{2})$

$$\lambda_m = \frac{2L}{m}$$

$$f = \frac{v}{\lambda} = \frac{m}{2L}v\ (m = 1,\ 2,\ 3,\ \cdots)$$

예제 6.10

한 끝이 막힌 파이프에서 둘째 배음이 512Hz이다. 파이프의 길이로 가장 가까운 값은?

① 0.50m ② 1.50m ③ 0.83m
④ 1.80m ⑤ 1.35m

[풀이] 답 ③

관악기(한쪽이 막힌 관)로 $f = \frac{v}{\lambda} = \frac{5v}{4L}$ 이므로

$$L = \frac{5v}{4f} = \frac{5 \times 340}{4 \times 512} = 0.83(m) \text{ 이 된다.}$$

예제 6.11

그림과 같이 길이가 1m인 줄의 한 쪽 끝을 고정시키고 다른 쪽 끝에는 1kg의 추를 매달았다.

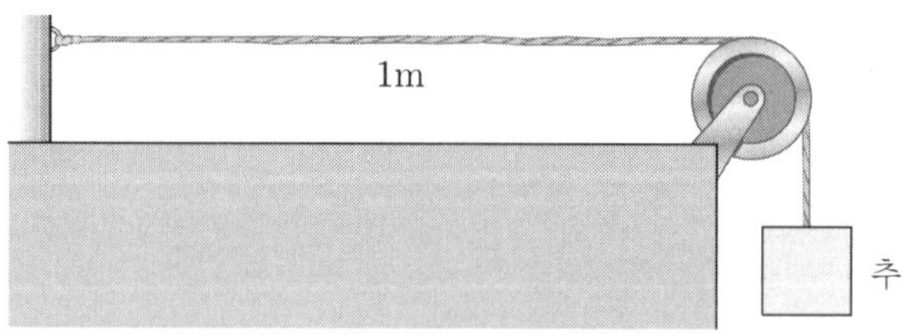

이 때 줄을 진동시켰을 때 파동에 대한 설명으로 옳은 것만을 〈보기〉에서 있는 대로 고른 것은? (단, 줄의 밀도는 μ이고, 도르래와 줄의 마찰은 무시, 중력가속도는 g이다.)

<보 기>

ㄱ. 정상파 중에서 기본 진동의 경우 파장은 2m이다.

ㄴ. 처음과 같은 진동수로 추의 질량을 $\frac{1}{4}$배로 할 때 파장은 짧아진다.

ㄷ. 처음과 같은 진동수로 추의 질량을 $\frac{1}{4}$배로 할 때 파의 속력은 증가한다.

① ㄱ ② ㄴ ③ ㄷ
④ ㄱ, ㄴ ⑤ ㄴ, ㄷ

[풀이] 답 ④

ㄱ. 양 끝이 고정된 줄에서 양 끝은 마디가 되어야 한다. 양 끝이 마디가 되게 정상파를 생각할 때 파장이 가장 긴 정상파는 기본 진동의 경우이므로

$$\frac{\lambda}{2} = L(\text{줄의 길이})\text{에서 } \lambda = 2L = 2 \times 1 = 2(m)$$

ㄴ. $v = f\lambda$에서 $v = \sqrt{\frac{T}{\mu}} \propto \sqrt{T}$이므로 질량이 $\frac{1}{4}$로 줄면 진동수는 일정하고 파의 속력은 $\frac{1}{2}$배가 되므로 파장은 $\frac{1}{2}$배가 된다. 이 때 만들어진 정상파는 배가 두 개 나타난다.(즉, $\lambda = L$인 경우 2배진동이다.)

ㄷ. 추의 질량을 $\frac{1}{4}$배로 하면 장력이 $\frac{1}{4}$배로 되므로 $v = \sqrt{\frac{T}{\mu}} \propto \sqrt{T}$에서 파의 속력이 $\frac{1}{2}$배가 된다.

참고 소리의 특성

소리의 속력은 건조한 공기 내에서는 0℃ 일 때 331.5m/s 이다.

$v = 331.5 + 0.6\,T\,(\text{m/s})$

⇨ 소리의 속력은 습도가 커지면 약간 커지며,
액체나 고체 속에서는 대단히 큰 속력을 가지게 된다.

사람의 귀에서 인지 ; 20Hz ~ 20000Hz (가청주파수)
초음파 진동수 ; 20000Hz 이상

• **소리의 3가지** 소리의 높이 --- 진동수(f)
소리의 세기 --- 진폭(A)
소리의 맵씨 --- 파형

2. 도플러 효과

파원의 진동수(소리의 높이)가 파원이나 관측자의 운동 상태에 따라 진동수가 다르게 관측되는 현상을 **도플러 효과**라고 한다. 이 효과는 음파만이 아니고 모든 파동에서 생기는 현상이다

1) 음원이 운동하는 경우

• 음원이 v_s의 속도로 관측자에게 접근할 때(관측자 A)

소리의 속도를 V, 소리의 원래 진동수를 f, 파장을 λ라 하고 파원에서 발생한 소리가 관측자에 t초 만에 도달했다면, 음원과 관측자 사이의 거리는 $Vt-v_st$이다.

음원은 매초 f개의 파를 만들어 내므로 음원과 관측자 사이에는 ft개의 파가 존재한다. 따라서 새로운 파장 λ'은

$$\lambda' = \frac{Vt-v_st}{ft} = \frac{V-v_s}{f}$$

이고, 소리의 속력 V은 변하지 않기 때문에 $V=f'\lambda'$에서 관측자가 듣는 소리의 진동수는

$$f' = \frac{V}{V-v_s}f \ \text{(높은 진동수)}$$

가 된다.

• 음원이 v_s의 속도로 관측자로부터 멀어져 갈 때(관측자 B)

$$f' = \frac{V}{V-(-v_s)}f = \frac{V}{V+v_s}f \ \text{(낮은 진동수)}$$

이다.

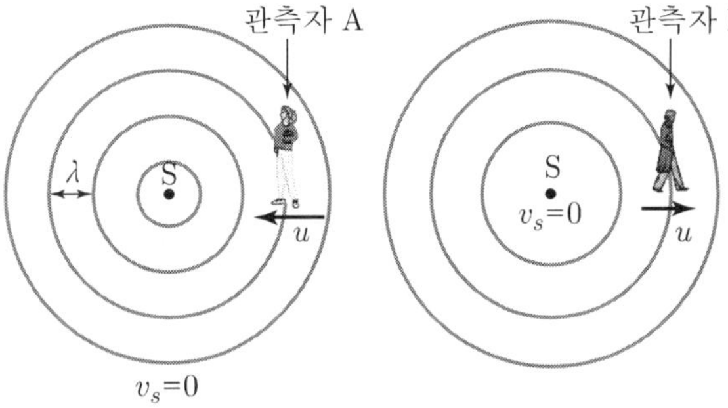

[도플러 효과 – 관측자 이동]

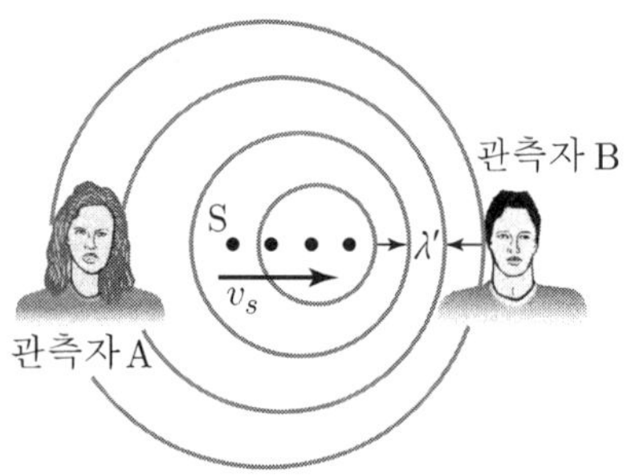

[도플러 효과 – 음원 이동]

2) 관측자가 운동하는 경우

- **관측자가 음원 쪽으로 u의 속도로 접근할 때(관측자 A)**

소리의 파장은 변함이 없고 소리가 빨리 전파되는 효과를 가져와서 $V' = V + u$가 된다. 소리의 파장이 변하지 않기 때문에 $V' = f'\lambda$이므로 관측자가 듣는 소리의 진동수는

$$f' = \frac{V+u}{V}f$$

가 된다.

- **관측자가 음원으로부터 u의 속도로 멀어져 갈 때(관측자 B)**

$$f' = \frac{V+(-u)}{V}f = \frac{V-u}{V}f$$

가 된다.

3) 음원과 괸측자가 함께 운동을 하는 경우

- **음원과 관측자가 같이 접근할 때**

$$f' = \frac{V+u}{V-v_s}f$$

- **음원과 관측자가 같이 멀어질 때**

$$f' = \frac{V-u}{V+v_s}f$$

3) 맥놀이(beats)

진동수가 유사한 두 음파가 간섭할 때 소리가 강해졌다가 약해졌다 하는 현상을 **맥놀이**라 하고, 1초 동안 생기는 맥놀이의 수는 두 음파의 진동수의 차와 같다. 두 음파의 진동수를 f_1, f_2라 하면

$$\text{단위 시간당의 맥놀이 횟수} \quad N = f_1 - f_2$$

이다.

예제 6.12

그림 (가)는 위치가 고정된 두 음원 A, B로부터 같은 거리만큼 떨어져 고정되어 있는 음파 측정기를 나타낸 것이다. A, B에서 발생하는 음파의 진폭은 서로 같고 일정하다. 그림(나)는 A, B에서 발생하는 음파의 진동수를 시간에 따라 나타낸 것이다.

(가)

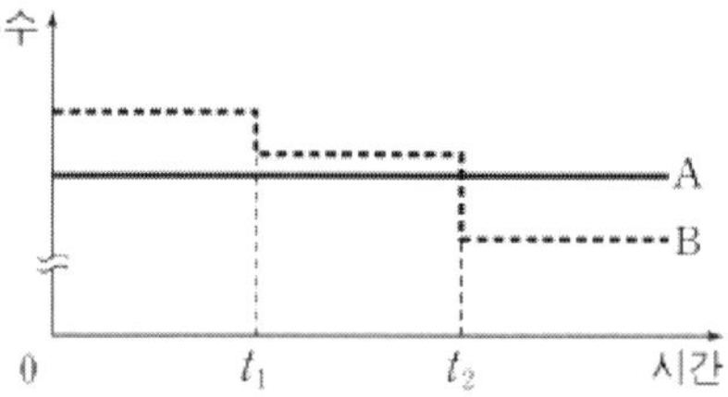

(나)

음파 측정기에 측정된 음파의 맥놀이 진동수를 시간에 따라 나타낸 그래프의 개형으로 가장 적절한 것은?

①
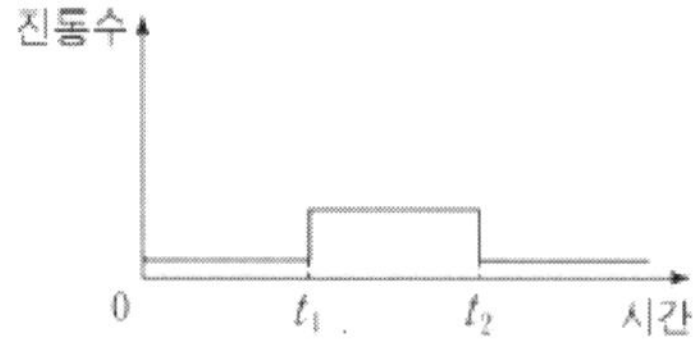

②
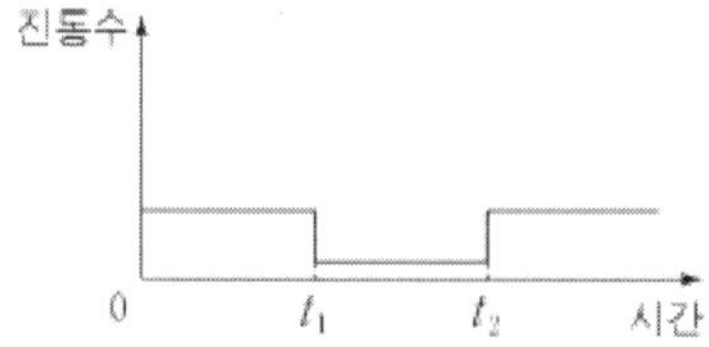

③
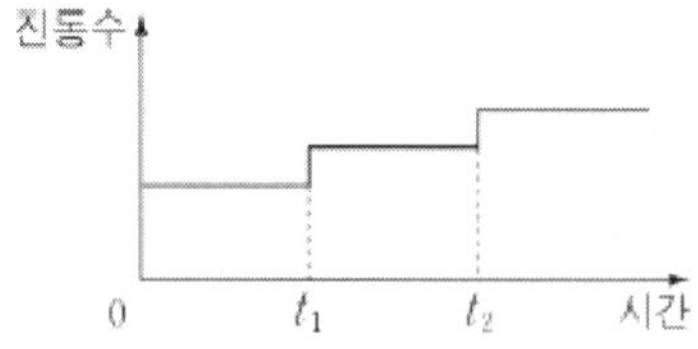

④
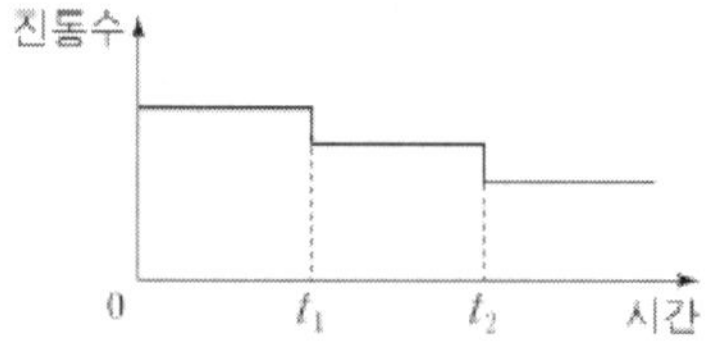

⑤
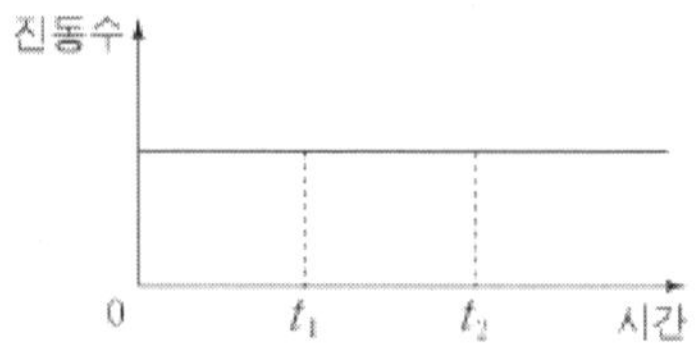

[풀이] 답 ②

A, B 두 음파의 진폭은 같고, 진동수만 차이가 생긴다. 즉, 진동수의 차에 의해 소리의 강약인 맥놀이가 발생하다.

따라서 (나)의 그래프로부터 A는 진동수가 일정하고, 상대적으로 B는 시간 $0 \sim t_1$ 까지는 A보다 크고, $t_1 \sim t_2$까지는 약간 크고, t_2 이후는 A보다 작다.

시간대별로 진동수의 차로 맥놀이의 진동수를 구하면 시간 $0 \sim t_1$에서 맥놀이 횟수가 크고, $t_1 \sim t_2$에서 맥놀이 횟수는 처음보다 작고, t_2 이후는 다시 맥놀이 회수가 커진다.

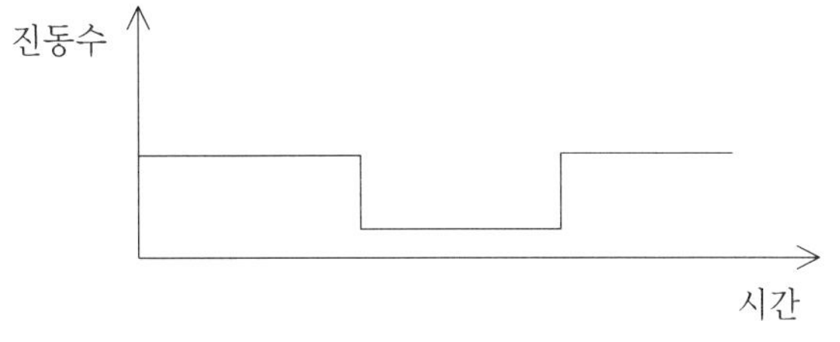

• 참고적으로 맥놀이의 횟수 또는 진동수는 다음과 같다. $|f_A - f_B| = n$

예제 6.13

그림과 같이 진동수가 182Hz인 두 개의 똑같은 음원 A와 B가 있다. 이들은 각각 차에 실려 있으며 서로 다른 등속도 v_A, v_B로 진행되고 있다. 관측자는 음원 A와 함께 있으며 1초 동안에 2번의 맥놀이가 생김을 관측하였다. $v_A = 18m/s$ 이고 v_B보다 크며, 음속은 360m/s 이다.

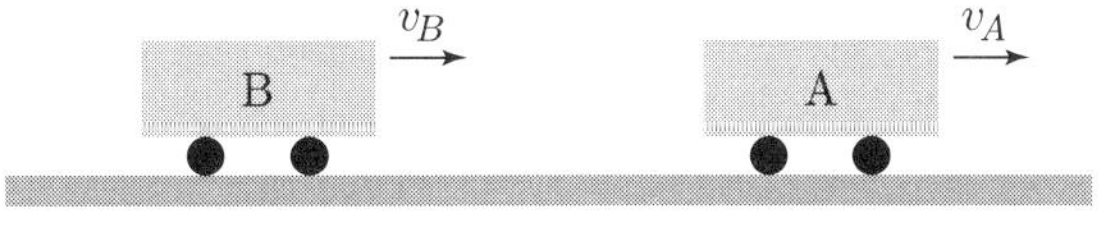

이에 대한 설명으로 옳은 것만을 〈보기〉에서 있는 대로 고른 것은?

<보 기>

ㄱ. 관측자와 음원 A 사이에는 도플러 효과가 생기지 않는다.
ㄴ. 관측자가 음원 B로부터 듣는 진동수는 180Hz이다.
ㄷ. v_B의 속도는 16m/s 이다.

① ㄱ　　② ㄴ　　③ ㄷ

④ ㄱ, ㄴ　　⑤ ㄴ, ㄷ

[풀이] 답 ②

ㄱ. 상대속도가 생기므로 도플러 효과는 일어난다.

ㄴ. 서로 멀어지므로 듣는 진동수는 182Hz보다 작다.
맥놀이 횟수는 2이므로 $2 = 182 - f$에서 $f = 180Hz$이다.

ㄷ. $180 = 182 \times \dfrac{360-18}{360-v_B}$에서 $v_B = 14.2(m/s)$ 이다.

예제 6.14

기체와 액체가 접하고 있다. 기체 내에서의 음속을 V_g라 하고 액체 내에서의 음속을 V_t라 할 때 $V_t = 4V_g$이라 한다. 기체 내에서 음원 S가 $\dfrac{V_g}{21}$의 속도로 아래로 움직이고 있을 때 액체 내의 Q점에서 관찰되는 진동수는 원래 진동수의 몇 배가 되는가?

① $\dfrac{20}{21}$　　② $\dfrac{21}{20}$　　③ $\dfrac{4}{21}$

④ $\dfrac{21}{4}$　　⑤ $\dfrac{21}{16}$

[풀이] 답 ②

액체 바로 밖에 있으나 액체 속에 있으나 같은 진동수로 들린다. 즉,매질이 달라도 진동수는 불변이다. 따라서 음원($v_s = \dfrac{V_g}{21}$)이 접근되는 도플러효과에 의해 진동수를 계산할 수 있다. 원래 진동수를 f_0라 하면 관측자 Q가 듣는 진동수 f는

$$f = f_0 \frac{V_g}{V_g - \dfrac{21}{V_g}} = \frac{21}{20} f_0$$

$$\frac{f}{f_0} = \frac{21}{20}\text{(배)}$$

예제 6.15

그림은 낙하산이 매달린 질량 m인 음파 측정기가 속력에 비례하는 공기 저항력을 받으며

지상이 놓여 있는 진동수 f인 음파를 발생하는 음원을 향해 수직으로 떨어지는 것을 나타낸 것이다.

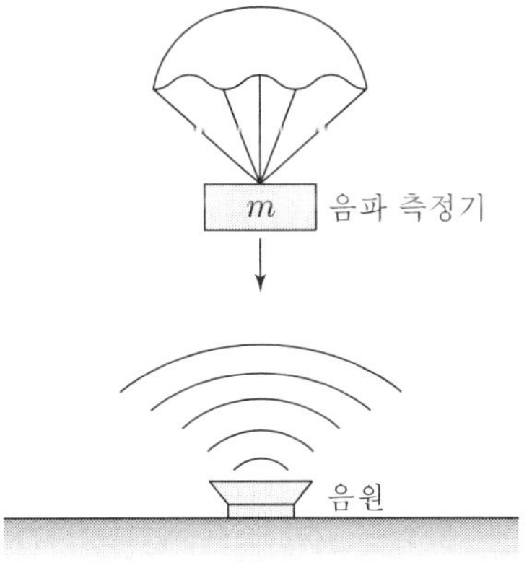

음파 측정기가 종단속도에 도달한 이후, 음파 측정기가 측정하는 음파에 대한 설명으로 옳은 것만을 〈보기〉에서 있는 대로 고른 것은? (단, 고도에 따른 공기의 성질 변화로 인한 음속의 변화는 무시한다.)

<보 기>

ㄱ. 진동수는 f가 클수록 크다.
ㄴ. 파장은 m이 클수록 짧다.
ㄷ. 진동수는 m이 클수록 크다.

① ㄱ　　② ㄷ　　③ ㄱ, ㄴ
④ ㄱ, ㄷ　　⑤ ㄴ, ㄷ

[풀이] 답 ④

도플러효과를 이해하는 문제이다. 이 때 음파측정기의 종단속력 $v = \dfrac{mg}{k}$, 음원의 진동수 f이고 v_s, 공기속력 V이다. 따라서, 관찰자가 일정속력으로 접근하는 경우 $f' = \dfrac{V+v}{V}f$이다.

ㄱ. f'은 f에 비례하므로 f가 크면 f'도 크다.
ㄴ. 음원의 소리가 빨리 전파하지만 소리의 파장은 변하지 않는다.
ㄷ. 질량 m이 크면 v가 증가하므로 f'도 증가한다.

예제 6.16

그림은 길이가 100 cm 인 줄의 양 끝이 벽에 고정되어 있는 것을 나타낸 것이다. $x=$ 50 cm 인 위치에 고정대를 설치하여 줄을 고정시킬 때 양쪽 줄 각각의 기본 진동수는 모두 f_0 이다.

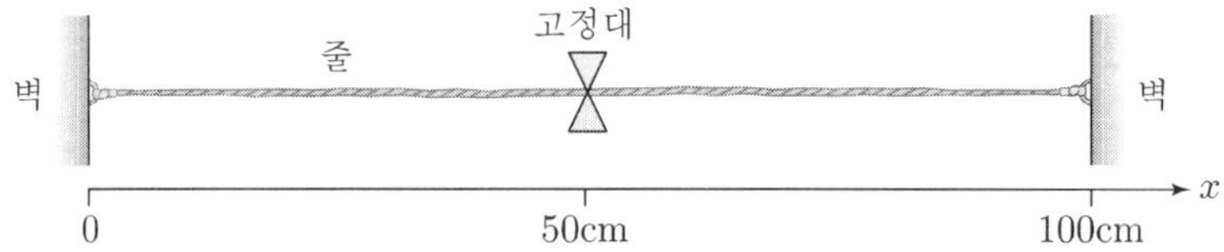

고정대를 $x=$ 51 cm 인 위치로 이동시킨 후 양쪽 줄을 각각의 기본 진동수로 진동시켰더니 맥놀이 진동수가 10 Hz 이었다. f_0 에 가장 가까운 값은? (단, 줄의 장력은 일정하다.)

① 50 Hz ② 100 Hz ③ 125 Hz
④ 250 Hz ⑤ 500 Hz

[풀이] 답 ④

문제에서 $x=$ 50 cm 인 위치에 고정대를 설치하여 줄을 고정시킬 때 양쪽 줄 각각의 기본 진동수는 모두 f_0 이므로, $f_n = \frac{nv}{2l}$ 에서

가운데의 기본진동수 $f_0 = \frac{v}{2l} = \frac{v}{2\times 50}$, 이 때 1cm 이동하여 좌:49, 우:51에서 맥놀이가 일어났으므로 $f_{좌} - f_{우} = 10$이다. 여기서 v를 구하면

$$\frac{v}{2\times 49} - \frac{v}{2\times 51} = 10 \text{이고, } v = 25000 \text{이다.}$$

따라서, $f_0 = \frac{v}{2l} = \frac{v}{2\times 50} = \frac{25000}{100} = 250\,(\mathrm{Hz})$이다.

6.5 파동의 간섭

1. 간섭

두 파동이 중첩되어 더욱 파가 강해지거나, 약해지는 현상을 **간섭**이라 한다. 따라

서 두 파동이 중첩되어 마루와 마루가 만나는 경우는 볼록렌즈의 역할을 하여 밝은 보강간섭이고, 골과 골이 만나는 경우는 오목렌즈의 역할을 하여 상대적으로 어두운 보강간섭이다. 특히, 마루와 골이 만나면 진동 없이 빛의 밝기는 그대로 일정하다.

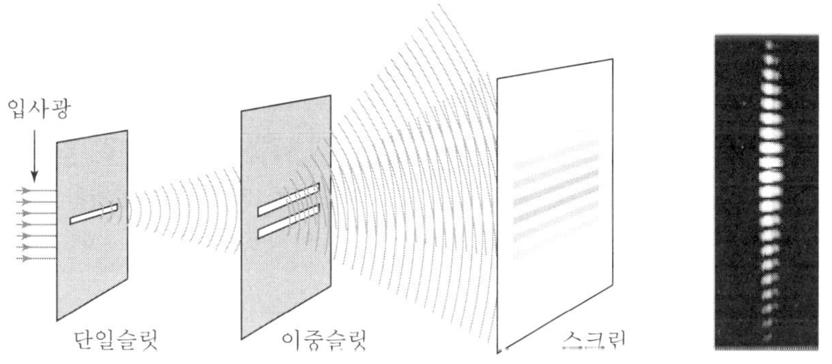

[영의 이중 슬릿의 간섭무늬]

1) 이중 슬릿에 의한 간섭 현상의 수학적 표현

그림과 같이 거리 D_1, D_2가 파원 사이의 거리 d에 비해 매우 크고 $L \gg d$이면, 거의 평행하다. 따라서 경로차 $D_1 - D_2 = \Delta = d\sin\theta$이고, 점 P에서 파의 극대, 극소인 보강간섭과 상쇄간섭의 조건을 보면 다음과 같이 표현이 된다.

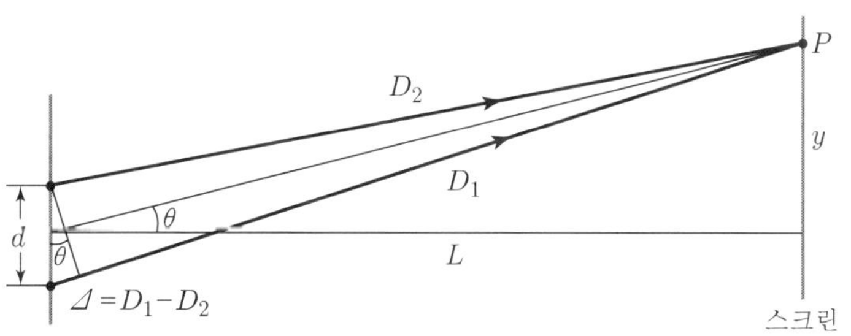

$$d\sin\theta = \frac{\lambda}{2}(2m) \quad : \text{보강간섭}$$

$$d\sin\theta = \frac{\lambda}{2}(2m+1) \quad : \text{상쇄간섭}$$

즉, 경로차의 값이 반파장의 짝수배를 만족하는 것은 보강간섭을 의미하고, 반파장의 홀수배가 되면 상쇄간섭이 된다는 것을 알 수 있다. 이 때 $\theta \to 0$이라 하면 $\sin\theta \fallingdotseq \tan\theta = \frac{y}{L}$이므로 $dsin\theta = d\frac{y}{L}$로 표현된다.

예제 6.17

그림은 파장이 λ인 두 빛이 두 매질 A, B에 입사하여 나란히 통과한 후, 한 점에 모이는 것을 나타낸다. 두 매질의 길이는 20λ로 같고, 매질 A와 매질 B의 굴절률은 각각 1.3과 1.8이다.

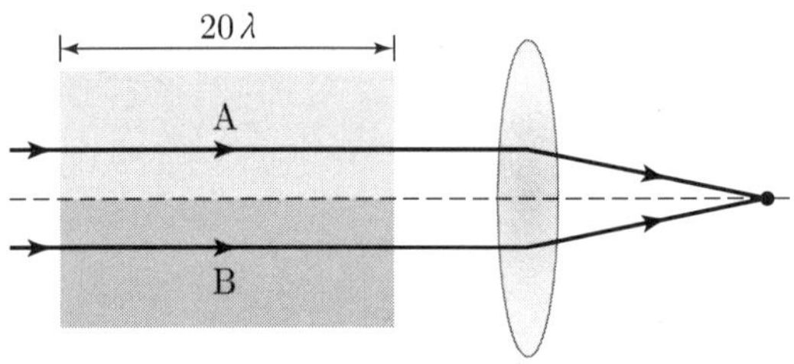

두 빛에 대한 설명으로 옳은 것만을 〈보기〉에서 있는 대로 고른 것은? (단, 입사할 때 두 빛의 위상은 같고, 매질을 통과한 후 두 빛의 경로차는 생기지 않는다.)

<보 기>

ㄱ. 빛의 파장은 매질 A에서가 매질 B에서보다 크다.
ㄴ. 빛의 속력은 매질 A에서가 매질 B에서보다 작다.
ㄷ. 한 점에 모인 두 빛은 보강 간섭을 한다.

① ㄱ　　② ㄴ　　③ ㄱ, ㄷ
④ ㄴ, ㄷ　　⑤ ㄱ, ㄴ, ㄷ

[풀이] 답 ③

굴절률이 작으면 파장은 길고, 속도는 빠르다.
(속도와 파장은 변화, 진동수 불변) $n = c/v$, $v = f\lambda$, $n = \lambda/\lambda'$이다.
볼록렌즈는 빛을 수렴하므로 렌즈에서는 경로차가 없으므로 매질에서 경로차가 발생함.

ㄱ. $\frac{n_2}{n_1} = \frac{\lambda_1}{\lambda_2}$ 이므로 파장은 굴절률에 반비례한다. 따라서 A가 파장이 크다.

ㄴ. $v = \frac{c}{n}$ 에서 $\frac{c}{1.3} > \frac{c}{1.8}$ 이므로 매질 A에서 속도가 크다.

ㄷ. 경로차 $\Delta = (N_B - N_A)\lambda = 20(n_B - n_A)\lambda = 10\lambda = \frac{\lambda}{2}(2m)$을 만족한다.

즉, 반파장의 짝수배를 만족하므로 보강간섭이다.

2. 박막에서의 간섭

물 위에 뜬 기름의 얇은 막이나, 비누방울의 막에 빛이 입사하면, 그림과 같이 입사광의 일부는 막 위의 경계에서 반사하고, 다른 일부는 굴절하여 막 속에 들어가 아래 부분의 경계면에서 반사되어 나온다. 이 때 두 부분의 반사광은 서로 간섭한다.

지금 공기 중에서 빛이 막 속에 굴절해 들어가는 경우를 생각하고, 막의 굴절률을 n이라 하면, 윗면과 아래면에서 반사하는 빛의 경로차 Δ는 $DB = n(B'D')$이므로

$$\Delta = n(B'C' + C'B) - DB = n(B'D' + C'D' + C'B) - n(B'D')$$
$$= n(D'C' + C'B) = n(D'C' + C'B'') = 2nd\cos r$$

가 된다.

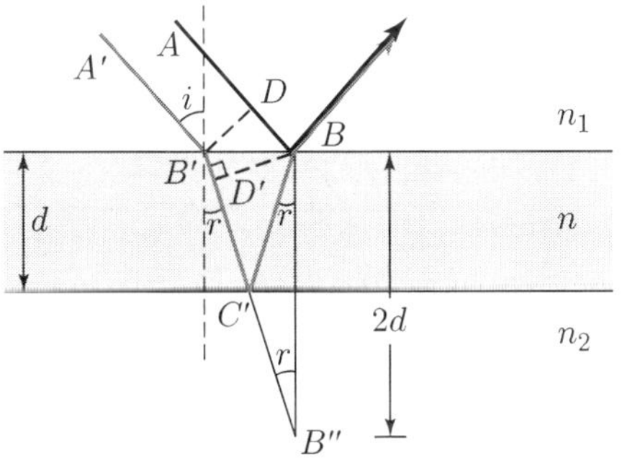

1) 굴절률이 $n_1 < n > n_2$인 경우

빛이 공기에서 기름막이나 비누막 등에 입사하는 경우 반사에 의한 경로차가 $\frac{\lambda}{2}$ 만큼 생기는 파동의 간섭 조건이 이중 슬릿과는 반대가 된다. 즉

$$\varDelta = 2nd\cos r + \frac{\lambda}{2} = \begin{cases} m\lambda & \cdots \text{ 보강간섭} \\ \left(m + \frac{1}{2}\right)\lambda & \cdots \text{ 상쇄간섭} \end{cases}$$

이므로 정리하면 다음과 같다.

$$\varDelta = 2nd\cos r = \begin{cases} \frac{\lambda}{2}(2m+1) & \cdots \text{ 보강간섭} \\ \frac{\lambda}{2}(2m) & \cdots \text{ 상쇄간섭} \end{cases}$$

2) 굴절률이 $n_1 > n > n_2$ 및 $n_1 < n < n_2$일 경우

반사에 의한 경로차가 0 또는 λ이므로 파동의 간섭 조건에 영향을 주지 않는다. 따라서 간섭 조건식은 이중슬릿에 의한 조건식과 같다.

$$\varDelta = 2nd\cos r = \begin{cases} \frac{\lambda}{2}(2m) & \cdots \text{ 보강간섭} \\ \frac{\lambda}{2}(2m+1) & \cdots \text{ 상쇄간섭} \end{cases}$$

예제 6.18

쌍안경이나 현미경에 사용하는 렌즈는 입사된 광선이 모두 투과되도록 렌즈 앞에 그림과 같이 투명하고 얇은 막을 입히는 경우가 있다. 다음 중 그 이유를 가장 잘 설명한 것은?

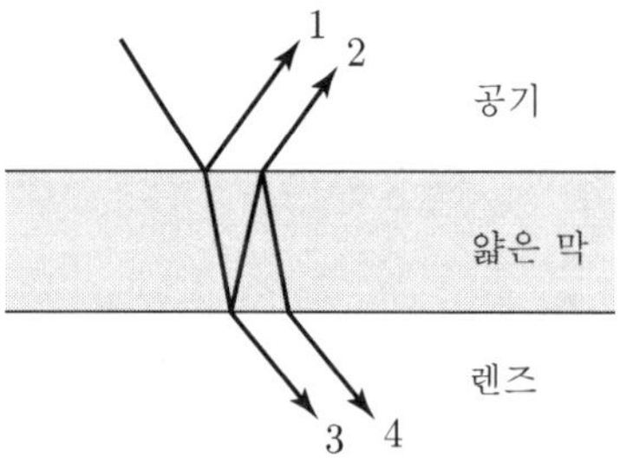

① 광선 1과 광선 2가 서로 보강 간섭을 일으키기 위한 것이다.
② 얇은 막을 입혔을 때 렌즈가 더욱 투명해 지기 때문이다.
③ 광선 3과 광선 4가 서로 소멸 간섭을 일으키기 위한 것이다.
④ 얇은 막을 입혔을 때 렌즈를 통과하는 빛의 속도가 더욱 느려지기 때문이다.
⑤ 광선 1과 광선 2가 서로 소멸 간섭을 일으키기 위한 것이다.

[풀이] 답 ⑤

1, 2광선이 소멸 간섭을 일으키면(1은 고정단, 2는 자유단이어서 위상차가 반파장 차이가 나기 때문에 소멸), 3, 4광선은 보강 간섭을 일으켜서(둘 다 자유단과 같으므로 보강이다.) 많은 양의 빛이 투과하게 된다.

3. 단일 슬릿에 의한 회절

슬릿 폭이 b인 단일 슬릿에서 회절하는 경우

그림과 같이 슬릿의 폭이 b인 단일 슬릿의 중심 O에서 나오는 빛과 가장자리로부터 오는 빛의 위상이 180° 차이가 나기 때문에 빛의 경로차가 반파장($\frac{\lambda}{2}$)이 차이가 난다. 따라서 이중 슬릿에 의한 간섭조건에서와 마찬가지로 경로차 $\Delta = \frac{by}{L}$가 생긴다.(L: 슬릿과 스크린사이 거리, y: 무늬의 거리)

$$b\sin\theta = \frac{by}{L} = \frac{\lambda}{2}(2m+1) \quad : \text{보강간섭}$$

$$b\sin\theta = \frac{by}{L} = \frac{\lambda}{2}(2m) \quad : \text{상쇄간섭}$$

그림에서와 같이 스크린의 위치에 따른 빛의 세기는 가장 밝은 점은 스크린의 중심선에서 발생하고 다른 극대는 연속적으로 감소한다.

따라서 무늬 사이의 거리 $y \propto \frac{\lambda L}{b}$이므로 긴 파장의 빛을 사용하여 회절 실험을

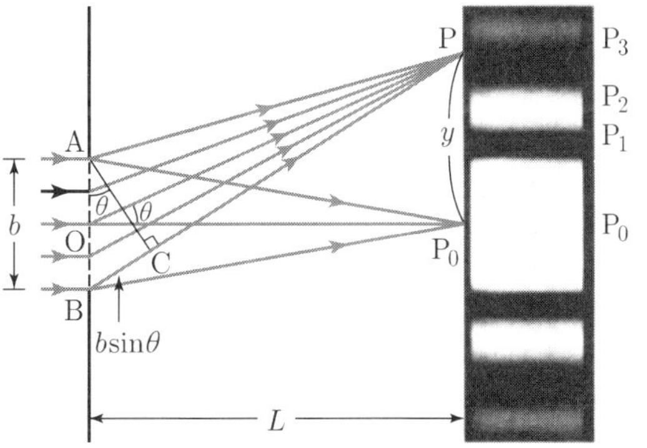

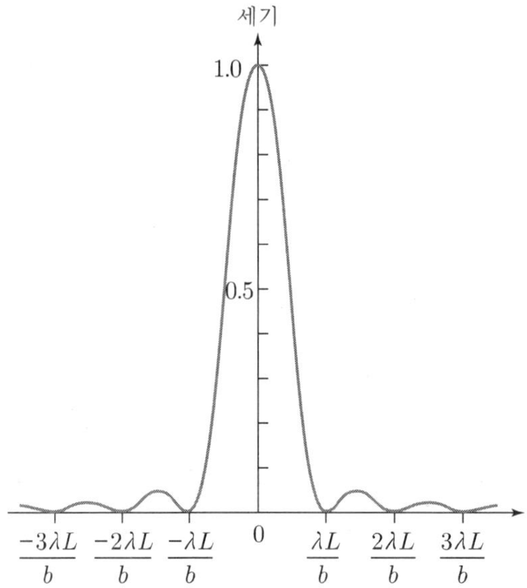

[스크린에서의 위치]

하면 무늬 폭이 넓어진다. 즉, 백색광을 회절 시켰을 때 스크린 중심에 가장 가까운 무늬는 보라색이고 가장 먼 쪽 무늬는 빨간색이다.

예제 6.19

그림은 파장이 λ인 평면 단색광이 폭이 w인 단일 슬릿을 통과하여 스크린에 회절 무늬를 만든 것을 모식적으로 나타낸 것이다. 점 P는 회절 무늬의 첫 번째 극소점이다.

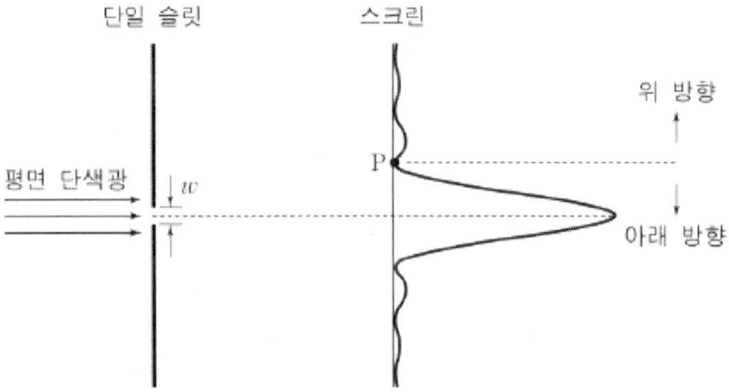

이에 대한 설명으로 옳은 것만을 〈보기〉에서 있는 대로 고른 것은?

<보 기>

ㄱ. P는 단일 슬릿의 중앙과 가장자리를 통과한 단색광 사이의 경로차가 λ인 지점이다.
ㄴ. 다른 조건은 그대로 두고 λ를 크게 하면, P는 위 방향으로 이동한다.
ㄷ. 다른 조건은 그대로 두고 w를 작게 하면, P는 위 방향으로 이동한다.

① ㄱ ② ㄷ ③ ㄱ, ㄴ
④ ㄴ, ㄷ ⑤ ㄱ, ㄴ, ㄷ

[풀이] 답 ④

ㄱ. 가장자리를 통과한 빛은 고정단 반사에 의한 위상 변화를 가지므로 $\dfrac{\lambda}{2}$의 경로차를 갖는다. 따라서 중앙부분은 위상 변화가 없고 가장자리는 위상 변화가 생기므로 $\dfrac{\lambda}{2}$의 경로차가 발생한 지점이 된다.

ㄴ. λ가 커지면 회절은 좋아져서 무늬의 폭이 넓어져 P는 위로 이동한다.

ㄷ. 슬릿 폭 w를 작게 하면 역시 회절이 좋아져 무늬의 폭이 넓어져 P는 위로 이동한다.

예제 6.20

그림은 단일 슬릿의 S와 이중 슬릿의 D_1, D_2를 통과한 단색광에 의해 스크린에 간섭 무늬가 생긴 것을 모식적으로 나타낸 것이다. S로부터 D_1, D_2까지의 거리는 서로 같고, 스크린 중심부의 가장 밝은 무늬와 이에 인접한 밝은 무늬 사이의 간격은 Δx이다.

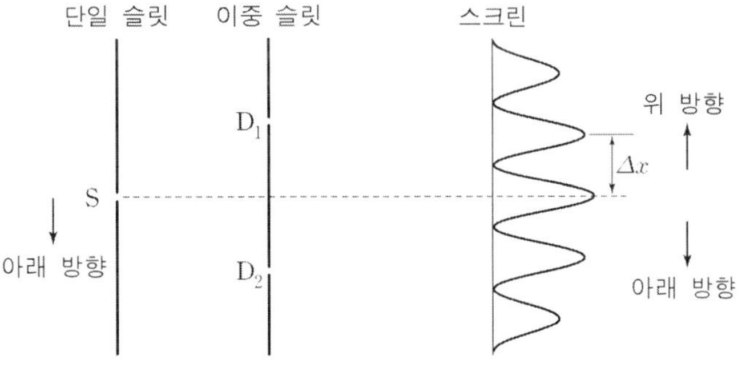

S를 아래 방향으로 이동시켜 스크린에 생긴 간섭 무늬가 $\frac{\Delta x}{4}$만큼 이동할 때에 대한 설명으로 옳은 것만을 〈보기〉에서 있는 대로 고른 것은? (단, D_1과 D_2 사이의 간격은 이중 슬릿과 스크린 사이의 거리보다 매우 작다.)

<보 기>

ㄱ. 가장 밝은 무늬는 위 방향으로 이동한다.
ㄴ. Δx는 작아진다.
ㄷ. D_1과 D_2 에서 단색광의 위상은 같다.

① ㄱ　② ㄷ　③ ㄱ, ㄴ
④ ㄴ, ㄷ　⑤ ㄱ, ㄴ, ㄷ

[풀이] 답 ①

ㄱ. 단일 슬릿이 아래로 이동하면 간섭 무늬는 위 방향으로 이동한다.

ㄴ. $\Delta x = \frac{L\lambda}{d}$이므로 무늬 폭은 그대로이다.

ㄷ. 단색광이 아래로 이동하므로 D_1, D_2에서의 위상차를 갖는다.

예제 6.21

그림 (가)는 슬릿 폭이 a인 단일 슬릿을 사용한 빛의 회절실험 장치의 모식도와 이때 스크린에 나타난 빛의 세기 분포를 나타낸 것이다. 그림 (나)는 다른 조건은 그대로 두고 단일 슬릿을 이중 슬릿으로 교체한 빛의 간섭 실험 장치의 모식도와 이때 스크린에 나타난 빛의 세기 분포를 나타낸 것이다. 이중 슬릿의 슬릿 폭은 a이고, 슬릿 사이의 간격은 d이다.

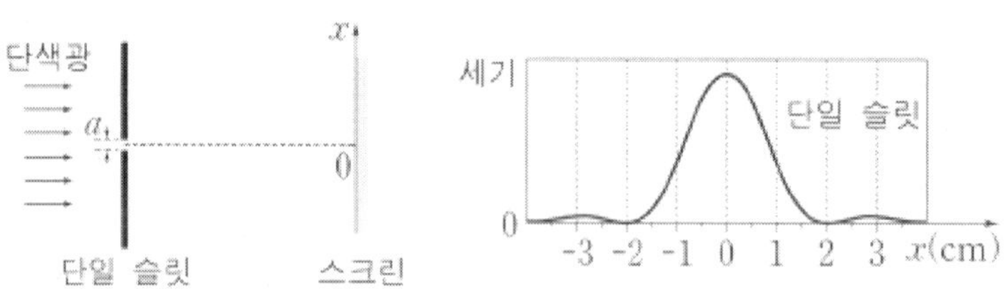

(가)

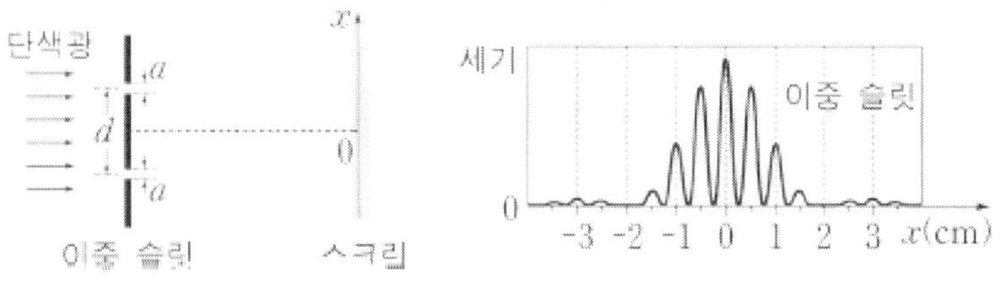

(나)

$\frac{d}{a}$의 값으로 가장 적절한 것은?

① 3 ② 4 ③ 6 ④ 7 ⑤ 8

[풀이] 답 ②

이중슬릿에서 $d\sin\theta = m\lambda$로 극대 간섭에 대한 조건,

단일슬릿에서 첫 번째 회절 극소가 $a\sin\theta = \lambda$이므로

$$\frac{d\sin\theta}{a\sin\theta} = \frac{m\lambda}{\lambda} = m \text{ 이 된다.}$$

(나)에서 스크린의 극대 간섭이 $m = 4$이므로 4번째 간섭 극대가 첫 번째 회절 극소와 일치한다.

$$\frac{d}{a} = 4$$

4. 편광(Polarization)

빛이 파동 현상을 보인다는 것은 잘 알고 있다. 그러나 빛이 횡파임을 확인할 수 있는 방법으로 편광 현상이 있다.

1) 말루스의 법칙

그림과 같이 편광판(전기석)은 원자의 구조적 특성으로 특정한 방향으로 진동하는 빛만을 통과시킨다. 특정한 방향으로 진동하는 빛을 **편광**이라 한다.

보통의 광원에서 나오는 빛을 두 개의 나란히 놓인 편광판에 통과시키면 두 편광판의 방향이 이루는 각도에 따라서 통과한 빛의 세기가 변한다. 두 편광판의 방향이 같을 때 빛의 세기는 최대이고 서로 수직일 때 빛의 세기는 최소가 된다. 이것으로 빛이 횡파임을 알 수 있다.

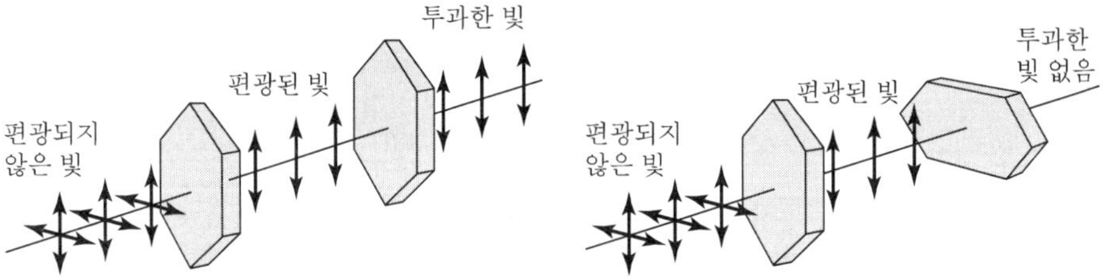

[편광 현상]

빛의 세기가 I_0인 입사광이 편광판 1개를 통과한 빛의 세기는 I_1은 $I_1 = \frac{1}{2}I_0$이고, 두 편광자의 각 편광축이 θ의 각을 이룰 때 두 번째 편광판을 통과한 빛의 세기 I_2는 $I_2 = I_1\cos^2\theta$을 만족한다. 따라서 두 편광판을 지난 후 빛의 세기는 다음과 같이 나타낸다.

$$I = \frac{1}{2}I_0\cos^2\theta \ (\text{말루스 법칙})$$

2) 브루스터의 법칙

완전한 파동은 전기장과 함께 진동하는 자기장을 갖는다. 이 때 편광의 방향은 전기장의 방향으로 나타난다. 투명한 물질에 빛이 입사하였을 때 반사광과 굴절광은 부분적으로 편광이 되며 편광이 되는 정도는 입사각에 따라 다르다. 입사각을 조절하여 반사광이 된다. 이것을 **브루스터의 법칙**이라 하고, 이 입사각을 편광각이라 한다.

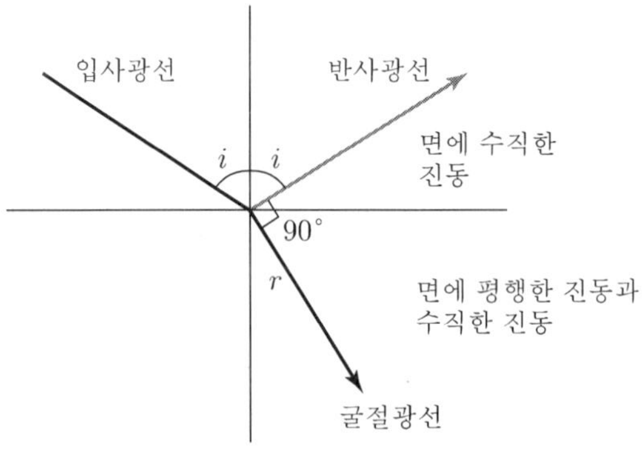

[반사에 의한 편광]

그림과 같이 굴절률 n인 매질에 입사하여 일부는 반사하고 나머지는 굴절될 때 $i+r=90^\circ$ 이므로 그 굴절률과 편광각 사이에는 다음과 같은 관계가 성립된다.

$$n=\frac{\sin i}{\sin r}=\frac{\sin i}{\sin(90^\circ-i)}=\frac{\sin i}{\cos i}=\tan i$$

여기서, i을 **편광각**이라 한다.

연습문제

1. 그림은 판의 양 끝에 가는 줄을 고정시키고 중간에 받침대를 끼워 놓은 후 A 부분의 줄을 손가락으로 통기는 모습을 나타낸 것이다.

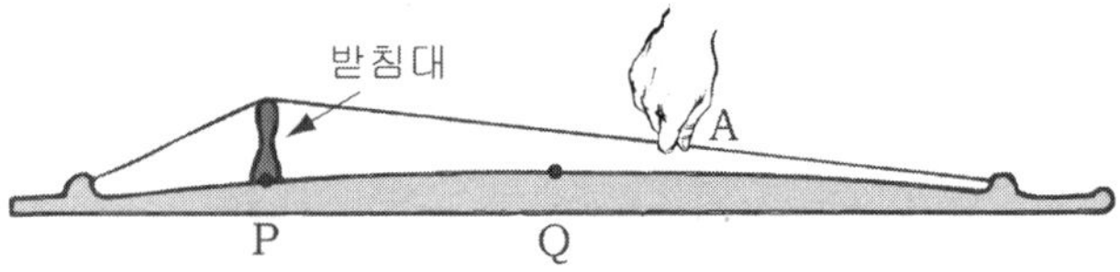

받침대를 P 점에서 Q 점으로 이동시키면서 A 부분을 통길 때 공기를 통해 전달되는 소리의 물리량의 변화를 바르게 짝지은 것은? (단, 줄을 통기는 세기와 공기의 온도는 일정하다.)

	파장	진동수	소리의 속도
①	일정	증가	감소
②	증가	일정	감소
③	증가	감소	일정
④	감소	일정	증가
⑤	감소	증가	일정

2. 그림과 같이 투명 매질 Ⅰ, Ⅱ에서 파장이 λ인 빛을 점 P에서 점 O를 향해 입사시키면 빛이 점 Q에 도달한다. 각 θ_i는 각 θ_r보다 작다.

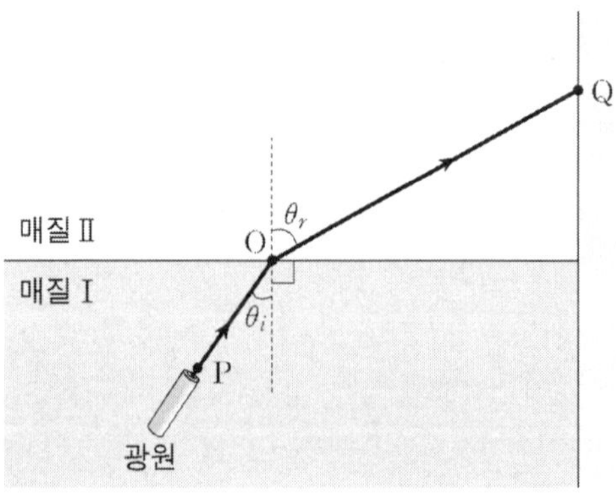

이에 대한 설명으로 옳은 것만을 〈보기〉에서 있는 대로 고른 것은?

<보 기>

ㄱ. 매질 Ⅰ에서 빛의 속력은 매질 Ⅱ에서 빛의 속력보다 작다.
ㄴ. 매질 Ⅰ에서 빛의 파장은 매질 Ⅱ에서 빛의 파장보다 짧다.
ㄷ. 파장이 긴 빛을 P에서 O를 향해 입사시키면 θ_r가 커진다.

① ㄱ ② ㄴ ③ ㄷ
④ ㄱ, ㄴ ⑤ ㄱ, ㄴ, ㄷ

3. 그림 (가)는 슬릿 사이의 간격이 d이고 슬릿과 스크린 사이의 거리가 L인 빛의 간섭 실험 장치를 모식적으로 나타낸 것이다. 그림 (나)는 이 때 스크린에 나타난 간섭 무늬이다.

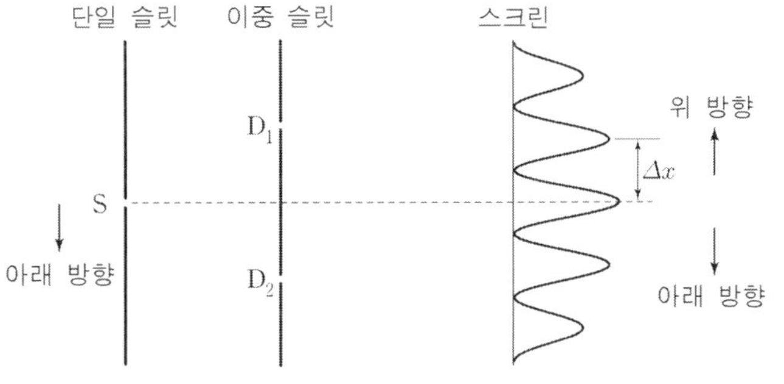

(가)

(나) (다)

그림 (다)와 같은 간섭 무늬를 얻기 위한 방법으로 옳은 것만을 〈보기〉에서 있는 대로 고른 것은?

<보 기>

ㄱ. 빛의 파장과 d를 고정하고, L을 감소시킨다.
ㄴ. 빛의 파장과 L을 고정하고, d를 증가시킨다.
ㄷ. L과 d를 고정하고, 더 긴 파장의 빛을 사용한다.

① ㄱ ② ㄴ ③ ㄷ
④ ㄱ, ㄴ ⑤ ㄱ, ㄴ, ㄷ

4. 그림 (가)는 스크린의 중앙 O 점을 향하여 레이저 빛을 비추고 광원 앞에 슬릿을 놓아 빛의 회절 현상을 알아보는 실험을 나타낸 것이다. 그림 (나)는 실험에 사용한 슬릿 a, b, c를 확대한 모습을 나타낸 것이다.

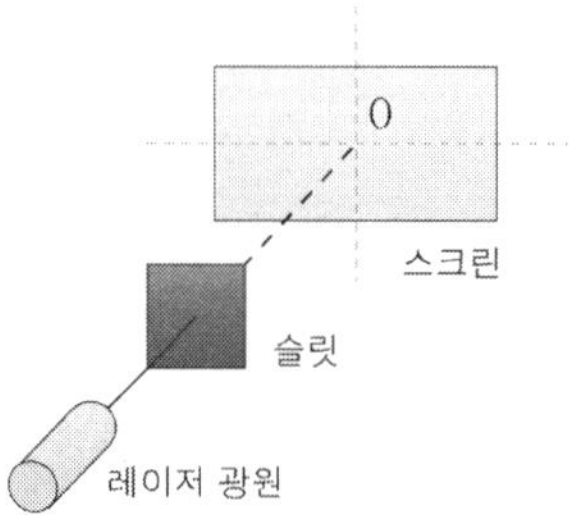

(가)

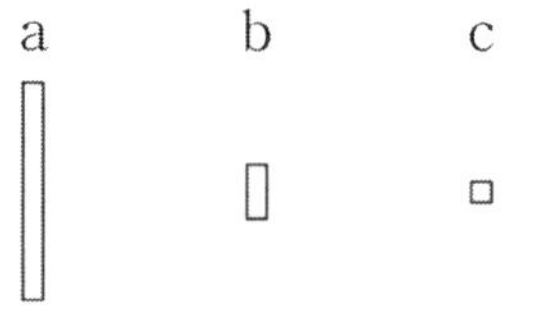

(나)

실험 결과 〈보기〉와 같은 회절 무늬를 얻었다.

<보 기>

ㄱ. 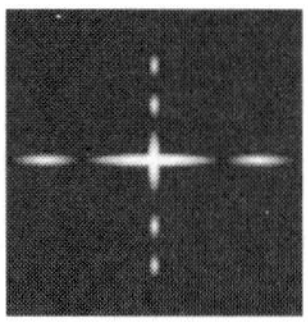

ㄴ. 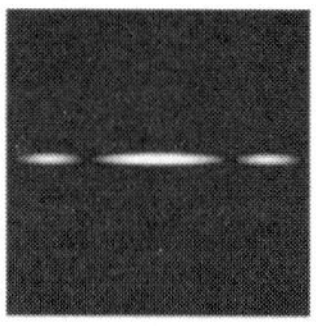

ㄷ. 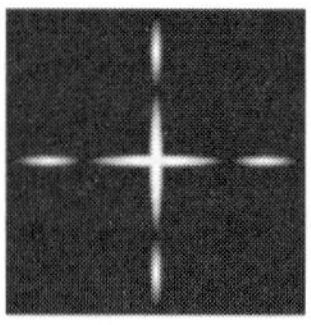

슬릿의 모양과 회절 무늬를 옳게 짝지은 것은?

	a	b	c
①	ㄱ	ㄴ	ㄷ
②	ㄱ	ㄷ	ㄴ
③	ㄴ	ㄱ	ㄷ
④	ㄴ	ㄷ	ㄱ
⑤	ㄷ	ㄴ	ㄱ

5. 그림 (가)와 같이 파장이 다른 두 빛 A, B가 동일한 경로를 따라 공기에서 두께가 일정한 유리로 입사하여 반사면에서 반사되었다. 그림 (나)는 A가 이중 슬릿을 통과하여 스크린에 간섭 무늬가 생긴 것을 나타낸 것이다. Δx는 간섭 무늬 간격이다.

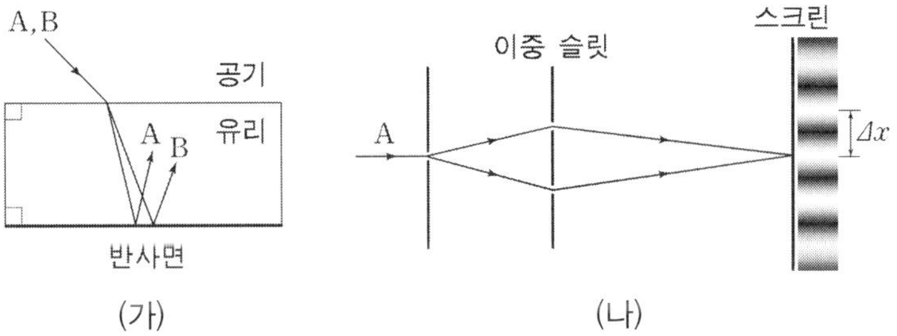

이에 대한 설명으로 옳은 것만을 〈보기〉에서 있는 대로 고른 것은?

<보 기>

ㄱ. 유리에서 A의 파장은 B의 파장보다 짧다.
ㄴ. (가)에서 A와 B는 공기 중으로 굴절되어 나온 후 서로 평행하게 진행한다.
ㄷ. (나)에서 A를 B로 바꾸면 Δx는 작아진다.

① ㄱ ② ㄷ ③ ㄱ, ㄴ
④ ㄴ, ㄷ ⑤ ㄱ, ㄴ, ㄷ

6. 길이가 3.4m인 막대의 양 끝에 진동수 99Hz의 소리를 내는 호루라기가 하나씩 달려 있다. 이 막대가 그 중심을 지나면서 막대에 수직인 선을 축으로 하여 가속도 20rad/s로 회전한다고 하면 그 회전면 상에 있으면서 멀리 떨어져 있는 사람이 관측하는 최대 맥놀이 진동수를 구하면?

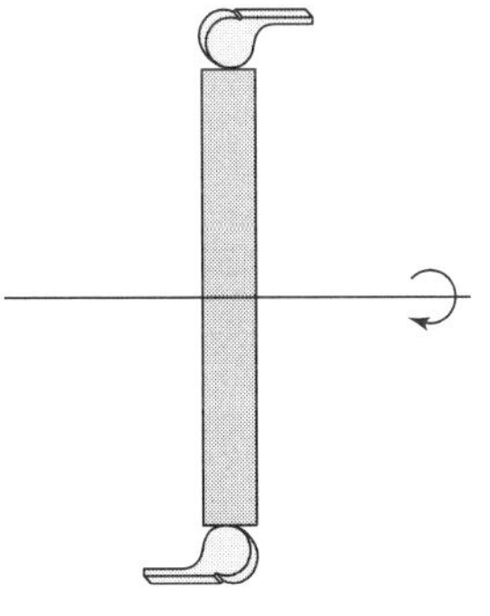

① 20Hz ② 25Hz ③ 10Hz
④ 15Hz ⑤ 30Hz

7. 그림과 같이 파장이 λ인 단색광이 공기에서 입사각 θ로 입사하여 물질 A를 지나 물질 B로 진행하는 과정에서, 일부는 투과하고 일부는 경계면에서 반사한다. R_1은 입사광이 공기와 A의 경계면에서 반사된 빛이고, R_2는 A와 B의 경계면에서 한 번 반사되어 공기로 나온 빛이다. A의 굴절률은 n이고, A의 두께 d는 $\frac{\lambda}{4n}$이다.

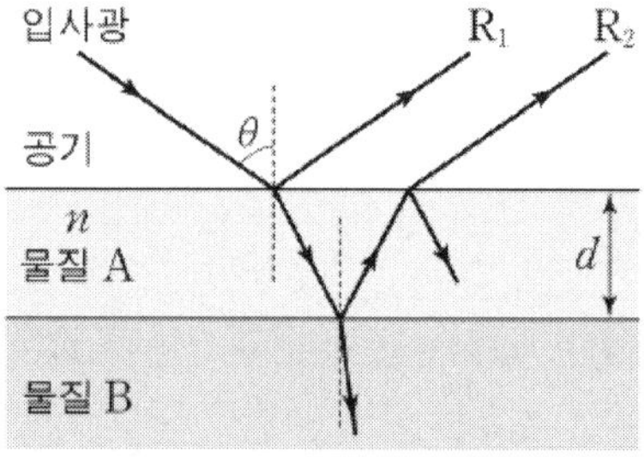

$\theta = 0$일 때, 이에 대한 설명으로 옳은 것만을 〈보기〉에서 있는 대로 고른 것은? (단, 공기의 굴절률은 1이다.)

<보 기>

ㄱ. B의 굴절률은 n보다 크다.

ㄴ. R_1과 R_2는 상쇄 간섭을 한다.

ㄷ. 다른 조건은 그대로 두고 A의 두께를 $2d$로 하면, R_1과 R_2는 보강 간섭을 한다.

① ㄴ ② ㄷ ③ ㄱ, ㄴ

④ ㄱ, ㄷ ⑤ ㄱ, ㄴ, ㄷ

8. 그림 (가)는 초음파 송수신 장치에서 발생된 펄스 형태의 초음파가 각 매질의 경계면에서 반사하는 모습을 모식적으로 나타낸 것이다. 송수신 장치는 첫 번째 경계면으로부터 거리 d 앞에 있고 매질 Ⅱ의 두께는 d이다. 그림 (나)는 시간 $t = 0$에서 발생된 초음파 펄스 하나가 각 매질의 경계면에서 반사하여 돌아온 반사파의 세기를 송수신 장치로 측정한 것을 나타낸 것이다.

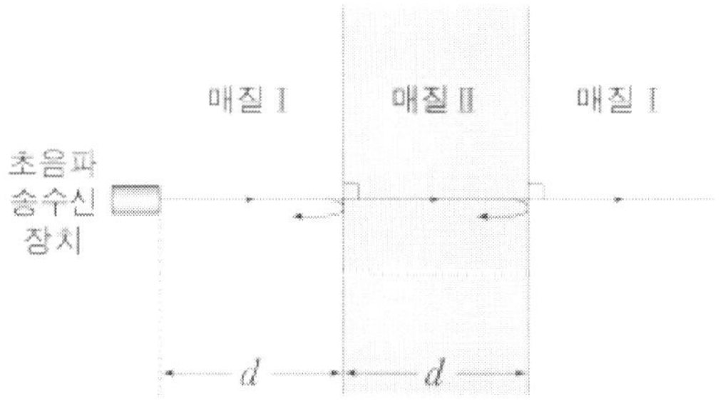

(가)

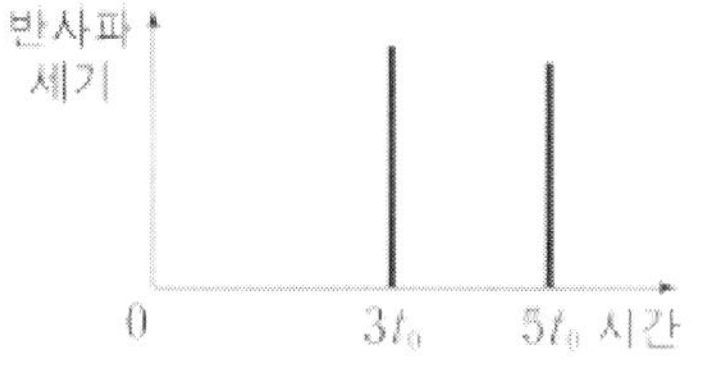

(나)

매질 Ⅰ에서 파장이 λ_0 인 초음파가 매질 Ⅱ에서 진행할 때, 매질 Ⅱ에서의 초음파의 파장은? (단, 매질의 분산은 무시한다.)

① $\frac{3}{2}\lambda_0$ ② $2\lambda_0$ ③ $\frac{5}{2}\lambda_0$

④ $3\lambda_0$ ⑤ $\frac{7}{2}\lambda_0$

PART 7 현대물리

7.1 물질의 입자성

7.2 물질의 이중성

7.3 양자역학

7.4 입자의 파동함수

7.5 고체의 전도

7.1 물질의 입자성

1. 열복사 이론

1) 슈테판-볼츠만의 법칙

고온의 물체에서는 여러 가지 파장의 빛이 복사된다. 이 때 모든 파장의 빛을 복사하는 물체는 반대로 모든 파장의 빛을 흡수한다. 모든 빛의 파장을 흡수한다는 의미에서 이 물체를 흑체라고 한다. 입사되는 모든 빛을 흡수만 하면 흑체가 되는 것이다.

실험에 의하면 단위 시간당 흑체의 단위 면적을 통해서 복사되는 총 에너지는 절대온도의 네제곱에 비례하고 다음과 같이 쓸 수 있다.

$$E = \sigma T^4 \text{ : 슈테판-볼츠만의 법칙}$$

여기서 비례상수 σ의 값은 $5.67 \times 10^{-8} J/K^4$이다.

2) 빈의 법칙

흑체에서 복사되는 빛의 스펙트럼은 연속 스펙트럼이며, 온도가 높아짐에 따라 짧은 파장의 빛이 더 많이 복사된다. 그림에서 보는 바와 같이 2000 ~ 3000K 정도에서는 적외선 부분의 빛이 많이 복사된다. 그러나 온도가 높아질수록 짧은 파장의 빛이 많이 복사되고 가장 많은 양의 에너지를 복사하는 빛의 파장이 점차 파장이 짧은 쪽으로 이동해 가는 것을 볼 수 있다.

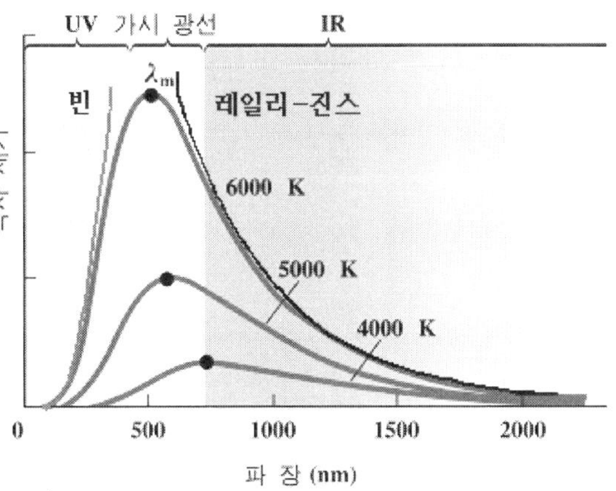

절대온도 T일 때 에너지가 가장 많이 복사되는 빛의 파장을 λ_m이라 하면 λ_m은 절대온도 T에 반비례하고 다음과 같이 쓸 수 있다.

$$\lambda_m T = a \text{ : 빈의 변위법칙}$$

여기서 a는 복사체의 종류에 관계하지 않는 상수로서 그 값은 $2.90 \times 10^{-3} m \cdot K$가 된다.

3) 플랑크의 열복사 이론(양자 가설)

고온의 물체에서 복사되는 열 에너지의 분포를 이론적으로 설명하려고 여러 사람들이 연구하였고, 특히 빈, 레일리, 진스가 복사되는 에너지 E를 파장 λ의 함수로 나타낸 복사 공식을 보였다. 그러나 레일리-진스의 공식은 파장이 긴 영역에서만 실험 결과와 일치하고, 빈의 공식은 짧은 영역에서만 실험 결과와 일치한다. 그림에서 보는 바와 같이 파장이 각 온도별 최대 복사 파장의 오른쪽 부분 일부 영역에서는 어느 이론식도 실험 결과와 일치하지 않는다.

플랑크는 위의 내용과 달리 새로운 이론인 양자 가설을 도입하고 실험 결과와 완전히 일치하는 공식을 유도하게 된다. 플랑크의 양자 가설은 다음과 같이 설명할 수 있다.

고온의 물체에서 진동수 f의 빛이 복사 또는 흡수될 때 hf의 정수배의 에너지

$$E = nhf \ (n = 1,\ 2,\ 3,\ \cdots) \text{ : 플랑크의 열복사}$$

만이 복사 또는 흡수된다. 그러므로 진동수 f인 빛의 에너지는 기본량이 있으며, 그 값은 hf이다. 이 hf을 **에너지 양자**라 한다. 이 식을 통해 플랑크는 에너지는 양자화되었다는 사실을 알게 된 것이다. 여기서 h의 값은 플랑크 상수라 하고 $6.626 \times 10^{-34}\,\mathrm{J \cdot s}$이다.

예제 7.1

그림은 온도 T_0인 흑체에서 복사되는 빛의 단위 파장 당 세기 I를 파장 λ에 따라 나타낸 그래프이다. I는 파장이 λ_0일 때 최대값 I_0을 갖고, 파장이 각각 λ_1, λ_2일 때 I_1로 서로 같다.

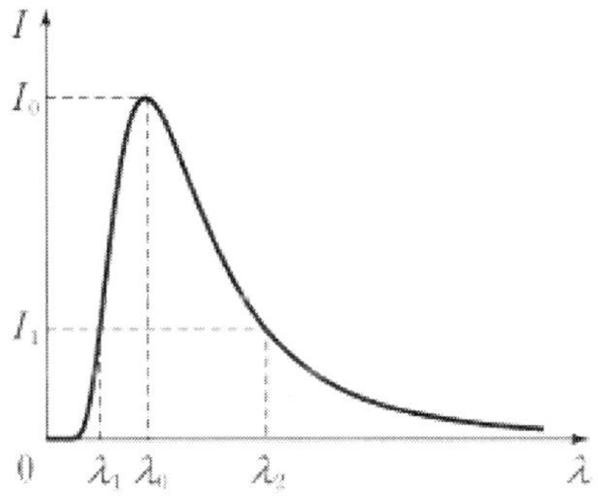

이에 대한 설명으로 옳은 것만을 〈보기〉에서 있는 대로 고른 것은?

<보 기>

ㄱ. 파장 λ_1인 광자 한 개의 에너지는 파장 λ_2인 광자 한 개의 에너지와 같다.

ㄴ. 온도가 T_0보다 높은 흑체에서 I가 최대인 빛의 파장은 λ_0보다 작다.

ㄷ. 그래프의 곡선과 λ축 사이의 면적은 온도가 높을수록 커진다.

① ㄱ	② ㄷ	③ ㄱ, ㄴ
④ ㄴ, ㄷ	⑤ ㄱ, ㄴ, ㄷ	

[풀이] 답 ④

플랑크의 열복사이론이다. 열복사에 의해 방출되는 전자기파는 열운동에 의한 전자나 이온이 운동에 의해서 전기장과 자기장이 변하여 발생. 물질의 종류에 관계없이 온도에 의해 결정된다.

ㄱ. $E = hf = h\dfrac{c}{\lambda}$에서 $\lambda_1 < \lambda_2$이므로 λ_1인 파장의 에너지가 더 크다.

ㄴ. 빈의 법칙인 $\lambda_m T =$ 상수에서 온도가 높으면 높을수록 짧은 파장의 전자기파가 강하게 방출된다.

ㄷ. $E(f) = \dfrac{8\pi hf^3}{c^3}\dfrac{1}{e^{hf/kT}-1}$로 온도가 높아지면 그래프의 면적이 퍼져서 넓어진다.

2. 광전 효과

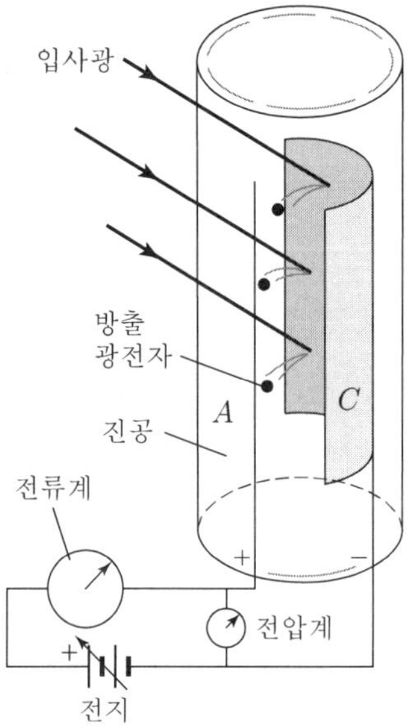

[광전 효과]

금속 표면에 짧은 파장의 빛(자외선, X선, γ선)을 비추었을 때 금속 표면으로부터 전자가 튀어나오는 현상을 **광전 효과**라 하며, 이 때 튀어나오는 전자를 **광자**라 한다.

빛을 파동이라 보고 위의 특징을 가진 광전효과를 설명하려면 여러 가지 모순에 부딪치게 된다. 빛이 파동이라면 그 에너지는 진폭의 제곱과 진동수의 제곱에 비례하므로 빛의 진동수가 작아도 진폭이 크면 빛의 세기가 커져서 금속 안의 전자를 튀어나오게 하는 데 충분한 에너지를 줄 수 있다. 그러나 그렇게 되지 않음을 보여주고 있다. 이는 빛을 파동으로 볼 수 없음을 의미한다.

아인슈타인은 빛을 연속적인 파동의 흐름이 아니라 광량자라 불리는 불연속적인 에너지를 가진 알갱이의 흐름으로 가정하여 광전효과를 설명한다. 즉, 금속에서 튀어나오는 전자의 에너지가 빛의 진동수에 따라 증가하므로 광량자의 에너지는 진동수에 비례한다고 가정하였다. 이렇게 가정하면 광량자의 에너지는

$$E = hf \text{ (플랑크 상수 } h = 6.6 \times 10^{-34}\text{Js)}$$

이다.

전자가 금속으로부터 빠져나오는 데 필요한 에너지를 일함수(W)라 하며, 전자가 광량자로부터 hf의 에너지를 받아서 금속으로부터 빠져나오는 데 W만큼의 에너지를 사용하고, 남는 에너지는 전자의 운동 에너지가 된다. 금속 표면에서 전자가 이탈

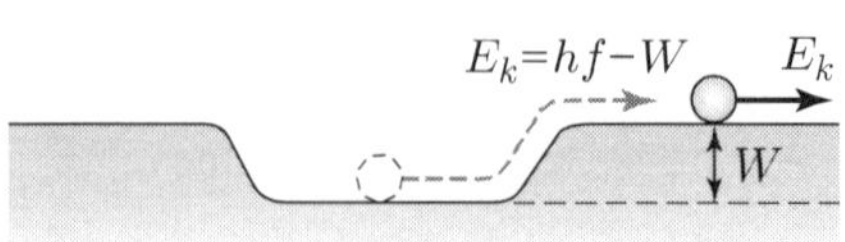

[광전 방정식]

되게 하는 최소 광자에너지와 이때 전자가 갖는 최대 운동에너지의 관계식은 다음과 같이 나타낼 수 있다.

$$E_k = hf - W \text{ (광전 방정식)}$$

이 식을 **광선 방성식**이라 한다.

1) 광전 효과의 특징

- 어떤 진동수보다 낮은 진동수의 빛은 아무리 세게 비추어도 전자가 튀어나오지 않는다. 여기서 어떤 진동수를 **한계진동수**라 하며, 금속의 종류에 따라 다르다.
- 아무리 약한 빛이라도 한계진동수 이상의 진동수를 가진 빛을 쪼이면 즉시 전자가 튀어나온다.
- 광전자의 최대 운동 에너지는 빛의 세기와는 무관하고 진동수에 관계한다.
- 튀어나오는 전자의 수는 전류의 세기로 나타나며 빛의 세기에 비례한다.

2) 정지 전압

금속으로부터 전자가 방출되려면 광량자의 에너지는 적어도 전자가 금속으로부터 빠져나가는 데 필요한 에너지(일함수)보다는 커야 한다. 즉, $hf \geq W$에서 $f \geq \frac{W}{h}$, 여기서 f의 최소값 $\frac{W}{h}$를 한계진동수 f_0라 한다.

튀어나온 전자는 운동 에너지를 가지고 있기 때문에 극판 사이의 전압 V가 0일 때에도 전류는 흐른다. 극을 비꾸이 전압을 점점 증가시키면 진류가 짐짐 김소하여 어느 순간에 전류는 흐르지 않게 되며, 이때의 전압을 **정지 전압**이라 한다. 정지 전압이 V_s일 때 광전자의 최대 운동 에너지는

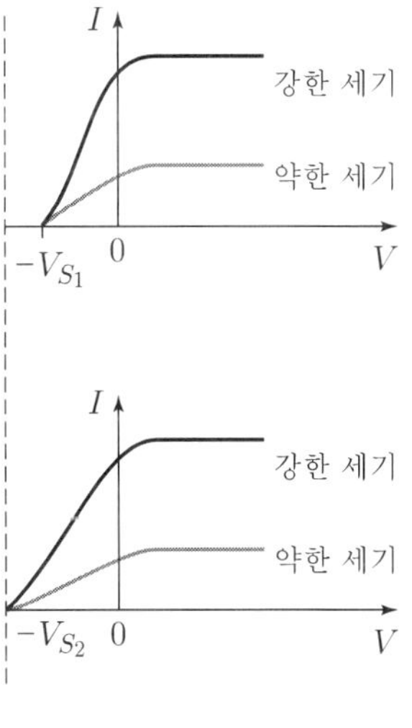

[빛의 세기, 정지 전압]

$$E_{k,m} = eV_s$$

이 된다.

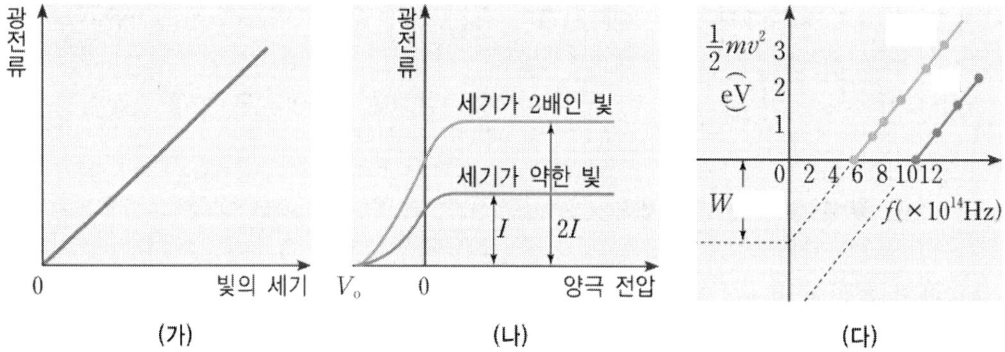

[광전효과에 의한 전류, 정지전압, 일함수]

예제 7.2

그림은 광전효과를 알아보기 위한 실험에서 4가지 종류의 빛 A~D를 비추면서 전압에 따른 광전류의 세기를 측정하였더니, 그 결과의 그래프가 다음과 같다.

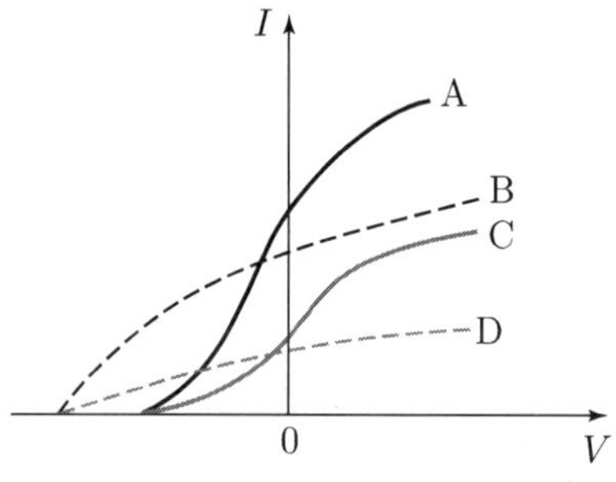

이들 4종류의 빛 A~D에 대한 설명으로 옳은 것만을 〈보기〉에서 있는 대로 고른 것은?

<보 기>

ㄱ. 빛 A와 D는 같은 색깔의 빛이다.
ㄴ. 빛 B는 A보다 파장이 짧다.
ㄷ. 빛의 세기가 가장 강한 빛은 A이다.

① ㄱ　② ㄴ　③ ㄱ, ㄷ
④ ㄴ, ㄷ　⑤ ㄱ, ㄴ, ㄷ

[풀이] 답 ④

광전자의 최대운동에너지에서 비추는 빛의 진동수가 클수록(파장 짧음) 커진다. 또한, $E_k = eV_0$에서 광전자의 최대운동에너지가 클수록 정지전압 V_0도 커진다. 빛의 세기가 강하면 광전류가 많이 흐르는데, 광전자의 최대운동에너지는 빛의 세기와는 무관하고 진동수에 따라 다르다.

ㄱ. 색깔은 정지전압이 같으면 같다. (A, C의 색깔이 같고, B, D의 색깔이 같다.)

ㄴ. 주어진 빛 B의 정지전압이 빛 A의 정지전압보다 크므로 B의 진동수가 크고, 파장이 짧다.

ㄷ. 광전류의 세기는 빛의 세기가 강하면 증가하므로 빛 A가 가장 강하다.

예제 7.3

지구둘레를 도는 인공위성에는 보조 동력원으로 태양 전지판이 설치되어 있다. 이 태양 전지판은 태양 광선에 대하여 항상 수직인 상태를 유지하도록 되어 있다.

면적이 1m^2인 태양 전지판에 2kW의 태양 광선이 비추어지고 있다. 파장이 6600 Å 인 단색광이 태양 전지판에 비추어 진다고 했을 때 1초당 태양 전지판에 도달하는 광량자의 개수로 가장 가까운 값은? (단, 플랑크 상수 $h = 6.6 \times 10^{-34}\text{Js}$이고, 빛의 속도 $c = 3 \times 10^8\text{m/s}$이다.)

① 3.7×10^{21}개 ② 4.7×10^{21}개 ③ 6.7×10^{21}개

④ 7.7×10^{21}개 ⑤ 9.7×10^{21}개

[풀이] 답 ③

광량자의 에너지를 구하면 다음과 같다.

$$E = hf = \frac{hc}{\lambda} = \frac{6.6 \times 10^{-34} \cdot 3 \times 10^8}{6600 \times 10^{-10}} = 3 \times 10^{-19}(J)$$

따라서 태양 전지판에는 1초당 2000J의 에너지가 도달하므로 광량자의 총수는 $\frac{2000}{3 \times 10^{-19}} = 6.7 \times 10^{21}$(개)이다.

예제 7.4

그림 (가)는 금속판에 단색광을 비추어 광전자를 방출시키는 광전효과 실험 장치의 일부를 모식적으로 나타낸 것이다. 그림 (나)는 서로 다른 금속판 A, B에 파장이 λ_p, $3\lambda_p$인 빛

을 비출 때, 최대 운동 에너지를 갖는 광전자의 물질파 파장을 빛의 파장에 따라 나타낸 것이다. A에 파장 $3\lambda_p$의 빛을 비출 때에는 광전자가 방출되지 않는다.

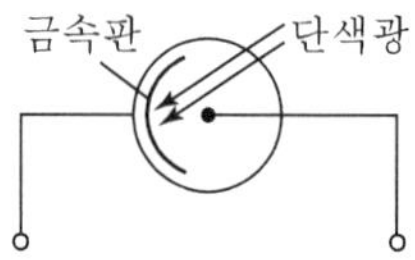

(가)

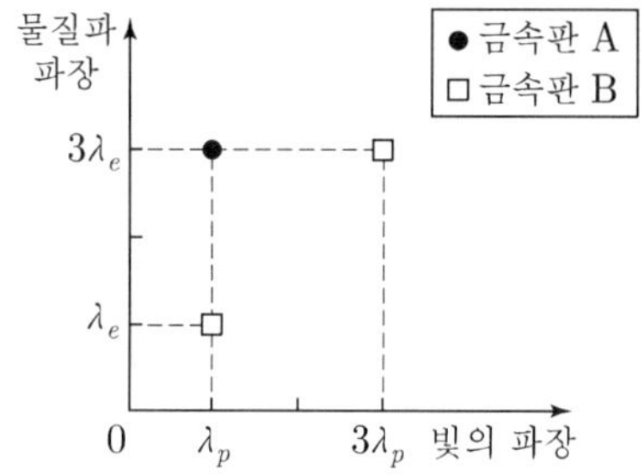

(나)

A의 일함수는? (단, h는 플랑크 상수이고, c는 진공 중의 빛의 속력이다.)

① $\frac{5}{12}\frac{hc}{\lambda_p}$ ② $\frac{1}{2}\frac{hc}{\lambda_p}$ ③ $\frac{3}{4}\frac{hc}{\lambda_p}$ ④ $\frac{5}{6}\frac{hc}{\lambda_p}$ ⑤ $\frac{11}{12}\frac{hc}{\lambda_p}$

[풀이] 답 ⑤

광전효과에서 광전방정식은 $hf = K_{\max} + W = \frac{p^2}{2m} + W$이다. 이때, 모든 금속에 대해 $K_{\max} - f$ 그래프에서의 기울기는 h이며 모두 같다.

(나)의 그래프를 $K_{\max} - f$ 그래프로 바꾸어 금속판 B의 기울기를 구하면 다음과 같다.

빛의 파장 $f = \frac{c}{\lambda_p}$와 물질파 파장 $p = \frac{h}{\lambda_e}$을 만족하므로

$K_{\max} = \frac{p^2}{2m} = \frac{h^2}{2m\lambda_e^2}$ 이다. 기울기를 구하여 h라 놓으면,

$$\frac{\Delta K_{\max}}{\Delta f} = \frac{\left(\frac{h^2}{2m\lambda_e^2} - \frac{h^2}{2m(3\lambda_e)^2}\right)}{\left(\frac{c}{\lambda_p} - \frac{c}{3\lambda_p}\right)} = \frac{2h^2\lambda_p}{3mc\lambda_e^2} = h \quad \therefore \lambda_e^2 = \frac{2h\lambda_p}{3mc}$$

금속판 A의 일함수를 구하면, 파장 λ_p의 빛을 입사했을 때 물질파 파장 $3\lambda_e$가 발생하였으므로 금속판 A의 일함수 $W_A = hf - K_{\max}$

$$즉,\ W_A = h\frac{c}{\lambda_p} - \frac{h^2}{2m(3\lambda_e)^2} = \frac{hc}{\lambda_p} - \frac{h^2}{2m(9 \times \frac{2h\lambda_p}{3mc})} = \frac{11hc}{12\lambda_p}$$

예제 7.5

금속 표면에 빛을 쪼이면 전자가 방출된다. 빛의 에너지를 $h\nu$, 금속의 일함수를 ϕ, 방출된 전자의 운동 에너지를 K라 할 때, 이들 사이에는 $K \leq h\nu - \phi$의 관계가 성립한다. 따라서 방출된 전자가 가질 수 있는 가장 큰 운동 에너지는 $h\nu - \phi$이다. 어떤 금속에 에너지가 15eV인 빛을 쪼일 때, 방출된 전자의 운동 에너지와 그 에너지를 가진 전자의 수를 측정하여 다음의 그래프를 얻었다.

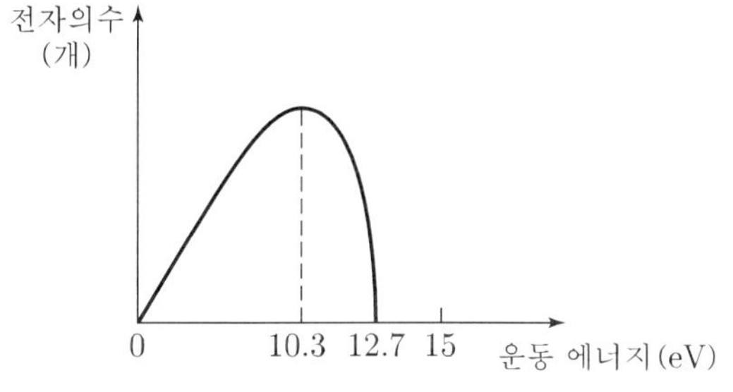

이 과정에 대한 설명으로 옳은 것만을 〈보기〉에서 있는 대로 고른 것은?

<보 기>

ㄱ. 방출된 전자의 운동 에너지의 최대값은 10.3eV이다.
ㄴ. 금속의 일함수는 2.3eV이다.
ㄷ. 이 결과를 얻을 수 있는 것은 짧은 파장의 빛이 필요하다.

① ㄱ　　② ㄴ　　③ ㄷ
④ ㄴ, ㄷ　　⑤ ㄱ, ㄷ

[풀이] 답 ④

ㄱ. 광전자의 최대운동에너지는 $K = hf - \phi$이므로 문제의 그래프에서 $K = 12.7eV$이다.

ㄴ. $hf = 15eV$이므로 $12.7eV = 15eV - \phi$에서 금속의 일함수는 $\phi = 2.3eV$이다.

ㄷ. 광전효과의 결과를 얻기 위해서는 짧은 파장의 빛을 이용해야 한다. 그 이유는 주어진 일함수의 에너지를 갖는 파장의 빛을 이용해야 한다.($\phi = \dfrac{hc}{\lambda}$ 인 파장)

3. 콤프턴 효과

빛이 입자적인 성질을 가지고 있다면 빛도 운동량을 가지고 있을 것이다. 이런 사실을 콤프턴은 실험적으로 밝혔다.

아인슈타인의 상대성 이론에 의하면 정지 상태에서 질량이 m_0인 입자가 p의 운동량을 가지고 운동하고 있을 때 이 입자의 에너지는 $E = \sqrt{(pc)^2 + (m_0c^2)^2}$ 이다. 빛의 경우에는 정지 상태에서의 질량이 없으므로 m_0는 0이다. 따라서 광량자의 에너지는 $E = pc$가 된다. 빛의 운동량은 다음과 같이 나타낼 수 있다.

$$p = \frac{E}{c} = \frac{hf}{f\lambda} = \frac{h}{\lambda}$$

가 된다. 정지해 있는 전자에 X선을 충돌시켰을 때 전자와 X선의 충돌은 완전 탄성 충돌이다. 그러므로 충돌 전후의 에너지와 운동량은 보존된다. 전자의 질량을 m, 충돌 후의 전자의 속력을 v라 하면 에너지 보존법칙에서

$$hf = \frac{1}{2}mv^2 + hf' \qquad ①$$

이고, 운동량 보존법칙에서

$$\frac{hf}{c} = mv + \left(\frac{-hf'}{c}\right) \qquad ②$$

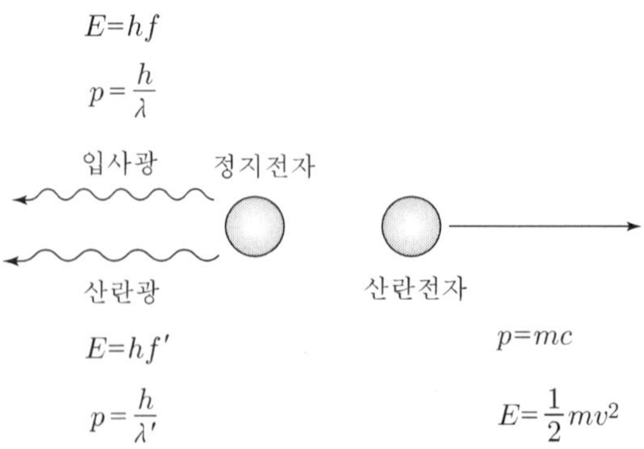

을 만족한다. 식 ②와 $c = f\lambda$에서 충돌 후 전자의 속력 v를 구하면

$$v = \frac{1}{m}\left(\frac{h}{\lambda} + \frac{h}{\lambda'}\right) \qquad ③$$

이고, 식 ③을 식 ①에 대입하면

$$2mc\left(\frac{h}{\lambda} - \frac{h}{\lambda'}\right) = \left(\frac{h}{\lambda} + \frac{h}{\lambda'}\right)^2 \qquad ④$$

이다. 충돌 전후의 파장의 변화는 아주 작아서 $\lambda + \lambda' \fallingdotseq 2\lambda$, $\lambda\lambda' \fallingdotseq \lambda^2$이라 하면 식 ④를 다음과 같이 간단히 표현할 수 있다.

$$\lambda' - \lambda = \frac{2h}{mc}(\Delta\lambda\text{의 최대값, } \theta = 180^\circ)$$

여기서, h/mc은 콤프턴 파장 2.426×10^{-12}m이다.

따라서 X선을 물체에 비추었더니 물질을 이루는 전자가 튀어나가고 입사된 X선의 파장보다 더 긴 파장으로 산란되며, 이 때 산란각이 더 커질수록 산란된 X선의 파장이 더 길어진다.

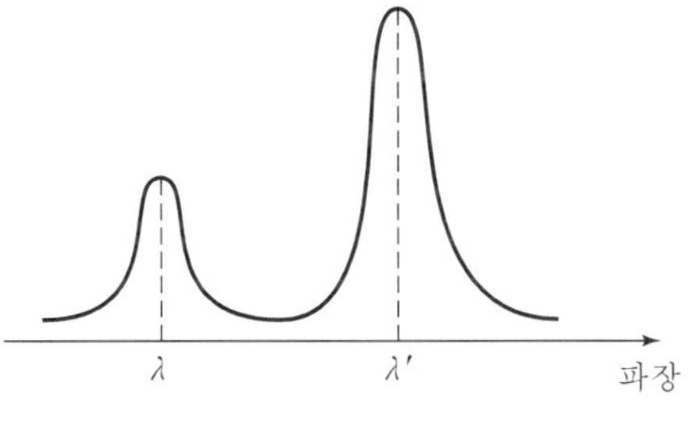

[산란 파장]

참고 $\lambda' - \lambda = \frac{h}{mc}(1 - \cos\theta)$ **계산**

탄성 충돌에서의 보존법칙을 이용하여 X선(f)이 전자(m)에 부딪혀 산란된다면 입사된 광자의 운동량

$$p_\gamma = \frac{E}{c} = \frac{hf}{c} = \frac{h}{\lambda}$$

이고, 산란되어 나가는 X선의 운동량

$$p_\gamma{}' = \frac{E'}{c} = \frac{h}{\lambda'}$$

이다. 이 때 산란 방향은 입사방향에 대해 θ이고, 전자의 운동량

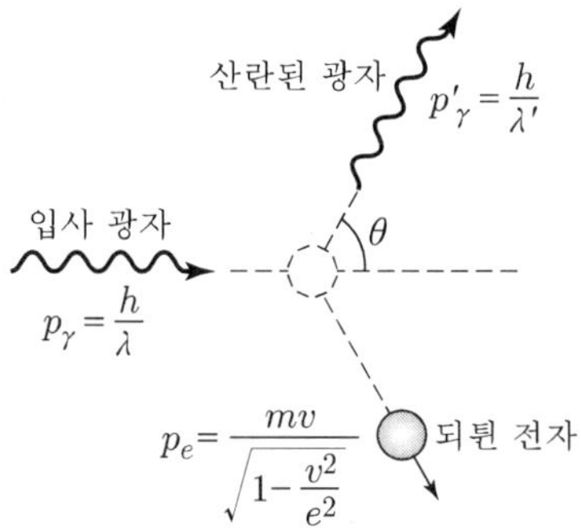

$$p_e = \frac{mv}{\sqrt{1-\frac{v^2}{c^2}}}$$

이다.

따라서, 운동량 보존법칙은

$$p_e{}^2 = p_\gamma{}^2 + p_\gamma{}'^2 - 2p_\gamma p_\gamma{}' \cos\theta$$

이고, 이 식을 고치면

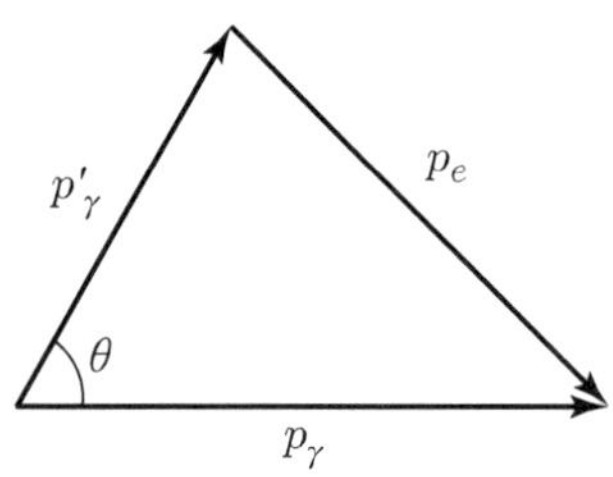

$$\left(\frac{mv}{\sqrt{1-v^2/c^2}}\right)^2 = \frac{h^2}{\lambda^2} + \frac{h^2}{\lambda_2{}'} - \frac{2h^2\cos\theta}{\lambda\lambda'}$$

이다.

에너지보존법칙에서

$$\frac{hc}{\lambda} = \frac{hc}{\lambda'} + mc^2\left(\frac{mv}{\sqrt{1-v^2/c^2}} - 1\right)$$

이므로 이 두식의 결과

$$\lambda' - \lambda = \frac{h}{mc}(1-\cos\theta)$$

이다. 여기서 $\frac{h}{mc}$는 콤프턴 파장이라 한다.

예제 7.6

그림은 파장이 λ인 X선이 정지해 있는 전자와 탄성 충돌하여 파장이 λ'으로 변하는 현상을 모식적으로 나타낸 것이다. X선의 산란각이 θ일 때, 파장의 변화량 $\Delta\lambda$는

$$\Delta\lambda = \frac{h}{mc}(1-\cos\theta)$$

로 주어진다. 이 때 h는 플랑크 상수, m은 전자의 정지질량, c는 빛의 속력이다.

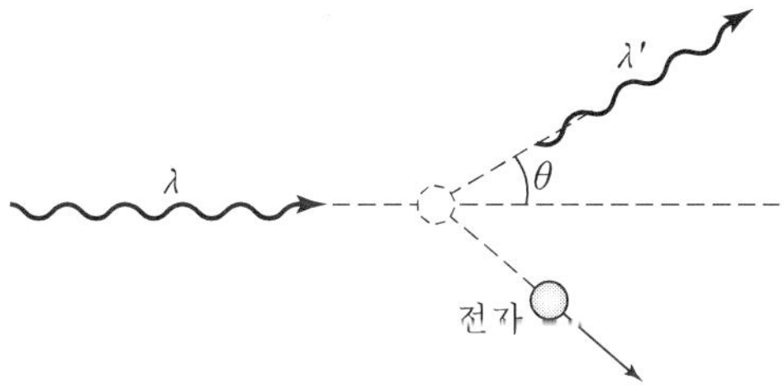

이에 대한 설명으로 옳은 것만을 ⟨보기⟩에서 있는 대로 고른 것은?

<보 기>

ㄱ. λ'이 λ보다 더 작은 경우는 관측되지 않는다.
ㄴ. 입사하는 X선의 에너지가 변하여도 $\Delta\lambda$는 변하지 않는다.
ㄷ. $\Delta\lambda$는 $\theta = 90°$일 때 가장 크다.

① ㄱ　② ㄴ　③ ㄱ, ㄴ
④ ㄱ, ㄷ　⑤ ㄴ, ㄷ

[풀이] 답 ③

ㄱ. 산란된 파장은 더 길어진다. 즉 $\lambda' > \lambda$ 임을 알 수 있다.
ㄴ. X선의 에너지는 $\Delta\lambda$에 영향을 주지 않는다.
ㄷ. $\cos\theta$에서 $\cos 90° = 0$, $\cos 180° = -1$ 이므로 $\Delta\lambda = \frac{h}{mc}(1-\cos\theta)$에서 최대값이 되는 경우는 $\frac{2h}{mc}$이다.

7.2 물질의 이중성

1. 물질파

파동이라고 생각되던 빛이 입자적인 성질을 가지고 있다면, 입자라고 생각되고 있는 전자도 파동적인 성질을 가지리라고 드브로이는 생각했다. 드브로이의 주장에 의하면 어떤 입자든지 운동하고 있을 때 파동적인 성질을 가진다. 이러한 파동을 **드브로이의 물질파**라고 한다.

따라서, 질량 m인 입자가 v의 속력으로 운동할 때, 물질파의 파장은 $\lambda = \frac{h}{mv}$이다.

• 음극선(전자의 흐름)을 입사시켜 동심원의 회절 무늬를 얻는다.
• 전자선을 이용하여 자연계에 존재하는 결정체의 회절 무늬를 관측할 수 있다.

한편, 전자가 전위차 V 내에서 가속될 때, 드브로이 파장은 다음과 같다.

$$K_m = \frac{1}{2}mv^2 = \frac{p^2}{2m}$$

$\lambda = \dfrac{h}{p} = \dfrac{h}{\sqrt{2m(K_m)}}$, $K_m = eV$ 이므로

$$\lambda = \frac{h}{\sqrt{2meV}}$$

이다.

예제 7.7

물질파(드브로이파)의 개념을 알고자 두 가지의 물질을 이용하여 물질파의 파장을 비교하였다.

◦ 질량이 0.2kg인 야구공이 30m/s의 속력으로 날아갈 때
◦ 1000V 정도의 전위차에서 가속된 전자의 운동

이들 둘의 운동을 통해 파장을 조사한 결과에 대한 설명으로 옳은 것만을 〈보기〉에서 있는 대로 고른 것은? (단, 프랑크 상수는 $6.63 \times 10^{-34}\, Js$ 이다.)

<보 기>

ㄱ. 야구공은 회절 현상을 거의 일으키지 않는다.
ㄴ. 야구공의 물질파 파장은 대략 10^{-34}m이다.
ㄷ. 전자는 너무 빨리 움직여서 직진 운동을 한다.

① ㄱ　② ㄴ　③ ㄷ
④ ㄱ, ㄴ　⑤ ㄴ, ㄷ

[풀이] 답 ④

ㄱ. 야구공은 거의 선형적 운동을 하므로 회절이 일어나질 않는다.

ㄴ. 야구공의 경우 $\lambda_b = \frac{h}{p} = \frac{6.63 \times 10^{-34} Js}{(0.2kg)(30m/s)} \approx 1.10 \times 10^{-34} m$

ㄷ. 전자인 경우 운동하면 파동의 성질을 갖고 회절이 일어난다.

예제 7.8

그림은 질량 m, 속력 v인 입자 개가 입자 발생장치에서 나와 단일슬릿을 통과하여 스크린에 회절무늬를 만드는 것을 모식적으로 나타낸 것이다. 가운데 회절무늬의 폭은 Δx이다.

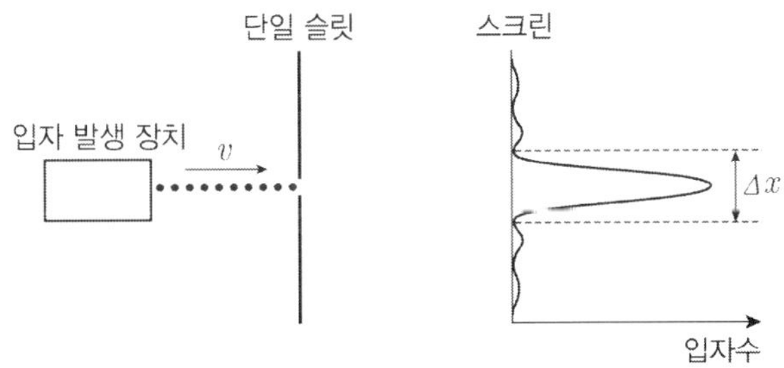

다른 조건은 그대로 두고 〈보기〉와 같이 조건을 바꾸었을 때, Δx가 감소하는 것만을 〈보기〉에서 있는 대로 고른 것은?

<보 기>

ㄱ. 질량이 $2m$인 입자를 사용한다.
ㄴ. 입자의 개수를 $2N$으로 증가시킨다.
ㄷ. 입자의 속력을 $2v$로 증가시킨다.

① ㄱ　② ㄴ　③ ㄷ
④ ㄱ, ㄷ　⑤ ㄴ, ㄷ

[풀이] 답 ④

물질파의 파장의 정의 $\lambda = \frac{h}{p}$, 무늬의 폭 $\Delta x = \frac{L\lambda}{d}$이므로

ㄱ. 질량이 증가 한 경우는 운동량이 증가하고 파장 짧고 Δx가 감소한다.

ㄴ. 입자의 개수를 증가하는 것은 회절과 무관하다.

ㄷ. 속력의 증가는 운동량이 증가하고 파장이 짧고 Δx가 감소한다.

예제 7.9

그림은 역학적 에너지가 100 eV인 전자가 x 축을 따라 1차원 운동할 때, 전자의 퍼텐셜 에너지(위치 에너지) U를 나타낸 것이다. x 〈 0 영역에서 U = 0 이고 x ≥ 0 영역에서 U = 36 eV이다.

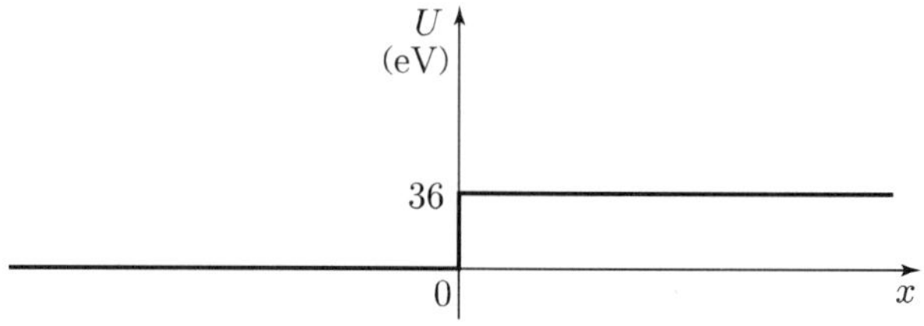

이 전자의 물리량에 대한 설명으로 옳은 것만을 〈보기〉에서 있는 대로 고른 것은?

<보 기>

ㄱ. $x>0$ 영역에서 운동 에너지는 36eV이다.
ㄴ. 운동량은 $x>0$ 영역과 $x<0$ 영역에서 서로 같다.
ㄷ. 물질파 파장(드브로이 파장)은 $x<0$ 영역보다 $x>0$ 영역에서 더 길다.

① ㄱ ② ㄷ ③ ㄱ, ㄴ
④ ㄱ, ㄷ ⑤ ㄴ, ㄷ

[풀이] 답 ②

ㄱ. 역학적 에너지는 $E=E_p+E_k=100eV$이므로 그래프에서 위치에너지의 값이 $36eV$이므로 운동에너지는 $E_k=100-36=64(eV)$이다.

ㄴ. 운동에너지는 $E_k=\frac{p^2}{2m}\propto p^2$이다. 따라서 양수 영역과 음수 영역의 에너지 값이 다르므로 운동량의 크기도 다르다. 운동에너지가 큰 쪽은 음수이므로 운동량도 음수영역이 더 크다.

ㄷ. 물질파 파장은 $\lambda=\frac{h}{p}\propto\frac{1}{p}$이다. 따라서 파장은 운동량에 반비례한다. 운동량이 작은 쪽은 양수영역이므로 이 때, 물질파 파장도 길다는 것을 알 수 있다.

2. X선 회절

X선의 파장($\lambda \approx 0.1nm$)이 작지만 격자간격이 파장과 비슷하면 회절무늬가 만들어 진다. 규칙적으로 배열된 원자들은 이들 조건을 만족한다. 원자의 구조, 물질의 결정을 조사할 때 X선을 이용한다.

1) X선의 발생

음극선의 발생 장치에서 광전관의 (+)극을 텅스텐(W)이나 몰리브덴(Mo) 같은 금속으로 한 후 음극선을 (+)극에 쪼여 줄 때, (+)극에서 파장이 아주 짧은 전자기파가 방출되는 것이 X선이다.

X선은 필라멘트에 흐르는 전류의 양에 비례해서 방출되며, 또 (+)극에 걸어준 전압이 높을수록 투과력이 강한 X선이 방출된다. X선관의 (+)극은 전자의 충돌로 발생하는 열을 제거하기 위해서 냉각날개가 부착되어 있다.

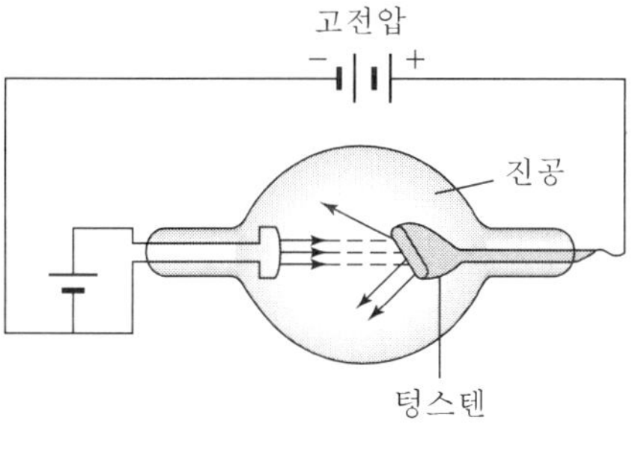

[X선 발생장치]

2) X선의 성질

- 투과력이 강하며 형광작용을 한다.
- 기체 분자를 이온화시키는 전리작용을 한다.
- 사진 건판을 감광시키는 화학작용을 한다.
- 편광 특성을 갖는다.
- 전기장이나 자기장에 의해 그 진로가 변화하지 않는다.
- 반사, 굴절, 회절, 간섭 현상을 보인다.

3) X선의 스펙트럼 종류

X선을 결정에 입사시킬 때 결정을 회전시켜 X-선의 입사각을 변화시키면서 X-선의 스펙트럼을 조사할 수 있다. 이 스펙트럼은 그림과 같이 연속스펙트럼과 선스펙트럼이 겹쳐 있다. 특히, 연속스펙트럼은 파장이 어떤 최소값 λ_{min}에서 갑자기 세기가 0이 된다.

• **연속 X선**

대전입자가 힘을 받아 정지하면 전자기파를 방출하는데, 연속스펙트럼을 만드는 X선은 고속전자가 양극에 충돌하여 제동될 때 발생하는 전자기파이다. 이 때 전자의 운동 에너지가 X선의 에너지로 변한다.

X선의 최대 진동수를 f_{max}라고 하면 다음의 관계식을 만족한다.

$$eV = \frac{1}{2}mv^2 \geq hf_{max} = \frac{hc}{\lambda_{min}}$$

따라서, 발생 X선의 최소파장은

$$\lambda_{min} = \frac{hc}{eV}$$

이다.(그림 참조)

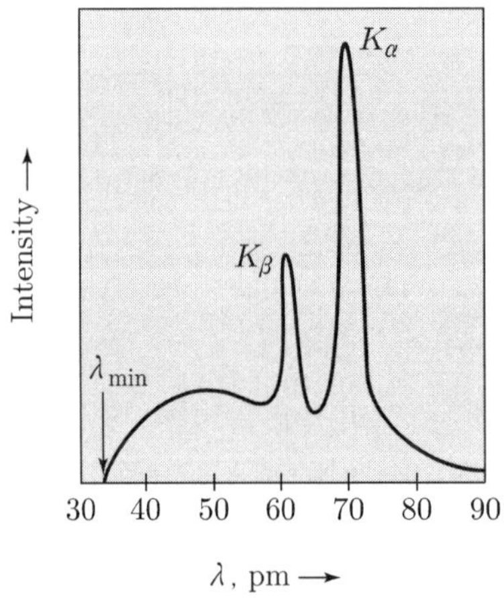

[금속표면의 X선 스펙트럼]

• **특성 X선(고유 X선)**

그림에서 K_α, K_β이며, 선스펙트럼의 파장은 가속 전압에 관계없고, 양극을 만드는 원소에 따라 결정된다. 이 선스펙트럼을 만드는 X선을 **특성 X선**이라 하는데, 특성 X선은 원자의 구조와 밀접한 관계가 있다. 즉, 원자의 원자핵 가까이에 있는 내부 전자가 음극선에 의해 축출되었을 때, 이 자리를 채우기 위하여 밖에서 안으로 떨어지는 전자에 의하여 방출되는 전자기파이다.

4) X선의 이용

- 투과력이 강해 인체 내부를 촬영하여 진찰, 또는 병든 조직을 파괴하여 질병을 치료한다.
- 생식세포의 유전자를 손상시켜 돌연변이를 일으킨다.
- 라우에 반점, 브라그 반사를 이용하여 결정 구조 연구에 이용한다.

5) X선에 의한 결정 구조

• **라우에 반점**

X선이 결정체에 투과될 때, 결정 속에 규칙적으로 정연하게 놓인 원자가 X선에 대하여 회절격자의 구실을 하여 X선이 회절 간섭하여 만든 명암의 점무늬.

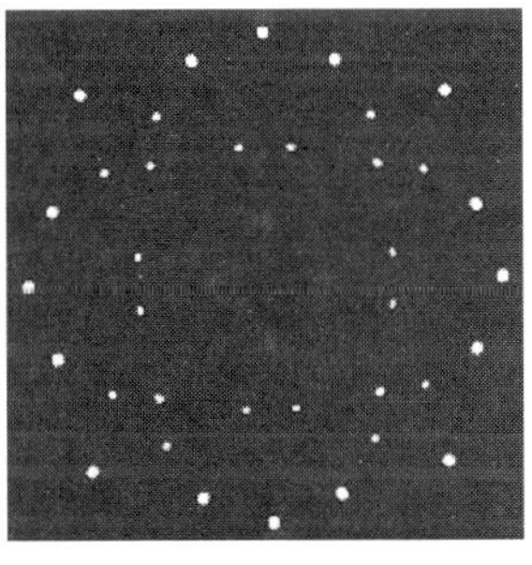

[라우에 반점]

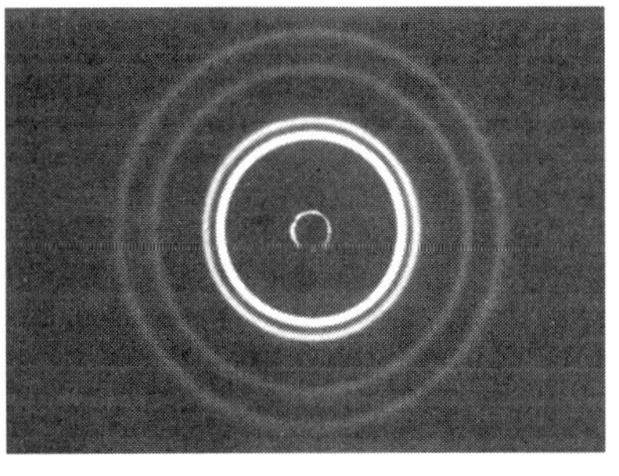

[X선 회절(결정체)]

• **브라그의 조건**

X선이 결정 내의 격자면에 입사되면 각 격자면에 반사된 X선이 간섭하여 간섭

무늬를 만든다. 격자면의 간격을 d, 입사각을 $90° - \theta$라 하면, 제1면과 제2면에서 반사된 X선의 경로차는 $2d\sin\theta$이다.

이 경로차가 X선의 파장 λ의 정수배면 반사파는 간섭에 의해 강해진다. 즉,

$$2d\sin\theta = m\lambda \quad (m = 0,\ 1,\ 2,\ \cdots)$$

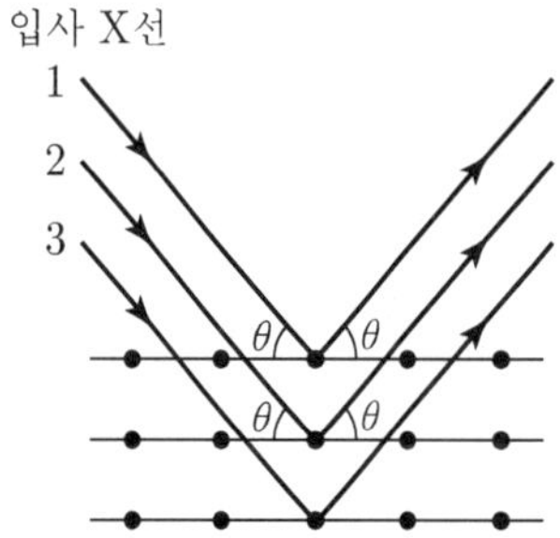

[격자]

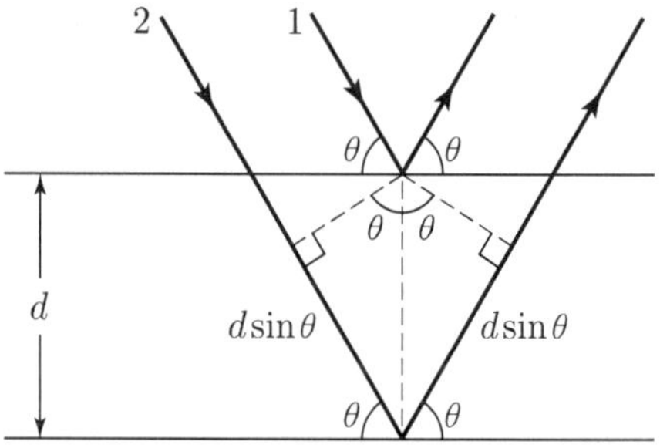

[반사경로차]

예제 7.10

그래프는 몰리브덴(Mo) 표적에 35 keV의 전자 빔을 쪼였을 때 방출되는 X선의 상대 강도를 파장에 따라 나타낸 것이다. 그래프에서 K_α와 K_β는 특성 X선을 나타낸다.

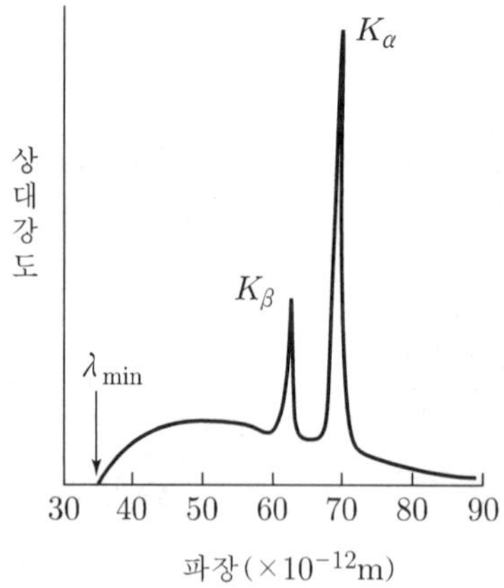

그래프에 대한 설명으로 옳은 것만을 〈보기〉에서 있는 대로 고른 것은?

<보 기>

ㄱ. X선의 에너지는 K_α가 K_β보다 크다.
ㄴ. K_α와 K_β는 원자 내 전자가 바닥상태로 천이하면서 발생한다.
ㄷ. 입사 전자가 표적과 충돌하여 운동 에너지를 가장 많이 잃었을 때 방출되는 X선의 파장은 $\lambda_{\min}$이다.

① ㄱ　② ㄴ　③ ㄷ
④ ㄴ, ㄷ　⑤ ㄱ, ㄴ, ㄷ

[풀이] 답 ④

ㄱ. K_β 파장 < K_α 파장이므로 에너지는 짧은 파장을 갖는 K_β가 크다.
ㄴ. X선의 스펙트럼 종류는 연속 X선과 특성 X선으로 특성 X선은 원자핵 가까운 구속전자를 여기 했다가 바닥상태로 천이할 때 방출되는 것이다.
ㄷ. 전자를 가속시켜 전자의 운동에너지가 금속 표면에서 제동될 때의 X선은 연속 X선으로 방출할 때 나오는 X선의 파장은 최소 파장인 $\lambda_{\min}$이다.

7.3 양자역학

1. 분광학

어떤 물질의 스펙트럼을 분석하여 성분 원소, 분자 구조, 화합물의 종류 등을 알아 낸다. 이 때 빛의 스펙트럼을 분석하기 위해 사용하는 장치를 분광기라고 한다. 최근에는 그 기능에 따라 스펙트럼만을 관찰하는 분광기와 정량적으로 측정하는 분광계로 구분되고 있다. 검출기로는 광전자 증배관(PM tube), 전하 결합 소자(CCD) 등을 사용한다.

1) 스펙트럼의 종류

- **연속스펙트럼** 고온의 고체, 액체에서 나오는 빛이 분산-색이 연속적으로 배열.
- **선스펙트럼** 고온의 기체에서 나오는 빛을 분산-가는 선으로 나타남.

• **흡수스펙트럼** 연속스펙트럼으로 나오는 것을 저온 기체를 통과시킬 때 나오는 검은 선. 특히, 태양빛에서 나타나는 프라운호퍼(Fraunhofer)선.

(a) 흡수선을 보여주는 태양의 연속스펙트럼 (b) 수소
(c) 바륨 (d) 수은 (e) 나트륨의 방사 스펙트럼

2. 보어의 원자 모형

1) 원자 모형 및 크기

• **톰슨의 모형** 지름이 약 10^{-10}m인 구의 내부에 구름과 같이 양전하가 균일하게 분포되고, 그 속에 전자가 틀어 박혀 있는 모형.

• **러더포드의 모형** 핵이 중심에 있고 그 주위를 전자가 회전하는 원자 모형.

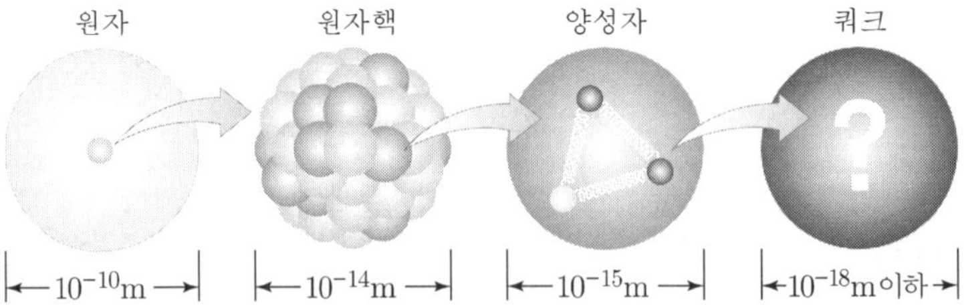

2) 보어의 원자 모형

수소원자에서는 $+e$의 전하를 띤 핵 주위를 $-e$의 전하를 띤 전자가 돌고 있다. 이 원운동에서 구심력은 핵과 전자 사이에 작용하는 전기력이다.

그러므로 전자의 질량은 m, 속력을 v, 궤도 반지름을 r이라 하면 그림과 같이 $k\frac{e^2}{r^2}=\frac{mv^2}{r}$에서 궤도 반지름이 $r=\frac{ke^2}{mv^2}$이다.

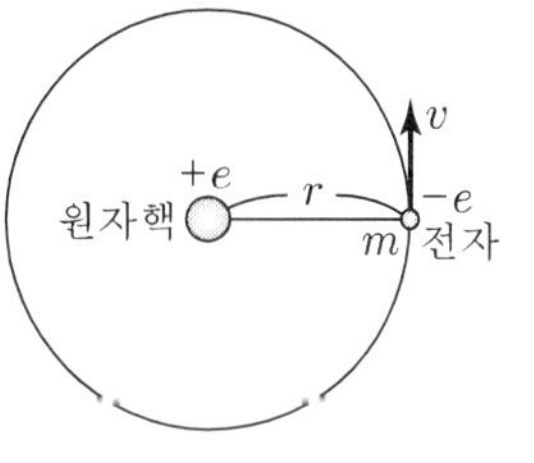

[전자의 원운동]

전자는 다음과 같은 특정한 조건을 만족하는 궤도상에서만

안정적으로 존재할 수 있다.

$$p \cdot 2\pi r = nh,$$

$$mv \times 2\pi r = nh \quad (n\text{은 양자수})$$

위의 조건을 만족하는 궤도에서 전자가 원운동하고 있을 때에는 원운동이 비록 가속도 운동이라 하더라도 전자기파를 방출하지 않는다. 이와 같은 상태를 정상 상태라고 하고 n을 **양자수**라고 한다.

$v=\frac{nh}{2\pi mr}$이 되며 궤도 반지름의 식에 대입해 보면

$$r_n = n^2\frac{h^2}{4\pi^2kme^2}$$

이 된다. ($n=1$일 때 $r_1=0.53\,\text{Å}$)

양자조건은 전자를 파동으로 보고 전자의 물질파 파장 $\lambda=\frac{h}{mv}$을 양자조건에 적용하면

$$2\pi r_n = n\lambda \text{ ; 양자 조건}$$

로 원 궤도를 돌고 있는 전자가 그림과 같이 정상파를 만족한다.

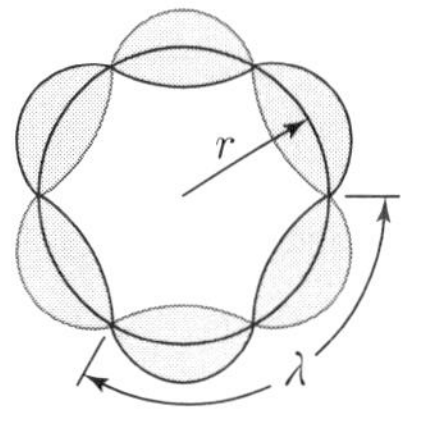

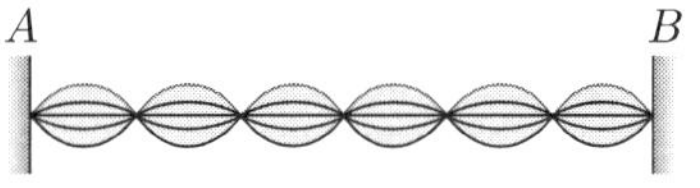

[수소원자 속 전자의 정상파]

3) 수소원자의 에너지

원자핵 주위를 도는 전자의 에너지는 운동 에너지와 전기력에 의한 위치 에너지의 합이다.

전자의 운동 에너지는 $\frac{1}{2}mv^2=\frac{1}{2}\frac{ke^2}{r}$이고, 위치 에너지는 $-k\frac{e^2}{r}$이므로 두 에너

지의 합 E는

$$E = k\frac{e^2}{2r} - k\frac{e^2}{r} = -k\frac{e^2}{2r}$$

이다.

이 식에 정상 상태의 궤도 반지름 $r_n = n^2 \frac{h^2}{4\pi^2 kme^2}$을 대입하면, n번째 궤도에 전자가 존재할 때의 전자의 에너지는 다음과 같이 나타낸다.

$$E_n = -k\frac{e^2}{2r_n} = -\left(\frac{2\pi^2 k^2 me^2}{h^2}\right)\frac{1}{n^2}$$

이 된다.

위 식에 $n=1$인 상태(바닥상태)의 에너지 준위를 구하면

$$E_1 = -2.176 \times 10^{-18}\,\text{J} = -13.6\,\text{eV}$$

이므로

$$E_n = -13.6\frac{1}{n^2}(\text{eV})$$

이다. 여기서 수소원자의 에너지가 불연속적이라는 것을 알 수 있고 이식으로부터 에너지의 양자화됨을 알 수 있다. 이 사실은 플랑크와 헤르츠가 수은 증기를 이용한 실험을 통해서 증명했다.

보어의 이론에 의하면 E_n에서 E_m의 에너지 준위로 궤도를 바꿀 때 두 에너지 준위의 차에 해당하는 에너지를 가진 전자기파를 흡수 또는 방출한다. 이것을 진동수 조건이라 하며 다음과 같이 나타낸다.

$$hf = E_n - E_m \;\; (n > m)\text{: 진동수 조건}$$

이 조건에 따라 수소원자의 선스펙트럼을 설명할 수 있다.

4) 수소원자의 스펙트럼

원자들은 가시광선 외에 적외선 또는 자외선 영역에서도 원자 특유의 선스펙트럼을 방출 및 흡수한다. 그림과 같이 발머는 가시광선 부분의 파장을 측정하여 이들 파장 사이에 어떤 규칙성이 있음을 발견하여 다음과 같은 식으로 표시하였다.

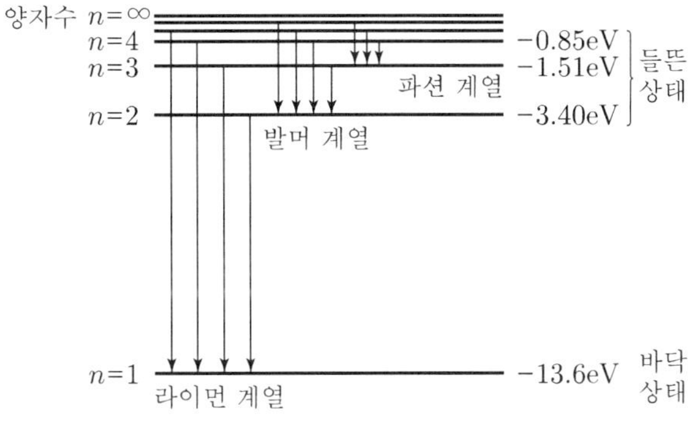

$$\lambda = (364.6nm)\frac{n^2}{n^2 - 2^2}$$

그 이후 이들 스펙트럼의 파장이 위의 식과 같이 표현될 수 있음을 알았다. 양자수가 n인 상태에서 양자수가 m인 상태로 전이할 때

$$hf = \frac{hc}{\lambda} = E_n - E_m = \left(-13.6\frac{1}{n^2}\right) - \left(-13.6\frac{1}{m^2}\right) = 13.6\left(\frac{1}{m^2} - \frac{1}{n^2}\right)$$

$$\frac{1}{\lambda} = \frac{13.6}{hc}\left(\frac{1}{m^2} - \frac{1}{n^2}\right)$$

이 된다. 여기서 $\frac{13.6}{hc} = R$로 리드베리 상수 $R = 1.097 \times 10^7 \mathrm{m}^{-1}$이다.

이 된다.

• 수소원자의 스펙트럼의 여러 계열

$$\frac{1}{\lambda} = R\left(\frac{1}{{n_1}^2} - \frac{1}{{n_2}^2}\right), \quad n_1 < n_2$$

n_1	n_2	계열	선
1	2, 3, 4, ⋯	Lyman	자외선
2	3, 4, 5, ⋯	Balmer	가시광선
3	4, 5, 6, ⋯	Paschen	적외선
4	5, 6, 7, ⋯	Brackett	적외선
5	6, 7, 8, ⋯	Pfund	적외선

예제 7.11

그림은 보어의 수소 원자 모형에서 전자가 양자수 $n=3$인 상태에서 $n=2$인 상태로, $n=2$인 상태에서 $n=1$인 상태로 전이하면서 진동수가 각각 f_1, f_2, f_3인 전자기파를 방출하는 것을 모식적으로 나타낸 것이다. 양자수 n인 상태에서 전자의 궤도 반지름은 $r_n = n^2 a_0$이며, a_0는 보어 반지름이다.

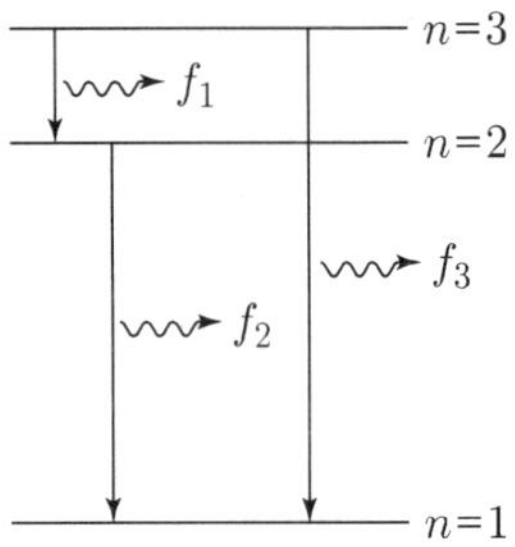

이에 대한 설명에서 옳은 것만을 <보기>에서 있는 대로 고른 것은? (단, 플랑크 상수는 h이다.)

<보 기>

ㄱ. 진동수 f_1이 진동수 f_2보다 크다.

ㄴ. $f_1 + f_2 = f_3$을 만족한다.

ㄷ. $n=2$인 상태에서 전자의 운동량의 크기는 $\frac{h}{4\pi a_0}$이다.

① ㄱ ② ㄴ ③ ㄱ, ㄷ
④ ㄴ, ㄷ ⑤ ㄱ, ㄴ, ㄷ

[풀이] 답 ④

ㄱ. 진동수 조건에 의해 $hf = E_n - E_m\ (E_n > E_m)$, $E = -13.6\left(\frac{1}{n^2} - \frac{1}{m^2}\right)$이므로

$f = \frac{E_n - E_m}{h}$에서

$$f_1 = \frac{-\frac{1}{3^2} - (-\frac{1}{2^2})}{h} = \frac{5}{36h},\quad f_2 = \frac{-\frac{1}{2^2} - (-\frac{1}{1^2})}{h} = \frac{3}{4h}$$

즉 $f_1 < f_2$ 이다.

ㄴ. $f_1+f_2=\dfrac{E_3-E_2}{h}+\dfrac{E_2-E_1}{h}=\dfrac{E_3-E_1}{h}=f_3$ 이다.

ㄷ. 정상파 양자조건에 의해 $2\pi r_n=n\lambda=\dfrac{nh}{p}$, $r_n=n^2a_0$ 즉 $r_2=2^2a_0=4a_0$,

$p=\dfrac{nh}{2\pi r_2}=\dfrac{2h}{2\pi(4a_0)}=\dfrac{h}{4\pi a_0}$ 이다.

예제 7.12

그림은 보어의 수소 원자 모형을 나타낸 것이다. 질량이 m 인 전자가 원자핵 주위를 속력 v 로 원운동하고 있다. 이 때 전자의 전하는 $-e$ 이고 원자핵의 전하는 $+e$ 이며, 원궤도의 반지름은 r 이다.

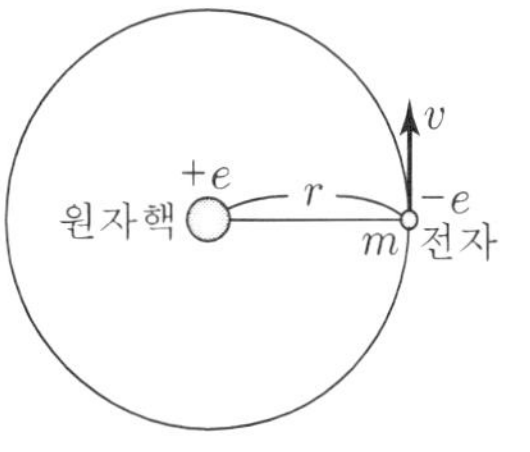

〈표〉는 보어의 수소 원자 모형에 관련된 식과 이 식에 대한 철수의 설명을 짝지어 놓은 것이다.

	식	식에 대한 철수의 설명
가	$k\dfrac{e^2}{r^2}=m\dfrac{v^2}{r}$	원자핵이 전자에 작용하는 전기력이 전자의 원운동을 유지시키는 구심력 역할을 한다.
나	$mvr=\dfrac{nh}{2\pi}$ (n 은 자연수이다.)	전자의 각운동량은 연속적인 값을 갖는다.
다	$\nu=\dfrac{E_i-E_f}{h}$	에너지가 E_i 인 높은 에너지 준위에서 에너지가 E_f 인 낮은 에너지 준위로 전자가 전이될 때, 진동수가 ν 인 전자기파를 방출한다.

(단, k는 쿨롱 상수이고 h는 플랑크 상수이다.)

이 식에 대한 철수의 설명으로 옳은 것만을 〈표〉에서 있는 대로 고른 것은?

① 가　　② 나　　③ 가, 나
④ 가, 다　　⑤ 나, 다

[풀이] 답 ④

전자는 전기력으로 원운동을 한다. 이 때 전자의 에너지 양자화 조건 및 진동수 조건을 만족한다. 특히 전자의 각운동량은 $2\pi r=n\lambda=n\dfrac{h}{p}=\dfrac{nh}{mv}$ 에서 $mvr=\dfrac{nh}{2\pi}$

이고, 불연속인 값을 갖는다.

예제 7.13

그림 (가), (나)는 각각 10.2eV, 5.6eV의 에너지를 갖는 빛이 전자가 바닥 상태($n=1$)에 있는 수소 원자에 입사하는 과정을 모식적으로 나타낸 것이다.

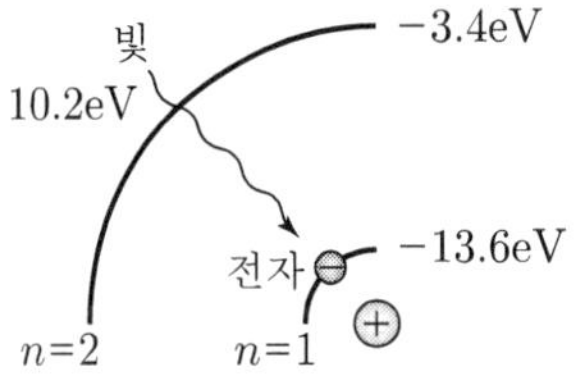

(가)

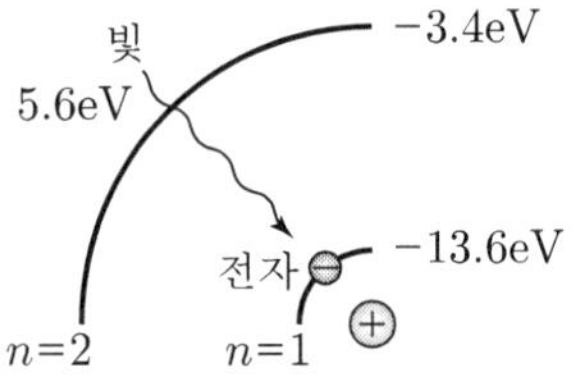

(나)

빛이 입사된 후, 보어의 수소 원자 모형에 따라 (가)와 (나)에서 전자의 에너지 상태를 〈보기〉에서 찾아 바르게 짝지은 것은?

<보 기>

ㄱ. 바닥 상태($n=1$)에 계속 그대로 있다.
ㄴ. 에너지가 $-8.0\,\text{eV}$인 상태로 된다.
ㄷ. 첫 번째 들뜬 상태($n=2$)로 된다.

	(가)	(나)		(가)	(나)		(가)	(나)
①	ㄱ	ㄴ	②	ㄱ	ㄷ	③	ㄷ	ㄱ
④	ㄷ	ㄴ	⑤	ㄷ	ㄷ			

[풀이] 답 ③

보어의 수소 원자 모형에 적용되는 두 가지 조건

$$2\pi r = n\lambda \text{ --- 양자 조건}$$

$$E_n - E_m = hf \text{ --- 진동수 조건}$$

에 만족해야 한다. 에너지 준위 차이만큼의 빛을 쪼여 줄 경우에만 들뜬 상태로 간다. 따라서 (가)는 첫 번째 들뜬 상태가 되며, (나)는 바닥상태에 그대로 존재하게 된다.

7.4 입자의 파동함수

1. 파동함수

자유입자는 어떠한 운동량 값 또는 에너지 값도 가질 수 있다. 반면에 원자 속에 존재하는 전자들은 특이하게 띄엄띄엄한, 다시 말해서 그 전자들에게 허용되는 양자화된 에너지의 준위만을 가질 수 있다. 이것은 공간 내에서 전자가 속박되어 있다는 점에 기인하는 것이다. 즉, 갇힌 입자는 그 에너지 준위가 양자화 되어 불연속적인 값을 갖게 된다.

비유적 현상으로는 끈의 진동에서의 횡파를 들 수 있다. 매우 긴 끈 위에서는 나아가는 파동의 파장이 어떠한 값이든 가능해진다. 하지만, 유한한 길이 L인 끈에서 일어나는 속박된 정상파의 경우에는 특정한 파장의 진동만이 가능해진다. 만일 끈의 양끝이 모두 고정되어 있다면 허용되는 파장은

$$\lambda_n = \frac{2L}{n} \, (n = 1,\ 2,\ 3,\ \cdots)$$

이 된다. 최대 파장, 즉 $\lambda = 2L$일 때 끈의 진동수는 최소값(기본 진동)을 가진다. 정상파는 양자화 현상의 고전적 예가 된다.

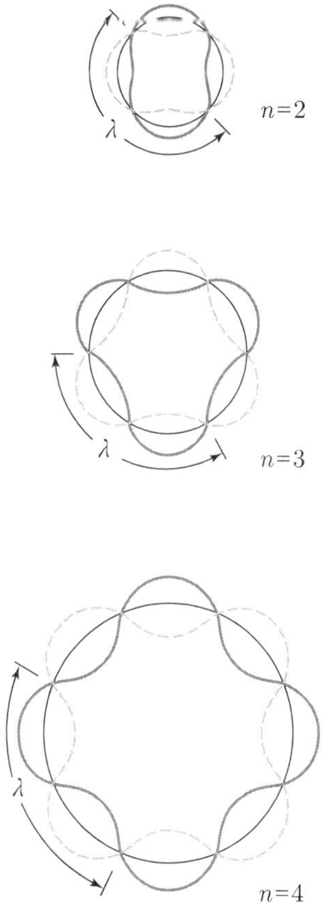

[정상파]

이러한 양자화는 전자와 같은 입자의 경우에도 동일하게 일어난다. 입자가 공간적으로 속박되어 있지 않으면 입자의 드브로이 파장이나 에너지의 값에는 아무런 제약이 없다. 반대로 속박되어 있다면 특정한 값의 파장과 에너지의 값만을 가질 수 있다. 끈 위에서의 파동의 파동함수 $\Psi(x,\ t)$는 끈 위에서의 위치 x에서의 끈의 질점이 시각 t에 가지는 변위 y를 나타낸다. 즉, 1차원 공간에 존재하는 입자의 양자역학적 파동함수는 $\Psi(x,\ t)$로 나타낸다.

2. 파동함수의 의미해석

파동함수에 대하여 확률적 의미를 최초로 부여한 사람은 보른(Max Born, 1882~1970)이었다. 파동함수를 직접 관측할 수는 없으며 어떤 특정한 위치에서 입자를 발견할 확률은 파동함수의 크기의 제곱에 비례한다는 것이다.

즉 $P \propto |\Psi|^2$이 된다. 간섭 실험에서 광자가 스크린의 특정 위치를 때릴 확률은 그 위치에서의 빛의 세기와 비례한다는 것을 알아보았다. 빛의 세기는 또한 그 위치에서의 전기장 진폭의 세기의 제곱에 비례한다. 고전 물리적으로는 전기장은 전자기파의 파동함수가 되고, 따라서 어떤 위치에서 광자를 발견할 확률은 파동함수의 제곱에 비례한다.

1차원에서는 $|\Psi|^2 \Delta x$는 입자가 x와 $x + \Delta x$ 사이에서 발견될 확률이 된다. 입자의 향후 거동은 그 입자의 현재의 상태에 의해 완전히 결정되지는 않는다. 동일한 두 입자가 각각 동일한 환경에 놓일지라도 동일한 거동을 보이지 않을 수 있는 것이다. 두 개의 수소원자가 동일한 들뜬 상태에 놓여 있더라도 동일한 순간에 동일한 방식으로, 바닥상태로 천이하지는 않을 수 있다. 한 원자가 들뜬 상태에서 더 오래 머무를 수 있고, 또는 두 원자의 중간 천이과정이 다를 수 있는 것이다. 여기서 알아낼 수 있는 최대한의 정보는 여러 가지 에너지의 광자가 단위시간당 방출되는 확률일 뿐이다.

3. 유한한 높이의 상자의 입자

공간에 속박된 입자의 모형으로 가장 단순한 모형은 1차원에서 길이 L인 공간에 입자가 갇혀서 경계 벽을 절대로 입자가 통과할 수 없는 경우의 모형이다.

입자가 $x = 0$과 $x = L$사이에서는 자유롭게 움직일 수 있고 그 바깥 영역으로는 아무리 큰 에너지를 입자에 더하여도 나갈 수 없다고 가정한다. 이렇게 공간에 속박된 입자의 파동함수는 위에서 다룬 양끝이 고정된 끈 위에서의 횡파와 완전히 같은 형태를 지니고, 따라서 허용되는 파장값도 동일하다.

$$\lambda_n = \frac{2L}{n} \; (n = 1,\ 2,\ 3,\ \cdots)$$

입자의 드브로이 파장은 운동량과의 관계식으로부터

$$p_n = \frac{h}{\lambda_n} = \frac{nh}{2L}$$

가 된다.

그림과 같이 길이 L만큼 떨어져 있는 두 개의 장벽 사이에 갇혀 있는 하나의 입자로 구성된 계이다. 입자는 항상 x축을 따라 움직이게 하고, 장벽을 $x=0$과 $x=L$에 두면 1차원적이다. 입자의 에너지 E와 운동량 p의 크기는 일정하다고 가정하자. 장벽에 대응하는 퍼텐셜에너지는 무한대이고 입자는 도망갈 수 없다.

1) 몇 가지 설정

입자는 $0 \le x \le L$인 영역에 국한되므로 이 영역 밖에서는 파동함수는 0이다. 파동함수는 x의 연속함수이다. 따라서 경계조건 $x=0$, $x=L$에서 파동함수가 0이다.

그리하여 파동함수 $\Psi = A\sin kx$라 정의하고, 여기서 k는 파수로 $k = \frac{2\pi}{\lambda}$이다.

경계조건을 만족하기 위해 $kL = n\pi (n=1,\ 2,\ 3,\ \cdots)$을 만족하도록 k값을 택한다. 그러므로 k와 λ로부터 가능한 값은 $k = \frac{n\pi}{L}$ 및 $\lambda = \frac{2\pi}{k} = \frac{2L}{n}$ $(n=1,\ 2,\ 3,\ \cdots)$이 된다. 이 때 상자 안의 입자의 드브로이 파장과 에너지 준위는

$$p_n = \frac{h}{\lambda_n} = \frac{nh}{2L}, \quad E_n = \frac{p_n^2}{2m} = \frac{n^2h^2}{8mL^2} (n=1,\ 2,\ 3,\ \cdots)$$

이다. 에너지 준위는 양자수 n에 해당하는 고유한 에너지 값과 이에 대응하는 파동함수 Ψ_n를 갖는다. 즉,

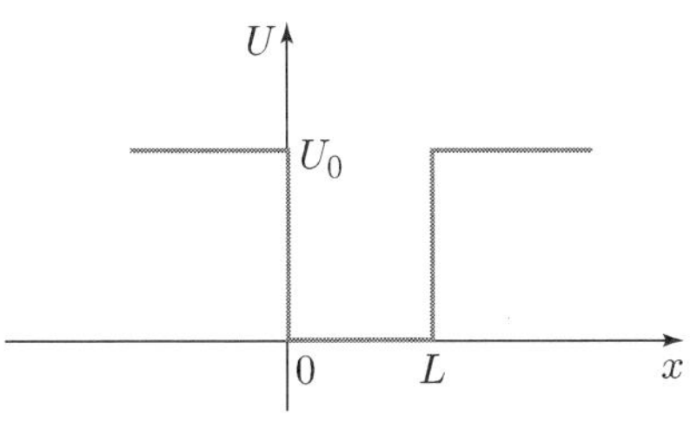

[유한높이의 퍼텐셜 상자속에 놓인 입자의 퍼텐셜 에너지]

$$\Psi_n = A\sin kx = A\sin\left(\frac{n\pi}{L}\right)x$$

가 된다.

2) 확률과 규격화

x주위의 작은 범위 dx안에서 입자가 발견될 확률에 비례한다. 즉,

$$|\Psi|^2 dx = A^2 \sin^2 \frac{n\pi x}{L} dx$$

이 된다. 따라서 우주 전체에서 입자를 발견할 확률은 다음과 같다.

$$\int_{-\infty}^{\infty} |\Psi|^2 dx = 1$$

이제 상자 안의 입자에 대해 규격화 해보면 Ψ는 $x = 0$과 $x = L$ 사이에서

$$\int_0^L A^2 \sin^2 \frac{n\pi x}{L} dx = 1$$

이다.

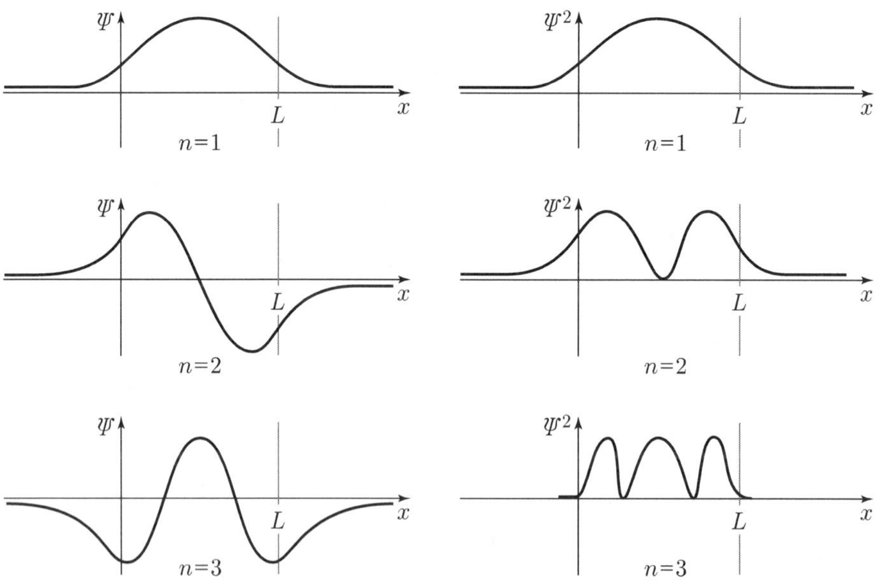

[유한 높이 상자 속에 있는 입자의 파동함수 ($n=1,\ 2,\ 3$)]

위식을 적분하면 $\frac{A^2L}{2}=1$, $A=\sqrt{\frac{2}{L}}$ 이 됨을 알 수 있다.

이제 완성된 파동함수는

$$\Psi_n=\sqrt{\frac{2}{L}}\sin\frac{n\pi x}{L}$$

이 된다.

다음 그래프는 파동함수 Ψ와 확률밀도함수 Ψ^2(입자가 존재할 확률)의 관계를 보여 주고 있다.

참고 유한한 높이의 (퍼텐셜)상자

1차원에 속박된 입자에 대한 조금 더 개선된 그럴듯한 모형은 입자가 (무한한 높이가 아니라) 유한한 높이를 가지는 퍼텐셜 상자 속에 놓여 있다고 보는 모형이다. 이 모형에서도 입자는 상자 속에서는 여전히 자유입자로 거동하는데, 반면에 무한 높이 퍼텐셜 상자와 다른 점은 퍼텐셜 벽이 통과 불가능한 벽이 아니고 입자가 벽을 넘어갈 수 있다는 점이다. 즉, 상자 바깥의 위치 에너지($U=U_0$)는 상자 내부의 위치 에너지($U=0$)보다 높다. 유한 높이 퍼텐셜 상자 속에 있는 입자의 경우, 속박상태($E<U_0$)의 경우에는 에너지가 양자화되는데, 이 경우 속박상태의 개수는 유한하다. 입자의 에너지 E가 U_0보다 크다면 입자는 더 이상 상자 속에 속박되지 않는다.
이와 같은 자유 상태에 놓인 전자의 경우, 입자가 공간적으로 속박되어 있지 않으므로 파장과 에너지가 연속적인 값을 가질 수 있다. 유한 높이의 퍼텐셜 상자 안에서 속박된 상태에 있는 입자의 파동함수는 벽과 그 바깥의 모든 영역에서 0이 아닌 유한한 값을 가진다. 즉, 파동함수는 퍼텐셜 벽의 경계 너머 일정 영역으로 퍼져나가게 되고, 벽에서의 거리가 멀어짐에 따라 지수함수로 감소하게 된다. 반면에, 고전물리에 따르자면 $E<U_0$의 조건을 만족하는 입자는 상자 바깥 영역으로 결코 나갈 수 없다. 왜냐하면 이 조건일 때는 상자 바깥에서의 운동 에너지가 음의 값을 가진다는 것을 의미하기 때문이다. 많은 실험 결과가 양자역학의 예측대로 갇힌 입자의 파동함수가 퍼텐셜 상자 바깥으로까지 확장된다는 사실을 뒷받침하고 있다.

참고 상자 속의 입자

· 슐레딩거 방정식(Schurőding Equation)

$$\frac{d^2\psi}{dx^2}+\frac{8\pi^2m}{h^2}(E-V)\psi=0 \quad (E\text{: 운동에너지, } V\text{: 퍼텐셜에너지})$$

허용된 영역 밖에서는 퍼텐셜 에너지(V)가 너무 커서 파동함수는 0이다.

- 내부에서는 $\frac{d^2\psi}{dx^2}+\frac{8\pi^2 m}{h^2}E\psi=0$을 만족하므로 E는 파동함수 ψ를 갖는다.

  따라서 다음과 같이 나타낸다.

  (고정된 줄의 진동에 의한 파동과 유사하다. 즉, 정상파로 $\lambda_n=\frac{2L}{n}$이다.)

$$\psi_n(x)=\begin{cases}\psi_0\sin\frac{n\pi x}{L} & (0<x<L)\\ 0 & (x\le 0,\ x\ge L)\end{cases}$$

  즉, 운동에너지 $E=\frac{1}{2}mv^2=\frac{p^2}{2m}=\frac{1}{2m}\frac{h^2n^2}{4L^2}=\frac{h^2}{8mL^2}n^2$이다.

- 1차원 퍼텐셜 우물 속에 있는 입자는 오직 파동함수 ψ^2으로 되는 유한한 에너지 E_n을 갖는 상태에만 존재할 수 있다. 그 외의 에너지를 갖는 입자는 결국 존재하지 않는다.

예제 7.14

길이가 L인 상자 안에 질량이 m인 전자가 운동하고 있다. 이 전자는 충돌에 의한 에너지 손실이 없으며 직선상을 따라 운동한다고 가정한다.

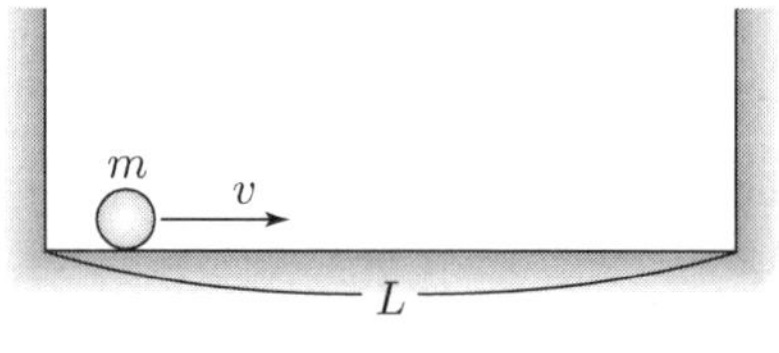

이 전자의 물리량에 대한 설명으로 옳은 것만을 〈보기〉에서 있는 대로 고른 것은? (단, 플랑크 상수는 h, 양자수는 n이다.)

<보 기>

ㄱ. 이 전자가 가질 수 있는 물질파의 파장은 $\frac{2L}{n}$이다.

ㄴ. 이 전자가 가질 수 있는 에너지 준위는 $\frac{n^2h^2}{8mL^2}$이다.

ㄷ. 상자의 양 끝에서도 전자가 존재할 수 있다.

① ㄱ ② ㄴ ③ ㄱ, ㄴ

④ ㄱ, ㄷ ⑤ ㄴ, ㄷ

[풀이] 답 ③

ㄱ. 물질파로 정상파와 같으므로 $L = \dfrac{n\lambda}{2} = \dfrac{nh}{2mv}$ 로 파장 $\lambda = \dfrac{2L}{n}$ 이다.

ㄴ. $\lambda = \dfrac{2L}{n} = \dfrac{h}{p} = \dfrac{h}{mv}$ 이므로 $p = mv = \dfrac{nh}{2L}$ 이고, 전자는 운동에너지만 갖고 있기 때문에 $E = \dfrac{1}{2}mv^2 = \dfrac{p^2}{2m} = \dfrac{n^2h^2}{8mL^2}$ 이다.

ㄷ. 상자의 양 끝에서는 전자가 존재할 수 없으므로 파가 존재할 수 없다. 즉, 양 끝은 물질파가 이루는 정상파의 마디가 되기 때문이다.(드브로이 파장 $\lambda = \dfrac{h}{p}$ 만족한다.)

예제 7.15

그림은 x축 위에 있는 어떤 입자의 파동함수 $\Psi(x)$를 나타낸 것이다. $x \le 0$인 영역과 $x \ge L$인 영역에서 $\Psi(x) = 0$이다.

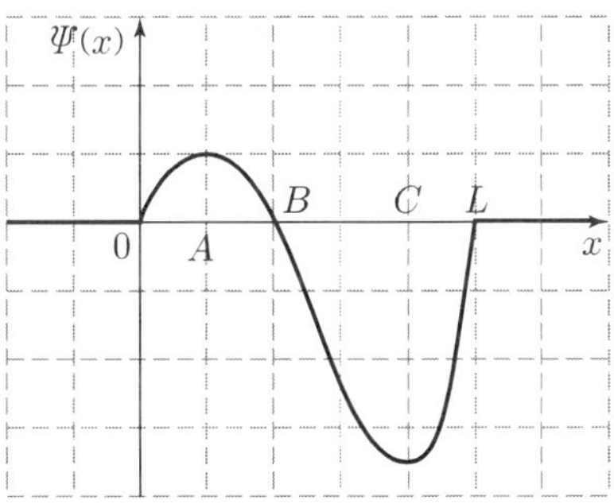

이에 대한 설명으로 옳은 것만을 〈보기〉에서 있는 대로 고른 것은? (단, 확률밀도는 시간에 무관하다.)

<보 기>

ㄱ. 이 입자는 $0 < x < L$인 영역에 갇혀 있다.

ㄴ. 이 입자의 확률밀도가 최대인 위치는 $x = A$인 지점이다.

ㄷ. $0 < x < B$인 영역에서 입자가 발견될 확률은 $B \le x < L$인 영역에서 입자가 발견될 확률보다 작다.

① ㄱ　　② ㄴ　　③ ㄱ, ㄴ
④ ㄱ, ㄷ　　⑤ ㄴ, ㄷ

[풀이] 답 ④

입자의 파동함수는 $\Psi(x)$라 하고, 입자를 발견할 확률은 $|\Psi(x)|^2$이다. 따라서 제곱을 취한 그래프를 통해 물리적의미를 분석한다.

ㄱ. 주어진 구간 $0 < x < L$ 에서 입자가 존재함을 의미한다.

ㄴ. 확률밀도가 최대인 위치는 Ψ^2를 생각할 때 C의 위치가 된다.

ㄷ. 입자 발견 확률은 Ψ^2의 값으로 판단한다. 확률값은 곡선과 축으로 둘러싸인 그래프 넓이를 비교한다. 즉, $0 \sim B$보다 $B \sim L$영역이 더 큼을 알 수 있다.

7.5 고체의 전도

1. 고체의 에너지준위에 대한 이상적인 띠-간격

고체상태의 물질에서 서로 이웃하는 원자들 사이의 거리가 일정한데, 두 원자가 고립되어 있는 이들 원자들은 각각 고유한 양자수로 주어지는 불연속적인 양자상태를 갖게 된다. 이때 전자들이 가장 낮은 에너지상태부터 점유하게 된다. 이때 파울리의 배타원리에 따라 한 양자상태에 단 하나의 전자만이 채워질 수 있다.

만약 원자들을 가까이 가져가면 점점 서로의 존재를 느끼게 될 것이다. 양자물리적으로는 이들의 파동함수 사이에 중첩이 일어난다고 표현한다. 원자가전자들은 고립된 원자의 전자구름의 바깥부분에서 대부분의 시간을 보내기 때문에 이들이 제일 먼저 접촉하면서 파동함수들 사이에 중첩이 일어나게 된다. 중첩이 일어나면 더 이상 두 원자가 서로 독립적으로 고립되어 있다고 할 수 없으며, 두 원자로 구성된 한 계에 있다고 생각해야 한다. 파울리의 배타원리에 의하면 각각의 전자들은 서로 다른 양자상태를 점유해야만 한다. 이것이 가능하면 고립된 원자에 대한 각각의 에너지준위들이 두 원자계에 대해 두 개의 준위로 나누어져야 한다.

고체상태의 격자를 만들기 위해서 이러한 방법으로 다른 원자들을 가져올 수 있다. 만약 N개의 원자로 고체를 구성하였다면 고립된 원자의 에너지준위들은 N개의 준위로 갈라지게 된다. 이러한 원리에 의해 고체상태에서는 에너지띠를 형성하게 된다. 전형적인 고체는 수 전자볼트(eV) 폭의 에너지띠를 갖는다. N이 아보가드로수 정도의 크기를 갖기 때문에 띠 안의 에너지준위들 사이의 간격이 매우 좁음을 알 수 있다.

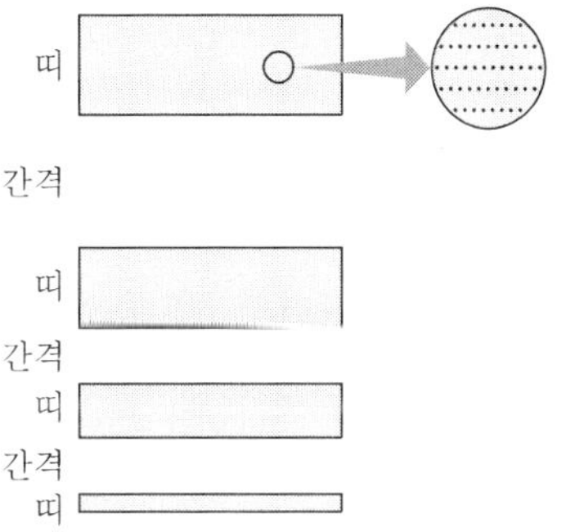

오른쪽 그림과 같이 고체의 이론적 띠구조를 나타낸다. 각 띠들이 서로 중첩되지 않는 경우를 가정했다. 띠 사이의 간격은 어떠한 전자도 있을 수 없는 에너지의 범위를 의미한다. 즉, 원자를 구성하는 전자들은 불연속적으로 허용된 에너지준위 이외의 에너지는 가질 수 없음을 뜻한다.

2. 고체에서의 전기전도

어떤 물체는 전기적으로 도체이고 어떤 것은 반도체인지 그리고 다른 것들은 절연체인지를 양자역학적으로 설명할 수 있다.

1) 절연체

원자들이 결정격자 내에 서로 가까이 있을 때, 원자의 에너지준위는 허용된 전자 에너지띠를 형성한다. **절연체**에서는 가장 높이 채워진 준위가 띠의 꼭대기와 일치한다. 따라서 전자들은 외부의 전기장으로부터 더 이상의 역학적 에너지를 받지 못하여 전류가 흐르지 않는다. 그림에서 볼 수 있듯이 절연체를 정의해 주는 특성은 가장 높이 채워진 에너지 준위가 에너지띠의 끝과 일치한다는 것이다. 이 띠와 그 위에 빈 상태로 존재하는 다른 띠 사이의 에너지 간격 E_g가 충분히 커야 한다. 채워진 띠 위로는 많은 수의 빈 준위들이 있다. 그러나 전자가 빈자리를 채우려면 두 띠를 분리하고 있는 에너지 간격을 어떠한 방법으로든 뛰어 넘어야만 한다. 이 간격 사이에서는 어떠한 에너지의 전자도 존재할 수 없기 때문에 간격 사이에서 전자가 잠시 머무를 수도 없다. (예; 다이아몬드)

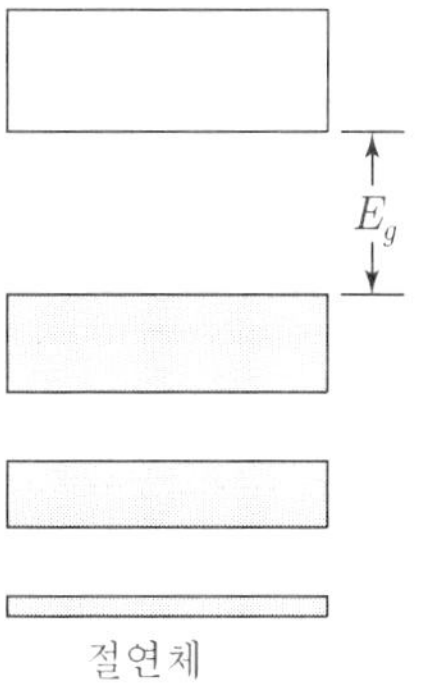

절연체

2) 금속

그림과 같이 **금속**은 절대영도에서 가장 높이 채워진 준위가 띠의 중간 부근에 위치한다는 것이다. 이와 같이 부분적으로 채워진 띠에 있는 전자들은 원자의 원자가전자들로써 고체 내에서 자유롭게 움직일 수 있기 때문에 고체의 전도전자가 된다. 절대영도에서는 열적교란이 아무런 영향을 미치지 못하고 모든 전자들은 가장 낮은 에너지상태에 채워지게 된다. 근사적으로는 전도전자의 퍼텐셜에너지가 고체 안에서 일정한 값을 유지한다고 말할 수 있다. 만약 이 일정한 값을 0으로 둔다면 한 준위에 해당하는 총에너지는 준위를 채운 전자의 운동에너지가 된다. 따라서 그림에서와 같이 일부가 채워진 띠의 가장 낮은 에너지준위는 $E=0$에 해당한다. 이 띠의 채워진 준위 중 가장 높은 준위를 페르미(Fermi) 준위라고 부르고 이에 해당하는 에너지를 페르미(Fermi) 에너지 E_F라고 한다. 특히 금속에서 전도전자들은 절대온도에서도 매우 큰 에너지를 갖는다.

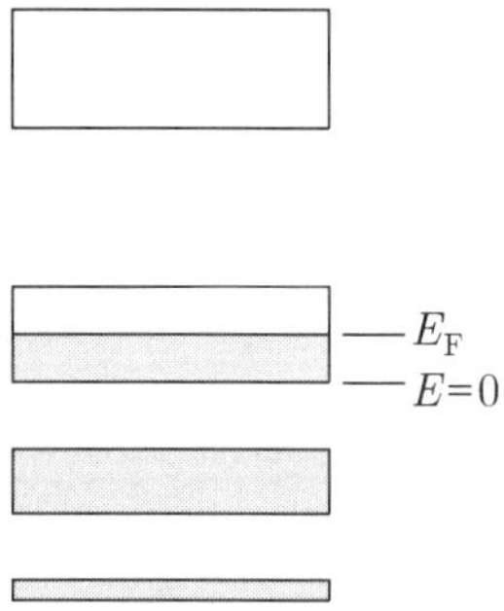

절연체

3) 반도체

반도체는 절대영도에서 절연체와 마찬가지로 띠의 꼭대기까지 모든 상태들이 채워져 있다. 그러나 채워진 띠와 이웃하여 비어 있는 높은 에너지띠 사이의 에너지 간격이 절연체에 비해서 매우 작다. 따라서 열적교란에 의해 전자들이 비어 있는 에너지띠로 간격을 뛰어 넘을 확률이 생긴다. 반도체에서 가장 높은 에너지띠를 채우고 있는 전자는 고립된 원자가전자로 원자가띠라 하고 $T=0$에서 비어 있는 원자가띠 위에 있는 띠를 전도띠라고 부른다.

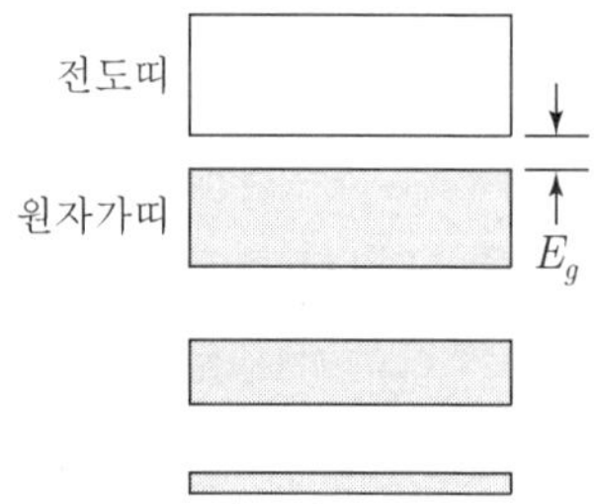

반도체

특히 반도체는 적은 양의 적절한 치환원자를 반도체 격자로 주입하는 도핑이라는 과정을 통해서 두 종류의 반도체로 나눈다. 순수한 실리콘을 보면 두 개의 전자를 공유하며 결합에 참여한 전자들은 원자가띠를 이룬다. 이때 인 원자로 도핑할 때 주게 자리를 만든다. 이런 원자를 **주개원자**라 하고 이런 반도체를 **n-형 반도체**라 하고 다수운반자가

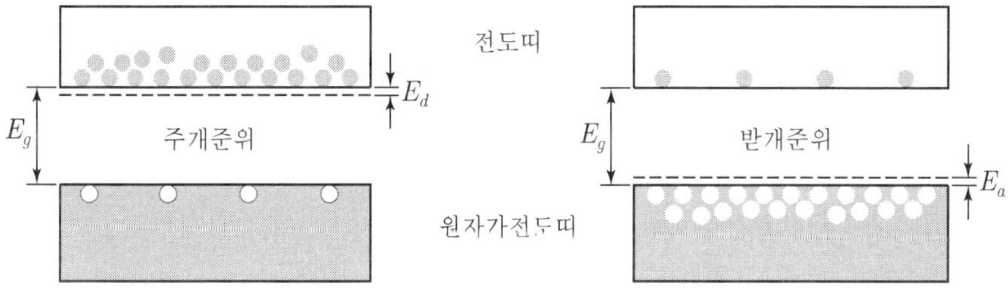

(a) n–형 반도체　　　(b) p–형 반도체

전자이며 전도띠에 있게 된다. 한편 실리콘 원자로부터 전자를 가져오며 원자가띠에 정공을 만든다. 알루미늄 원자를 **받개원자**라 하고 받아들인 전자는 국소화된 받개준위에 놓이게 되고 원자가띠 위에 존재한다. 이 때 받개원자의 밀도를 조절하면 원자가띠에 있는 정공의 밀도를 크게 증가시킬 수 있다. 받개원자로 도핑한 반도체를 p **–형 반도체**라 한다. 그림은 다음과 같다. (a)는 n –형 반도체이고, (b)는 p –형 반도체를 보여 준다.

참고　고체의 에너지준위에 대한 이상적인 띠–간격

· 절연체, 금속, 반도체

원자들이 결정격자 내에 서로 가까이 있을 때, 원자의 에너지 준위는 허용된 전자 에너지띠를 형성한다.

절연체에서는 가장 높이 채워진 준위가 띠의 꼭대기와 일치한다. 따라서 전자들은 외부의 전기장으로부터 더 이상의 역학적 에너지를 받지 못하여 전류가 흐르지 못한다.

금속의 경우에는 가장 높이 채워진 준위(**Fermi 에너지**)는 띠의 중간 어디론가로 떨어진다.

높이 채워진 준위는 반도체의 경우 $T=0$에서 띠의 꼭대기(원자가띠)와 일치하지만 다음으로 높은 띠(전도띠) 사이의 에너지 간격이 매우 작아서 전하를 운반하는 전자가 열적교란에 의해 뛰어 올라갈 수 있을 정도이다. 가장 높은 비저항과 온도 증가에 따른 비저항 감소는 모두 이러한 띠 모형으로 쉽게 설명할 수 있다.

· 상태밀도

퍼텐셜이 균일하다고 가정하면, 띠–간격에서 부분적으로 채워진 띠에서 전자의 에너지 상태밀도는 다음과 같다.

$$n(E)=\frac{8\sqrt{2}\,\pi m^{3/2}}{h^3}E^{1/2}$$

예제 7.16

그림은 물질 A와 물질 B의 에너지띠 구조를 모식적으로 나타낸 것이다. A와 B 중에서 한 물질은 반도체이고 다른 한 물질은 금속이다. 에너지띠의 어두운 부분과 밝은 부분은 절대 온도 $T = 0\,\mathrm{K}$일 때 전자가 존재하는 점유 상태와 존재하지 않는 비점유 상태를 각각 나타낸다.

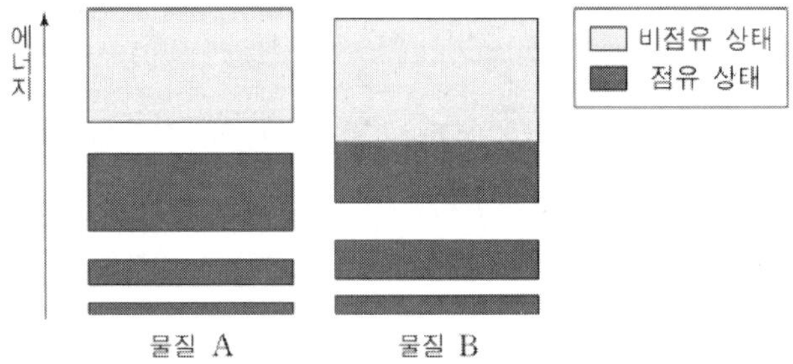

물질 A, B에 대한 설명으로 옳은 것만을 〈보기〉에서 있는 대로 고른 것은?

<보 기>

ㄱ. 상온에서 전기 전도에 기여하는 전자의 밀도는 A가 B보다 크다.
ㄴ. 상온에서 비저항은 A가 B보다 크다.
ㄷ. A가 반도체이고 B가 금속이다.

① ㄱ　② ㄴ　③ ㄱ, ㄷ
④ ㄴ, ㄷ　⑤ ㄱ, ㄴ, ㄷ

[풀이] 답 ④

ㄱ. 띠의 꼭대기까지 모든 상태들이 채워져 있고 간격이 좁기 때문에 열적 교란에 의해 뛰어 넘을 확률이 생긴다. 따라서 전기 전도에 미치는 전자의 밀도는 금속으로 페르미 준위 근처에 있는 전자들이 열적교란으로 전이할 수 있으므로 전자 밀도가 크다.

ㄴ. 반도체 물질의 비저항이 상온에서 더 크다. 이것은 전하운반자 밀도가 금속에 비해 상당히 크기 때문이다. 그러나 온도가 상승하면 비저항이 감소하게 된다.

ㄷ. A는 전도전자들이 꽉 채워져 있고, 가장 높은 상태의 에너지 띠 간격이 크기 때문에 반도체 물질이고(물론 절연체보다는 작다.), B는 전도전자들이 가장 높은 띠의 일부분만을 채운다. 비어있는 준위들이 띠 안에 있으므로 전자들이 다른 에너지를 가질 수 있고 전도가 일어나므로 금속이다.

연습문제

1. 그림 (가)는 흑체 표면에서 방출되어 크기가 일정한 구멍을 통과한 빛의 세기를 파장에 따라 측정하는 실험 장치를 나타낸 것이다. 그림 (나)는 (가)에서 흑체의 절대 온도를 T_1 과 T_2 로 하여 얻은 빛의 세기를 파장에 따라 나타낸 그래프이다. 흑체 온도가 T_1, T_2 일 때 측정된 빛의 세기가 최대인 파장은 각각 λ_1, λ_2 이며 $\lambda_1 : \lambda_2 = 3 : 4$ 이다.

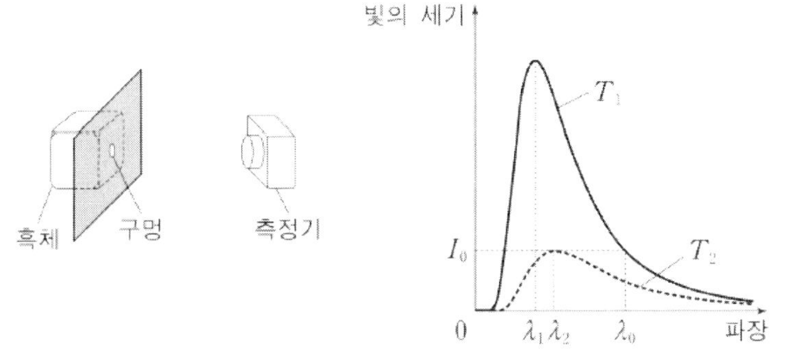

(가) (나)

이에 대한 설명으로 옳은 것만을 〈보기〉에서 있는 대로 고른 것은?

<보 기>

ㄱ. $T_1 : T_2 = 4 : 3$ 이다.

ㄴ. T_1 인 흑체에서 나온 파장 λ_1 인 광자 한 개의 에너지는 T_2 인 흑체에서 나온 파장 λ_1 인 광자 한 개의 에너지보다 크다.

ㄷ. 온도가 T_1 일 때 λ_0 에서 측정되는 단위 시간 당 광자의 개수는 온도가 T_2 일 때 λ_2 에서 측정되는 단위 시간 당 광자의 개수와 같다.

① ㄱ　　② ㄴ　　③ ㄱ, ㄷ

④ ㄴ, ㄷ　　⑤ ㄱ, ㄴ, ㄷ

2. 콤프턴의 X선 산란 실험에서 입사된 X선의 파장을 λ, 산란된 X선의 파장을 λ'이라 하고, 입사 X선의 수평 진행방향과 산란전자의 각을 θ, 산란 X선과의 각을 ϕ라 할 때 파장의 변화량 $\Delta = \lambda' - \lambda$의 값은 다음과 같다.

$$\lambda' - \lambda = \frac{h}{mc}(1 - \cos\phi)$$

이에 대한 설명에서 옳은 것만을 〈보기〉에서 있는 대로 고른 것은?

<보 기>

ㄱ. 전자의 질량과 관계가 있다.
ㄴ. 입사 X선의 파장이 길수록 Δ는 증가한다.
ㄷ. 전자의 산란각 θ와 무관하다.

① ㄱ ② ㄷ ③ ㄱ, ㄴ
④ ㄱ, ㄷ ⑤ ㄴ, ㄷ

3. 그림은 진공에서 금속판 A에 진동수 f인 빛을 비추니, 광전자가 방출되어 금속판 B를 향하여 운동하는 것을 나타낸 것이다. 전류계의 눈금은 0이 아닌 값을 가리키고 있고, 금속판 B는 전원 장치의 음(−)극에 연결되어 있다.

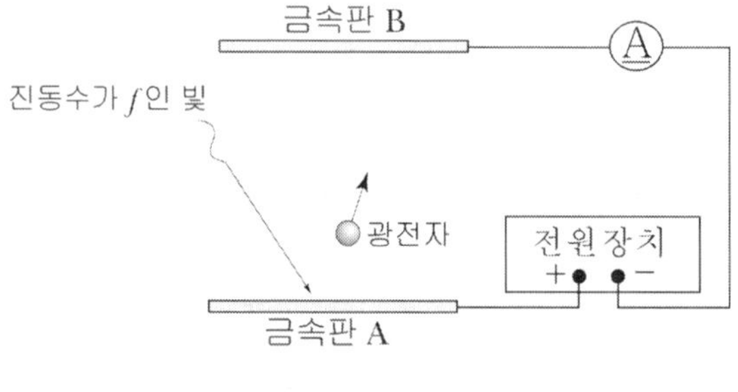

조건을 변화시켰을 때의 결과를 옳게 예측한 것만을 〈보기〉에서 있는 대로 고른 것은?

<보 기>

ㄱ. 전원 장치의 전압을 더 작게 하면 전류계의 눈금은 증가한다.
ㄴ. 금속판 A에 더 밝은 빛이 비춰지면 전류계의 눈금은 증가한다.
ㄷ. 금속판 A에 진동수만 f보다 큰 빛을 비추면 전류계의 눈금이 0이 되는 경우가 발생한다.

① ㄱ　　② ㄴ　　③ ㄷ
④ ㄱ, ㄴ　　⑤ ㄱ, ㄷ

4. 그림은 수소 원자에 대한 보어 모형에서 전자가 $n=2$인 에너지 준위와 $n=3$인 에너지 준위로부터 $n=1$인 바닥 상태로 전이하며 파장이 각각 λ_1, λ_2인 광자를 방출하는 것을 나타낸 것이다. 에너지가 E_2, E_3인 전자의 각운동량은 각각 L_2, L_3이다.

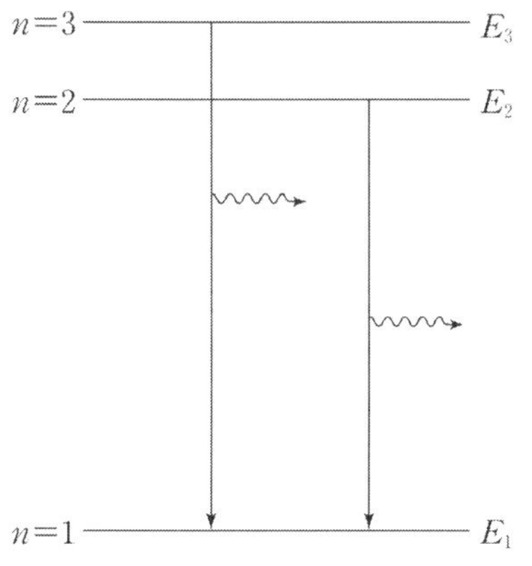

이에 대한 설명으로 옳은 것만을 〈보기〉에서 있는 대로 고른 것은? (단, h는 플랑크 상수이다.)

<보 기>

ㄱ. $L_3 - L_2 = \dfrac{3h}{2\pi}$ 이다.

ㄴ. $E_3 - E_2 > E_2 - E_1$ 이다.

ㄷ. $\lambda_1 > \lambda_2$ 이다.

① ㄱ　　② ㄷ　　③ ㄱ, ㄴ
④ ㄴ, ㄷ　　⑤ ㄱ, ㄴ, ㄷ

5. 그림은 x축 위에 있는 어떤 입자의 두 파동함수 ψ_1, ψ_2를 각각 나타낸 것이다. $x \le 0$인 영역과 $x \ge L$인 영역에서 두 파동함수는 0이다.

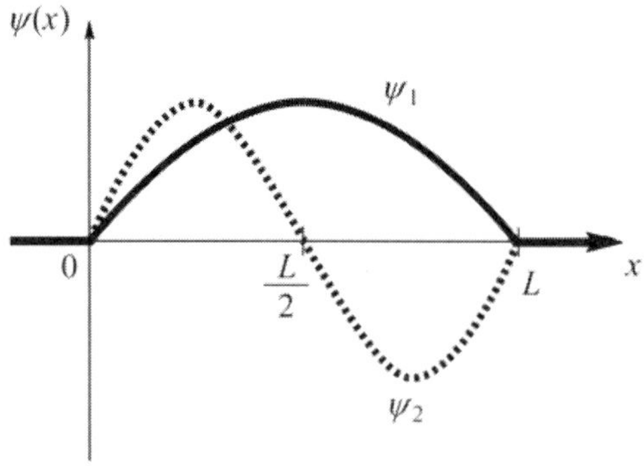

이에 대한 설명으로 옳은 것만을 〈보기〉에서 있는 대로 고른 것은?

<보 기>

ㄱ. $x = \dfrac{L}{2}$에서 입자의 확률밀도는 ψ_2가 ψ_1보다 작다.

ㄴ. 입자의 드브로이 파장은 ψ_2가 ψ_1보다 길다.

ㄷ. 입자의 에너지는 ψ_2가 ψ_1보다 크다.

① ㄱ ② ㄴ ③ ㄷ
④ ㄱ, ㄷ ⑤ ㄴ, ㄷ

6. 그림은 반도체 A와 반도체 B의 에너지띠 구조를 모식적으로 나타낸 것이다. A와 B 중에서 한 반도체는 순수한 실리콘(Si)이고 다른 한 반도체는 실리콘에 알루미늄(Al)이 첨가된 반도체이다. 에너지띠 구조의 밝은 띠와 어두운 띠는 각각 전도띠와 원자가띠를, 점선은 받개준위(acceptor level)를 나타낸다.

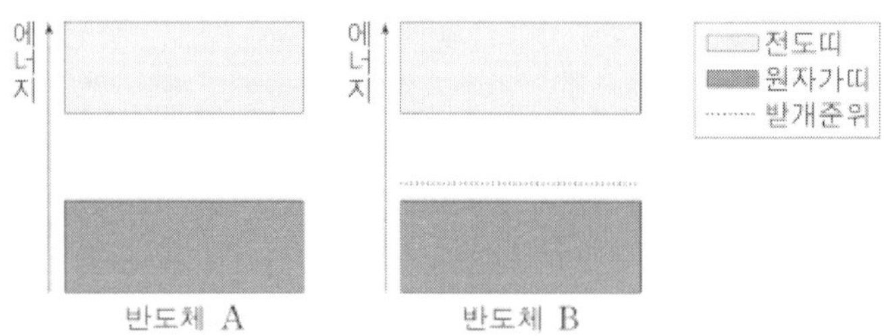

이에 대한 설명으로 옳은 것만을 〈보기〉에서 있는 대로 고른 것은?

<보 기>

ㄱ. 상온에서 전기 전도도는 A가 B보다 크다.
ㄴ. A는 순수한 실리콘이다.
ㄷ. B는 n형 반도체이다.

① ㄴ　② ㄷ　③ ㄱ, ㄴ
④ ㄱ, ㄷ　⑤ ㄴ, ㄷ

7. 그림은 순수한 실리콘(Si)에 비소(As)를 불순물로 첨가한 반도체의 원소와 원자가전자의 배열을 모식적으로 나타낸 것이다.

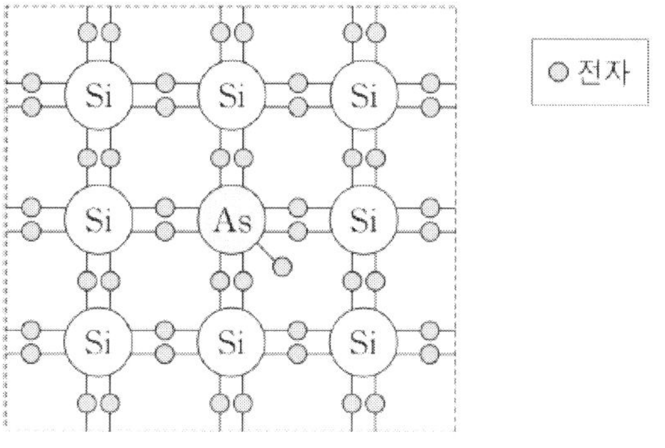

이 반도체의 종류와 비소의 원자가전자의 개수로 옳은 것은?

	종류	원자가전자의 개수
①	p형	3
②	p형	4
③	p형	5
④	n형	3
⑤	n형	5

PART 8 핵물리

8.1 원자핵의 구성

8.2 핵에너지

8.3 원자핵의 변환

8.1 원자핵의 구성

1. 핵자(nucleon)

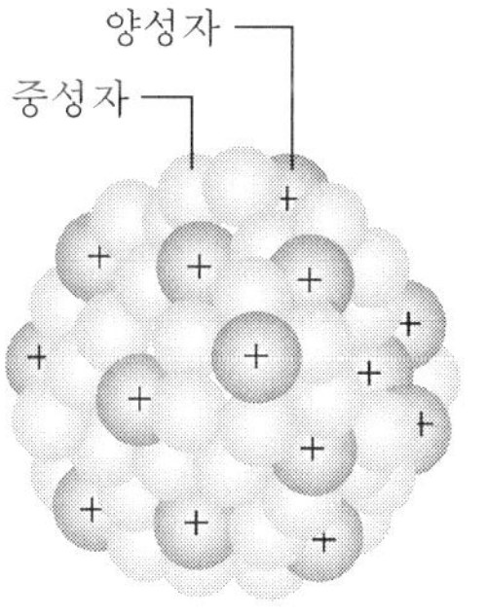

원자핵을 구성하고 있는 입자를 **핵자**라고 하는데 핵자에는 양성자와 중성자가 있다. 양성자는 양전하를 띠고 있으며 전하량은 전자와 같으나 질량은 전자의 약 1836배이다. 어떤 원소에서 양성자의 수는 그 원자의 원자번호이다. 또한 양성자와 질량이 거의 같으나 전하를 띠지 않는 입자를 발견(채드윅)하였고, 이를 중성자라 한다. 중성자는 원자핵 밖에서는 불완전하여 곧 다른 소립자로 붕괴한다.

원자와 원자핵은 질량이 너무 작기 때문에 질량 단위로 나타내기에는 불편하다. 그래서 정한 것이 원자 질량 단위(atomic mass unit)이다. 원자 질량 단위는 자연계에 존재하는 탄소 원자의 약 99%를 차지하는 $_6C^{12}$를 기준으로 하여 이 원자 질량의 $\frac{1}{12}$을 1u로 정한다.

$$1u = 1.66054 \times 10^{-27}kg$$

입 자	질 량	
	kg	u
전자	9.1094×10^{-31}	0.0006
양성자	1.6726×10^{-27}	1.0073
중성자	1.6749×10^{-27}	1.0087

[원자 질량 단위]

양성자 수를 Z, 중성자 수를 N이라 할 때, 양성자와 중성자 수의 합을 질량수라 하고 A로 나타낸다. 그러므로

$$A = Z + N$$

이다. 원자는 $_ZX^A$와 같은 형태로 표시한다.

자연계에는 양성자 수는 같으나 중성자 수가 다른 원소가 있다. 이런 원소를 동위원소라 한다. 따라서 이들 동위원소를 이용하여 원소의 평균 질량수를 얻는데, 이것을 원자량이라 한다. (수소 원자량 1.008, 구리 원자량 63.5, 염소 원자량 35.5 등)

참고 핵자가 채워진 핵의 반지름

핵이 구형이라 가정하면,

$$V \propto A,\ r^3 \propto A \quad \Rightarrow \quad r \propto A^{\frac{1}{3}}$$

즉, $r \propto R_0 A^{\frac{1}{3}}$, $R_0 \approx 1.2 \times 10^{-15}\text{m}$

여기서 197개의 핵자를 갖는 금(Au)의 핵 반지름을 생각해 보자.

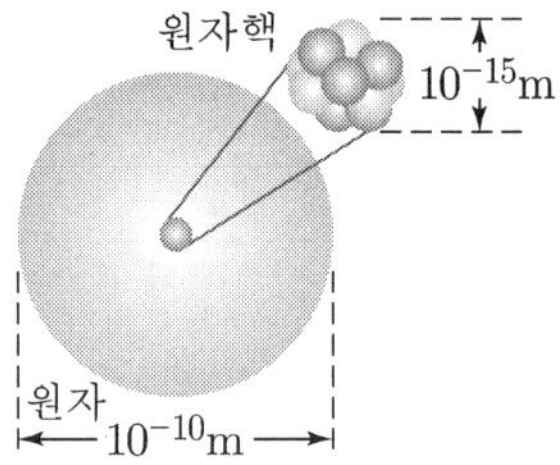

$$r = (1.2 \times 10^{-15})(197)^{\frac{1}{3}} = 7 \times 10^{-15}\text{m}\,(10^{-15}\text{m} = 1\,\text{fm})$$

(러더포드의 산란 실험치 $r = 40 \times 10^{-15}\text{m}$)

2. 방사성 원소

1) 방사성 원소의 붕괴

핵 속의 핵자들 사이에 작용하는 끄는 힘인 핵력과 양성자들 사이에서 같은 전하끼리 반발하는 전기력을 받고 있다. 핵력이 강하지만 양성자 수가 많아지면 전기력에 의한 척력도 무시할 수 없을 정도로 커진다. 그러므로 원자번호가 큰 원자핵은 깨지기 쉽다. 이런 원자들은 입자나 에너지를 방출하여 좀 더 안정된 원자로 되려는 경향이 있다. 이런 원자들을 방사성 원소이다.

• **방사성 원소의 붕괴**

붕괴과정		방출입자	원자번호	질량수	붕괴의 예
자연방사성 원소	α붕괴	알파입자	−2	−4	①
	β붕괴	전자	+1	불변	②
	γ선방출	광자	불변	불변	③
인공방사성 원소	β^+ 붕괴	양전자	−1	불변	④

• **붕괴의 예**

① $^{226}_{88}\text{Ra} \xrightarrow{\alpha} {}^{222}_{86}\text{Rn} + {}^{4}_{2}\text{He}$

② $^{214}_{82}\text{RaB} \xrightarrow{\beta} {}^{214}_{83}\text{RaC} + {}^{0}_{-1}e + \overline{\nu}$ (반중성미자)

③ γ선(광양자)으로 에너지를 방출

④ $^{A}_{Z}\text{X} \rightarrow {}^{A}_{Z-1}\text{Y} + e^{+} + \nu$ (중성미자)

$^{A}_{Z}\text{X} + e^{-} \rightarrow {}^{A}_{Z-1}\text{Y} + \nu$

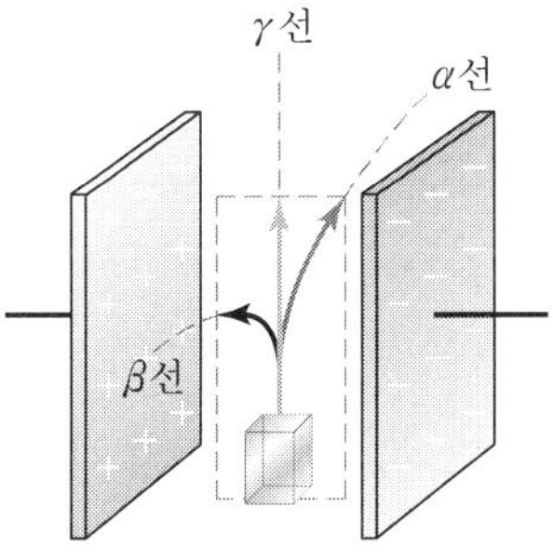

[전기장]

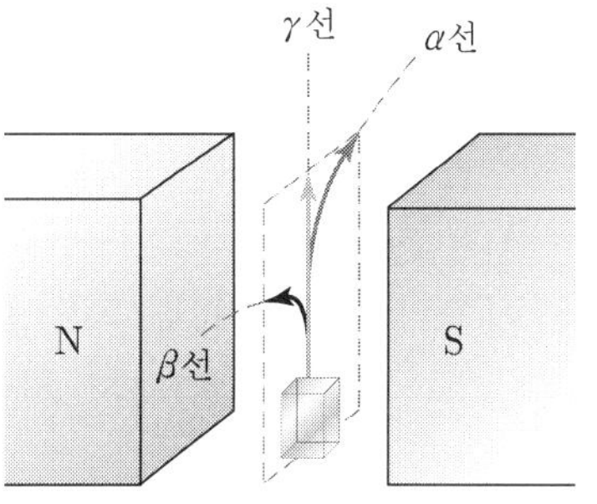

[자기장]

참고 α, β, γ**-선에 대하여**

"초기 우주에서의 원소합성에 대하여"에서

Alpher + Bethe(별 에너지원) 발표 기호 ⇨ α, β, γ 칭함.

• **방사선 검출**

윌슨의 안개상자, 거품 상자, 사진 건판, 가이거-뮐러 계수기

2) 방사능

방사선을 내는 원소를 방사성 원소라 하고, 방사선을 내는 성질을 방사능이라 한다.

- **방사선의 종류 및 특성**

종류	본체	질량	전하량	투과력	형광, 사진, 전리	전기장에서 휨	자기장에서 휨
α선	헬륨의 원자핵(He)	$4m_p$	$+2e$	약	강	−극	전류와 같음
β선	전자(e)	$\frac{1}{1836}m_p$	$-e$	중간	중간	+극	알파에 반대
γ선	파장이 짧은 전자기파	0	0	강	약	직진	직진

3) 반감기

방사성 원소가 붕괴하여 이 원소의 양이 반이 되는 데 걸리는 시간을 반감기라고 한다. 처음 원소의 양을 N_0, t시간이 경과한 후에 남아 있는 원소의 양을 N, 반감기를 T라 하면 방사성 원소가 시간 t에서 N개 있다면 dt 경과시 붕괴한 수 dN은

$$dN = -\lambda N dt$$

여기서, λ는 단위 시간 내 붕괴하는 확률로서 원소의 종류에 의해 정해지는 붕괴 상수이다. 따라서 $\frac{dN}{N} = -\lambda dt$

$$\ln\frac{N}{N_0} = -\lambda t \qquad \therefore N = N_0 e^{-\lambda t}$$

$t = T$일 때 $N = \frac{N_0}{2}$이므로

$$\frac{N_0}{2} = N_0 e^{-\lambda T} \qquad \therefore \ln\frac{1}{2} = -\lambda T$$

$$-\ln 2 = -\lambda T$$

$$\lambda T = \ln 2 = 0.693$$

$$N = N_0 e^{-\lambda T} \text{에서 } \lambda = \frac{\ln 2}{T} \quad \Rightarrow \quad N = N_0\left(\frac{1}{2}\right)^{\frac{t}{T}}$$

이 된다. 그림은 방사성 원소의 붕괴과정에 대한 그래프를 나타낸다.

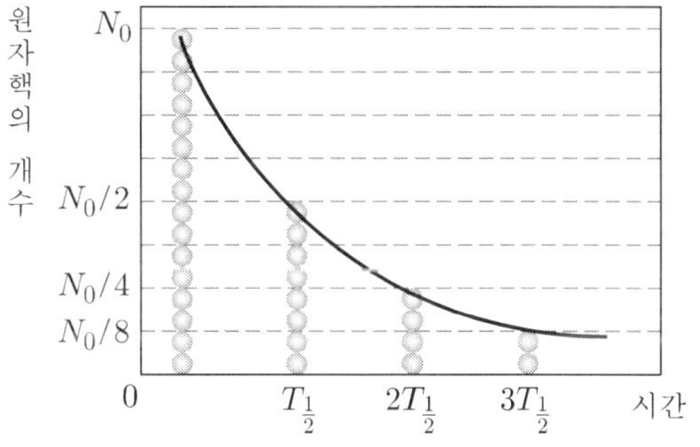

[방사성 원소 붕괴]

• **붕괴 시**

i) 핵 내부에서 일어나므로 온도, 압력, 전기장, 자기장, 화학적 변화 등 어떤 방법으로도 그 붕괴 속도에 영향 미칠 수 없다.

ii) 반감기가 짧을수록 붕괴 속도가 빠르고 방사능도 강하다.

iii) 원소에서 방출되는 방사선의 세기는 시간과 더불어 약해진다.

iv) 방사선에 의한 에너지가 방출되므로 온도가 상승한다.

v) 운동량 보존법칙이 성립한다.

vi) 방사성 원소의 반감기와 존재비(동위원소)를 측정하여 고고학적 연대를 측정한다.

8.2 핵에너지

1. 핵에너지

정지해 있을 때 질량이 m_0인 물체가 v의 속도로 운동하면 질량 m은 다음과 같이 변한다.(아인슈타인의 상대성 이론에 의해)

$$m = \frac{m_0}{\sqrt{1 - \left(\frac{v}{c}\right)^2}}$$

상대성 이론에 의하면 v의 속도로 운동하는 물체의 에너지는 다음의 식으로 나타낼 수 있다.

$$E = mc^2 = \frac{m_0 c^2}{\sqrt{1 - \left(\frac{v}{c}\right)^2}}$$

이 때 물체의 속력보다 빛의 속력이 아주 큰 경우, 즉, $\frac{v}{c} \ll 1$이면 근사값을 이용한다.

$$\frac{1}{\sqrt{1 - \left(\frac{v}{c}\right)^2}} \fallingdotseq (1 - (v/c)^2)^{-\frac{1}{2}} = 1 + \frac{1}{2}\frac{v^2}{c^2}$$

따라서,

$$E = mc^2 = \frac{m_0 c^2}{\sqrt{1 - \left(\frac{v}{c}\right)^2}} \fallingdotseq m_0 c^2 \left(1 + \frac{1}{2}\frac{v^2}{c^2}\right) = m_0 c^2 + \frac{1}{2} m_0 v^2$$

이다. 이 식은 물체가 운동하고 있을 때의 에너지는 정지 에너지 $m_0 c^2$와 운동 에너지 $\frac{1}{2} m_0 v^2$의 합과 같음을 말해 준다.

즉, 정지한 물체도 $m_0 c^2$만큼의 에너지를 가지고 있음을 알 수 있다. 그렇다면 어떤 이유로 질량이 Δm만큼 감소한다면, 물체의 에너지는 Δmc^2만큼 감소하므로 물체에서 Δmc^2만큼의 에너지가 방출되리라는 것을 예측할 수 있다.

2. 결합 에너지

원자핵은 아주 작기 때문에 이 공간에서 양성자들 사이에 작용하는 전기력인 척력보다 강한 힘으로 핵자들을 결합하고 있는데, 이 힘을 **핵력**이라 한다. 핵력은 핵자들이 어떤 소립자를 서로 교환함으로써 생기는 힘으로 설명한다.

핵력은 핵자를 구성하는 입자의 종류에 관계없이 똑같이 작용한다. 그런데 양성자, 중성자 같은 핵자들이 결합하고 있을 때의 질량은 각각이 분리되어 있을 때의 질량보다 작다. 이를 **질량 결손**이라 한다. 즉, 여러 핵자들이 모여서 무거운 입자를 형성할 때는 줄어든 질량에 해당하는 Δmc^2의 에너지가 방출된다. 반대로 원자핵을 핵자들로 분리시키려면 에너지를 공급해 주어야 한다. 이 때 핵자들을 분리시키는데 필요한 에너지를 **결합 에너지**라 한다.

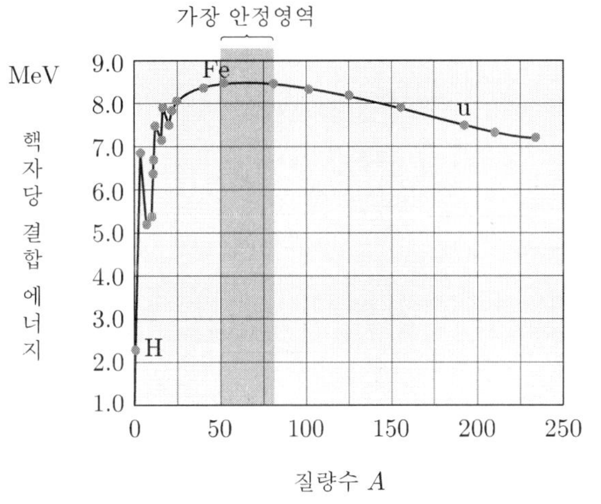

[핵자당 결합 에너지]

핵자당 결합 에너지가 큰 원자는 아주 안정된 원자이다. 핵자당 결합 에너지가 최대인 원자의 질량 결손이 생겨서 에너지를 방출하고, 질량수가 큰 원자들은 붕괴할 때 질량 결손이 생겨서 에너지를 방출한다.

핵반응에서 발생하는 에너지를 다룰 때에는 원자 질량 단위에 해당하는 에너지가 편리하다.

$1u = 1.660 \times 10^{-27}$ kg이므로 1u에 등가인 에너지는

$$mc^2 = (1.660 \times 10^{-27}) \times (3 \times 10^8)^2 = 931\,(\text{MeV})$$

이다. (질량-에너지 등가 원리)

8.3 원자핵의 변환

1. 인공변환

방사성 원소는 자연적인 붕괴를 통하여 다른 안정된 원자핵으로 변환되지만, 인공적으로 α입자나 양성자, 중성자와 같은 입자를 원자핵에 충돌시켜 새로운 원자핵을 만들기도 한다.

▶ 인공변환의 예

$$_{2}He^{4}+{}_{7}N^{14} \rightarrow {}_{1}H^{1}+{}_{8}O^{17}$$ (α입자 충돌-양성자)

$$_{2}He^{4}+{}_{4}Be^{9} \rightarrow {}_{6}C^{12}+{}_{0}n^{1}$$ (α입자 충돌-중성자)

$$_{0}n^{1}+{}_{8}O^{16} \rightarrow {}_{6}C^{13}+{}_{2}He^{4}$$ (느린중성자 충돌-α입자)

$$\gamma+{}_{80}Hg^{198} \rightarrow {}_{79}Au^{197}+{}_{1}H^{1}$$ (γ선-중수소)

$$_{1}H^{1}+{}_{3}Li^{7} \rightarrow {}_{2}He^{4}+{}_{2}He^{4}$$ (전하입자 가속)

특히, 핵도 양전하를 띠고 있기 때문에 양전하를 띤 입자를 핵에 접근시키기는 어렵다. 핵에 접근시켜 핵반응을 일으키려면 아주 빠른 속도로 가속을 시켜야 한다. 이런 전하를 띤 입자를 가속시키는 장치로는 반 데 그래프, 사이클로트론 등이 있다.

2. 핵분열

무거운 원자핵이 두 개의 핵으로 갈라지는 현상이다. 우라늄에 느린중성자를 충돌시켰을 때 우라늄이 크기가 거의 비슷한 두 개의 핵으로 분열되면서 2~3개의 빠른중성자가 방출되고 질량결손이 생기고 이에 상응하는 에너지가 방출된다.

▶ 우라늄($^{235}_{92}U$)의 핵분열

$$^{239}_{92}U+{}^{1}_{0}n \rightarrow {}^{94}_{36}Kr+{}^{139}_{56}Ba+3^{1}_{0}n+E$$

$$^{239}_{92}U+{}^{1}_{0}n \rightarrow {}^{91}_{38}Sr+{}^{143}_{54}Xe+2^{1}_{0}n+E$$

$$^{239}_{92}U+{}^{1}_{0}n \rightarrow {}^{97}_{40}Zr+{}^{137}_{52}Te+2^{1}_{0}n+E$$

이 핵반응에서 약 0.09% 정도의 질량이 감소한다. 이 때 발생하는 에너지는 200 MeV이다.

특히, 연쇄반응이 쉽게 일어나게 하기 위해서 중성자의 속력을 느리게 하는 물질이 필요하다. 이런 물질을 감속제라고 하는데 원자로에서는 감속제로 흑연이나 중수를 사용한다. 중성자의 수를 조절하면 반응 속도를 조절할 수 있다. 카드뮴이나 붕소 등은 중성자를 잘 흡수하므로 이것들은 반응 속도를 조절하는 제어봉에 쓰인다.

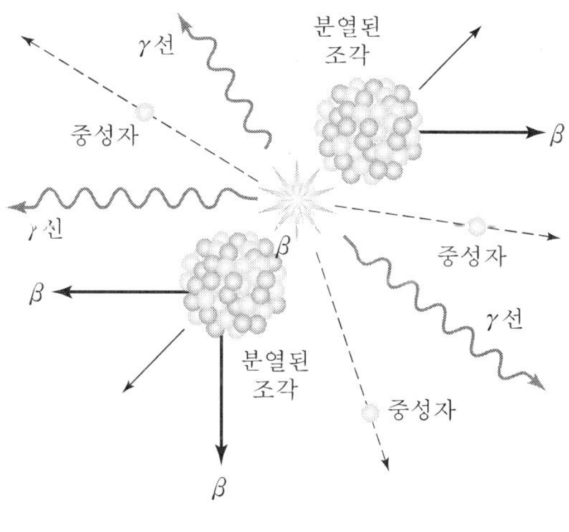

[핵분열]

3. 핵융합

높은 온도, 높은 압력 하에서 두 개의 가벼운 원소가 충돌하여 하나의 무거운 핵으로 변할 때 "질량 결손"에 의해서 많은 양의 에너지가 방출된다. 이 때 단위 질량당 방출되는 에너지는 핵분열시 단위 질량당 방출되는 에너지보다 훨씬 크다.

$$^2_1\mathrm{H} + ^2_1\mathrm{H} \rightarrow ^3_2\mathrm{He} + ^1_0\mathrm{n} + 3.3\,\mathrm{MeV}$$

$$^3_1\mathrm{H} + ^2_1\mathrm{H} \rightarrow ^4_2\mathrm{He} + ^1_0\mathrm{n} + 17.4\,\mathrm{MeV}$$

$$^6_1\mathrm{Li} + ^2_1\mathrm{H} \rightarrow 2\,^4_2\mathrm{He} + 22.4\,\mathrm{MeV}$$

• 태양 내부에서 일어나는 핵융합 반응은 다음과 같다.

$$4\,^1_1\mathrm{H} \rightarrow ^4_2\mathrm{He} + 2\,^0_1\mathrm{e} + 26.7\,\mathrm{MeV}$$

즉, 4개의 양성자가 1개의 헬륨 원자핵으로 변할 때 약 26 MeV의 에너지를 방출한다.

4. 기본입자

물질을 이루는 양성자, 중성자, 전자, 중간자, 광량자 등을 기본입자 또는 소립자라고 한다. 이런 기본입자 이외에 반입자라는 것이 있다. 입자와 반입자는 질량이 같은 서로 짝을 이루는 쌍둥이 같은 입자이다. 입자 가속기를 이용한 실험에서 반양성자, 반중성자와 같은 반입자의 존재가 실험적으로 확인되었다. 이들 반입자들은 불안정하여 즉시 소멸되기 때문에 발견하기가 어렵다.

1) 양전자

전자와 같은 질량과 전하량을 가지고 있지만 전하량의 부호만 반대인 입자를 양전자라 한다. 어떤 방사성 원소는 붕괴하면서 양전자를 발생시킨다. 양전자는 최초로 발견된 반입자이다.

2) 쌍소멸

입자와 반입자가 충돌하면 질량이 소멸하면서 질량에 해당하는 $E=mc^2$의 에너지를 가진 전자기파를 방출한다. 이런 과정을 쌍소멸이라 한다.

$$e^- + e^+ \rightarrow 2\gamma$$

이 때 방출되는 전자기파의 파장은 다음의 관계식에서 구할 수 있다.

$$2hf = \frac{2hc}{\lambda} = 2mc^2, \quad \lambda = \frac{h}{mc}$$

3) 쌍생성

질량이 에너지로 바뀌는 쌍소멸과는 반대로 에너지가 질량을 가진 물질로 되는 경우도 있다. 무거운 원자핵 근처를 에너지가 아주 큰 γ선이 지나가면 전자와 양전자가 생겨날 수 있다. 이와 같이 에너지가 질량을 가진 입자로 변환되는 것을 쌍생성이라 한다.

$$\gamma \rightarrow e^- + e^+$$

쌍생성과 쌍소멸에 있어서 질량-에너지 등가 원리를 이용한 총에너지와 운동량은 보존된다.

예제 8.1

전하를 띠지 않은 어떤 입자를 양성자($_1H^1$)에 충돌시켰더니 양성자가 $3.3\times10^7\,m/s$의 속력으로 튀어나갔다. 이번에는 같은 입자를 같은 속력으로 질소 원자핵($_7N^{14}$)에 충돌시켰더니 질소 원자핵이 $0.44\times10^7\,m/s$의 속력으로 튀어나갔다. 이 입자의 질량을 구하면?

① 1 ② 11 ③ 14 ④ 2 ⑤ 4

[풀이] 답 ①

어떤 입자의 질량을 m, 표적핵의 질량을 M, 충돌 전 입자의 속력을 v, 충돌 후 표적핵의 속력을 V라 하면 운동량보존법칙에서 $V=\dfrac{m}{m+M}v$ 이다.

양성자의 질량을 1이라 하면 질소 원자핵의 질량은 14이다. 어떤 입자의 질량이 양성자 질량의 x배라 하면 위 식은

$$3.3\times10^7=\frac{x}{x+1}v,\quad 0.44\times10^7=\frac{x}{x+14}v$$

이므로 두 식에서 x를 구하면 $x=1$, 즉 이 입자는 질량이 양성자와 같다. 그러므로 이 입자는 중성자이다.

예제 8.2

그래프는 원자핵의 질량수에 따른 핵자당 결합 에너지를 개략적으로 나타낸 것이다.

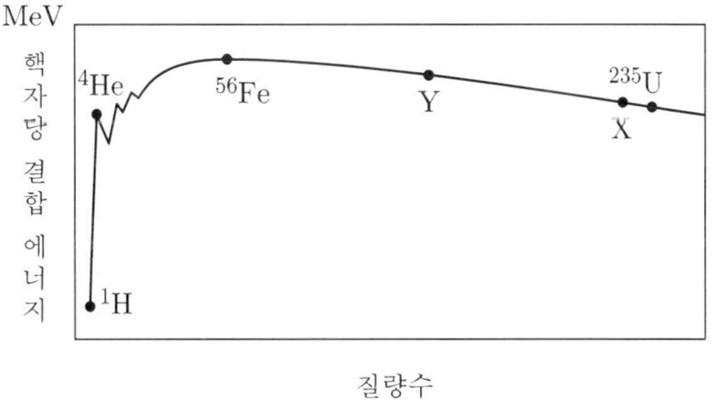

이 그래프에 대한 설명으로 옳은 것만을 〈보기〉에서 있는 대로 고른 것은?

<보 기>

ㄱ. X 핵이 자연 방사성 붕괴를 하여 Y 핵으로 변환될 때, 핵자 당 결합 에너지는 커진다.

ㄴ. 일정 질량의 ^{1}H 핵이 핵융합하여 ^{4}He 핵이 될 때 발생하는 에너지가 같은 질량의 ^{235}U 핵이 핵분열하여 ^{141}Ba 핵과 ^{92}Kr 핵이 될 때 발생하는 에너지보다 작다.

ㄷ. ^{56}Fe 핵은 ^{235}U 핵보다 핵자 당 결합 에너지가 커서 ^{235}U 핵보다 자연 방사성 붕괴를 하기 쉽다.

① ㄱ　　② ㄴ　　③ ㄱ, ㄴ

④ ㄱ, ㄷ　　⑤ ㄴ, ㄷ

[풀이] 답 ①

ㄱ. $X \rightarrow Y + E$ 반응은 핵분열이 일어나면서 핵자당 결합에너지가 커진다.

ㄴ. 융합과 분열에 의한 발생 에너지는 기울기의 크기로부터 판단할 수 있다.

ㄷ. 철 Fe는 가장 안정된 핵이다.(결합에너지가 크면 핵은 안정하다.)

예제 8.3

그림과 같이 원자핵은 양성자와 중성자인 핵자들로 구성으로 되어있다.

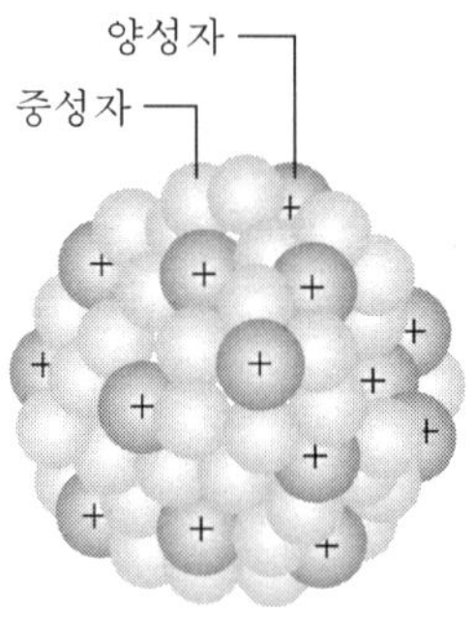

이 때 핵력에 대한 설명으로 옳은 것만을 〈보기〉에서 있는 대로 고른 것은?

<보 기>

ㄱ. 강한 상호 작용으로 생기는 힘이다.
ㄴ. 핵자의 종류에 관계없이 항상 같은 크기의 인력이 작용한다.
ㄷ. 거리의 제곱에 반비례하는 힘이다.
ㄹ. 양성자와 중성자를 원자핵 속에 결합시키는 힘이다.

① ㄱ, ㄷ ② ㄷ, ㄹ ③ ㄱ, ㄴ, ㄷ
④ ㄱ, ㄴ, ㄹ ⑤ ㄴ, ㄷ, ㄹ

[풀이] 답 ④

핵력은 핵자들(양성자, 중성자) 사이에 작용하는 강한 인력으로 $10^{-15}m$ 이내의 가까운 거리에만 작용한다. 따라서 원거리 힘과 같은 법칙을 만족하지 못한다.

예제 8.4

갑상선 종양을 치료하는데 이용되는 방사선 동위원소 ${}^{131}_{53}\mathrm{Ir}$은 다음과 같이 핵붕괴를 하여 ${}^{A}_{Z}\mathrm{Xe}$이 된다. 다음 식은 핵붕괴과정을 나타낸 것이다.

$${}^{131}_{53}\mathrm{Ir} \rightarrow {}^{A}_{Z}\mathrm{Xe} + {}^{0}_{-1}\mathrm{e}$$

이 핵반응(nuclear reaction)에 대한 설명으로 옳은 것만을 〈보기〉에서 있는 대로 고른 것은?

<보 기>

ㄱ. Ir이 Xe으로 변환되면 핵으로부터 β선이 방출된다.
ㄴ. Xe의 핵 속에 있는 양성자의 개수는 53개이다.
ㄷ. Xe의 핵 속에 있는 중성자의 개수는 77개이다.

① ㄱ ② ㄱ, ㄷ ③ ㄴ, ㄷ
④ ㄷ ⑤ ㄱ, ㄴ, ㄷ

[풀이] 답 ②

핵반응의 전과 후에 양성자와 질량수는 보존된다.

ㄱ. ${}^{0}_{-1}e$ 는 β선이다.

ㄴ. Xe의 핵 속에 있는 양성자수는 54개이다.

ㄷ. 131-54=77 이다.

예제 8.5

입자와 반입자의 관계에 있는 전자와 양전자가 충돌하여 소멸하면서 에너지가 큰 두 개의 γ선을 방출하였다. 이 때 방출되는 γ선의 에너지와 파장을 구하면? (단, 전자와 양전자는 질량이 다같이 9.1×10^{-31}kg이다.)

	에너지	파장		에너지	파장
①	8.2×10^{-14}J	4.4×10^{-12}m	②	8.2×10^{-11}J	2.4×10^{-10}m
③	8.2×10^{-12}J	2.4×10^{-12}m	④	8.2×10^{-14}J	2.4×10^{-12}m
⑤	8.2×10^{-11}J	4.4×10^{-12}m			

[풀이] 답 ④

방출되는 총에너지는 $2mc^2=2\times(9.1\times10^{-31})\times(3\times10^8)^2$에서

$1.64\times10^{-13}J$이다. 그러므로 γ선 하나가 가지는 에너지는 $8.2\times10^{-14}J$이다.

한편, $E=hf=\dfrac{hc}{\lambda}$에서 $\lambda=\dfrac{hc}{E}=\dfrac{6.63\times10^{-34}\times3\times10^8}{8.2\times10^{-14}}=2.4\times10^{-12}(m)$

예제 8.6

그림은 어떤 불안정한 원자핵 N_0개가 붕괴하기 시작해서 시간 t가 지났을 때 붕괴하지 않고 남아 있는 원자핵의 개수 N을 나타낸 그래프이다. 단위 시간 동안에 원자핵이 붕괴하는 개수인 붕괴율은 N에 비례하고, 비례 상수는 a이다.

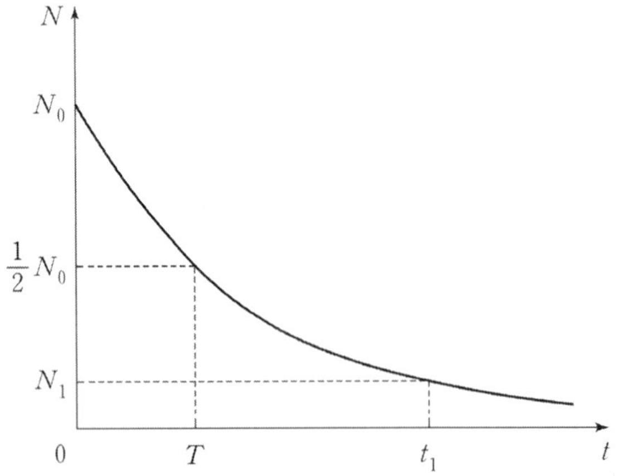

이에 대한 설명으로 옳은 것만을 〈보기〉에서 있는 대로 고른 것은?

<보 기>

ㄱ. $T=\dfrac{\ln 2}{a}$이다.

ㄴ. $t=3T$일 때 $N=\dfrac{1}{6}N_0$이다.

ㄷ. $N=N_1$일 때 $t_1=\dfrac{1}{a}\ln\left(\dfrac{N_0}{N_1}\right)$

① ㄱ　　② ㄱ, ㄷ　　③ ㄴ, ㄷ
④ ㄷ　　⑤ ㄱ, ㄴ, ㄷ

[풀이] 답 ②

ㄱ. $dN=-aNdt$, a는 붕괴상수이다.

$$\frac{dN}{N}=-adt,\quad \ln\frac{N}{N_0}=-at,\quad \therefore N=N_0e^{-at}$$

$$t=T\text{일 때}\quad N=\frac{N_0}{2}\text{이므로}\quad \frac{N_0}{2}=N_0e^{-aT}$$

$$\therefore \ln\frac{1}{2}=-aT,\quad aT=\ln 2,\quad T=\frac{\ln 2}{a}$$

ㄴ. $N=N_0e^{-at}$에서 $a=\dfrac{\ln 2}{T}$ ⇨ $N=N_0\left(\dfrac{1}{2}\right)^{\frac{t}{T}}$ $N=N_0\left(\dfrac{1}{2}\right)^{\frac{3T}{T}}=\dfrac{1}{8}N_0$

ㄷ. $N_1=N_0\left(\dfrac{1}{2}\right)^{\frac{t_1}{T}}$, $\dfrac{N_1}{N_0}=\left(\dfrac{1}{2}\right)^{-\frac{t_1}{\frac{\ln 2}{a}}}$ $\ln\left(\dfrac{N_1}{N_0}\right)=\ln\left(\dfrac{1}{2}\right)^{-\frac{at_1}{\ln 2}}$

즉, $t_1=\dfrac{1}{a}\ln\left(\dfrac{N_0}{N_1}\right)$

예제 8.7

다음은 양성자($^1_1\mathrm{H}$)로부터 (가), (나), (다)의 핵융합 반응에 의해 헬륨의 핵($^4_2\mathrm{He}$)이 생성되는 것을 나타낸다.

(가) $^1_1\mathrm{H}+{}^1_1\mathrm{H} \rightarrow {}^2_1\mathrm{H}+\mathrm{e}^{+}+\nu+0.42\,\mathrm{MeV}$

(나) $^1_1\mathrm{H}+{}^2_1\mathrm{H} \rightarrow {}^3_2\mathrm{He}+\gamma+5.49\,\mathrm{MeV}$

(다) $^3_2\mathrm{He}+{}^3_2\mathrm{He} \rightarrow {}^4_2\mathrm{He}+{}^1_1\mathrm{H}+{}^1_1\mathrm{H}+12.86\,\mathrm{MeV}$

이 반응에 의해 헬륨의 핵 한 개가 생성될 때 발생하는 에너지는? (단, 쌍소멸은 고려하지 않는다.)

① 18.77 MeV ② 24.68 MeV ③ 25.26 MeV
④ 25.72 MeV ⑤ 37.12 MeV

[풀이] 답 ②

태양에서 핵반응으로 핵융합과정으로 태양의 대기에서 수소가 헬륨으로 헬륨을 두 번 반응시키므로 $2\times(0.42+5.49)+12.86=24.68(MeV)$이다.

참고 PET(Positron Emission Tomograpy)의 작동원리

PET는 쌍소멸 현상을 이용하여 뇌 또는 심장의 질병을 진단하거나 특정한 암을 진단하는 의료장비이다. 추적자가 우선 인체에 주입된다. 추적자는 방사성 원소를 포함하고 있는 화합물로 주로 글루코오스, 물, 암모니아로 이루어진 화합물이다. 방사성 원소가 인체 내에서 양전자를 생성하면 이양전자는 전기와 쌍소멸하여 서로 반대방향으로 진행하는 두 개의 511 keV의 에너지를 가진 감마선을 발생시킨다. 이 두 개의 광자는 인체를 둘러싸고 있는 검색장치에 의해 검출된다.

양전자를 발생시킨 원자는 두 개의 감마선이 진행한 선상에 위치한다. 컴퓨터는 여러 방향으로 진행하는 감마선의 경로를 이용하여 추적자가 가장 많이 모여 있는 곳을 알아낸다. 그러면 컴퓨터가 이 자료를 바탕으로 인체 내부의 영상을 만든다. X선, CAT 스캔, MRI와 같은 다른 영상장치가 인체 조직 구조를 보여주는 반면 PET 스캔은 인체 기관의 생화학적 활성도를 보여준다. 예를 들면 심장에 대한 PET 스캔은 보통의 심장 근육과 기능하지 않는 심장 근육을 구별하여 보여준다. 이러한 정보는 질병의 진단과 치료 방법을 결정하는 중요한 정보가 된다.

빠르게 커가는 암세포는 정상인 세포보다 훨씬 더 많은 글루코오스를 흡수한다. PET는 악성 종양과 양성 종양을 정확히 구별해 낼 수 있다. PET를 이용한 이러한 정보는 치료 방법을 결정하는 데 도움이 될 뿐만 아니라 치료가 진행되는 과정을 지켜볼 수도 있다. 뇌종양 역시 직접 열어보지 않고도 그 위치를 정확히 알아낼 수 있다. PET는 알츠하이머, 헌팅턴, 파킨슨씨 병, 간질, 뇌출혈과 같은 뇌질환의 진단에도 사용되고 있다.

연습문제

1. 다음 핵반응식에서 원자핵 X가 다른 세 경우와 다른 것을 고른 것은?

① $^{226}_{88}Ra \rightarrow X + {}^{222}_{86}Rn$ ② $^{14}_{7}N + X \rightarrow {}^{17}_{8}O + {}^{1}_{1}H$

③ $^{9}_{4}Be + X \rightarrow {}^{12}_{6}C + n$ ④ $^{2}_{1}H + {}^{2}_{1}H \rightarrow X + n$

⑤ $^{7}_{3}Li + {}^{1}_{1}H \rightarrow 2X$

2. β붕괴는 중성자가 양성자로 변환되면서 전자와 중성미자 하나씩 내는 작용이다. 전자의 질량을 m이라 하면 중성자의 질량은 양성자의질량보다 $\frac{8}{3}m$만큼 크다. β붕괴에서 방출되는 중성미자의 총에너지는? (단, 중성미자 외 다른 입자들의 운동 에너지는 무시할 수 있으며, 빛의 속도는 c이다.)

① mc^2 ② $\frac{5}{3}mc^2$ ③ $\frac{8}{3}mc^2$

④ $\frac{25}{3}mc^2$ ⑤ $\frac{25}{9}mc^2$

3. 다음은 우라늄과 수소의 원자핵 반응식이다.

(가) : $^{235}_{92}U + {}^{1}_{0}n \rightarrow {}^{144}_{56}Ba + {}^{89}_{36}Kr + 3\,{}^{1}_{0}n + 200MeV$

(나) : $4\,{}^{1}_{1}H \rightarrow {}^{4}_{2}He + 2\,{}_{+1}^{0}e + 24.7MeV$

두 원자핵 반응에 대한 설명으로 옳은 것만을 〈보기〉에서 있는 대로 고른 것은?

<보 기>

ㄱ. 핵반응 전과 후에 질량수가 보존된다.
ㄴ. (가)는 핵분열, (나)는 핵융합 반응이다.
ㄷ. 같은 질량의 핵반응이 일어났을 때 (가)가 (나)보다 질량 결손이 크다.

① ㄱ ② ㄴ ③ ㄱ, ㄴ
④ ㄴ, ㄷ ⑤ ㄱ, ㄴ, ㄷ

4. 표는 베타붕괴를 이용하는 의료용 영상 장치에 사용되는 방사성 동위원소 A, B의 반감기와 처음 양을 나타낸 것이다.

방사성 동위원소	반감기	원소의 처음 양
A	20분	$4N_0$
B	10분	$3N_0$

이에 대한 설명으로 옳은 것만을 〈보기〉에서 있는 대로 고른 것은?

<보 기>

ㄱ. 붕괴되지 않고 남아 있는 원소의 양이 N_0 이 될 때까지 걸린 시간은 A가 B보다 길다.
ㄴ. 20분 동안 붕괴된 원소의 양은 A가 B보다 적다.
ㄷ. 베타붕괴하면 동위원소의 질량수는 붕괴 전보다 1만큼 감소한다.

① ㄱ ② ㄴ ③ ㄱ, ㄴ
④ ㄱ, ㄷ ⑤ ㄴ, ㄷ

5. 갑상선 주사제 사용하는 동위원소 ^{123}I는 안정한 원소 ^{123}Te 로 핵변환하며, ^{123}I의 반감기는 13시간이다. 질량 40×10^{-12} g의 ^{123}I가 8월 25일 낮 12시에 환자에게 투여되었다. 투여된 ^{123}I가 핵변환을 통해 질량이 5×10^{-12} g으로 감소되었을 때의 시각으로 가장 적절한 것은? (단, ^{123}I 원자의 개수는 ^{123}Te 로의 핵변환에 의해서만 변한다.)

① 8월 26일 오전 1시
② 8월 26일 오후 2시
③ 8월 27일 오전 3시
④ 8월 27일 오후 4시
⑤ 8월 28일 오전 5시

6. 전자와 양전자가 충돌하여 2개의 γ선이 나오는 반응을 쌍소멸이라고 한다.

$$e^{+} + e^{-} \rightarrow 2\gamma$$

이에 대한 설명으로 옳은 것만을 〈보기〉에서 있는 대로 고른 것은? (단, 전자의 질량은 9.1×10^{-31}kg이고, 플랑크 상수는 6.6×10^{-34} J・s이며, 빛의 속도는 3×10^{8}m/s이다.)

<보 기>

ㄱ. 이 반응에서 질량결손(Δm)이 생긴다.
ㄴ. 한 개의 γ선이 가지는 에너지는 Δmc^2이다.
ㄷ. γ선의 파장은 2.4pm이다.

① ㄱ　　② ㄴ　　③ ㄱ, ㄴ
④ ㄱ, ㄷ　　⑤ ㄱ, ㄴ, ㄷ

연습문제 풀이 및 정답

PART 1 역학

1. 답 ③

물체 A의 최대 정지 마찰력은 $R=\mu N$에서 $R=\dfrac{1}{\sqrt{3}}\times 300(N)$이다.

따라서 $\tan 30^\circ = \dfrac{F}{\dfrac{300}{\sqrt{3}}}$에서 $\dfrac{1}{\sqrt{3}}=\dfrac{\sqrt{3}F}{300}$이다.

정리하면 $F=100N$, 물체 B의 질량은 10.2kg이므로 가까운 값은 10kg이다.

2. 답 ②

그림에서 각각의 물체에 뉴턴 제2법칙을 적용하면

$6-f_s=4a$, $f_s=2a$ (f_s는 탄성력)이므로 $a=1(m/s^2)$이다.

이때, $f_s=2(N)$이고 용수철에 작용된 힘은 2N이다.

훅의 법칙에서 $F=kx$이므로 $2=10\times x$, $x=0.2m$이다.

3. 답 ②

ㄱ. 최하점에서 탄성력은 위쪽 방향이므로 중력과 반대 방향이다.

ㄴ. 단진동에서 추의 속력이 최대일 때는 진동의 중심일 때이고, 진동의 중심에서 알짜힘은 0이다.

ㄷ. 추가 최고점에 있을 때는 용수철이 압축된 상태이므로 탄성력과 중력의 방향이 같다. 따라서, 알짜힘의 방향은 아래쪽이다.

4. 답 ①

ㄱ. A와 B는 같은 원판 위에 앉아 있으므로 매초 회전하는 각도는 같다. (각속도 일정)

ㄴ. 미끄러지기 전 원운동의 접선 속력은 같은 시간 동안 먼 거리를 돌아야 하는

B의 속력이 더 크다.

ㄷ. 각속도 일정의 조건에서 구심력 $f = mrw^2$을 생각해 보면 원심력은 반지름이 클수록 크다. $mrw^2 > \mu mg$에서 $rw^2 > \mu g$이므로 미끄러지는 조건은 B와 A의 질량에 관계없음을 알 수 있다.

5. 답 ③

ㄱ. A의 가속도의 크기는 중력 가속도 g이고, B의 가속도의 크기는 $gsin\theta$이다. 따라서 가속도의 크기는 A가 B보다 크다.

ㄴ, ㄷ. 공기 저항과 마찰이 없으므로 역학적 에너지가 일정하게 보존된다. 그런데 처음 역학적 에너지가 같으므로 지면에 도달하는 순간 A와 B의 역학적 에너지는 같다. 따라서 A와 B의 속력이 같다.

6. 답 ④

공을 놓은 후에 작용하는 힘은 중력 뿐 이므로 공은 중력 가속도로 등가속도 운동을 한다. 그리고 B가 볼 때 공의 처음 속도는 v_0 이다.

따라서 공은 연직 위쪽으로 처음 속도 v_0 로 던진 물체와 같은 운동을 하며, 이것을 나타낸 그래프는 ④이다.

7. 답 ③

ㄱ. 질량이 2배가 되면 탄성력에 의한 위치 에너지도 2배가 되므로 용수철이 최대로 압축되는 길이는 $\sqrt{2}$ 배가 된다.

ㄴ. 용수철은 압축되는 동안 단진동을 하므로 주기 $T = 2\pi\sqrt{\frac{m}{k}}$ 에서 질량이 2배가 되면 T는 $\sqrt{2}$ 배가 된다. 따라서 용수철과 충돌한 후 분리되는 데 걸리는 시간은 $\sqrt{2}$ 배가 된다.

ㄷ. 질량이 달라져도 경사면에서 미끄러져 내린 물체의 속력은 변하지 않으므로 물체가 용수철과 분리되는 순간의 속력은 변화가 없다.

8. 답 ①

ㄱ. 충돌할 때까지 걸린 시간을 t라고 하면 충돌할 때까지 A가 낙하하는 거리는 $h_A = v_0t + \frac{1}{2}gt^2$이고 B가 올라간 높이는 $h_A = v_0t - \frac{1}{2}gt^2$이다. A와 B 사이의

거리를 H라고 하면 $H = h_A + h_B = 2v_0 t$이다. 따라서, 지구와 달 모두에서 A와 B가 충돌할 때까지 걸린 시간은 $t = \frac{H}{2v_0} = \frac{10}{2 \times 10} = 0.5(\mathrm{s})$로 같다.

ㄴ. 충돌할 때 B의 높이는 $h_A = v_0 t - \frac{1}{2}gt^2$이므로 중력 가속도가 작은 달에서 올라가는 높이가 지구보다 크다.

ㄷ. 충돌하기 직전 A의 속력은 $v_A = v_0 + gt$이므로 중력 가속도가 작은 달에서 충돌하기 직전의 속력이 지구보다 작다.

9. 답 ②

ㄱ. 충돌 전과 후 야구공의 운동량 변화의 크기는
$m \times 0.5v - m \times (-v) = 1.5mv$ 이다.

ㄴ. 충돌 과정에서 야구공이 벽으로부터 받은 충격량의 크기는 충돌 전과 후 야구공의 운동량 변화와 같은 $1.5mv$이다.

ㄷ. 벽과 충돌 전 후 야구공의 운동 에너지 변화량은
$\frac{1}{2}mv^2 - \frac{1}{2}m \times (-0.5v)^2 = 0.375mv^2$ 이다.

10. 답 ③

ㄱ. 공의 위치 에너지가 변하므로 공의 속력은 달라진다. 또한 공의 운동 방향도 달라지므로 공의 운동량은 계속해서 변한다.

ㄴ. 최고점에서도 공에 작용하는 중력은 공의 무게만큼 이므로 최고점에서 공에 작용하는 힘은 0이 아니다.

ㄷ. 공기의 저항을 무시했다고 했으므로 공의 역학적 에너지는 보존된다.

11. 답 ④

회전평형으로 평면판 무게중심에 의한 모멘트와 힘 F에 의한 모멘트가 같아야 한다.

$$w \times 1 = F \times \frac{1}{2}, \quad F = 2w$$

12. 답 ③

각운동량보존법칙으로부터 $r_1 \times m_1 v_1 = r_2 \times m_2 v_2$이므로 $I_1 w_1 = I_2 w_2$이다.

따라서

$$I_1 w_1 = 30 \times 4 = 120(kg \cdot m^2/s),\ \ I_2 w_2 = (I_{원판} + I_{아이})w_2 = (30 + 30 \times 1^2)w_2$$

즉, $120 = (30+30)w_2, \quad w_2 = 2rad/s$

13. 답 ⑤

$mg - T = ma$이고, 모멘트는 $T \cdot r = I\alpha$이다.

여기서 $I = \frac{1}{2}mr^2 = 1kg \cdot m^2$, $r = 1m$이므로 $T = \alpha$가 된다.

$mg - T = mg - \alpha = ma$, $a = \alpha r$

$10 - \alpha = 1 \times 1 \times \alpha$, $\alpha = 5rad/s^2$이고 $a = \alpha r = 5m/s^2$

14. 답 ①

실린더 운동에너지의 변화는 일과 같다.

$W = K_f - K_i$, 따라서 $Fs = \frac{1}{2}Iw^2 - \frac{1}{2}Iw_0^2$

$w_0 = 0$, $w = \sqrt{\frac{2Fs}{I}}$이고, 전선의 최종속력은 실린더 접선 속력 v와 같으므로

$v = Rw = R\sqrt{\frac{2Fs}{I}}$이다.

15. 답 ④

ㄱ. P, Q에서 회전 각가속도가 다르므로 줄에 걸리는 장력은 다르다.

ㄴ. 물체의 가속도는 같이 운동하므로 선가속도 a는 같고,

P : $a = r\alpha'$, Q :$a = (2r)\alpha$ 에서 $2\alpha = \alpha'$가 된다. 따라서 P가 Q의 2배이다.

ㄷ.

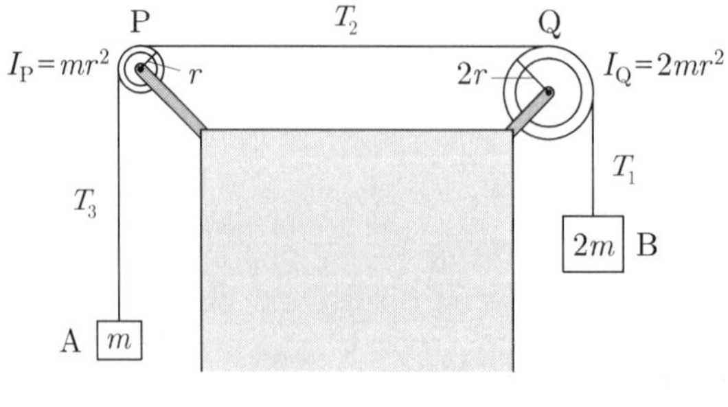

$$Q : (T_1 - T_2)(2r) = (2mr^2)\alpha \rightarrow T_1 - T_2 = mr\alpha = \frac{1}{2}ma$$

$$B : 2mg - T_1 = (2m)a$$

에서 $2mg - T_2 - \frac{5}{2}ma$ -------- ① 이고,

$$P : (T_2 - T_3)r = mr^2\alpha' \rightarrow T_2 - T_3 = ma$$

$$A : T_3 - mg = ma$$

에서 $T_2 - mg = 2ma$ -------- ②

①+② : $mg = \frac{9}{2}ma$ 이므로 $a = \frac{2}{9}g$이다.

PART 2 에너지

1. 답 ④

ㄱ. 두 물체가 충돌할 때 운동량의 총합은 일정하게 보존된다. 따라서 운동량의 합은 충돌 직전과 충돌 직후가 같다.

ㄴ. 두 물체가 충돌 후 한 덩어리가 되었으므로 완전 비탄성 충돌을 하였다. 따라서 운동에너지가 감소하였다. 그러므로 충돌 직후의 운동 에너지는 충돌 직전보다 작다.

ㄷ. 최대 θ_0 만큼 회전한 순간의 속력은 0이다. 따라서 A와 B의 운동 에너지의 합은 0이다.

2. 답 ④

ㄱ. 물체에 작용하는 마찰력의 반작용은 물체가 바닥을 운동 방향으로 미는 힘이다. 지구가 물체를 당기는 힘인 중력의 반작용은 물체가 지구를 당기는 힘이다.

ㄴ. 마찰이 있는 면을 지나는 동안 마찰력이 물체에 한 일만큼 물체의 운동 에너지가 감소하게 된다. 마찰력이 한 일은 $-\mu mgL$이므로 물체의 운동 에너지는 μmgL만큼 감소한다.

ㄷ. 물체가 수평면을 따라 운동하다가 용수철을 압축하는 상황에서 용수철이 압축되는 동안에는 물체에 마찰력이 작용하지 않으므로 역학적 에너지는 보존된

다. 따라서 충돌하기 직전의 운동 에너지($\frac{1}{2}mv^2 - \mu mgL$)는 용수철이 최대로 압축되었을 때의 탄성력에 의한 위치 에너지($\frac{1}{2}kx^2$)와 같다. 즉, 최대로 압축된 길이 $x = \sqrt{\frac{mv^2 - 2\mu mgL}{k}}$ 이다.

3. 답 ④

물체가 용수철에서 분리될 때의 속력을 v 라고 하면 $\frac{1}{2}kx^2 = \frac{1}{2}Mv^2 = \frac{p^2}{2M}$의 관계가 성립한다. 물체의 운동량 p는 용수철이 물체에 가한 충격량과 같으므로 운동량이 커지는 경우를 찾으면 다음과 같다.

ㄱ. M 이 커질 때,

ㄴ. 용수철 상수가 작아지면 운동량이 작아지므로 충격량이 작아진다.

ㄷ. x 가 커질 때이다.

4. 답 ④

막대의 회전 운동 에너지가 위치 에너지로 변환되고

회전 운동에너지 $E_{kR} = \frac{1}{2}I'w^2 = \frac{1}{2}I'\left(\frac{v_0}{L}\right)^2$ 이고, 막대의 관성 모멘트는

$I' = I + M\times\left(\frac{L}{2}\right)^2 = \frac{1}{12}ML^2 + \frac{1}{4}ML^2 = \frac{1}{3}ML^2$(평행축 원리에 의해)

끝 점에서의 위치 에너지 $E_p = MgL$

따라서 $\frac{1}{2}\left(\frac{1}{3}ML^2\right)\left(\frac{v_0}{L}\right)^2 = MgL, \quad v = \sqrt{6gL}$

5. 답 ③

각 운동량 보존 법칙 $I_1w_1 = I_2w_2$ 이다.

$I_1w_1 = 30\times4 = 120kgm^2/s$ 이고, $I_2w_2 = (I_{원판} + I_{물체})w_2 = (30 + 30\times1^2)w_2$ 이다.

따라서 $120 = 60w_2$ 이므로 $w_2 = 2\,rad/s$ 이다.

6. 답 ⑤

ㄱ. 운동량 보존법칙과 운동 에너지보존법칙에 의해 해결하면 속력B가 A의 3배가 된다.

$$(3m)v_3 = -(3m)v_3' + (5m)v_5'$$

$$\frac{1}{2}(3m)(v_3)^2 = \frac{1}{2}(3m)(v_3')^2 + \frac{1}{2}(5m)(v_5')^2$$

$$\therefore v_5' = 3v_3'$$

ㄴ. $v_3' = \frac{1}{4}v_3$이므로 $v^2 \propto h\,(v = \sqrt{2gh})$에서 $1 : \left(\frac{1}{4}\right)^2 = h_2 : h$이다.

따라서 $h = \frac{h_2}{16}$

ㄷ. 두 물체의 낙하 시간은 동일하다.

$h_1 = \frac{1}{2}gt^2$ 에서 $t = \sqrt{\frac{2h_1}{g}}$ 이고 물체 A의 수평거리를 x라 하면

$$x + d = (v_5')t = (3v_3')t,\ x = v_3't$$

따라서 $v_3't + d = (3v_3')t \rightarrow d = 2v_3't = 2\sqrt{2gh_2}\sqrt{\frac{2h_1}{g}} = \sqrt{h_1h_2}$

7. 답 ③

운동량 보존법칙으로부터 $mv_B + 0 = 0 + (2m)v_A'$,　즉 $v_B = 2v_A'$이다.

충돌 후 한 덩어리가 된 물체는 중력에 의한 운동을 하므로 역학적 에너지보존법칙을 만족하므로

$$\frac{1}{2}(2m)v_A'^2 = \frac{1}{2}(2m)v_A''^2 + (2m)g(2l)$$

이고, 정점에서 물체는 원운동을 유지하므로 장력 $T = 0$이고, 이때 식은

$\frac{(2m)v_A''^2}{l} = (2m)g$ 을 만족한다.

$v_A''^2 = lg$을 윗 식에 대입하면 $v_A'^2 = 5gl$이 되고 $v_B = 2\sqrt{5gl}$이다.

PART 3 유체역학

1. 답 ⑤

ㄱ. $A_1 > A_2$, $v_1 < v_2$이므로 $P_1 + \frac{1}{2}\rho v_1^2 = P_2 + \frac{1}{2}\rho v_2^2$에서 $p_1 > p_2$이다.

ㄴ, ㄷ. 연속방정식으로부터 $v_2 = \frac{A_1}{A_2}v_1$이므로 방정식에 대입하면

$P_1 - P_2 = \frac{1}{2}\rho v_1^2\left(\frac{A_1^2}{A_2^2} - 1\right)$, 알짜힘은 목에서 유체를 가속시켜 왼쪽으로 작용하는 알짜힘은 유체를 느리게 만든다. 즉, 압력차는 높이에 따른 압력과 같으므로 $P_1 - P_2 = \rho gh$이다.

따라서 $P_1 - P_2 = \frac{1}{2}\rho v_1^2\left(\frac{A_1^2}{A_2^2} - 1\right)$에서 $v_1 = \sqrt{\frac{2gh}{(A_1/A_2)^2 - 1}}$이다.

2. 답 ②

물체의 무게는 $\rho Vg = \rho_1 V_1 g + \rho_2 V_2 g$, 부피는 $V = V_1 + V_2$

따라서 $\rho(V_1 + V_2) = \rho_1 V_1 + \rho_2 V_2$이므로 부피의 비 $\frac{V_1}{V_2} = \frac{\rho - \rho_2}{\rho_1 - \rho}$ 이다.

3. 답 ③

토리첼리의 정리에 의해 위 수면에서 h_1인 구멍의 속력은 $\rho gh_1 = \frac{1}{2}\rho v^2$에서

$v = \sqrt{2gh_1}$이다. 또한 액체의 낙하 시간은 $h_2 = \frac{1}{2}gt^2$이므로 $t = \sqrt{\frac{2h_2}{g}}$이다.

따라서 수평도달거리 $R = vt = \sqrt{2gh_1} \times \sqrt{\frac{2h_2}{g}} = 2\sqrt{h_1 h_2}$ 이다.

4. 답 ④

기름의 아랫면을 기준으로 하면, 10cm의 기름에 의한 압력과 $(10-h)$ cm의 소금물에 의한 압력이 같다. 밀도로 인 액체에 의한 압력 $P = \rho gh$이므로 $0.8 \times 9.8 \times 10 = 1.25 \times 9.8 \times (10-h)$에서 $h = 2.0\,cm$ 이다.

5. 답 ④

각각의 위치에서의 압력이 같다.

따라서 $P_0 + \rho_1 gh_1 = P_0 + \rho_2 gh_2$이다.

즉 $\frac{h_1}{h_2} = \frac{\rho_2}{\rho_1}$ 이다.

PART 4 열역학

1. 답 ⑤

ㄱ. 열평형 관계식 (금속) $cm(T-20)=$(액체)$4cm(40-T)$ $\quad T=36$(℃)

ㄴ. $V'=V[1+(36-20)\beta]=V(1+16\beta)$

$$V'-V=V(16\beta),\quad \frac{\Delta V}{V}=16\beta$$

ㄷ. 금속은 열량을 얻고, 액체는 열량을 잃어버린 것이므로 이들 상태에서 금속은 엔트로피가 증가하고 액체는 엔트로피가 감소된다. 그러나 전체 엔트로피의 변화량은 양의 값을 만족한다.

즉, $S_t=\frac{-Q}{313}+\frac{Q}{293}>0$

2. 답 ④

ㄱ. A가 압축되면서 외부로부터 일을 받으므로, 내부 에너지가 증가하여 온도가 올라간다. 따라서 금속판을 통해 열이 A에서 B로 이동한다.(열의 이동은 고온에서 저온으로 이동한다.)

ㄴ. 내부 에너지는 절대 온도에 비례하므로 A의 내부 에너지는 (나)에서가 (가)에서 보다 높다.

ㄷ. B는 외부로부터 열을 흡수하므로 온도가 올라가는데 부피의 변화가 없으므로 압력이 높아진다.($PV=nRT$에서) 따라서 B의 압력은 (나)에서가 (가)에서보다 크다.

3. 답 ④

ㄱ. $PV=nRT$ 에서 온도가 일정하면 압력과 부피의 곱이 일정하다. 따라서 등온 팽창을 하면 압력-부피 그래프의 모양이 반비례 그래프가 되어야 한다. 그런데 (나)는 반비례 그래프가 아니다.

ㄴ. 압력-부피 그래프 아래의 면적이 외부에 한 일과 같다. 따라서 경로 (다)에서 가장 크다.

ㄷ. 기체에 가해 준 열량은 $Q=W+\Delta U$ 이다. 그런데 세 경로 모두 상태 A에서 B로 변했으므로 내부에너지의 변화량은 모두 같다. 따라서 외부에 가장 많은 일을 한 (다)경로에서 가해 준 열량이 가장 많다.

4. 답 ②

ㄱ. 이상 기체 상태 방정식 $PV=nRT$에서 A의 부피가 더 크다. 따라서 A의 압력이 더 낮다.

ㄴ. A의 압력이 더 낮다는 것은 m_A가 m_B보다 크기 때문이다.

ㄷ. 기체분자 1개의 평균 운동 에너지는 온도에 비례한다. 따라서 A와 B의 기체분자 1개의 평균 운동 에너지는 같다.

5. 답 ②

열기관 (가)와 열의 이동인 전도 (나)에서

ㄱ. (가)에서 열효율은 $e=\frac{W}{Q_H}$, 카르노 기관에서의 열효율은 $e_c=\frac{T_H-T_C}{T_H}$이다. 이들 식으로부터 효율을 계산하면 다음과 같다.

$$e=\frac{150J}{400J}=\frac{3}{8},\quad e_c=\frac{500K-300K}{500K}=\frac{2}{5}$$

이므로 카르노 기관의 열효율이 조금 크다.

ㄴ. (가), (나)에서 B 열원은 열량을 받았으므로 엔트로피의 값은 (+)이다.

즉, 비가역성의 정도를 정량화 한 것으로 엔트로피의 변화량은 $\Delta S=\frac{\Delta Q}{T}$이다. 따라서 (가)의 B 열원은 $\Delta S_{(가,B)}=\frac{250}{300}=\frac{5}{6}$,

(나)의 B 열원은 $\Delta S_{(나,B)}=\frac{400}{300}=\frac{4}{3}$이다.

즉, (나)의 엔트로피 변화량이 크다.

ㄷ. 엔트로피 변화량의 합은 다음과 같다.

(가) : $S=-\frac{400}{500}+\frac{250}{300}=-\frac{4}{5}+\frac{5}{6}=\frac{1}{30}$

(나) : $S=-\frac{400}{500}+\frac{400}{300}=-\frac{4}{5}+\frac{4}{3}=\frac{8}{15}$

따라서 (나)의 엔트로피 변화량의 합이 더 크다.

6. 답 ⑤

ㄱ. 비열은 단위 질량당 단위 온도당 열량($c=\frac{Q}{m\Delta T}$)이므로 같은 질량에 대해서

고체에서는 온도 $10K$ 증가하는데 $10J$의 열량이 사용되었고, 액체에서는 $10K$ 증가하는데 $20J$ 사용되었으므로 액체에서 비열이 더 크다.

ㄴ. 10분간 공급 열 $Q=(5J/s)(10\text{min})(60s/\text{min})=3000J$

융해열 $L_f=\dfrac{Q}{\Delta m}=\dfrac{5\times(10\times60)}{30}=100(J/g)$

ㄷ. 엔트로피 증가량 $\Delta S=\dfrac{\Delta Q}{T}=\dfrac{L_f m}{T_m}=\dfrac{(100J/g)(30g)}{150K}=20J/K$

7. 답 ③

$W_A=2W$, $W_B=W$이고,

두 열기관이 직렬로 연결된 상태이므로 전체 열효율

$$e=\frac{W_A+W_B}{Q_H}=\frac{2W+W}{Q_H}=\frac{3W}{Q_H}$$

이 때, A기관의 열효율 $e_A=\dfrac{2W}{Q_H}$이므로

$$e=\frac{3W}{Q_H}=\frac{3}{2}\left(\frac{2W}{Q_H}\right)=\frac{3}{2}e_A=\frac{3}{2}\left(1-\frac{T}{T_H}\right)$$

따라서 카르노기관에 대한 열효율인 온도 관계식을 이용해서 T를 구하자.

전체 열효율 $e_C=1-\dfrac{T_L}{T_H}=\dfrac{3}{2}\left(1-\dfrac{T}{T_H}\right)$, 이식을 T로 정리하면

$$\therefore T=\frac{2T_H+4T_L}{6}=\frac{2\times1350+4\times300}{6}=650(K)$$

PART 5 전자기학

1. 답 ①

ㄱ. 전하량 보존 법칙에 의해 A, B, C에는 각각 +Q, +2Q, −Q의 전하량이 대전된다. 즉, C의 전하량은 −Q이다.

ㄴ. 전하 부호가 반대이므로 B와 C 사이에는 인력이 작용한다.

ㄷ. 전기력은 전하량의 곱에 비례하고 거리 제곱에 반비례하므로 A가 B로부터 받는 전기력의 크기는 C로부터 받는 전기력의 8배이다.

2. 답 ③

평형을 이루고 있는 상태에서 물체에 작용하는 전기력과 탄성력의 크기가 같으므로 $kd = EQ$로부터 $d = \frac{QE}{k}$이다.

3. 답 ②

저울 접시에 물체를 올려놓으면 가변저항 R_1이 작아지므로 회로의 걸리는 전체 저항은 $R_T = R_1 + R_2$이 된다. $V_T = I_T R_T$에서 R_T가 작아지므로 회로에 흐르는 전류 I_T가 증가한다.

ㄱ. 점 a와 점 c 사이의 전압은 전체 전압이므로 R_T의 변화에 관계없이 일정하다.

ㄴ. 저울 접시에 물체를 올려놓으면 가변저항 R_1이 감소하므로 R_T는 감소하고 V_T는 일정이므로 I_T는 증가한다.

ㄷ. 점 b와 점 c의 사이에 걸리는 전압은 $V_{bc} = I_T R_2$이므로 R_2는 일정하고 I_T는 증가하므로 V_{bc}도 증가한다.

4. 답 ④

ㄱ. (가)에서 +Q가 있는 중심이 높은 전위이다. A점에 전하 +q를 놓으면 전기력 방향이 등전위면에 수직 방향으로 작용하여 전하 +q는 직선 운동을 한다.

ㄴ. (가)에서 등전위면의 간격이 커지므로 전기장 E, 전기력 F가 작아진다. 따라서 입자의 가속도$F = qE$의 크기는 점점 감소한다.

ㄷ. (나)에서 등전위면의 간격이 일정하므로 전기장 E가 일정하다. 전기력도 일정하므로 등가속도 운동을 한다.

5. 답 ⑤

ㄱ. (-)전하가 등속 원운동을 하는 것으로 보아 원의 중심에 (+)전하가 있다는 것을 알 수 있다. 그런데 (+)전하로부터 멀어질수록 전위는 낮아진다. 따라서 A의 전위가 B의 전위보다 높다.

ㄴ. 속력이 일정하므로 일-에너지 정리에 의해 입자가 받은 일은 없다. 따라서 전기력이 입자에 하는 일은 0이다.

ㄷ. 전기력이 구심력이므로 $qE = \frac{mv^2}{R}$에서 A에서 전기장의 세기는 $E = \frac{mv^2}{qR}$이다.

6. 답 ①

ㄱ. 같은 저항으로 병렬로 연결되므로 a, b에서 전위는 같다.

ㄴ. p일 때 합성저항이 크므로 전류의 세기는 작다.

ㄷ. R_1이 포함된 위쪽 도선에 흐르는 전류를 I_1과 R_2와 R_3가 포함된 아래쪽 도선의 전류를 I_2의 전류의 비는 저항에 반비례하므로 $I_1 : I_2 = \frac{3}{2}R : 2R$ 이다. 따라서 $I_2 = \frac{4}{3}I_1$이고 R_1의 전력 $P_1 = I_1^2 R$ 이고 R_2와 R_3의 전력

$$P_{23} = I_2^2 R_{23} = (\frac{4}{3}I_1)^2(\frac{R}{2}) = \frac{16}{18}I_1^2 R$$

이므로 R_1의 소비전력이 더 크다.

7. 답 ③

그림에서 보면 직선 도선에 전류 5I가 흐를 때 원 중심 P에서 자기장이 0이면 $B_A = B_B = B_0$이다. 그림에서 직선 도선에 전류 10I가 흐를 때 원 중심에서 자기장 세기는 $B_C = 2B_B = 2B_0$이고, $B_A = B_B$이므로 원 중심 P에서의 자기장의 세기는 $B_P = B_C - B_A = 2B_0 - B_0 = B_0$ 이다.

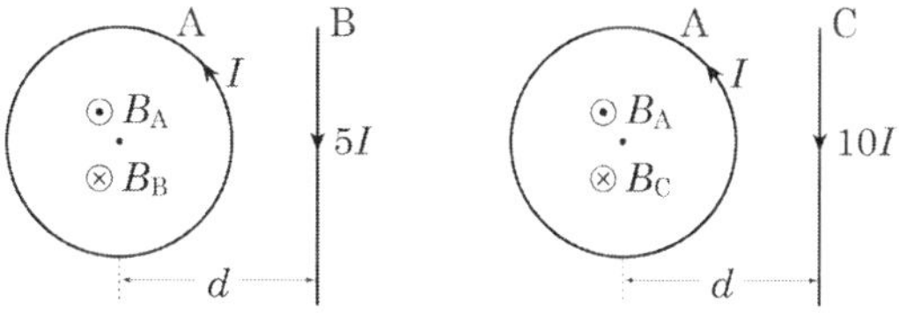

8. 답 ③

금속 막대가 움직이지 않는 상태이므로 물체가 당기는 힘과 자기력이 힘의 평형상태에 있다.

ㄱ. 금속 막대가 움직이지 않는 상태이므로 합력의 크기는 0이다.

ㄴ. 금속 막대에는 $-y$축 방향으로 자기력을 받아야 움직이지 않는 상태가 된다. 따라서 P에서 Q방향으로 전류가 흘러야한다.

ㄷ. 전원의 극을 반대로 하면 자기력의 방향이 반대가 되어 $+y$축 방향으로 끌려갈 것이다.

9. 답 ②

ㄱ. RLC 회로의 공명 진동수 $f = \dfrac{1}{2\pi\sqrt{LC}}$ 이다. 진동수를 증가시키는 방법은 L 또는 C를 감소시키거나 둘 다 감소시키면 된다.

ㄴ. 축전기를 직렬로 연결하는 개수를 늘리면 전체 전기용량 C는 감소하여 진동수는 증가한다.

ㄷ. 축전기 사이의 유전체의 유전율을 증가시키면 C가 증가하여 진동수는 감소한다.

10. 답 ③

ㄱ. 금속 고리가 일정한 속력을 갖고, 자기장 영역을 통과할 때, 금속 고리의 한 변인 l까지 일정 전류가 흐르다 영역 안으로 들어오면 전류는 0이 된다. 따라서 1초간 전류가 흐르다 3초 동안 전류가 0이므로 총 거리는 $4l$이 된다. 즉, 영역 Ⅰ의 길이는 $L=4l$ 이다.

ㄴ. 영역 Ⅰ에서 자속 증가, 영역 Ⅱ를 통과할 때 자속 상대적으로 감소하므로 자기장의 세기가 작다. 즉, 비례식에서 $3 : B_1 = 2 : (B_1 - B_2)$, $B_1 = 3B_2$

ㄷ. 두 영역의 자기장의 세기는 다르지만 방향은 같아야 한다.

PART 6 빛과 파동

1. 답 ⑤

정상파의 파장$(\lambda)=\dfrac{2l}{n}$이므로 줄의 길이가 짧아질수록 파장은 짧아진다.

정상파의 속도 $v=\lambda f$에서 줄에서 정상파의 속도는 일정하므로 파장이 짧아지면 진동수는 증가한다. 이때 소리의 전달 속도는 공기의 온도에 의해서 결정되므로 줄의 길이와 무관하다.

2. 답 ④

ㄱ, ㄴ. $n_{12} = \dfrac{\sin\theta_i}{\sin\theta_r} = \dfrac{v_1}{v_2} = \dfrac{\lambda_1}{\lambda_2}$이다. 그림에서 입사각 θ_i가 굴절각 θ_r보다 크므로 빛의 속력은 매질 Ⅰ에서 더 작고, 빛의 파장도 매질 Ⅰ에서 더 짧다.

ㄷ. 매질 Ⅰ에서 매질 Ⅱ로 빛이 진행할 때 초록색보다 파장이 긴 레이저 빛을 입사시키면 굴절되는 정도가 감소하여 θ_r이 작아지게 된다.

3. 답 ④

ㄱ. (다)는 (나)보다 두 이웃한 어두운(밝은)무늬 사이의 간격 $\Delta x = \frac{L\lambda}{d}$가 좁다. 따라서 d를 고정하고 L을 감소시키면 Δx가 좁아진다.

ㄴ. 파장 λ와 L을 고정하고 d를 증가시키면 Δx가 좁아진다.

ㄷ. L과 d를 고정하고, 파장 λ를 증가시키면 Δx가 넓어진다.

4. 답 ③

폭이 좁은 방향으로 회절이 잘 일어나서 회절 무늬가 넓게 퍼진다.

5. 답 ③

ㄱ. 굴절률이 큰 유리에서 A광선이 많이 꺾이므로 A의 파장이 B의 파장보다 짧다.

ㄴ. A, B는 공기 중으로 굴절되어 나온 후 서로 평행하게 진행한다.

ㄷ. 간섭색의 간격은 $\Delta x \propto \frac{\ell\lambda}{d}$에서 λ_B가 λ_A보다 크므로 증가한다.

6. 답 ①

호루라기의 속력은 $v = rw = 1.7 \times 20 = 34(m/s)$이다.

두 호루라기가 사람에 대하여 하나는 다가오는 방향이고 다른 하나는 멀어지는 방향이 될 때 맥놀이 진동수가 된다. 가까워지는 호루라기에 의한 도플러 효과로 듣게 되는 진동수를 f_1, 멀어지는 진동수를 f_2라고 하면 관계식에 의해 다음과 같이 구한다.

$$f_1 = f_0 \frac{V}{V-v} = 99 \times \frac{340}{340-34} = 110(Hz)$$

$$f_2 = f_0 \frac{V}{V+v} = 99 \times \frac{340}{340+34} = 90(Hz)$$

따라서 1초 동안에 최대 맥놀이 진동수 $f = f_1 - f_2 = 110 - 90 = 20(Hz)$이다.

7. 답 ⑤

ㄱ. 물질 B로 입사되어 굴절된 빛의 굴절각이 감소한 것은 굴절률이 크기 때문이다. 즉, 물질 A보다 물질 B의 굴절률이 크다.

ㄴ. 얇은 막에 의한 간섭 조건식 $(n_{공} < n < n_B)$

$$\Delta = 2nd = \begin{cases} \frac{\lambda}{2}(2m) & \text{보강} \\ \frac{\lambda}{2}(2m+1) & \text{상쇄} \end{cases}$$ 에서 간섭효과를 나타낸다.

이유는 첫 번째 경계에서 소한매질에서 밀한매질로의 반사는 180° 위상 변화가 생겨 반파장 차이가 난다. 또 두 번째 경계에서 같은 조건으로 위상 변화가 생긴다.

따라서 $d = \frac{\lambda}{4n}$ 이고, 상쇄간섭 조건은 $2nd = \frac{\lambda}{2}(2m+1)$ 이므로 $m = 0$ 이 된다.

ㄷ. 경로차 $4nd = m\lambda$ 이므로 보강간섭을 한다.

8. 답 ①

음파에서 $v = f\lambda$ 을 만족한다.(매질 투과시 진동수 불변)

매질 I 에서 $v = \frac{d}{3t_0}$, 매질 II 에서 $v' = \frac{d}{2t_0}$

따라서 속력이 증가하면 파장도 변화하므로 $v : \lambda_0 = v' : x$

$$\frac{d}{3t_0} : \lambda_0 = \frac{d}{2t_0} : x \quad \rightarrow x = \frac{3}{2}\lambda_0$$

PART 7 현대물리

1. 답 ①

ㄱ. 빈의 변위법칙에 의해 '$\lambda T =$ 일정' 이므로 문제 조건에서 $\lambda_1 : \lambda_2 = 3 : 4$ 이면 $T_1 : T_2 = 4 : 3$ 이다.

ㄴ. $E = hf = h\frac{c}{\lambda}$ 에서 파장이 같으므로 광자의 에너지도 같다.

ㄷ. 광자의 개수는 빛의 세기에 의존하므로 빛의 세기가 같은 I_0 에서 광자의 개수는 같을 수 있지만, 문제의 조건에서 빛의 세기만 가지고 광자의 개수를 알 수는 없다.

2. 답 ④

전자의 질량에 반비례하고, ϕ가 증가할수록 Δ가 커지고, 입사 X선의 파장과 산란전자의 각 θ에는 무관하다.

3. 답 ④

ㄱ. 전압이 줄면 금속판 A와 B사이의 전위차가 줄어들게 되어 광전자가 금속판 B로 이동하기 쉬워져서 전류의 양이 증가한다.

ㄴ. 빛이 밝으면 A에 더 많은 양의 광전자가 도착하므로 광전자의 수가 증가하여 전류가 증가한다.

ㄷ. 빛의 진동수가 증가하면 광전자 한 개가 갖는 에너지가 증가하므로 광전자는 더 큰 에너지를 가지고 더 빠르게 튀어나온다.

4. 답 ②

ㄱ. $mvr = L = \frac{h}{2\pi}$이므로 $L_3 - L_2 = \frac{3h}{2\pi} - \frac{2h}{2\pi} = \frac{h}{2\pi}$

ㄴ. $E \propto -\frac{1}{n^2}$이므로

$$E_3 - E_2 = -\frac{1}{3^2} - (-\frac{1}{2^2}) = \frac{5}{36} \ \langle \ E_2 - E_1 = -\frac{1}{2^2} - (-\frac{1}{1^2}) = \frac{3}{4}$$

ㄷ. $E_2 - E_1 = hf = h\frac{c}{\lambda}$에서 파장은 $\lambda_1 \rangle \lambda_2$ 이다.

5. 답 ④

ㄱ. $x = \frac{L}{2}$에서의 확률밀도는 그래프에서 볼 때 파동함수 ψ_1이 더 크다.

ㄴ. 허용되는 파장 $\lambda_n = \frac{2L}{n}(n = 1,\ 2, \text{양자수})$이므로 ψ_1의 정상파 파장 $\lambda = 2L$, ψ_2의 정상파 파장 $\lambda = L$이다. 즉, 드브로이 파장은 ψ_1이 더 길다.

ㄷ. 드브로이 파장 $\lambda = \frac{h}{p}$이므로 $p = \sqrt{2mE}$이다. 따라서 $\lambda = \frac{h}{\sqrt{2mE}}$에서 ψ_2의 운동량이 더 크므로 에너지가 크다. 또한, 입자의 에너지 $E_n = \frac{n^2h^2}{8mL^2}$이므로 에너지는 $n = 2$인 ψ_2가 크다.

6. 답 ①

ㄱ. 도핑된 반도체는 다수운반자가 증가하므로 전기 전도도가 커지게 된다. 따라서 순수한 실리콘일 때보다 도핑하면 전기전도도가 증가한다.

ㄴ. 반도체 A는 순수한 실리콘이고, 반도체 B는 받개준위가 있으므로 p형 반도체이다.

ㄷ. 주개준위가 전도띠에 있으면 n형 반도체이고, 원자가띠에 받개준위가 있으면 p형 반도체이다.

7. 답 ⑤

진성반도체에 5가의 원자를 극소량 첨가하여 만든 결정으로 필요한 전자가 4개인 실리콘은 과잉전자를 갖는다. 이런 불순물 반도체를 n형 반도체라 하고, 5가 첨가 원자를 도너라 하고, 수가 많은 쪽 캐리어(전자)를 다수캐리어라 하고, 수가 적은 정공을 소수캐리어라 한다. (P, As, Sb 등)
그 외 P형 반도체는 3가 원자를 첨가하며, 이 첨가 원자를 억셉터라 하고, 여기서 정공이 많으므로 다수캐리어라 하고, 전자는 소수캐리어이다. (B, Al, In 등)

PART 8 핵물리

1. 답 ④

①은 헬륨인 α붕괴하는 것을 의미한다.
역시 ②, ③, ⑤도 ${}^{4}_{2}He$가 된다. 그러나 ④는 ${}^{3}_{2}He$임을 알 수 있다.

2. 답 ②

이 때 핵반응은

$$n \rightarrow p + e^{-} + \nu$$

따라서 질량차 $\frac{8}{3}m$은 전자 질량 m와 중성미자의 에너지가 된다. 그러므로 $\frac{8}{3}mc^2 - mc^2 = \frac{5}{3}mc^2$이다.

3. 답 ③

ㄱ. 핵반응이 일어날 때 핵자수는 변하지 않으므로 질량수는 보존된다.

ㄴ. (가)는 우라늄의 핵분열 반응이고, (나)는 수소의 핵융합 반응이다.

ㄷ. 단위 질량당 방출하는 에너지가 수소의 경우가 우라늄의 7.3배 크다. 따라서, 핵반응하는 물질의 질량이 같을 때, 질량결손은 수소가 우라늄보다 크다.

4. 답 ③

ㄱ. A의 처음 양이 더 많고 반감기도 더 길다. 따라서 같은 양인 N_0가 남을 때까지 걸리는 시간은 A가 B보다 길다.

ㄴ. 20분 동안 A가 붕괴된 원소의 양은 $2N_0$이다. 그리고 B는 20분이 지나면 처음 양의 $\frac{1}{4}$배인 $\frac{3}{4}N_0$가 남으므로 $\frac{9}{4}N_0$가 감소한다. 따라서 20분 동안 붕괴된 원소의 양은 B가 더 많다.

ㄷ. 베타붕괴하면 전자 1개가 방출되므로 질량수가 변하지 않는다.

5. 답 ③

반감기 관계식 $N = N_0\left(\frac{1}{2}\right)^{t/T}$에서 질량이 $\frac{1}{8}$로 감소한 것으로 본다면 $\frac{t}{T} = 3$이 된다.

이때 경과 시간은 13시간×3=39시간이다.

따라서 8월 25일 낮 12시에서 24시간이 지나면 8월 26일 낮 12시이고, 여기에 12시간 경과한 시각은 8월 27일 오전 12시, 여기에 3시간을 추가하면 새벽 3시가 된다.

즉, 문제의 조건과 같은 원소의 질량으로 감소된 시각은 8월 27일 오전 3시 이다.

6. 답 ④

ㄱ. 질량결손 $\Delta m = 2\times(9.1\times10^{-31})$이므로

$E = \Delta mc^2 = (2\times9.1\times10^{-31})(3\times10^8)^2$이 된다.

ㄴ. 따라서 γ선 한 개의 에너지 $E_\gamma = \frac{1}{2}E = \frac{1}{2}(\Delta mc^2) = 8.2\times10^{-14}\,\mathrm{J}$이다.

ㄷ. $E_\gamma = hf = h\frac{c}{\lambda}$에서 $\lambda = \frac{hc}{E_\gamma} = 2.4\times10^{-12} = 2.4\,\mathrm{p(m)}$이다.

찾 아 보 기

ㄱ

가상적인 힘 26
가속 좌표계 26
가속도 14, 17
가역 과정 172
가우스면 194
가우스 법칙 194
가청주파수 309
각가속도 67
각속도 42, 66, 99
각운동량 보존의 법칙 75
각운동량의 보존 74
간섭 311, 316
강력 31
강성률 117
강체의 평형 69
강한 상호 작용력(핵력) 31
거울방정식 289
검출기 357
겉보기 팽창 140
겉보기팽창계수 139
결정체 138, 186
결합 에너지 390
경로차 319
고리법칙 218
고유진동수 307
고전물리 369
고정단 287
고체 138, 357
골 281
공기 저항력 33
공명 주파수 266
공명진동수 307
공전 52
공전 주기 52
과학적 표기법 4
관성 22, 23
관성 기준계 26
관성력 26
관성모멘트 71
관성의 법칙 22
관측자 309
광도 4
광량자 340, 393
광자 340
광전 방정식 341
광전자 증배관 357
광전 효과 340
교류 259
교환법칙 12
구면수차 301
구면파 292
구심가속도 43
구심력 42, 43, 44
굴절 290
굴절각 291
굴절률 291, 300
굴절의 법칙 291
극지방 54
근일점 52

금속 374
기본단위 3
기본 진동수 307
기전력 217
기체 117, 138, 155, 357
기체보편상수 151
기화열 143
길이 3
끓는점 137

ㄴ

난류 125
난반사 286
내부 에너지 155, 161
내부저항 217
내적 12
뉴턴의 제1법칙 22
뉴턴의 제2법칙 26
뉴턴의 제3법칙 29
능률 93

ㄷ

다수운반자 374
단색광 4
단순조화운동 46
단열과정 165
단열압축 166
단열팽창 166
단위 3
단위벡터 12
단일 슬릿 321
단자 전압 217
단진동 46, 98
단진자 48
단축 51
대기압 119
대류 144
대전 185
대전체 185
도체 186, 373
도트곱 12
도플러 효과 309
도핑 374
돌림힘(토크) 13, 68
동력학 13
동위원소 386
두 힘의 평형 23
드브로이 349
드브로이 파장 350
들뜬 상태 366
등가속도 운동 19
등가용량 211
등각가속도운동 67
등방성 고체 139
등속도 운동 15
등속 원운동 48
등온과정 162
등온압축 162
등온팽창 162
등전위 202
등전위면 202

ㄹ

라디오파 304
라미의 정리 23
라우에 반점 355
러더포드의 모형 358
렌츠의 법칙 245
리드베리 상수 361

ㅁ

마디 305
마루 281
마찰력 32
마찰 저항 33
만유인력 44
만유인력에 의한 위치 에너지 96
말루스 법칙 326

매질 281
맥놀이 311
맥스웰 방정식 257, 259
면적 속도 일정법칙 52
면 전하 밀도 195
몰 비열 164
몰리브덴 353
무게 23
무게중심 60
무한 도선 195
무한 평면 196
물리진자 49, 106
물질의 양 4
물질파 304, 349, 359
물체의 평형 23
밀도 117, 118

ㅂ

바닥상태 360, 366
반데르 발스의 방정식 152
반도체 186, 373
반발계수 63
반사 286
반사각 287
반사 광선 286
반사 법칙 286
반작용력 29
받개원자 375
발머 360
방사선 387
방사성 원소 386
방사율 145
방전 225
방향 22
배 305
백색광 300
법선 벡터 194
베르누이 방정식 126
벡터 8
벡터곱 13
벡터량 8
벡터의 곱 12
벡터의 분해 10
벡터의 차 11
벡터의 합 9
변압기 249
변위 8
변위 전류 255
병진 105
병진평형 24
보강간섭 317
보다진자 49
보른 366
보어 360
보어의 원자 모형 358
보일-샤를의 법칙 150
보일의 법칙 149
보존력 98
복사 145, 337
복사법칙 145
복사율 4
복원력 47, 99
복합렌즈 299
볼록거울 289
볼록렌즈 297
부력 121, 122
부피 117
부피팽창 139
부피팽창계수 139
부하저항 217
분광계 357
분광기 357
분기저항 223
분기점법칙 218
분산 300

분자 인력 138
브라그 반사 355
브루스터의 법칙 326
비가역 과정 172
비압축성 117, 125
비열 141
비열비 165
비열용량 141
비저항 215
비중(specific gravity) 118
비탄성충돌 63
비틀림진자 49
빈의 변위법칙 338
빛의 속도 257

ㅅ 사이클로트론 240
사이클로트론 진동수 240
산란 286
삼각형법 9
상대성 이론 389
상대속도 17
상쇄간섭 317
상태 변화 143
상호유도 249, 251
상호유도계수 251
색수차 301
샤를의 법칙 149
선속도 42
선스펙트럼 302
선운동량 60
선 전하 밀도 195
선팽창 138
선형 일-에너지 정리 105
섭씨온도 137
세슘(Cs) 3
세 힘의 평형 23
소리 304
소리의 높이 309
소리의 맵씨 309
소리의 세기 309
소립자 385, 393
소비 전력 219
속도 3, 14
속도의 변화량 17
속력 3, 14
속박상태 369
솔레노이드 233
수면파 281
수직항력 33
수평도달거리 40
수평성분 38
순간 가속도 18
순간 각가속도 67
순간 속도 15
순간 속력 14
슈테판-볼츠만의 법칙 337
슐레딩거 방정식 369
스넬의 법칙 291
스칼라곱 12
스칼라량 8
스테라디안 4
스테판-볼츠만 상수 145
스펙트럼 300
시간 3
시상수 225
실리콘 374
실상 288
실제 기체 152
실효값 260
쌍생성 394
쌍소멸 394

ㅇ 아르키메데스의 원리 121
아보가드로 수 155

아인슈타인 340
알루미늄 375
알짜전하 185
알짜힘 26
알파입자 386
암페어 214
압력 3, 117
압력 저항 33
앙페르의 법칙 232
액체 117, 138, 357
약력 31
약한 상호 작용력 31
양성자 385
양자 가설 338
양자수 359, 367
양자역학 365, 369
양자조건 359
양자화 185, 360, 365
양전자 386, 394
양전하 44, 185
어는점 137
에너지 3, 92
에너지 등분배의 법칙 156
에너지띠 373
에너지 밀도 212, 253
에너지 양자 338
에너지 준위 360, 373
엔탈피(enthalpy) 163
엔트로피 171
역학 13
역학적 에너지 55, 98
역학적 에너지의 보존 98
역학적 파동 283
연속 방정식 125
연속 스펙트럼 302, 337
연속 X선 354
연쇄반응 392
연직 상방 운동 39
연직성분 38
열기관 168
열량 161
열에너지의 전달 138
열역학 제 1 법칙 161
열역학 제 2 법칙 170
열역학적 온도(캘빈) 4
열용량 141
열운동 138
열운동상태 137
열의 일당량 140
열전도도 144
열평형 상태 141
열효율 168
영구 쌍극자 193
오목거울 289
오목렌즈 297
오차의 전파 8
온도 137
온도 기울기 144
옴 214
옴의 법칙 215
와트(W) 93
완전비탄성충돌 63
완전탄성충돌 63, 153
외력 32
외부저항 217
외적 13
용량 리액턴스 262
용수철 진자 48, 98
운동 14
운동 마찰계수 33
운동 에너지 92
운동 에너지 보존 63
운동 에너지 비보존 63
운동량 8, 57, 58

운동량 보존 법칙 60
운동방정식 26
운동의 법칙 26
운동의 세기 58
운동학 13
원뿔진자 48
원심력 27
원운동 27, 42
원일점 52
원자 모형 358
원자 질량 단위 385
원자가띠 374
원자가전자 372
원자량 386
원자핵 31, 385
웨버 245
위상 287
위상자 264
위치벡터 8
위치 에너지 94
위치의 변화량 14
유도 기전력 245
유도단위 3, 5
유도 리액턴스 264
유도 시상수 254
유도전류 246
유동속도 215
유속 33
유전율 187
유전체 210
유체 117
유효숫자 5
유효 지레 팔 68
융해열 143
음극선 350
음원 310
음전하 44, 185
음파 281
이리듐(Ir) 3
이상기체 151
이상기체 상태 방정식 151
이중 슬릿 317
인공방사성 원소 386
인공위성 44, 103, 104
인덕터 253
인덕턴스 250
인력 185
일 91, 161
일률 93
일-에너지 정리 93, 95
일함수 340
임계각 294
임피던스 265
입사각 287, 291
입사 광선 286

ㅈ

자기 홀극 259
자기력 13, 235
자기력선 230, 244
자기선속 245
자기선속 밀도 231
자기장 3, 230
자기장의 세기 231
자속 245
자연계의 기본적인 힘 31
자연방사성 원소 386
자외선 340
자유 낙하 39
자유단 287
자유도 156
자유 물체도 26
자유전자 186, 213
자유팽창 173
자전 주기 55

자체유도 250
자체유도계수 250
작용과 반작용의 법칙 29
작용력 29
작용점 22
잠열 143
장력 44
장축 51
저항력 33
적도 지방 54
적외선 337
전기력선 190
전기 선속 12, 193
전기 쌍극자 193
전기 저항 214
전기 진동 267
전기쌍극자 모멘트 193
전기용량 209
전기장 8, 189, 191
전기저항 3
전기적 위치에너지 201
전도 143
전도 열량 144
전도띠 374
전도법칙 144
전도전자 374
전류 4, 213
전류계 219
전반사 294
전압 214
전압계 220
전위 201
전위차 201, 202, 214
전위차계 220
전자 44, 185
전자기력 31
전자기 유도 244
전자기파 3, 254, 281
전자볼트 201, 373
전자선 304
전자 현미경 305
전하 31, 185
전하 결합 소자 357
전하량 3, 185
전하밀도의 종류 195
전하 보존 법칙 185
절대온도 137
절연체 186, 373
점성 33
점성 저항 33
접선 순간 가속도 67
접촉면 32
정공 375
정립 허상 288
정상류 125
정상파 305
정압과정 162
정압비열 164
정압압축 163
정압팽창 163
정적과정 163
정적비열 164
정전기력 31, 186
정전기 유도현상 186
정전기적 평형상태 190
정지 마찰계수 33
정지 에너지 390
정지위성 55
정지유체 117
정지 전압 341
제곱 평균 제곱근 260
제어봉 392
제 1 우주 속도 55
조화의 법칙 52

종단 속도 34
종파 282
주개원자 374
주기 43, 9,8 281
준위 374
중간자 393
중력 23, 31
중력가속도 49, 53
중력에 의한 위치 에너지 95
중력장 8, 53, 96
중성자 385
중수 392
중첩의 원리 305
직각분해법 10
직류 259
진공 119
진동수 43, 281
진동수 조건 360
진폭 99, 281
질량 3, 22, 23
질량 결손 390
질량 분석기 239
질량수 385
질량-에너지 등가 원리 391
질량 중심 60
짝힘 68

ㅊ

차원 5, 31
차폐 191
척력 185
천이과정 366
체 전하 밀도 195
초음파 309
초점 297
초점거리 288, 297
축소도립실상 289
축전기 209
충격량 8, 57
충전 224
층흐름 125

ㅋ

카르노 기관 168
캘빈 4
케플러 51
케플러의 법칙 51
콤프턴 346
콤프턴 파장 347
쿨롱의 힘 186
크로스곱 13
크립톤(Kr) 3
키르히호프의 법칙 217

ㅌ

타원궤도의 법칙 51
탄성계수 47
탄성력 47
탄성력에 의한 위치 에너지 95
탄성 한계점 47
탄소(C-12) 4
탈출속도 55
텅스텐 353
토로이드 233
토리첼리 119
톰슨의 모형 358
통신위성 55
투자율 231
특성 X선 355
티코 · 브라헤 51

ㅍ

파동 281
파동방정식 283
파동의 독립성 305
파동의 세기 284
파동함수 365
파스칼의 원리 121

파울리의 배타원리 372
파원 281, 309
파장 281, 286
패러데이의 법칙 245
패럿 209
퍼텐셜 상자 369
페르미 준위 374
편광 325
편광각 327
평균 가속도 18
평균력 57
평균 속도 15
평균 속력 14
평면거울 288
평면운동 38
평면파 292
평행사변형법 9
평행축의 정리 72
평형 23
평형점 99
포물선 39
포물선 운동 38
프라운호퍼 358
프라운호퍼선 302
프리즘 300
플라티늄(Pt) 3
플랑크 338
플랑크 상수 338, 340
플레밍의 왼손법칙 236

ㅎ

한계진동수 341
합력(알짜힘) 22, 26
합성파 305
핵 31
핵반응 391
핵분열 392
핵융합 393
핵자 31, 385
핵자당 결합 에너지 391
허상 288
허초점 297
헤르츠 360
호이겐스의 원리 290
홀 전위차 239
홀 효과 239
화씨온도 137
확대도립실상 289
확대정립허상 289
확률 366
확률밀도함수 369
회전관성 71
회전 운동 에너지 105
회전평형 24
회절 무늬 304
회절 304
횡파 282, 325
효율 168
훅의 법칙 47
휘트스톤 브리지 221
흐름률 125
흐름유체 117
흑연 392
흑체 337
흑체복사 145
흡수스펙트럼 302
힘 3, 13, 22
힘의 3요소 22
힘의 크기 22

기타

[J] 92
1차원 충돌 59
2차원 충돌 60

Clausius 표현 170
Kelvin 표현 170
n-형 반도체 374
P-V 그래프 160
p-형 반도체 375
RL 회로 253
RLC 소자 264
SI 단위 3
X선 340
α붕괴 386
β+붕괴 386
β붕괴 386
γ선 340
γ선방출 386

임팩트 물리학

2015년 8월 10일 인쇄
2015년 8월 20일 발행

저 자 ◎ 이원철·류영선

발행자 ◎ 조승식

발행처 ◎ (주) 도서출판 북스힐
서울시 강북구 한천로 153길 17

등 록 ◎ 제 22-457 호

TEL (02) 994-0071(代)

FAX (02) 994-0073

E-MAIL bookswin@unitel.co.kr
www.bookshill.com

값 23,000원

잘못된 책은 교환해 드립니다.

ISBN 978-89-5526-982-6